（微课

计算机操作系统应用——Windows 10

主　编◎齐　岷　尹维伟　宋　欣
副主编◎赵　倩　饶　静　李　时　戴晶华

哈爾濱工程大學出版社
Harbin Engineering University Press

内容简介

全书共 13 章，具体内容包括全面认识 Windows 10 系统、快速上手 Windows 10 系统、设置 Windows 10 系统外观、管理 Windows 10 系统账户、设置 Windows 10 基本应用、管理文件与文件夹、使用 Windows 系统工具、使用系统应用与附件工具、使用系统视听娱乐应用、常用软件的安装与管理、Windows 系统的安全与维护、使用 Windows 10 局域网以及使用 Microsoft Edge 浏览器。

本书结构清晰、语言简洁，既可作为应用型本科院校、职业院校、计算机培训中心的教材，也可作为各类职场办公人员的自学参考书。

图书在版编目（CIP）数据

计算机操作系统应用 : Windows 10 / 齐岷，尹维伟，宋欣主编. -- 哈尔滨 : 哈尔滨工程大学出版社，2022.1

ISBN 978-7-5661-3285-7

Ⅰ. ①计… Ⅱ. ①齐… ②尹… ③宋… Ⅲ. ①Windows 操作系统 Ⅳ. ①TP316.7

中国版本图书馆 CIP 数据核字（2021）第 233834 号

计算机操作系统应用——Windows 10
JISUANJI CAOZUOXITONG YINGYONG——Windows 10

责任编辑　张林峰
封面设计　赵俊红

出版发行　哈尔滨工程大学出版社
社　　址　哈尔滨市南岗区南通大街 145 号
邮政编码　150001
发行电话　0451-82519328
传　　真　0451-82519699
经　　销　新华书店
印　　刷　唐山唐文印刷有限公司
开　　本　787 mm×1 092 mm　1/16
印　　张　16
字　　数　422 千字
版　　次　2022 年 1 月第 1 版
印　　次　2022 年 1 月第 1 次印刷
定　　价　68.00 元
http://www.hrbeupress.com
E-mail：heupress@hrbeu.edu.cn

前　言

Windows 10 系统是由美国微软公司推出的一款多平台计算机操作系统。强大的功能和易于上手的特点，使该系统在各个领域的应用非常广泛，并受到各领域广大从业者的一致好评。

本书立足于 Windows 10 操作系统的实际操作及行业应用，完全从一个初学者的角度出发，并通过大量实例演练让读者在最短的时间内成为 Windows 10 系统操作高手。本书主要有以下几个特点。

（1）5 大篇幅内容安排。本书结构清晰，全书分为 5 大篇幅：系统入门篇、系统应用篇、工具应用篇、管理配置篇及网络应用篇，帮助读者循序渐进地学习 Windows 10 系统。

（2）13 章专题技术讲解。本书体系完整，共有 13 章专题技术讲解，内容包括全面认识 Windows 10 系统、快速上手 Windows 10 系统、设置 Windows 10 系统外观、管理 Windows 10 系统账户、设置 Windows 10 基本应用、管理文件与文件夹、使用 Windows 系统工具、使用系统应用与附件工具、使用系统视听娱乐应用、常用软件的安装与管理、Windows 系统的安全与维护、使用 Windows 10 局域网以及使用 Microsoft Edge 浏览器。

（3）28 个专家提醒放送。书中附有作者在使用软件过程中总结的经验技巧，这些全部奉献给读者，方便读者提升实战技巧与经验。

（4）170 多个实战案例演示。本书是一本具有操作性的技能实例手册，共计 170 多个实例讲解。使读者在熟悉基础的同时熟练掌握 Windows 10 系统的使用方法。

（5）900 多张图片全程图解。本书采用 900 多张图片，对系统的操作与实例的讲解进行了全程式的图解；通过大量的辅助图片，让实例内容变得更加通俗易懂，使读者一目了然，快速领会所学知识，从而大大提高学习效率，且印象更加深刻。

本书编写时基于当前系统版本的实际操作图片，但书从编辑到出版需要一段时间。在这段时间里，系统版本可能会有调整与变化，比如有的内容删除了，有的内容增加了，这是系统开发商做的系统版本更新。在阅读学习时，请根据书中的思路举一反三。

本书由齐岷（河北城乡建设学校）、尹维伟（盘锦职业技术学院）和宋欣（牡丹江医学院）担任主编，由赵倩（三门峡职业技术学院）、饶静（江西制造职业技术学院）、李时（沈阳职业技术学院）和戴晶华（内蒙古自治区法治培训中心）担任副主编。本书相关资料可以扫描封底微信二维码或登录网址 www.bjzzwh.com 下载获得。

由于编者水平有限，书中难免存在疏漏和不当之处，敬请各位专家及读者不吝赐教。

编　者

目　录

第 1 章　全面认识 Windows 10 系统

1.1　认识 Windows 10 系统 2

1.1.1　Windows 10 系统简介 2

1.1.2　Windows 10 系统版本 2

1.2　Windows 10 系统的新特性 3

1.2.1　虚拟桌面 3

1.2.2　操作中心 4

1.2.3　窗口化程序 4

1.2.4　多任务管理界面 5

1.2.5　设备与平台统一 5

1.2.6　查找文件更快 6

1.2.7　智能家庭控制 6

1.2.8　语音助手 Cortana 6

1.2.9　恢复“开始”菜单 6

1.2.10　分屏多窗口功能增强 7

1.2.11　Microsoft Edge 浏览器 7

1.2.12　CMD 窗口中支持快捷复制 8

1.2.13　弱化开始屏幕，回归传统桌面 9

1.3　安装 Windows 10 系统的方法 9

1.3.1　安装 Windows 10 系统的配置要求 9

1.3.2　使用光盘安装 10

1.3.3　使用 U 盘安装 12

本章小结 15

课后习题 16

第 2 章　快速上手 Windows 10 系统

2.1　Windows 10 系统的启动与退出 18

2.1.1　启动 Windows 10 系统 18

2.1.2　退出 Windows 10 系统 19

2.1.3　注销 Windows 10 系统账户 20

2.2　“开始”菜单的使用与设置 20

2.2.1　在“开始”菜单上添加项目 21

2.2.2　在“开始”菜单上添加磁贴 22

2.2.3　整理磁贴 23

2.3　任务栏的设置 24

2.3.1　更改任务栏的位置 24

2.3.2　为任务栏添加应用程序 26

2.3.3　设置任务栏自动隐藏 26

2.4　操作中心的设置 27

2.4.1　通知的启用/禁用 27

2.4.2　通知形式的更改 28

2.4.3　快捷操作按钮位置的更改 29

本章小结 31

课后习题 31

第 3 章 设置 Windows 10 系统外观

3.1 桌面背景的设置 33
3.1.1 设置桌面背景为纯色 33
3.1.2 设置桌面背景为幻灯片放映 34
3.2 锁屏界面的设置 35
3.2.1 锁屏背景的设置 35
3.2.2 屏幕显示时长的设置 37
3.2.3 屏幕保护程序的设置 38
3.3 Windows 10 系统主题的使用 39
3.3.1 主题的更改 39
3.3.2 自定义主题的保存 40
3.4 桌面图标的设置 41
3.4.1 系统图标的添加 41
3.4.2 快捷方式图标的添加 42
3.4.3 桌面图标样式的更改 43
3.4.4 桌面图标的管理 46
本章小结 47
课后习题 48

第 4 章 管理 Windows 10 系统账户

4.1 用户账户的类别 50
4.1.1 管理员账户 50
4.1.2 标准账户 50
4.1.3 来宾账户 50
4.1.4 Microsoft 账户 50
4.2 用户账户的创建 51
4.3 用户账户的设置 52
4.3.1 账户类型的更改 52
4.3.2 账户头像和名称的更改 54
4.3.3 账户密码的设置 55
4.3.4 账户密码的更改 56
4.4 用户账户的管理 58
4.4.1 用户账户的锁定 58
4.4.2 用户账户的切换 59
4.4.3 来宾账户的启用 60
本章小结 61
课后习题 61

第 5 章 设置 Windows 10 基本应用

5.1 鼠标和键盘的设置 63
5.1.1 鼠标键和鼠标滑轮的设置 63
5.1.2 鼠标指针的设置 64
5.1.3 键盘属性的设置 66
5.1.4 屏幕键盘和触摸键盘的启用 67
5.2 日期和时间的设置 68
5.2.1 日期和时间的更改 69
5.2.2 日期和时间显示格式的设置 69
5.3 声音的设置 71
5.3.1 系统声音方案的更改 71
5.3.2 系统音量的调节 73
5.4 输入法和语言的设置 74

5.4.1 默认输入法的设置 74
5.4.2 输入法功能的设置 75
5.4.3 语言包的添加 76
本章小结 77
课后习题 77

第 6 章 管理文件与文件夹

6.1 文件和文件夹的基础知识 79
6.1.1 文件和文件夹的概念 79
6.1.2 文件的命名规则 79
6.1.3 文件扩展名的显示 80
6.2 文件和文件夹的管理 81
6.2.1 文件和文件夹的新建 81
6.2.2 文件和文件夹的浏览 83
6.2.3 文件或文件夹的选择 84
6.2.4 文件或文件夹的复制 85
6.2.5 文件或文件夹的删除 87
6.2.6 文件或文件夹的移动 88
6.2.7 文件或文件夹的重命名 89
6.2.8 文件或文件夹的批量重命名 90
6.3 回收站的管理 91
6.3.1 直接清空回收站文件 91
6.3.2 还原回收站中的文件 91
6.3.3 删除回收站中的文件或文件夹 92
6.3.4 设置回收站存放空间 93
6.4 文件或文件夹的查看 93
6.4.1 文件或文件夹属性的查看 94
6.4.2 文件或文件夹的排序 95
6.4.3 文件或文件夹的分组 95
6.5 文件或文件夹的隐藏与显示 96
6.5.1 文件或文件夹的隐藏 96
6.5.2 文件或文件夹的显示 97
6.6 文件或文件夹的压缩与解压 98
6.6.1 文件或文件夹的压缩 98
6.6.2 文件或文件夹的解压 99
6.7 文件或文件夹的共享 99
6.7.1 共享文件或文件夹 99
6.7.2 停止文件或文件夹共享 101
本章小结 101
课后习题 101

第 7 章 使用 Windows 10 系统工具

7.1 任务管理器 104
7.1.1 系统性能的查看 104
7.1.2 进程的管理 105
7.1.3 应用资源使用情况的查看 107
7.1.4 系统启动项的管理 107
7.1.5 多用户任务的管理 108
7.1.6 服务的管理 108
7.2 事件查看器 109
7.2.1 事件日志的查看 109
7.2.2 自定义视图的创建 110
7.3 性能监视器 111
7.3.1 计数器的添加 111
7.3.2 数据收集器集的创建 113
7.4 可靠性监视程序 117

7.5 资源监视器 118
7.5.1 资源监视器的启动 118
7.5.2 硬件资源使用情况的查看 119
本章小结 121
课后习题 121

第 8 章　使用系统应用和附件工具

8.1 画图工具的使用 123
8.2 计算器的使用 126
8.2.1 计算器类型 126
8.2.2 使用计算器 127
8.3 截图和草图工具的使用 130
8.3.1 截图和草图工具的功能介绍 130
8.3.2 截图快捷键的更改 132
8.4 闹钟和时钟工具的使用 133
8.4.1 闹钟的添加和删除 133
8.4.2 计时器的添加和删除 135
8.5 人脉应用的使用 136
8.5.1 联系人的查看 136
8.5.2 联系人的添加 137
8.6 日历应用的使用 138
8.6.1 日历视图的设置 138
8.6.2 今日日历的查看 139
8.6.3 事件的添加和删除 140
8.7 便笺应用的使用 141
8.7.1 便笺应用快捷键的介绍 141
8.7.2 笔记的新建和编辑 142
8.7.3 笔记的管理 144
8.8 写字板的使用 145
8.8.1 快速新建文档 145
8.8.2 编辑与保存文档 146
本章小结 148
课后习题 148

第 9 章　使用系统视听娱乐应用

9.1 照片应用的使用 150
9.1.1 查看图片 150
9.1.2 全屏查看图片 151
9.1.3 放映图片 151
9.1.4 删除图片 152
9.1.5 编辑图片 152
9.2 照片查看器的使用 154
9.2.1 认识 Windows 照片查看器 154
9.2.2 在 Windows 照片查看器中查看图片 155
9.2.3 制作图片副本 156
9.3 Groove 音乐的使用 157
9.3.1 添加音乐 157
9.3.2 创建播放列表 158
9.4 电影和电视应用的使用 160
9.4.1 视频的添加 160
9.4.2 视频的管理 161
9.4.3 视频的播放 163
9.5 Windows Media Player 的使用 164

9.5.1 文件夹的添加......164
9.5.2 播放列表的创建......166
9.5.3 播放效果的增强......168
9.5.4 图片文件的分级和排序......169
本章小结......170
课后习题......171

第 10 章 常用软件的安装与管理

10.1 应用软件的了解和安装......173
10.1.1 常见软件的分类......173
10.1.2 获取软件的途径......174
10.1.3 应用软件的安装......175
10.2 应用软件的运行......177
10.2.1 从“开始”菜单中运行......177
10.2.2 从桌面快捷方式运行......177
10.2.3 从安装程序目录中运行......178
10.2.4 从“运行”对话框中运行......179
10.3 应用软件的卸载......179
10.3.1 使用“控制面板”卸载......179
10.3.2 使用第三方软件卸载......181
10.4 系统默认应用的更改......182
10.4.1 默认应用的更改......182
10.4.2 根据文件类型设置默认应用......183
本章小结......185
课后习题......185

第 11 章 Windows 系统的安全与维护

11.1 用户账户控制的设置......187
11.1.1 了解用户账户控制......187
11.1.2 更改用户账户控制的保护级别......187
11.2 Windows 10 防火墙的设置......188
11.2.1 防火墙的启用......189
11.2.2 配置 Windows Defender 防火墙......189
11.3 开机和磁盘的优化......191
11.3.1 开机时间的优化......191
11.3.2 开机启动项的管理......193
11.3.3 系统内存的优化......194
11.3.4 垃圾文件的清理......195
11.3.5 硬盘检测速度的提高......197
11.3.6 磁盘主引导程序的修复......197
11.4 电脑病毒的防范和查杀......197
11.4.1 电脑病毒的类别......197
11.4.2 360 杀毒软件的安装......198
11.4.3 360 杀毒软件的简介......199
11.4.4 360 杀毒软件属性的设置......199
11.4.5 360 杀毒软件界面皮肤的更换......200
11.4.6 360 杀毒查杀病毒的使用......202
11.5 360 安全卫士的使用......202
11.5.1 360 安全卫士的安装......202
11.5.2 查杀系统中的木马......203
11.5.3 电脑垃圾的清理......204
11.5.4 扫描出漏洞的查杀方法......206
本章小结......207
课后习题......207

第 12 章　使用 Windows 10 局域网

12.1　认识局域网 208

12.1.1　局域网的基础知识 209

12.1.2　网络的分类 210

12.1.3　网络的功能 211

12.1.4　网络基本组成 212

12.1.5　网络和共享中心 212

12.1.6　“网络”窗口 213

12.2　局域网的使用 213

12.2.1　网络连接配置 213

12.2.2　查看共享资源 215

12.2.3　映射网络驱动器 216

12.2.4　断开网络驱动器 217

12.3　网络邻居的设置 218

12.3.1　添加新的网络位置 218

12.3.2　登录 FTP 网站 219

12.3.3　隐藏本地计算机 220

12.3.4　自动断开闲置的网络 221

12.3.5　快速获取本地 IP 地址 222

12.4　远程协助与远程桌面的设置 222

12.4.1　远程协助 222

12.4.2　远程桌面连接的设置 224

本章小结 225

课后习题 226

第 13 章　使用 Microsoft Edge 浏览器

13.1　浏览器的常用操作 228

13.1.1　网页和图片的搜索 228

13.1.2　InPrivate 窗口的使用 229

13.1.3　标签页的使用 230

13.1.4　搜索引擎的更改 231

13.1.5　将网页固定到任务栏 232

13.1.6　网页的分享 233

13.1.7　历史记录的查看 234

13.2　收藏夹功能的使用 235

13.2.1　收藏夹的添加 235

13.2.2　收藏夹栏的显示 235

13.2.3　收藏夹的分类 236

13.2.4　收藏夹的导入 238

13.2.5　收藏夹的导出 238

13.3　集锦功能的使用 239

13.3.1　集锦的新建 240

13.3.2　集锦的管理 242

13.4　浏览器的设置 243

13.4.1　默认浏览器的设置 243

13.4.2　默认打开页面的更改 244

13.4.3　浏览器主题的设置 245

本章小结 246

课后习题 246

第 1 章 全面认识 Windows 10 系统

1

Windows 10 系统是美国微软公司研发的一款具有划时代意义的多平台操作系统，适用于所有品类和尺寸的 Windows 设备，包括台式机、笔记本、平板和手机等，实现了微软公司 One Windows 的构想。本章将主要介绍 Windows 10 系统的新特性及安装 Windows 10 系统的方法。

本章重点

- 认识 Windows 10 系统
- Windows 10 系统的新特性
- 安装 Windows 10 系统的方法

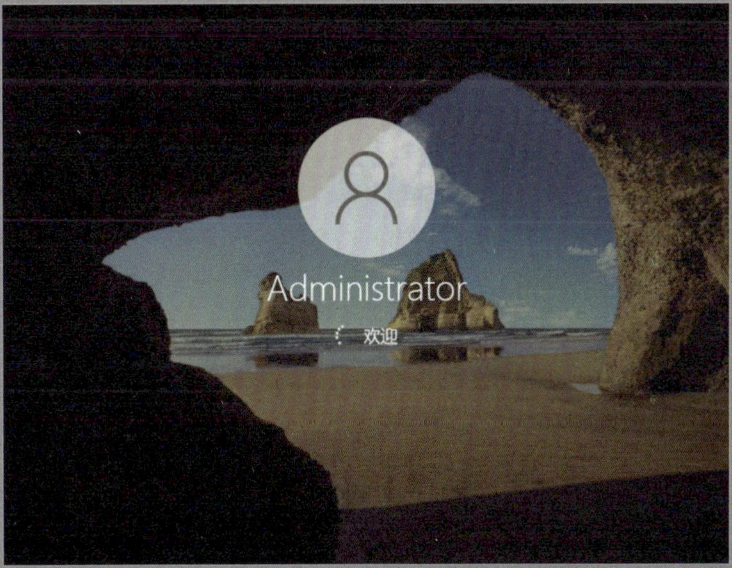

1.1 认识 Windows 10 系统

Windows 10 系统是微软公司继 Windows 8 系统后发布的新一代操作系统，延续了 Windows 8 系统的各种优点，并且将用户操作体验作为一个重要的组成部分。除了新增了大量的实用功能外，Windows 10 系统对于硬件的要求也符合绝大部分用户的电脑配置，可以采用多种安装方法来进行安装体验。

1.1.1 Windows 10 系统简介

Windows 10 系统是微软于北京时间 2015 年 7 月 29 日正式发布的 Windows 系列系统。自 2014 年 10 月 1 日开始公测，Windows 10 系统经历了 Technical Preview（技术预览版）以及 Insider Preview（内测者预览版）两个开发阶段。

在微软公司按照计划进行新特性的开发以外，还不断地根据参与公测的会员所反映的问题进行修复与改进。这种开发方式在 Windows 历史上是首次出现。

1.1.2 Windows 10 系统版本

在 Windows 10 系统中，微软公司针对普通消费者、小企业、大企业及移动设备提供了七种不同的版本，如表 1-1 所示。用户可以根据需要，选择适合的版本进行安装或升级。

表 1-1 Windows 10 各个版本的相关介绍

版本	相关介绍
Windows 10 Home 家庭版	面向使用 PC、平板电脑和二合一设备的用户。拥有 Windows 10 的主要功能：Cortana 语音助手（选定市场）、Edge 浏览器、面向触控屏设备的 Continuum 平板电脑模式、Windows Hello（脸部识别、虹膜、指纹登录）、串流 Xbox One 游戏的能力，以及微软开发的通用 Windows 应用（Photos、Maps、Mail、Calendar、Music 和 Video）
Windows 10 Professional 专业版	面向使用 PC、平板电脑和二合一设备的企业用户。除具有 Windows 10 家庭版的功能外，用户还能管理设备和应用，保护敏感的企业数据，支持远程和移动办公，使用云计算技术。另外，它还带有 Windows Update for Business，微软公司承诺该功能可以降低管理成本、控制更新部署，让用户更快地获得安全补丁软件
Windows 10 Enterprise 企业版	面向批量许可（Volume Licensing）客户。以专业版为基础，增加了大中型企业用来防范针对设备、身份、应用和敏感企业信息等现代安全威胁的功能，用户能选择部署新技术的节奏，其中包括使用 Windows Update for Business 的选项
Windows 10 Education 教育版	以 Windows 10 企业版为基础，面向学校职员、管理人员、教师和学生。通过面向教育机构的批量许可计划提供给客户，学校将能够升级 Windows 10 家庭版和 Windows 10 专业版设备

（续表）

版本	相关介绍
Windows 10 Mobile 移动版	面向尺寸较小、配置触控屏的移动设备，例如智能手机和小尺寸平板电脑，集成有与 Windows 10 家庭版相同的通用 Windows 应用和针对触控操作优化的 Office。部分新设备可以使用 Continuum 功能，因此连接外置大尺寸显示屏时，用户可以把智能手机用作 PC
Windows 10 Mobile Enterprise 企业移动版	以 Windows 10 移动版为基础，面向企业用户。它将提供给批量许可客户使用，增添了企业管理更新功能，以及及时获得更新和安全补丁软件的方式
Windows 10 IoT Core 物联版	面向小型低价设备，主要针对物联网设备。这一版本在系统功能和代码方面进行了大量的精简和优化，没有统一的用户界面，也没有桌面的概念。物联网的开发商需要利用 Windows 10 的通用软件，给不同的物联网设备开发出不同的界面

1.2　Windows 10 系统的新特性

相比于 Windows 8 系统，Windows 10 系统恢复了“开始”菜单的应用，还增加了一些新功能，为用户带来一个全新的视觉感受和良好的使用体验。

1.2.1　虚拟桌面

微软公司在 Windows 10 系统中新增了 Multiple Desktops（多桌面）功能，该功能可以让用户在同一个操作系统下使用多个桌面环境，用户可以根据自己的需要，在不同的桌面环境间进行切换。此外，微软还在“Taskview（虚拟桌面）”模式中增加了应用排列建议选择，不同的窗口会以某种推荐的排版显示在桌面环境中，如图 1-1 所示。

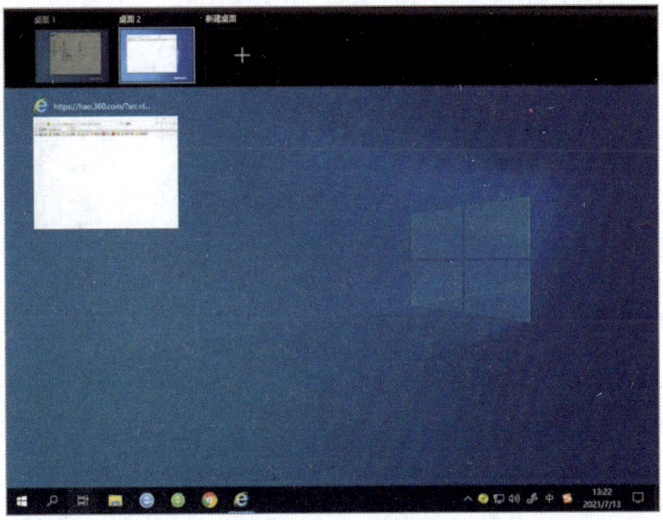

图 1-1　“Taskview（虚拟桌面）”界面

1.2.2 操作中心

新操作中心将所有软件和系统的通知集中在一起，方便用户查看和管理，如图 1-2 所示。底部还添加了一些常用开关按钮，如平板模式开关、夜间模式开关和所有设置等，既方便、快捷，又符合当下人们的操作习惯。

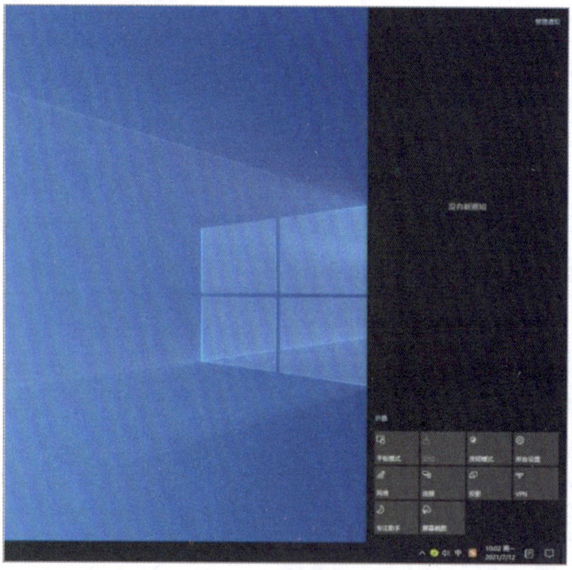

图 1-2 操作中心

1.2.3 窗口化程序

来自 Windows 应用商店中的应用可以和桌面程序一样以窗口化方式运行，可以随意拖动位置与拉伸大小，也可以通过顶栏按钮实现最小化、最大化和关闭应用的操作，如图 1-3 所示。当然，这些应用也可以像 Windows 8 系统和 Windows 8.1 系统那样全屏运行。

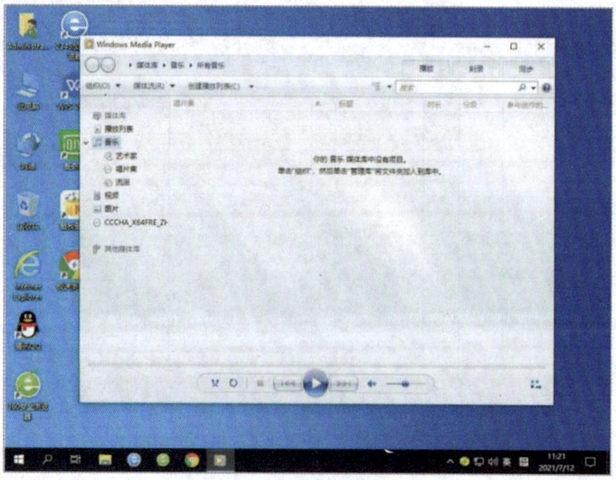

图 1-3 窗口化程序

1.2.5　设备与平台统一

Windows 10 系统为所有的硬件提供了一个统一的平台，支持广泛的设备类型，包括互联网设备到全球企业数据中心服务器。而且 Windows 10 系统覆盖所有尺寸和品类的 Windows 设备，所有设备将共享一个应用商店。

因为 Windows 10 系统启用了 Windows RunTime，所以用户可以跨平台地在 Windows 设备（手机、平板电脑、个人电脑及 Xbox）上运行同一个应用，如图 1-5 所示。

图 1-5　跨平台运行应用

1.2.4　多任务管理界面

Windows 10 系统任务栏中出现了一个全新的“任务视图”按钮。在桌面模式下可以运行多个应用和对话框，并且可以在不同桌面间自由切换。用户能将所有已开启的窗口缩放并排列，以便迅速地找到目标任务，如图 1-4 所示。

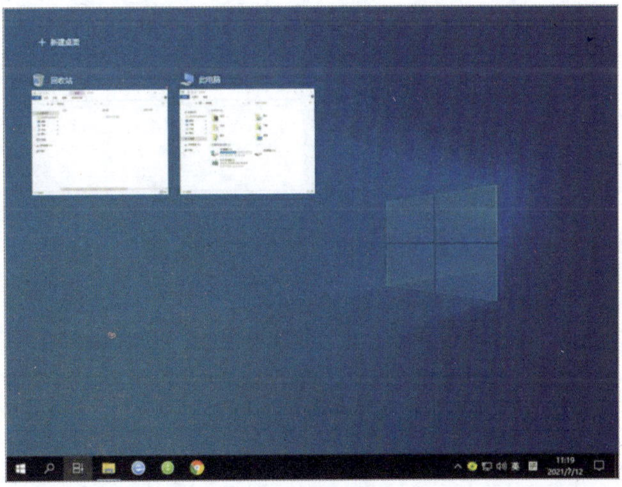

图 1-4　“任务视图”界面

通过单击“任务视图”按钮可以迅速预览多个桌面中打开的所有应用，单击其中一个可以快速跳转到该页面。传统应用和桌面化的 Modern 应用在多任务中可以更紧密地结合起来。

1.2.6 查找文件更快

文件资源管理器默认打开的是“快速访问”界面，这个界面中会显示桌面、下载及文档等用户文件夹，如图 1-6 所示。如果用户觉得这项功能会泄露自己的隐私，可以在“文件资源管理器”右侧列表框中的“快速访问”选项上单击鼠标右键，在弹出的快捷菜单中选择“选项”选项；在弹出的“文件夹选项”对话框中取消选中“在‘快速访问’中显示最近使用的文件”复选框；取消选中“在‘快速访问’中显示常用文件夹”复选框；单击“确定”按钮，即可将其关闭。

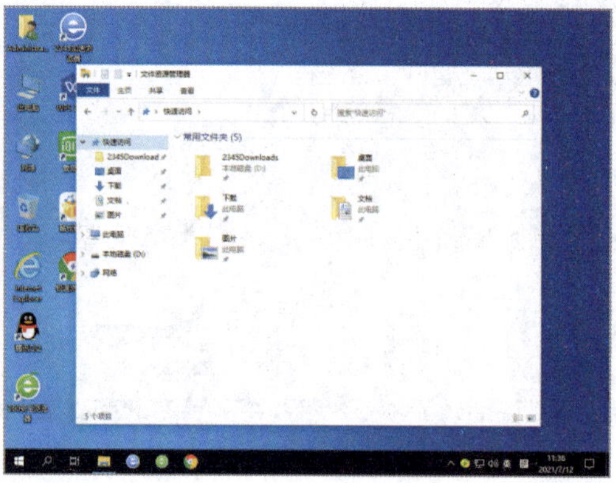

图 1-6　文件资源管理器

1.2.7 智能家庭控制

Windows 10 系统整合了一项名为 AllJoyn 的新技术，这种新技术是一种开源框架，作用是鼓励 Windows 设备增强协作性。不管用户购买的是何种智能家庭产品，不管是由哪家厂商生产的或用何种方式与网络连接，一旦它们被接入网络，就能被网络识别出来。并且跟网络上的其他 AllJoyn 设备联网，从而实现智能家庭控制。

1.2.8 语音助手 Cortana

语音助手 Cortana 位于底部任务栏“开始”按钮右侧，支持使用语音唤醒。Cortana 是用户的私人助手，它的中文名叫“小娜”。“小娜”不仅可以与用户进行简单的语音交流，还可以帮助用户在电脑上查找资料、管理日历、跟踪程序包及查找文件等。

1.2.9 恢复“开始”菜单

微软在 Windows 8 系统中取消了 Windows 经典的“开始”菜单，而熟悉的桌面“开始”菜单又在 Windows 10 系统中正式归位。Windows 10 系统恢复了原有的“开始”菜单，并将 Windows 8 系统和 Windows 8.1 系统中的“开始屏幕”集成至菜单当中。Modern 应用（也称 Windows 应用商店应用/Windows Store 应用）则允许在桌面以窗口化模式运行。

Windows 10 系统桌面的“开始”菜单既照顾了 Windows 7 系统等老用户的使用习惯，又同时考虑到 Windows 8 系统和 Windows 8.1 系统用户的习惯。依然提供主打触摸操作的开始屏幕，两代系统用户切换到 Windows 10 系统后应该不会有太多的违和感，如图 1-7 所示。

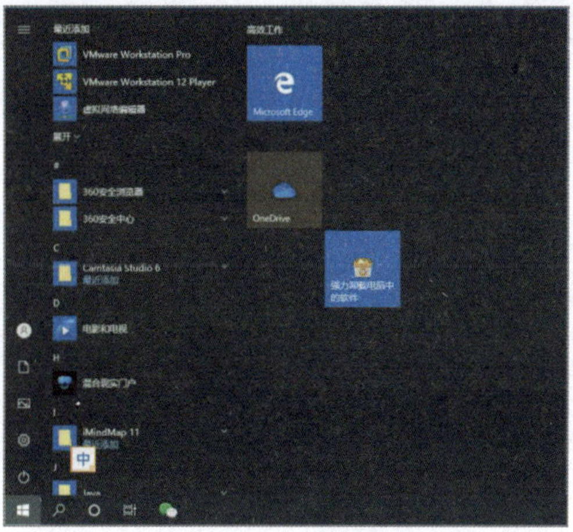

图 1-7　“开始”菜单界面

1.2.10　分屏多窗口功能增强

用户可以在屏幕中同时摆放四个窗口，Windows 10 系统还会在单独窗口内显示正在运行的其他应用程序，如图 1-8 所示。同时，Windows 10 系统还会智能地给出分屏建议。微软在 Windows 10 侧边新加入了一个 Snap Assist 按钮，通过它可以将多个不同桌面的应用展示在此，并和其他应用自由组合成多任务模式。

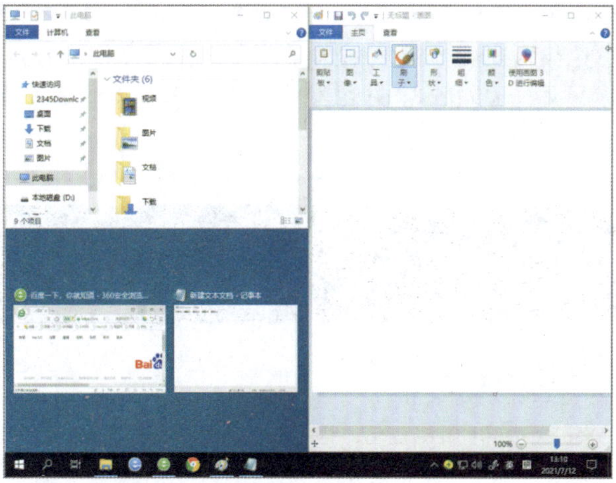

图 1-8　多窗口运行

1.2.11　Microsoft Edge 浏览器

在 Windows 10 系统中使用全新的 Microsoft Edge 浏览器替代 Internet Explorer（IE 浏览器）。拥有全新内核的 Microsoft Edge 浏览器对于 HTML5 等新兴标准和多媒体内容的支持更好，新增涂鸦书写、书签导入、密码管理、与 Cortana 集成、阅读模式等功能，且日后还将兼容 Chrome、Firefox 等第三方扩展插件，如图 1-9 所示。

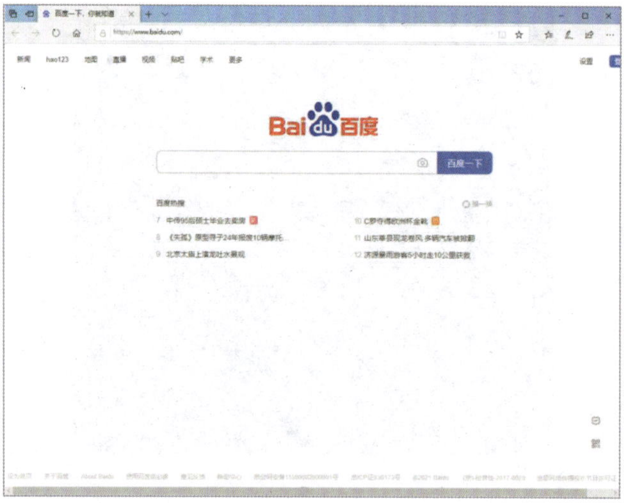

图 1-9　Microsoft Edge 浏览器

Windows 10 系统中 Internet Explorer 将与 Microsoft Edge 浏览器共存，前者使用传统排版引擎，以提供旧版本兼容支持；后者采用全新排版引擎，带来不一样的浏览体验。

1.2.12　CMD 窗口中支持快捷复制

相比过去将所有用户都视为初级用户的做法，微软在 Windows 10 系统中特别照顾到高级用户的使用习惯。如在命令提示符（Command Prompt）中增加了对粘贴键（Ctrl+V）的支持，用户终于可以直接在指令输入窗口下快速粘贴文件夹路径了。在 CMD 窗口中还可自行进行选择，如图 1-10 所示。另外，Windows 10 系统的命令提示符还增添了大量新选项和热键，使用户能够更方便地执行命令和启动软件。

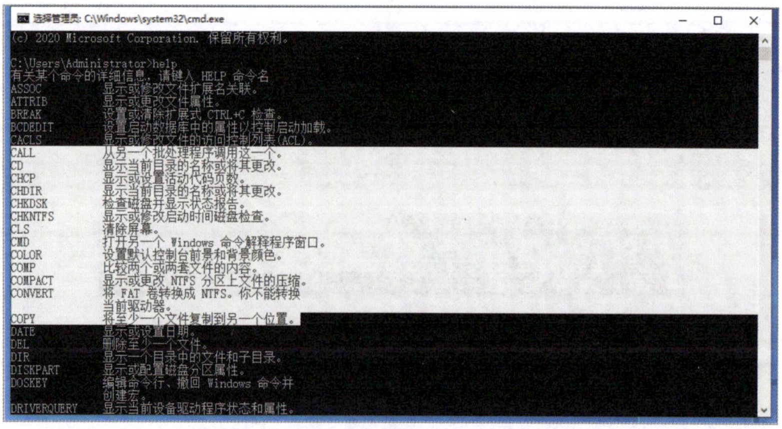

图 1-10　在 CMD 窗口中进行选择

1.2.13　弱化开始屏幕，回归传统桌面

Windows 10 系统开机后默认进入传统桌面，如图 1-11 所示，而不是开始屏幕。这样用户不再需要单击 Windows 8 系统 Metro 界面的“桌面”磁贴来进入传统桌面。

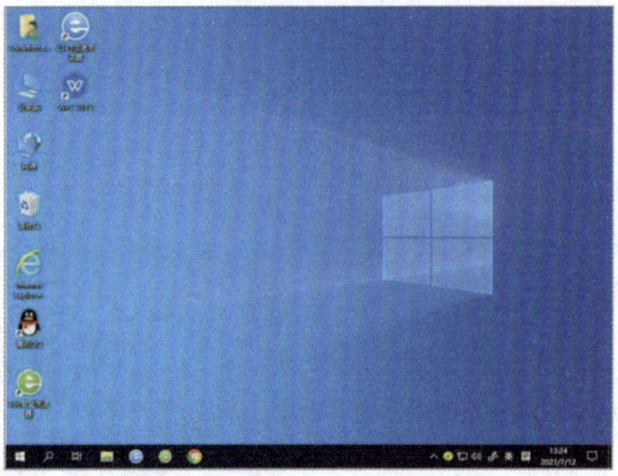

图 1-11　传统桌面界面

1.3　安装 Windows 10 系统的方法

Windows 10 系统的安装过程与 Windows 8 系统类似，通过多种类型的介质可以采用多种安装方法。从速度上来说，硬盘安装最快，而 U 盘安装最便捷，光盘最容易操作。用户可以根据实际需要，选择合适的方法进行安装，也可以进行双系统的安装，或是在虚拟机中进行体验。

1.3.1　安装 Windows 10 系统的配置要求

Windows 10 系统对系统配置要求并不是特别高。这可以理解为 Windows 10 系统是针对大多数平台进行的设计，对高中低档都有所兼顾。当然，优秀的硬件也会给用户带来更炫目的体验。安装 Windows 10 系统的最低配置要求如表 1-2 所示。

表 1-2　安装 Windows 10 系统的最低配置要求

配件名称	最低配置
CPU（中央处理器）	1 GHz 或系统单芯片（SoC）
内存	1 GB（32 位）或 2 GB（64 位）
硬盘空间	16 GB（32 位操作系统）或 32 GB（64 位操作系统）
显卡	DirectX9 或更高版本（包含 WDDM 1.0 驱动程序）
显示器	800 像素×600 像素的分辨率

1.3.2 使用光盘安装

使用光盘安装

通过光盘安装 Windows 10 系统是普遍采用的标准方法，光盘的兼容性是最好的，但是速度较慢，而且需要购买系统光盘和光驱设备。下面介绍使用光盘安装 Windows 10 系统的操作方法。

Step 01 将光盘放入光驱，启动电脑后进入 BIOS 界面，从中设置从光驱启动，如图 1-12 所示。

Step 02 若电脑屏幕上出现 Press any key to boot from CD or DVD…字样，则按键盘上任意键继续，此时将启动 Windows 10 安装程序，出现 Windows 徽标，如图 1-13 所示。

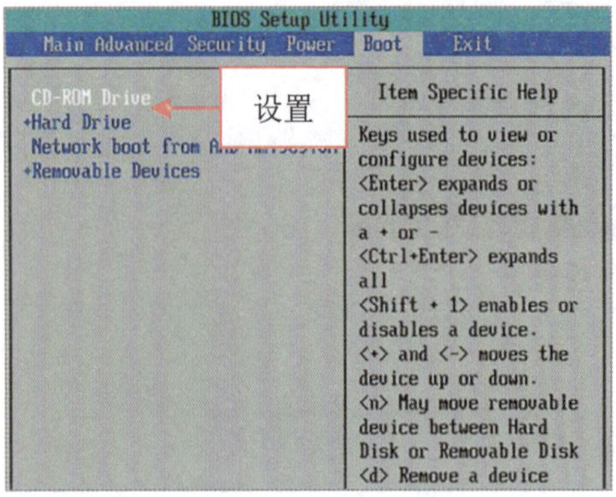

图 1-12 设置从光驱启动

图 1-13 出现 Windows 徽标

Step 03 等待片刻，顺利启动安装程序后弹出“Windows 安装程序”对话框，❶设置相应的安装；❷设置相应的时间和货币格式；❸单击“下一步”按钮，如图 1-14 所示。

Step 04 执行上述操作后，进入相应界面，单击“现在安装”按钮，如图 1-15 所示。

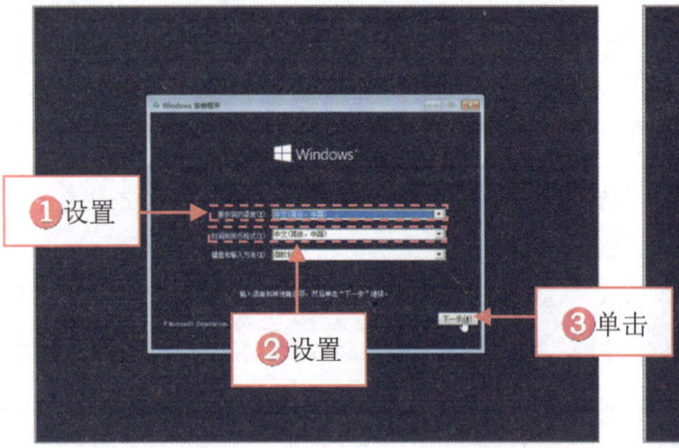

图 1-14 单击“下一步”按钮

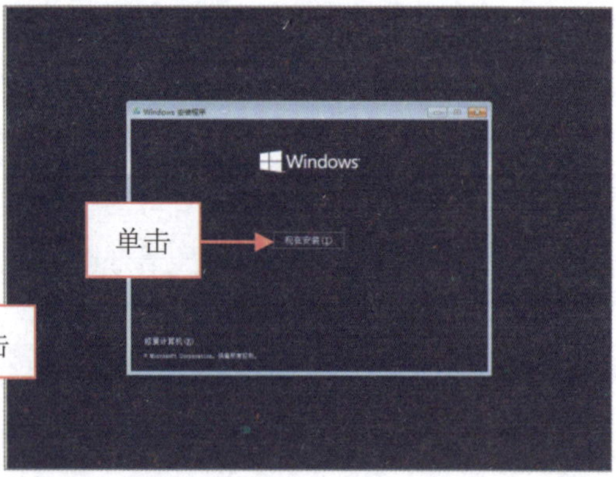

图 1-15 单击“现在安装”按钮

Step 05 执行上述操作后，进入“适用的声明和许可条款”界面，❶选中“我接受许可条款”复选框；❷单击“下一步”按钮，如图 1-16 所示。

Step 06 执行上述操作后，进入“你想执行哪种类型的安装？”界面，选择“自定义：仅安装 Windows（高级）”选项，如图 1-17 所示。

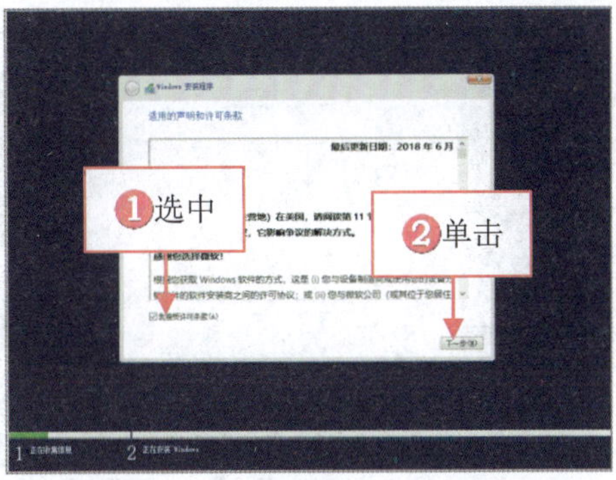

图 1-16　单击“下一步”按钮

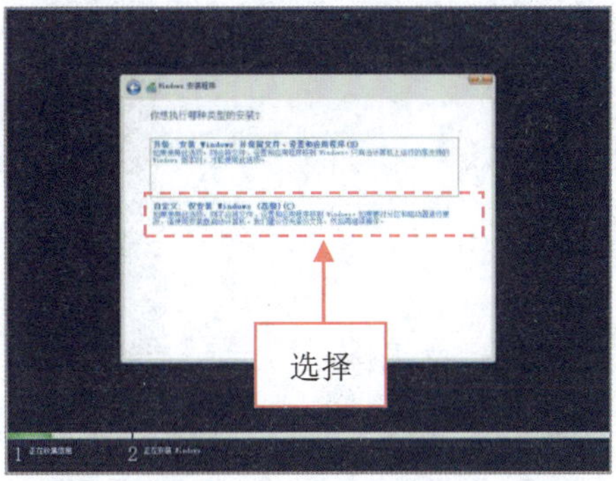

图 1-17　选择相应选项

Step 07　执行上述操作后，进入“你想将 Windows 安装在哪里？”界面，①选择相应驱动器；②单击“新建”链接，如图 1-18 所示。

Step 08　执行上述操作后，在弹出的界面中，①设置“大小”为 40 000 MB；②单击“应用”按钮，如图 1-19 所示。

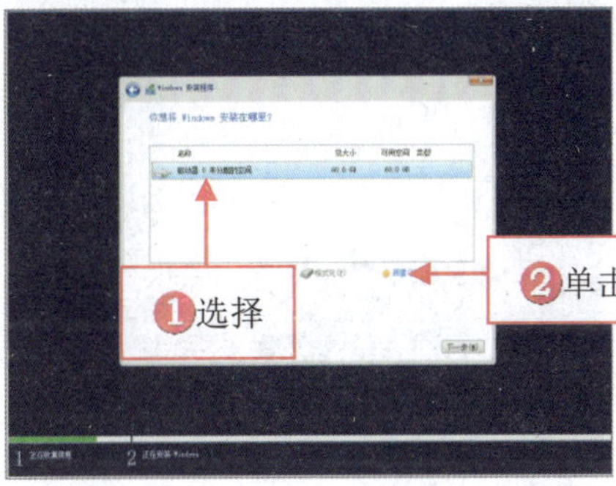

图 1-18　单击“新建”按钮

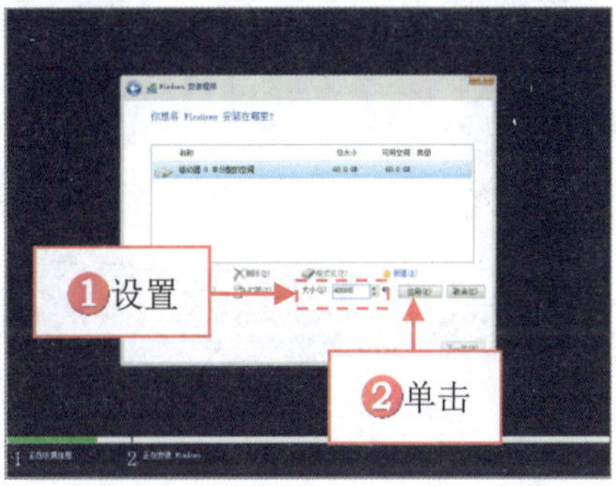

图 1-19　单击“应用”按钮

Step 09　执行上述操作后，弹出信息提示框，单击“确定”按钮，如图 1-20 所示。

Step 10　执行上述操作后，即可创建硬盘分区。①选择硬盘中未分配的空间；②单击“新建”按钮，如图 1-21 所示。

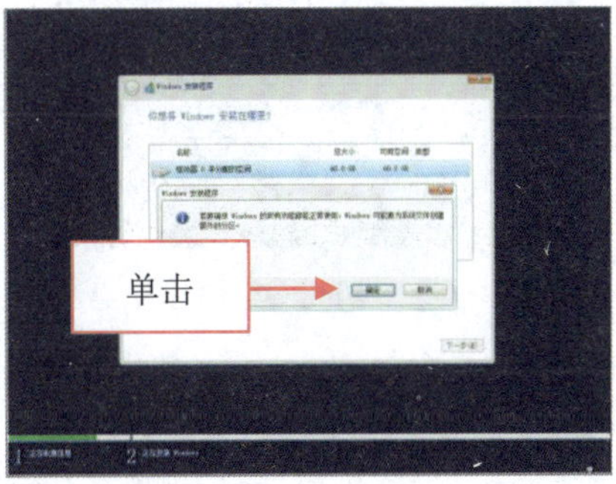

图 1-20　单击“确定”按钮

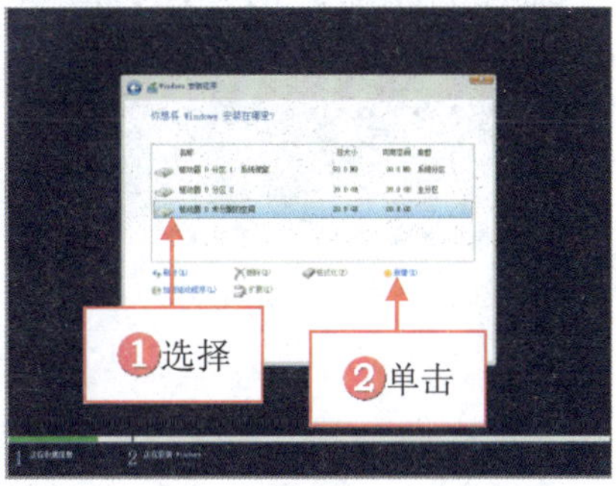

图 1-21　单击“新建”按钮

Step 11　在弹出的界面中，单击“应用”按钮，如图 1-22 所示，即可创建第二个分区。

Step 12　①选择要安装 Windows 10 操作系统的分区；②单击“下一步”按钮，如图 1-23 所示。

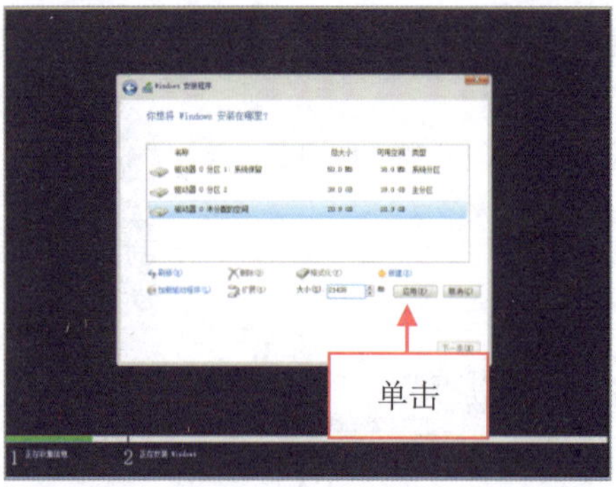

图 1-22　单击“应用”按钮

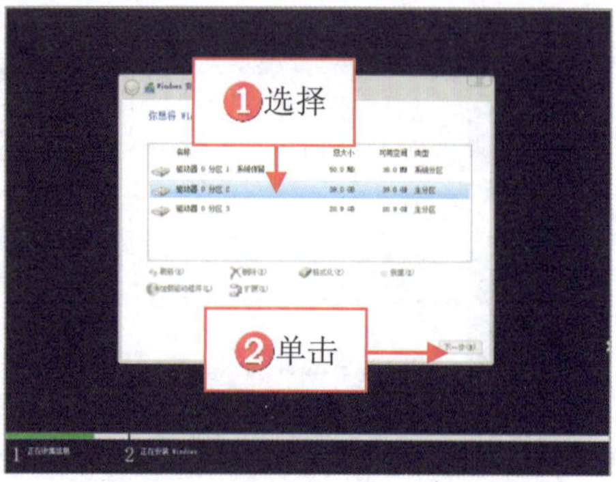

图 1-23　单击“下一步”按钮

Step 13 执行上述操作后，进入“正在安装 Windows”界面，开始安装 Windows 10 操作系统，如图 1-24 所示。

Step 14 安装完成后，程序开始自动重启电脑，如图 1-25 所示。

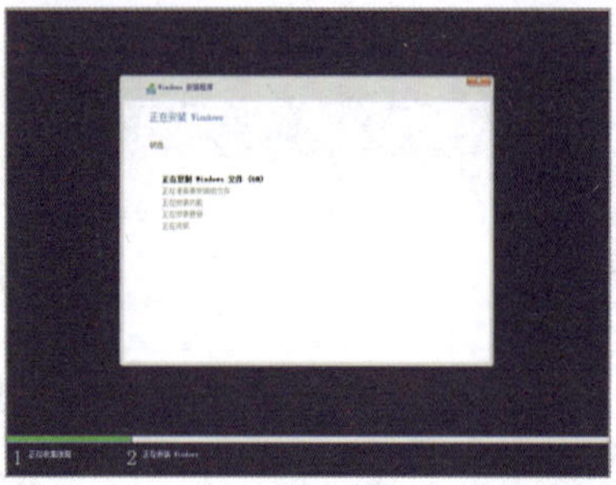

图 1-24　开始安装 Windows 10 操作系统

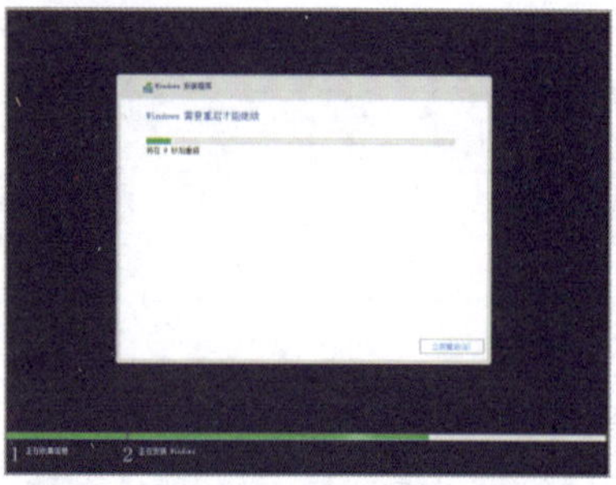

图 1-25　自动重启电脑

Step 15 电脑重新启动后，程序开始安装设备驱动，如图 1-26 所示。

Step 16 安装完成后，即可进入 Windows 10 系统桌面，如图 1-27 所示。

图 1-26　开始安装设备驱动

图 1-27　进入 Windows 10 系统桌面

1.3.3　使用 U 盘安装

使用 U 盘安装

如果用户的电脑没有光驱，那么可以选择使用 U 盘安装 Windows 10 系统。需要注意的是，使用 U 盘安装需要借助极客狗装机大师软件。下面介绍使用 U 盘安装 Windows 10 系统的操作方法。

Step 01　在桌面上双击“极客狗装机大师”快捷方式图标，如图 1-28 所示。

Step 02　执行上述操作后，即可启动极客狗装机大师程序，进入极客狗装机大师“装机首页”界面，如图 1-29 所示。

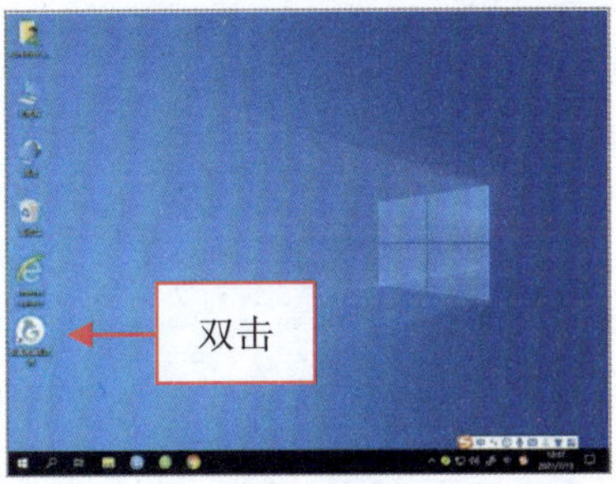

图 1-28　双击相应快捷方式图标

图 1-29　进入“装机首页”界面

Step 03　在左侧的列表框中，选择“U 盘模式”选项，如图 1-30 所示，即可进入“U 盘模式”界面。

Step 04　在右侧的“U 盘模式”界面中，❶选择相应的 U 盘设备；❷单击“制作 U 盘启动盘”按钮，如图 1-31 所示。

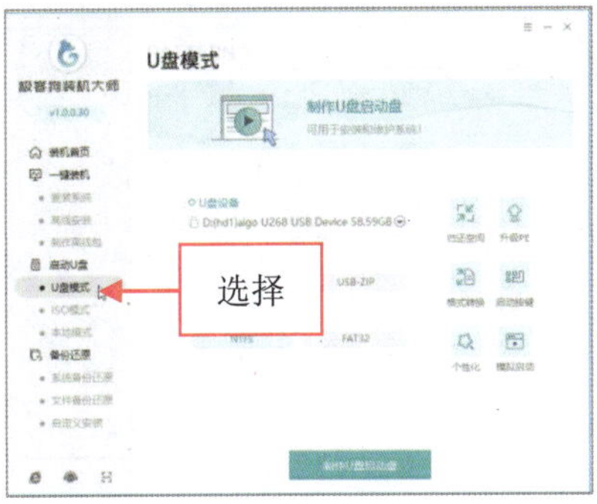

图 1-30　选择“U 盘模式”选项

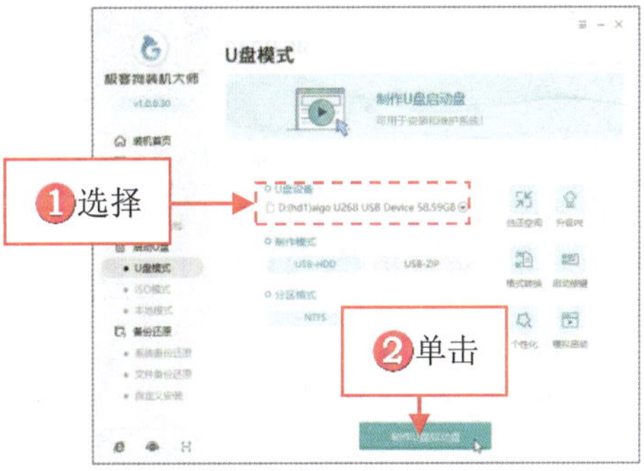

图 1-31　单击“制作 U 盘启动盘”按钮

Step 05　执行上述操作后，进入“选择系统”界面，❶在界面右上方选择 windows 10 选项；❷选择相应版本的系统文件；❸单击“开始制作”按钮，如图 1-32 所示。

Step 06　弹出“提示”对话框，单击“确定”按钮，如图 1-33 所示。

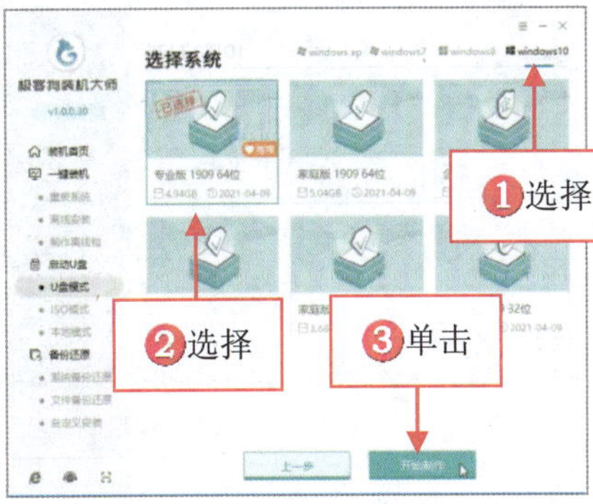

图 1-32　单击“开始制作”按钮

图 1-33　单击“确定”按钮

Step 07 执行上述操作后，进入“资源下载”界面，开始下载系统文件，如图 1-34 所示。

Step 08 下载完成后，自动开始制作 U 盘启动盘，如图 1-35 所示。

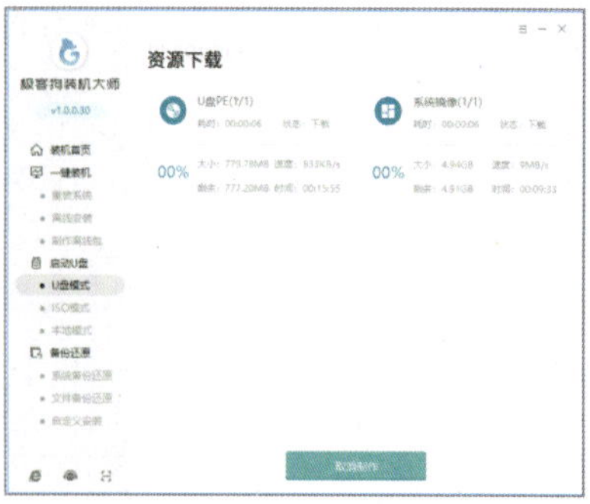

图 1-34　开始下载系统文件

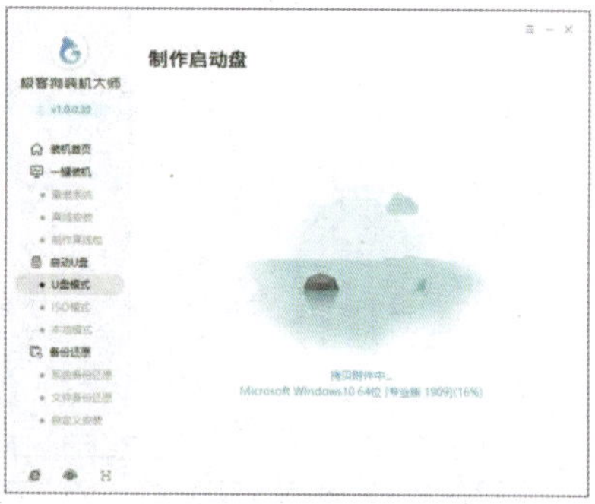

图 1-35　自动开始制作 U 盘启动盘

Step 09 制作完成后，弹出“提示”对话框，单击“预览”按钮，如图 1-36 所示。

Step 10 执行上述操作后，即可预览制作的 U 盘启动盘，如图 1-37 所示。

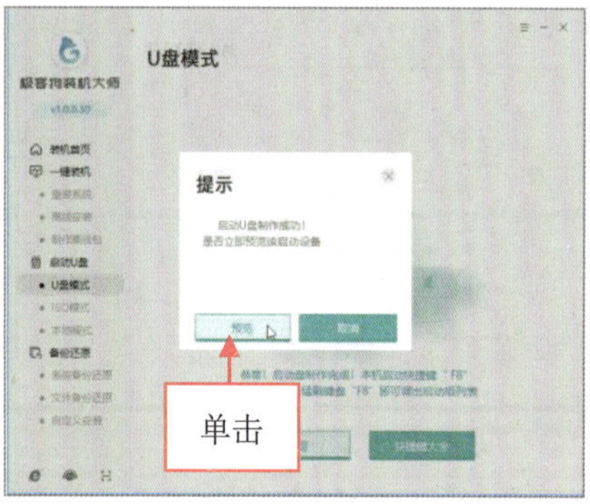

图 1-36　单击“预览”按钮

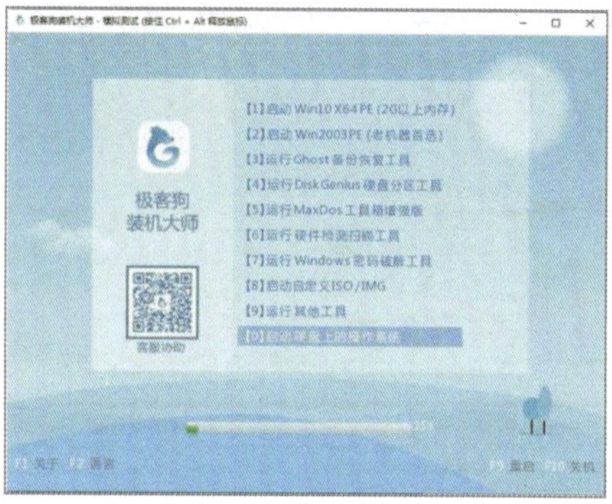

图 1-37　预览 U 盘启动盘

Step 11 将 U 盘插入电脑中，重启电脑后进入 BIOS 界面，设置从 U 盘启动，如图 1-38 所示。

Step 12 重启电脑后进入 PE 系统桌面，双击桌面上的“一键装机”图标，如图 1-39 所示，启动一键装机程序。

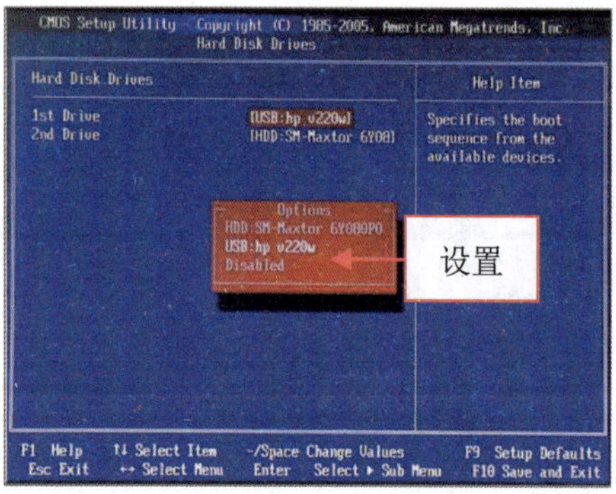

图 1-38　设置从 U 盘启动

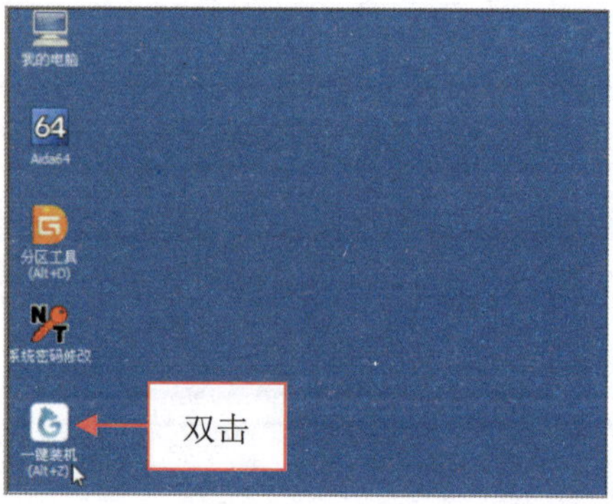

图 1-39　双击“一键装机”图标

Step 13 执行上述操作后，弹出“极客狗一键装机”对话框，如图 1-40 所示，自动搜索系统安装镜像文件。

Step 14　搜索完成后，显示搜索结果，如图 1-41 所示。

图 1-40　弹出相应对话框

图 1-41　显示搜索结果

Step 15　单击相应系统安装镜像文件右侧的“安装”按钮，如图 1-42 所示，根据提示进行操作，即可自动完成 Windows 10 系统的安装。

图 1-42　单击“安装”按钮

本章小结

本章主要介绍了 Windows 10 系统的基本知识，具体内容包括 Windows 10 系统的版本、新特性及安装 Windows 10 系统的配置要求和方法等。通过对本章的学习，希望读者能够掌握 Windows 10 系统的新特性和安装方法。

课后习题

课后习题

鉴于本章知识的重要性，为了帮助读者更好地掌握所学知识，通过设置上机习题帮助读者进行简单的知识回顾和补充。

安装好 Windows 10 系统后，可以自行查看安装的系统版本。本习题可帮助读者掌握查看 Windows 10 系统版本的操作方法，如图 1-43 所示。

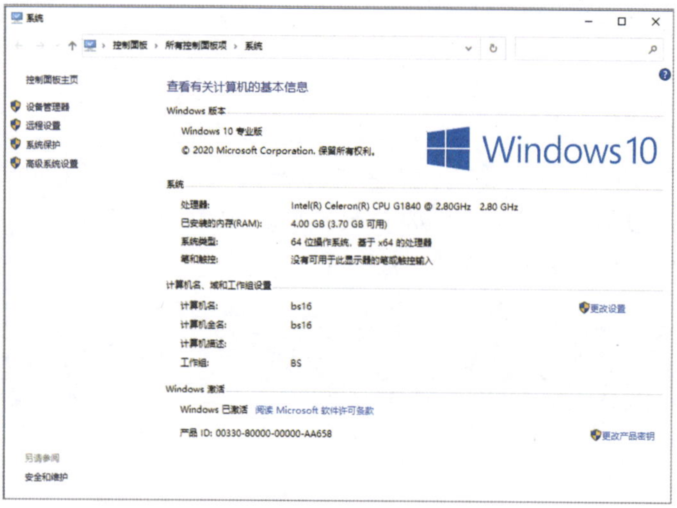

图 1-43　查看 Windows 10 系统版本

第 2 章

快速上手 Windows 10 系统

Windows 10 系统相比于 Windows 8 系统而言，在功能、界面等方面都有不少变化，想要熟练地使用 Windows 10 系统，就先要了解 Windows 10 系统的入门知识，掌握系统的一些基本操作。本章将主要介绍 Windows 10 系统的启动与退出、“开始”菜单的使用与设置、任务栏的设置及操作中心的设置等。

本章重点

- Windows 10 系统的启动与退出
- “开始”菜单的使用与设置
- 任务栏的设置
- 操作中心的设置

2.1 Windows 10 系统的启动与退出

完成 Windows 10 系统的安装后，就可以开始体验这个操作系统的魅力所在了。和使用任何一个操作系统一样，使用 Windows 10 系统时，首先要掌握系统的启动和退出方法。

2.1.1 启动 Windows 10 系统

用户在启动 Windows 10 系统前，首先应确保设备处于通电的状态，然后启动设备，即可自动进入 Windows 10 操作系统。

启动 Windows 10 系统

Step 01 启动设备后，自动进入 Windows 10 系统的启动界面，如图 2-1 所示。

Step 02 启动完成后，显示账户登录界面，如图 2-2 所示。

图 2-1 Windows 10 系统启动界面

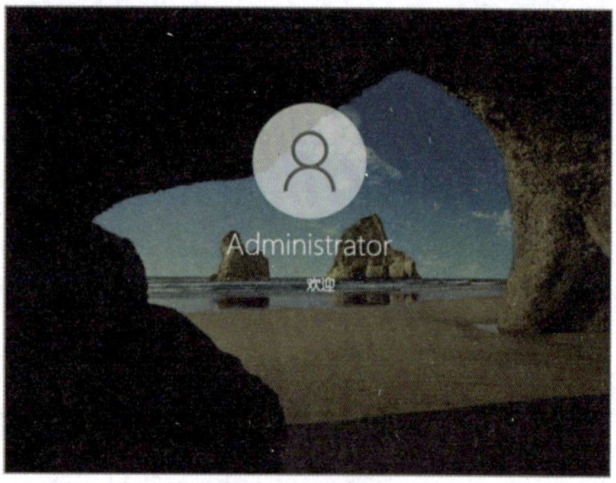

图 2-2 账户登录界面

Step 03 稍等片刻，自动进入 Windows 10 系统的桌面界面，如图 2-3 所示。

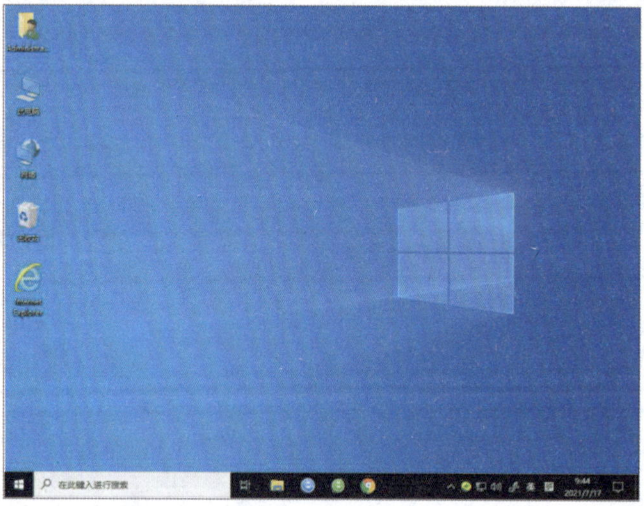

图 2-3 进入桌面界面

2.1.2　退出 Windows 10 系统

退出 Windows 10 系统

结束操作之后，需要正确退出 Windows 10 系统才能关闭电脑，否则可能会破坏一些保存的文件或正在运行的程序。

Step 01　关闭所有应用程序和窗口界面后，单击屏幕左下方的“开始”按钮，如图 2-4 所示。

Step 02　执行上述操作后，打开“开始”菜单，如图 2-5 所示。

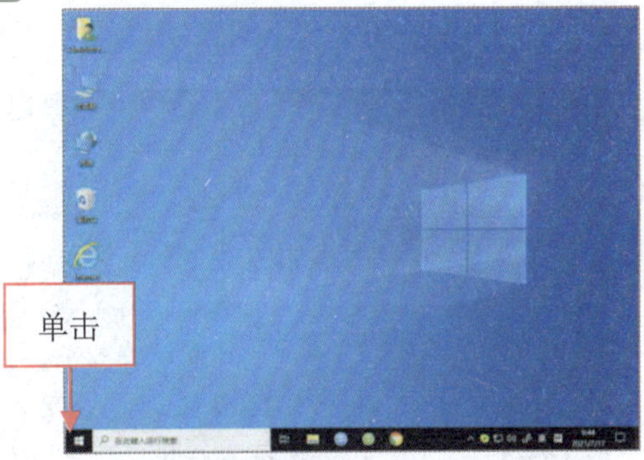

图 2-4　单击“开始”按钮

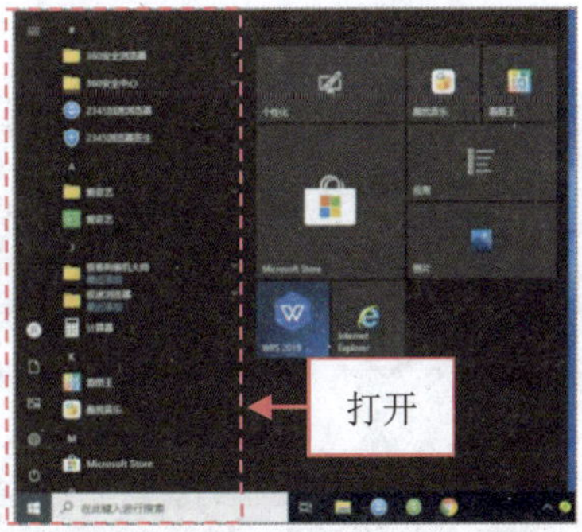

图 2-5　打开“开始”菜单

Step 03　在“开始”菜单的左下方，单击“电源”按钮，如图 2-6 所示。

Step 04　在弹出的列表框中，选择“关机”选项，如图 2-7 所示。

图 2-6　单击“电源”按钮

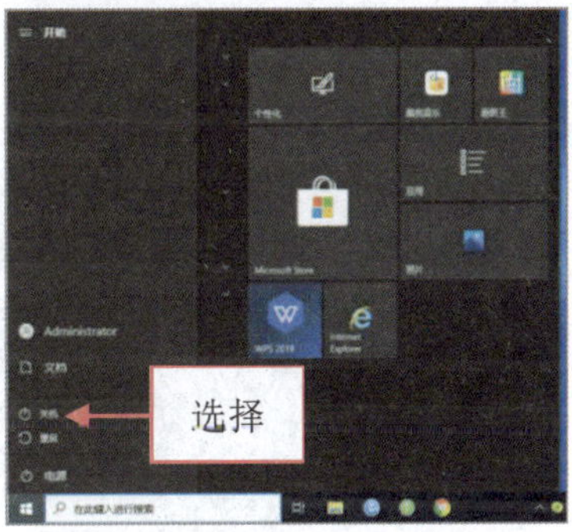

图 2-7　选择“关机”选项

Step 05　执行上述操作后，进入“正在关机”界面，如图 2-8 所示，稍等片刻后，即可安全退出 Windows 10 系统。

图 2-8　进入“正在关机”界面

2.1.3 注销 Windows 10 系统账户

Windows 10 系统是多用户、多任务的操作系统，允许多个用户登录到操作系统中。为了使操作同一台电脑不同用户能够方便快捷地进行系统登录，Windows 10 系统提供了注销功能。

注销 Windows 10 系统账户

Step 01 单击屏幕左下角的“开始”按钮，打开“开始”菜单，如图 2-9 所示。

Step 02 在“开始”菜单的左侧，单击“账户”按钮，如图 2-10 所示。

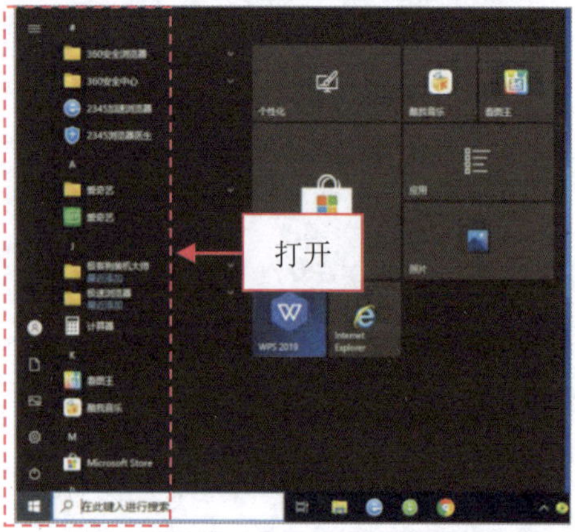

图 2-9　打开“开始”菜单

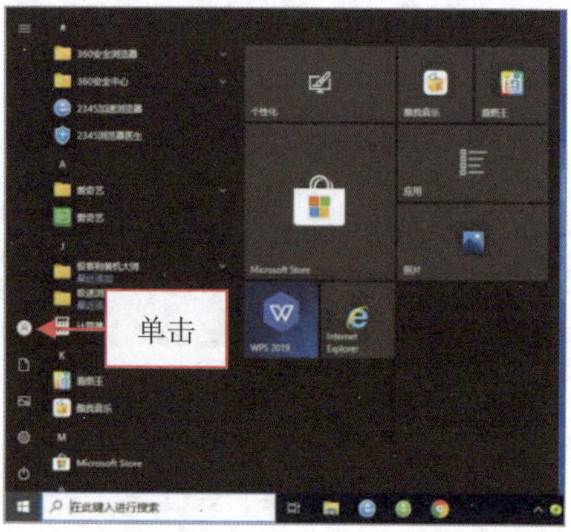

图 2-10　单击“账户”按钮

Step 03 在弹出的列表框中，选择“注销”选项，如图 2-11 所示，即可注销账户。

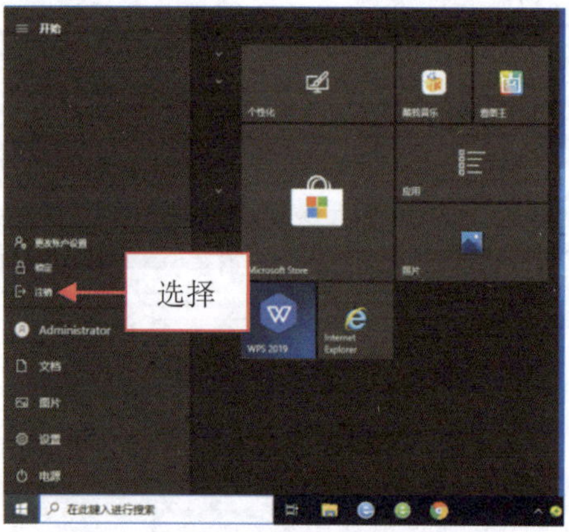

图 2-11　选择“注销”选项

2.2 “开始”菜单的使用与设置

不同于 Windows 8 系统用 Metro 界面代替“开始”菜单的做法，Windows 10 系统采取“开始”菜单和 Metro 界面相结合的办法。在保留经典“开始”菜单的基础上，增加了 Metro 界面的“磁贴”区。

2.2.1 在“开始”菜单上添加项目

Windows 10 系统支持个性化设置，用户可以根据需要设置“开始”菜单上显示的项目。下面介绍在“开始”菜单上添加项目的操作方法。

在“开始”菜单上添加项目

Step 01 单击屏幕左下角的“开始”按钮，打开“开始”菜单，如图 2-12 所示。

Step 02 在“开始”菜单的左侧，单击“设置”按钮，如图 2-13 所示。

图 2-12 打开“开始”菜单

图 2-13 单击“设置”按钮

Step 03 执行上述操作后，打开“设置”窗口，在列表框中选择“个性化”选项，如图 2-14 所示。

Step 04 执行上述操作后，进入“个性化”界面，在左侧的列表框中选择“开始”选项，如图 2-15 所示，右侧显示“开始”界面。

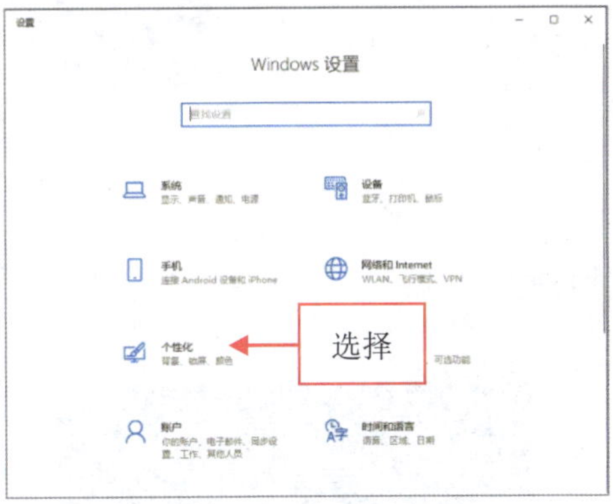

图 2-14 选择“个性化”选项

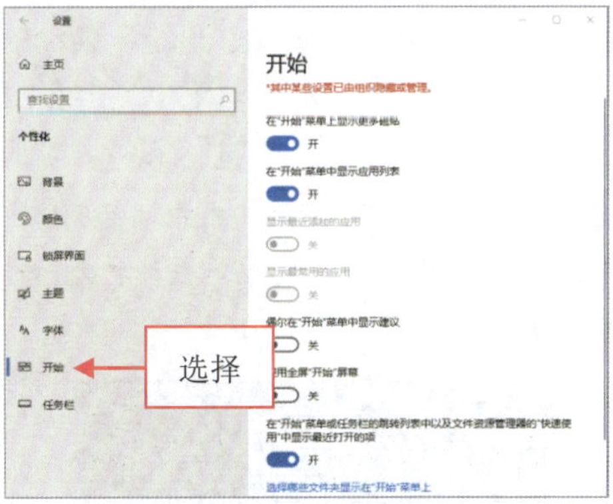

图 2-15 选择“开始”选项

Step 05 在右侧的“开始”界面中，单击“选择哪些文件夹显示在‘开始’菜单上”链接，如图 2-16 所示。

Step 06 执行上述操作后，进入“选择哪些文件夹显示在‘开始’菜单上”界面，如图 2-17 所示。

Step 07 打开“文件资源管理器”功能，如图 2-18 所示。

Step 08 关闭“设置”窗口，打开“开始”菜单，即可看到“文件资源管理器”的按钮显示在“开始”菜单的左下方，如图 2-19 所示。

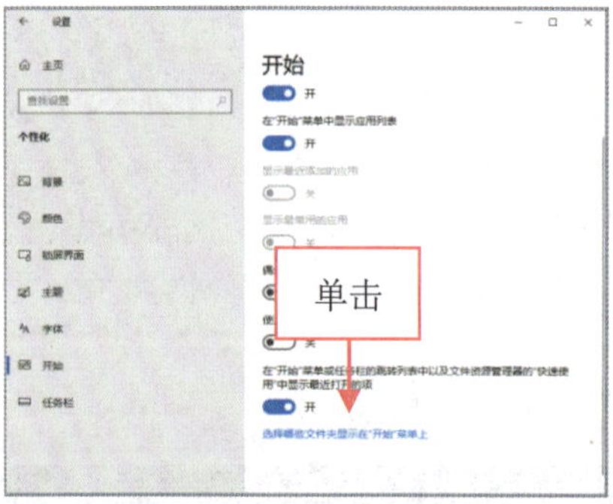

图 2-16　单击相应链接

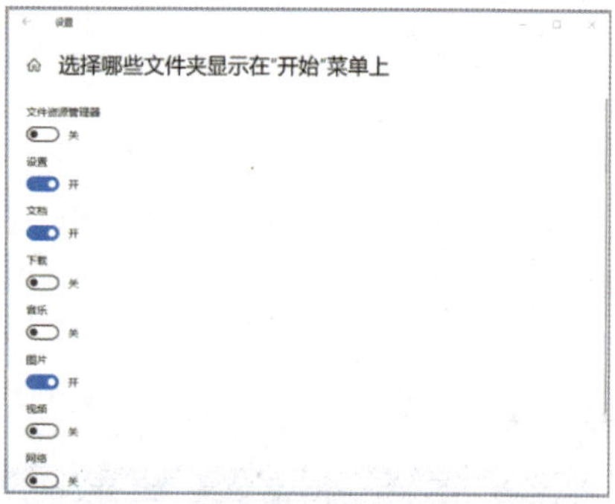

图 2-17　进入相应界面

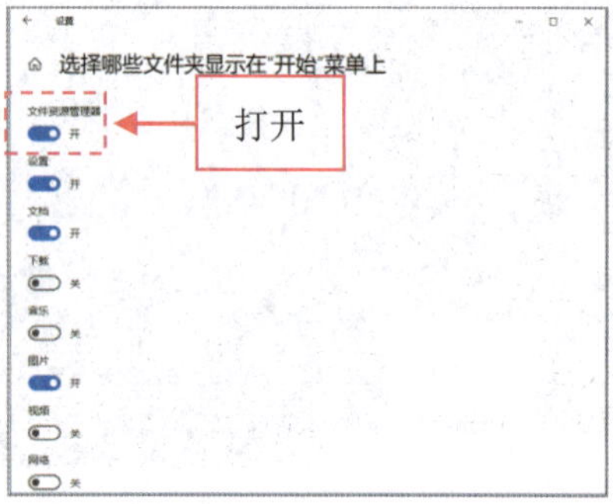

图 2-18　打开“文件资源管理器”功能

图 2-19　显示“文件资源管理器”的按钮

2.2.2　在“开始”菜单上添加磁贴

在“开始”菜单上添加磁贴

在 Windows 10 系统中，“开始”菜单的右侧为磁贴区，用户可以将应用或文件夹固定到“菜单”屏幕上，从而在磁贴区添加相应磁贴。下面介绍在“开始”菜单上添加磁贴的操作方法。

Step 01　打开“开始”菜单，在中间的列表框中选择“相机”应用，如图 2-20 所示。

Step 02　❶在“相机”应用上单击鼠标右键；❷在弹出的快捷菜单中选择“固定到‘开始’屏幕”选项，如图 2-21 所示。

图 2-20　选择“相机”应用

图 2-21　选择“固定到‘开始’屏幕”选项

Step 03 执行上述操作后，即可将“相机”应用固定在“开始”屏幕上，右侧的磁贴区中显示“相机”磁贴，如图 2-22 所示。

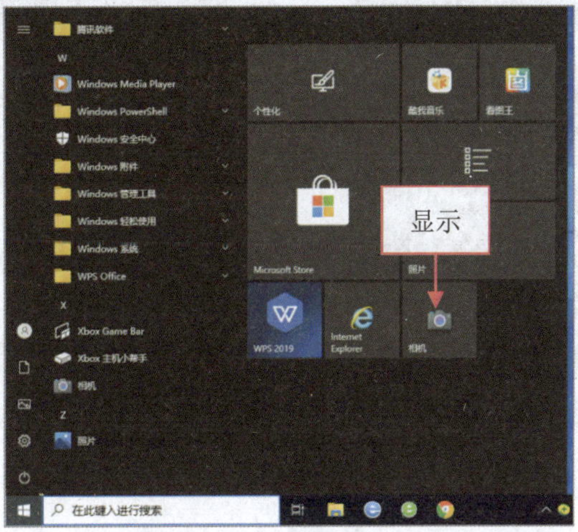

图 2-22　显示“相机”磁贴

2.2.3　整理磁贴

用户在“开始”菜单上添加磁贴后，通过设置磁贴的大小、位置及数量等，对磁贴进行整理，使磁贴区更美观、更个性化。下面介绍整理磁贴的操作方法。

整理磁贴

Step 01 打开“开始”菜单，在右侧的磁贴区中选择 WPS 2019 磁贴，单击鼠标右键，如图 2-23 所示。

Step 02 在弹出的快捷菜单中选择“从‘开始’屏幕取消固定”选项，如图 2-24 所示。

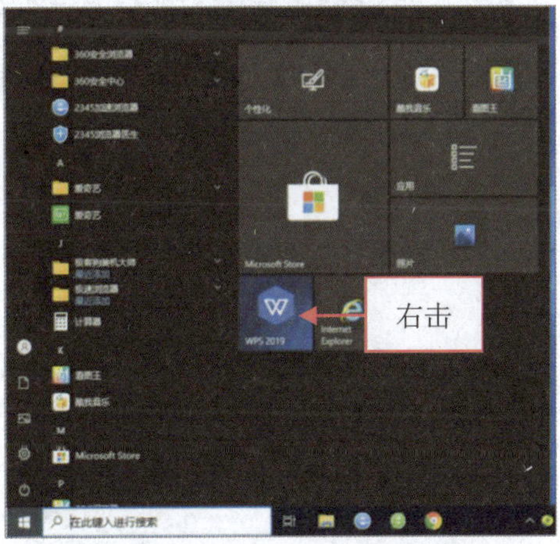

图 2-23　单击鼠标右键

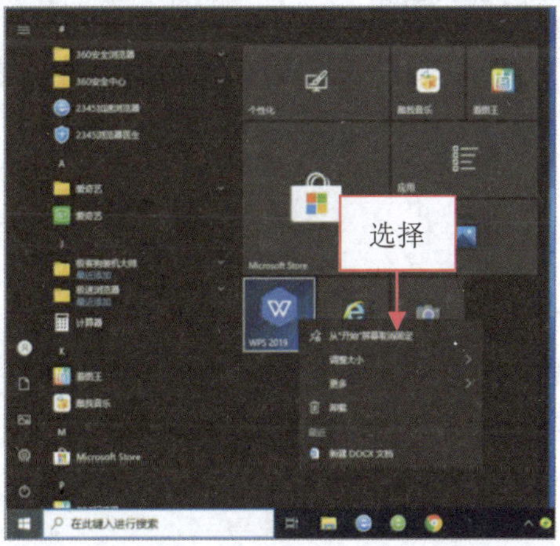

图 2-24　选择“从‘开始’屏幕取消固定”选项

Step 03 执行上述操作后，即可删除 WPS 2019 的磁贴，效果如图 2-25 所示。

Step 04 选择“相机”磁贴，按住鼠标左键并向左拖曳，即可调整磁贴位置，效果如图 2-26 所示。

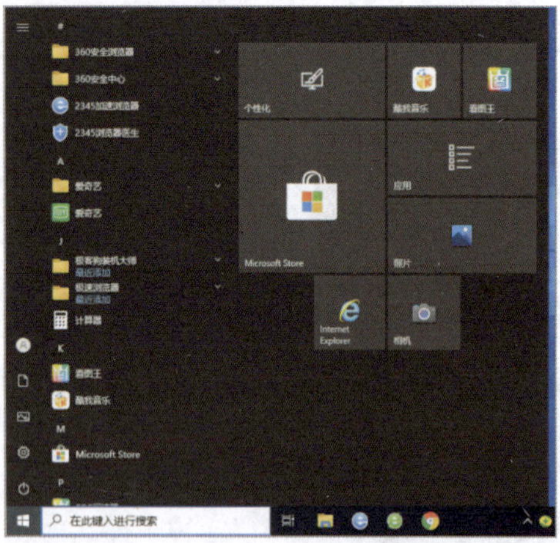

图 2-25　删除 WPS 2019 磁贴的效果

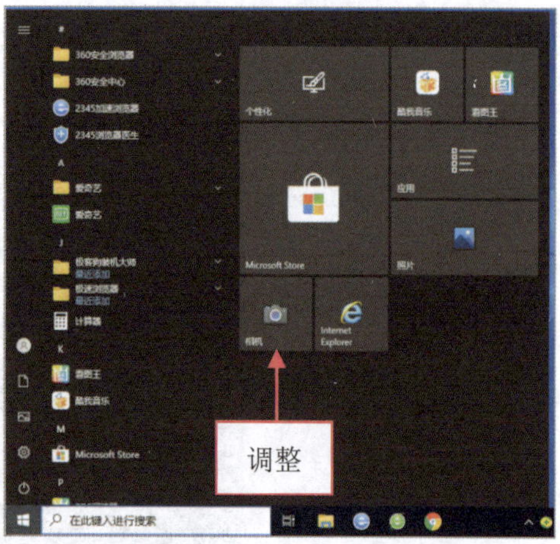

图 2-26　调整磁贴位置的效果

Step 05　❶在“相机”磁贴上单击鼠标右键；❷在弹出的快捷菜单中选择“调整大小”|“大”选项，如图 2-27 所示。

Step 06　执行上述操作后，即可调整“相机”磁贴的大小，效果如图 2-28 所示。

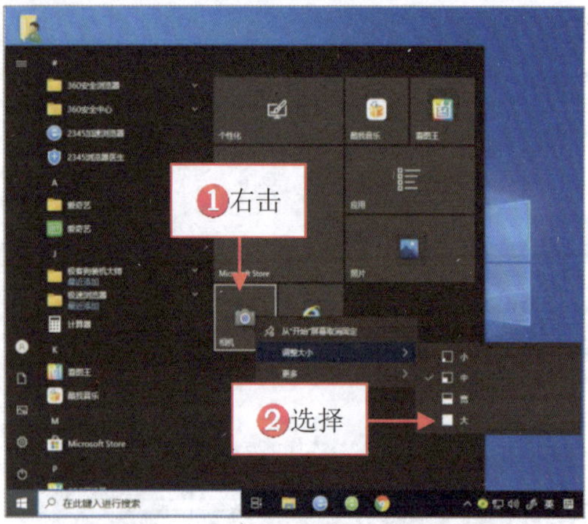

图 2-27　选择“调整大小”|“大”选项

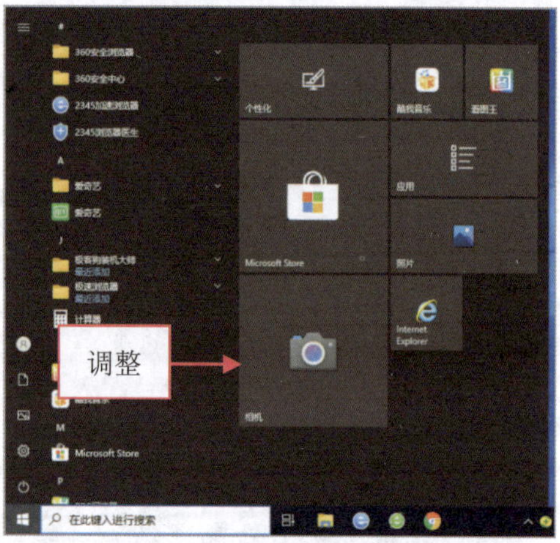

图 2-28　调整磁贴大小的效果

2.3　任务栏的设置

Windows 10 系统的任务栏一般位于窗口的底部，由“开始”按钮、搜索框、空白区域、语言栏及通知区域等组成，中间的空白区域可以显示正在运行的应用程序和打开的窗口。

2.3.1　更改任务栏的位置

更改任务栏的位置

任务栏默认位于桌面底部，如果用户对任务栏的位置不满意，可以对其进行设置，更改任务栏的位置。下面介绍更改任务栏位置的操作方法。

Step 01 打开“开始”菜单，单击“设置”按钮⚙，如图 2-29 所示。

Step 02 执行上述操作后，打开“设置”窗口，选择“个性化”选项，如图 2-30 所示。

图 2-29 单击“设置”按钮

图 2-30 选择“个性化”选项

Step 03 执行上述操作后，进入相应界面，在左侧的列表框中选择“任务栏”选项，如图 2-31 所示，右侧显示“任务栏”界面。

Step 04 在右侧的“任务栏”界面中，设置“任务栏在屏幕上的位置”为“靠左”，如图 2-32 所示。

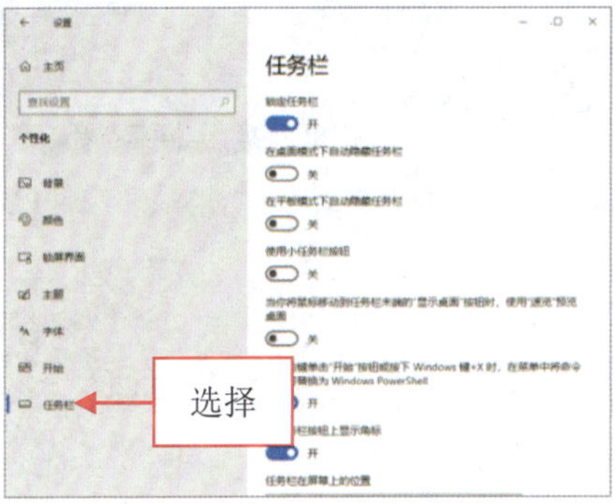

图 2-31 选择“任务栏”选项

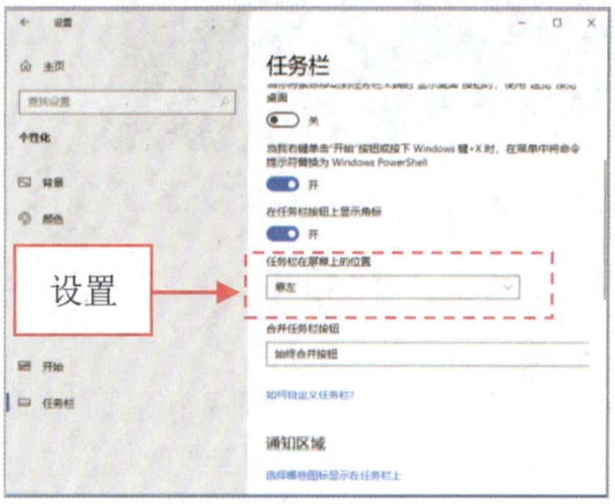

图 2-32 设置“任务栏在屏幕上的位置”为“靠左”

Step 05 执行上述操作后，关闭“设置”窗口，即可更改任务栏位置，效果如图 2-33 所示。

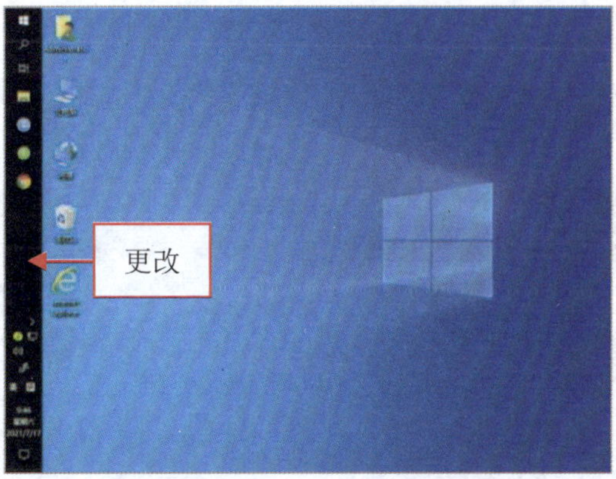

图 2-33 更改任务栏位置的效果

2.3.2 为任务栏添加应用程序

为任务栏添加应用程序

为了更方便地使用应用程序，用户可以将常用的应用程序固定到任务栏上。在使用时，只需单击任务栏上的应用程序图标，即可快速启动应用程序。下面介绍为任务栏添加应用程序的操作方法。

Step 01 打开“开始”菜单，❶在“计算器”应用上单击鼠标右键；❷在弹出的快捷菜单中选择“更多”|“固定到任务栏”选项，如图 2-34 所示。

Step 02 执行上述操作后，退出“开始”菜单，即可为任务栏添加“计算器”应用程序，效果如图 2-35 所示。

图 2-34 选择“更多”|“固定到任务栏”选项

图 2-35 为任务栏添加“计算器”应用程序

2.3.3 设置任务栏自动隐藏

设置任务栏自动隐藏

任务栏默认固定在桌面的底端，占用了一部分的桌面空间，有时可能会妨碍用户的操作，用户可以通过设置任务栏自动隐藏避免这个问题。设置任务栏自动隐藏后，只有当鼠标移至任务栏位置时，任务栏才会显示出来。下面介绍设置任务栏自动隐藏的操作方法。

Step 01 在任务栏的空白位置单击鼠标右键，弹出快捷菜单，如图 2-36 所示。

Step 02 在快捷菜单中选择“任务栏设置”选项，如图 2-37 所示。

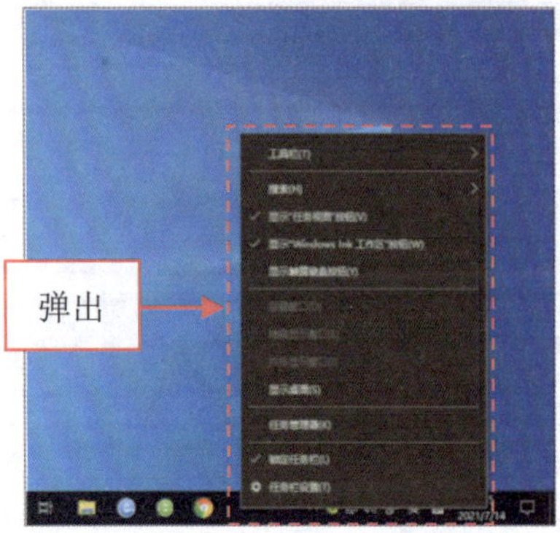

图 2-36 弹出快捷菜单

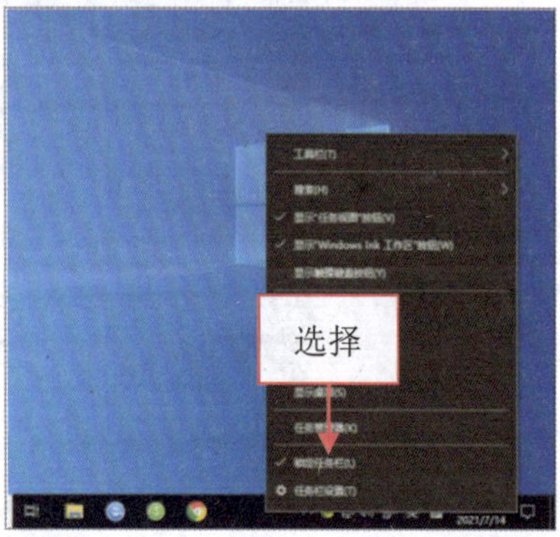

图 2-37 选择“任务栏设置”选项

Step 03　执行上述操作后，打开“设置”窗口，在右侧的“任务栏”界面中，打开“在桌面模式下自动隐藏任务栏”功能，如图 2-38 所示。

Step 04　执行上述操作后，关闭“设置”窗口，即可将任务栏设置为自动隐藏，效果如图 2-39 所示。

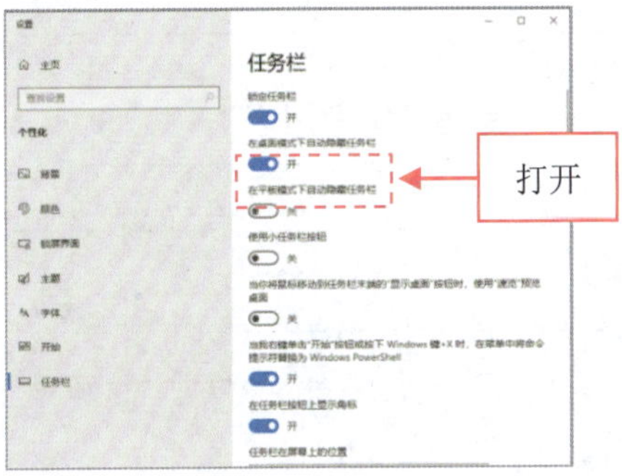

图 2-38　打开“在桌面模式下自动隐藏任务栏”功能

图 2-39　设置任务栏自动隐藏的效果

2.4　操作中心的设置

操作中心是 Windows 10 系统的一大特色，用户可以单击任务栏通知区域的“操作中心”按钮或者按【Windows＋A】组合键打开操作中心。在操作中心中，用户可以查看并管理系统和第三方应用发送的通知或提示，还可以使用操作中心下方的快捷操作按钮进行相关的操作。

2.4.1　通知的启用/禁用

通知的启用/禁用

在操作中心中会显示系统和第三方应用发送的通知或提示，如果用户不想接收或者希望接收某些应用的通知或提示，可以禁用或启动通知。下面介绍启用和禁用通知的操作方法。

Step 01　在任务栏的通知区域中，单击“操作中心”按钮，如图 2-40 所示。

Step 02　执行上述操作后，弹出“操作中心”界面，单击右上角的“管理通知”链接，如图 2-41 所示。

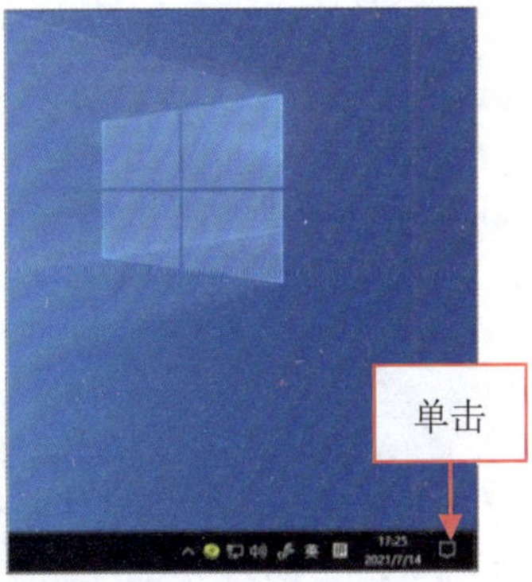

图 2-40　单击“操作中心”按钮

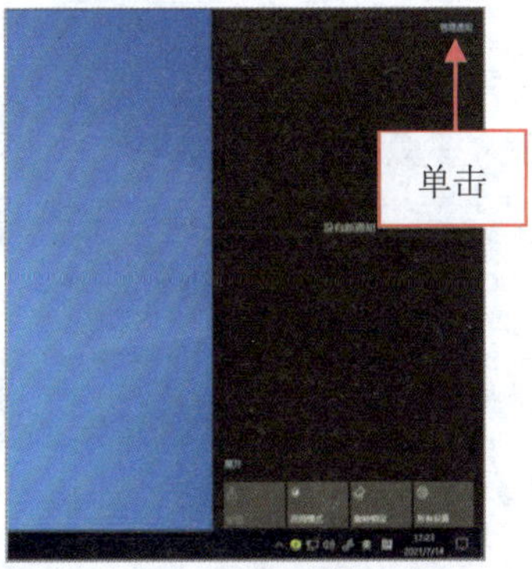

图 2-41　单击“管理通知”链接

Step 03 执行上述操作后，打开“设置”窗口，在右侧的“通知和操作”界面中，打开“获取来自应用和其他发送者的通知”功能，如图 2-42 所示。

Step 04 滑动界面，在“获取来自这些发送者的通知”选项区中，关闭“设置”通知功能，如图 2-43 所示。

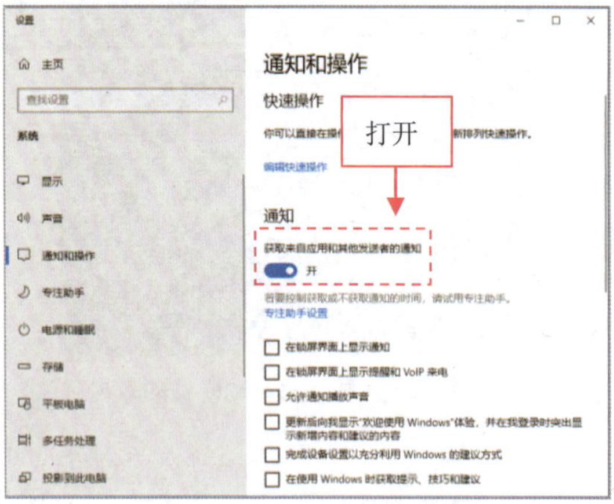

图 2-42 打开“获取来自应用和其他发送者的通知”功能

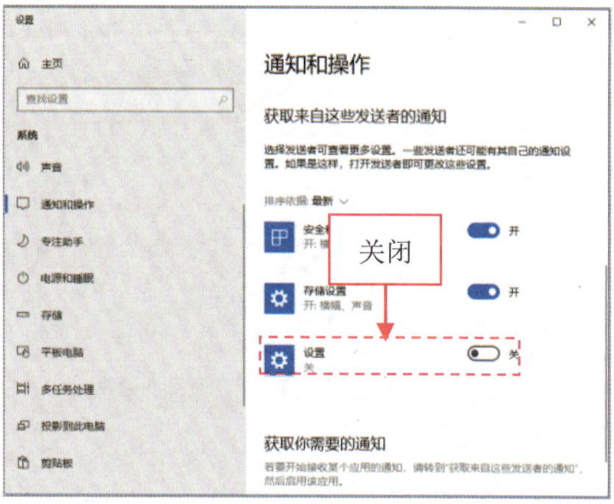

图 2-43 关闭“设置”通知功能

2.4.2 通知形式的更改

通知形式的更改

在 Windows 10 系统中，通知有多种呈现形式，为了避免通知打扰或妨碍用户的使用，用户可以根据需要对通知形式进行更改。下面介绍更改通知形式的操作方法。

Step 01 ❶在任务栏的通知区域中，单击“操作中心”按钮；❷在弹出的“操作中心”界面中单击“管理通知”链接，如图 2-44 所示。

Step 02 执行上述操作后，打开“设置”窗口，在右侧的“通知和操作”界面中，选择“安全和维护”选项，如图 2-45 所示。

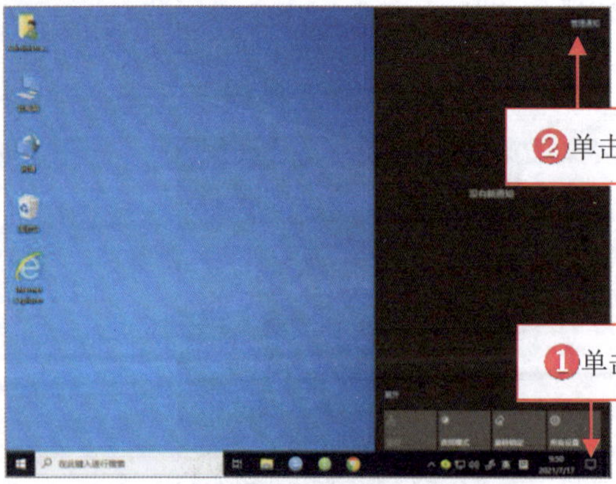

图 2-44 单击“管理通知”链接

图 2-45 选择“安全和维护”选项

Step 03 执行上述操作后，进入“安全和维护”界面，如图 2-46 所示。

Step 04 ❶取消选中“显示通知横幅”复选框；❷设置“操作中心的通知的优先级”为“顶部”，如图 2-47 所示。

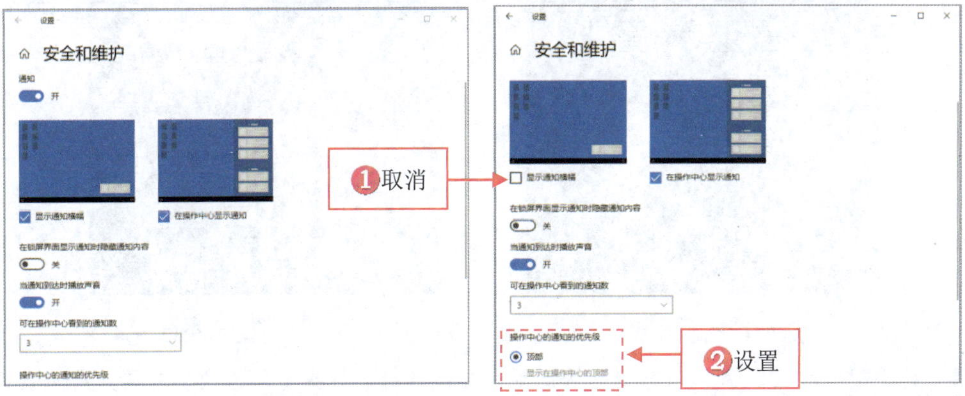

图 2-46　进入“安全和维护”界面　　　图 2-47　设置通知的优先级

2.4.3　快捷操作按钮位置的更改

快捷操作按钮位置的更改

在“操作中心”界面的下方，是快捷操作按钮，包括定位、夜间模式、旋转锁定及所有设置等按钮。快捷操作按钮默认是折叠状态，只显示第一排的四个按钮，需要单击“展开”按钮才能显示全部的快捷操作按钮。为了更方便地使用这些快捷操作按钮，用户可以对快捷操作按钮的位置进行更改，将常用的快捷操作按钮移动至第一排，使用户能更快地找到需要的快捷操作按钮。下面介绍更改快捷操作按钮位置的操作方法。

Step 01 ❶在任务栏的通知区域中，单击“操作中心”按钮；❷在弹出的“操作中心”界面中单击“展开”链接，如图 2-48 所示。

Step 02 执行上述操作后，即可显示所有的快捷操作按钮，如图 2-49 所示。

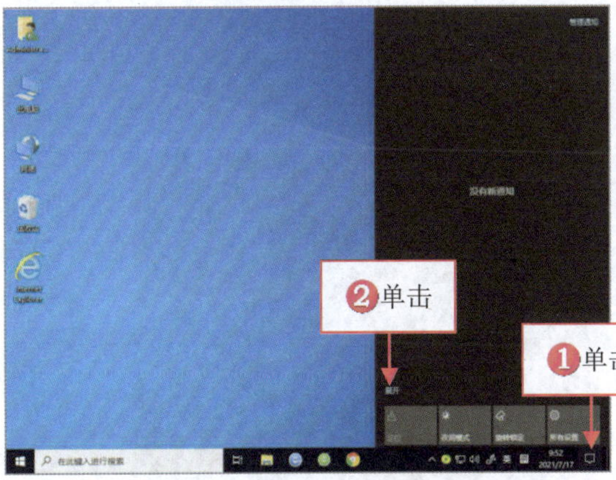

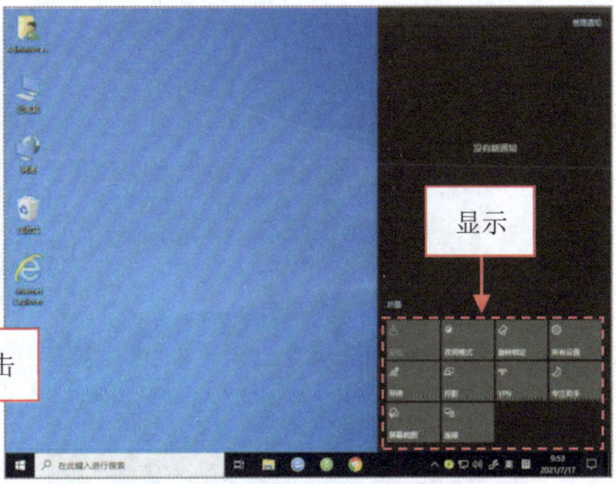

图 2-48　单击“展开”链接　　　图 2-49　显示所有快捷操作按钮

Step 03 在“操作中心”界面的空白位置处上单击鼠标右键，在弹出的快捷菜单中选择“编辑”选项，如图 2-50 所示。

Step 04 执行上述操作后，快捷操作按钮显示可编辑状态，如图 2-51 所示。

图 2-50　选择“编辑”选项

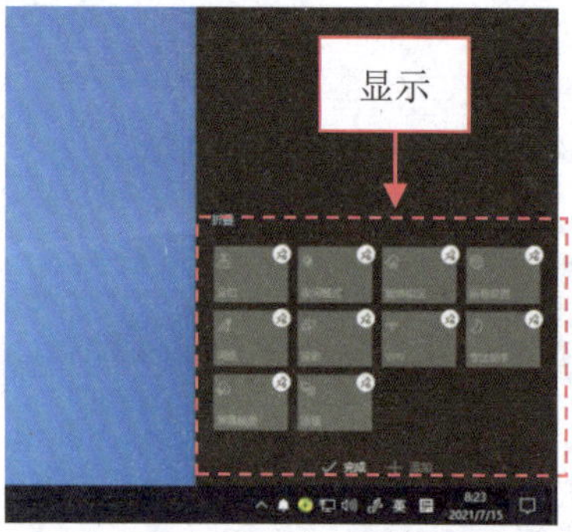

图 2-51　快捷操作按钮显示可编辑状态

Step 05 将光标移至“定位”按钮上，按住鼠标左键并将其拖曳至第三排的末尾，即可更改“定位”按钮的位置，效果如图 2-52 所示。

Step 06 用与上述同样的方法，将“屏幕截图”按钮移至第一排第一个，更改“屏幕截图”按钮的位置，效果如图 2-53 所示。

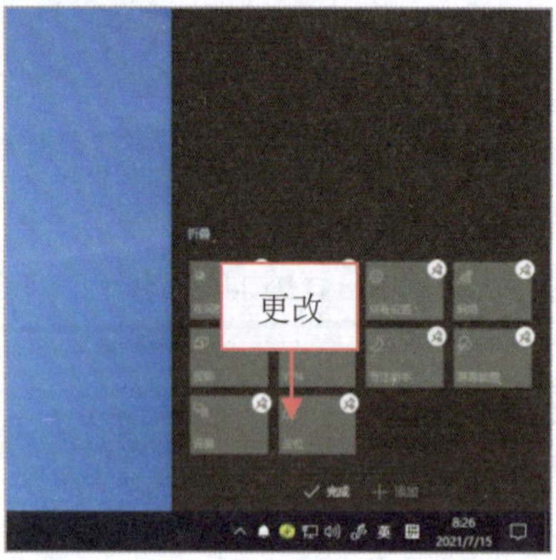

图 2-52　更改按钮位置的效果

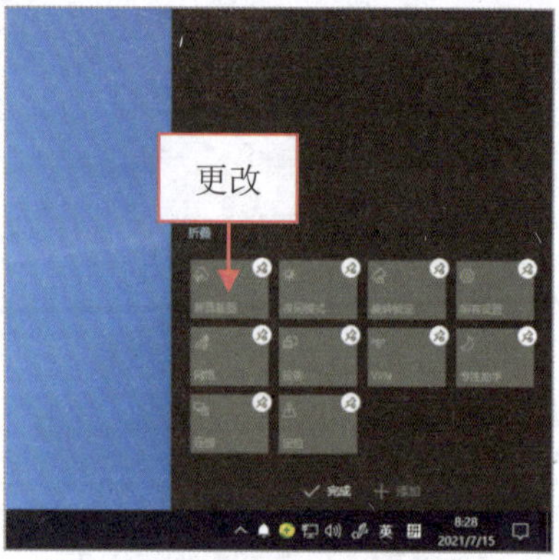

图 2-53　更改按钮位置的效果

Step 07 单击“完成”按钮，即可退出快捷操作按钮的可编辑状态，效果如图 2-54 所示。

Step 08 单击“折叠”链接，即可折叠显示快捷操作按钮，效果如图 2-55 所示。

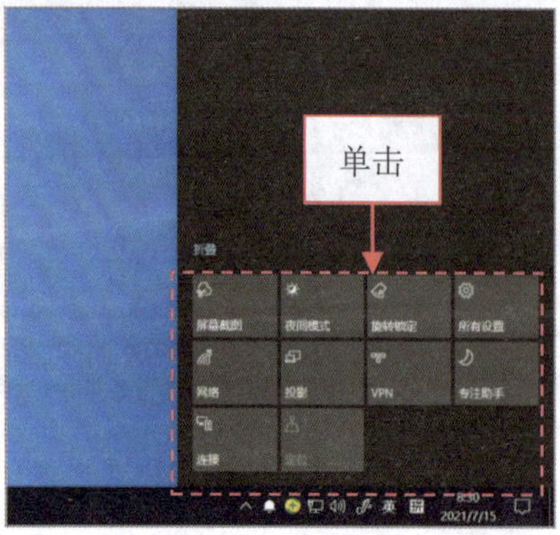

图 2-54　退出快捷操作按钮可编辑状态

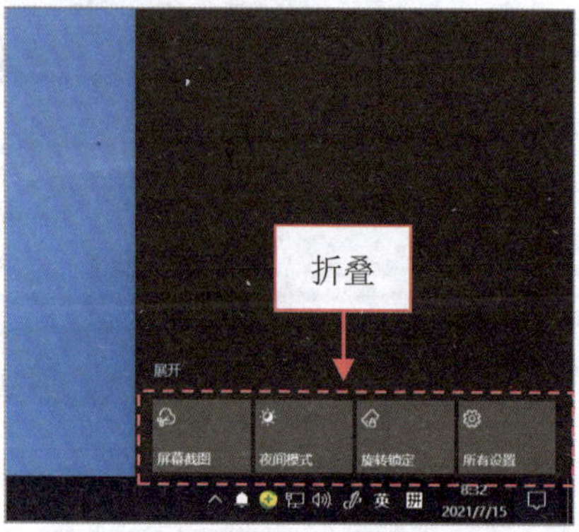

图 2-55　折叠显示快捷操作按钮

本章小结

本章主要介绍了 Windows 10 操作系统的基础操作，具体内容包括 Windows 10 系统的启动和退出、“开始”菜单的使用与设置、任务栏的设置和操作中心的设置等。希望通过对本章的学习，读者能够了解和掌握 Windows 10 操作系统的基本操作，并能快速地上手。

课后习题

课后习题

鉴于本章知识的重要性，为了帮助读者更好地掌握所学知识，通过设置上机习题帮助读者进行简单的知识回顾和补充。

当任务栏的应用程序过多或者某些应用程序不再需要使用时，可以删除不需要的应用程序。本习题可帮助掌握在任务栏中删除应用程序的操作方法，效果如图 2-56 所示。

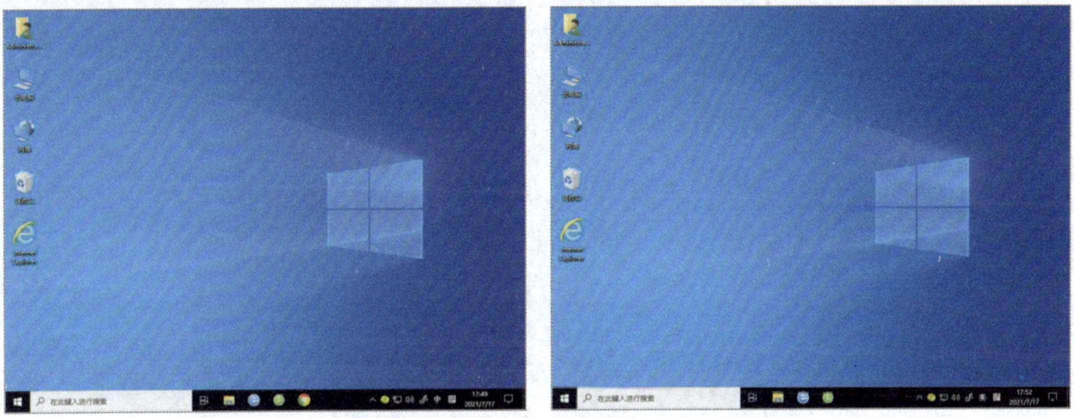

图 2-56　删除应用程序前后效果对比图

第 3 章

设置 Windows 10 系统外观

Windows 10 系统具有友好、易用的人机交互界面，无论是初学者还是以前版本的 Windows 用户都能快速掌握它。在 Windows 10 系统中，用户可以设置个性化的系统外观，以提高系统的美观度和用户的使用感。本章将主要介绍 Windows 10 系统的桌面背景的设置、锁屏界面的设置、系统主题的使用以及桌面图标的设置。

本章重点

- 桌面背景的设置
- 锁屏界面的设置
- Windows 10 系统主题的使用
- 桌面图标的设置

3.1　桌面背景的设置

桌面背景就是 Windows 10 系统桌面的背景图案，有图片、纯色和幻灯片放映三种样式。启动 Windows 10 系统后，桌面背景采用的是系统安装时默认的设置。为了使桌面的外观更加美观和更具个性化，用户可以在系统提供的多种方案中选择合适的桌面背景，以满足自身的需要。

3.1.1　设置桌面背景为纯色

在 Windows 10 系统中，用户可以将桌面背景设置为简单的纯色，背景的颜色可以从系统提供的颜色中选择，也可以自定义背景颜色。下面介绍设置桌面背景为纯色的操作方法。

设置桌面背景为纯色

Step 01　在桌面的空白位置单击鼠标右键，在弹出的快捷菜单中选择“个性化”选项，如图 3-1 所示。

Step 02　执行上述操作后，打开“设置”窗口，如图 3-2 所示。

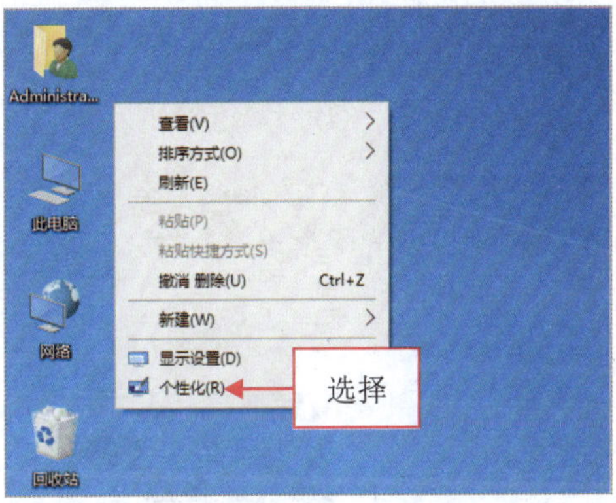

图 3-1　选择“个性化”选项

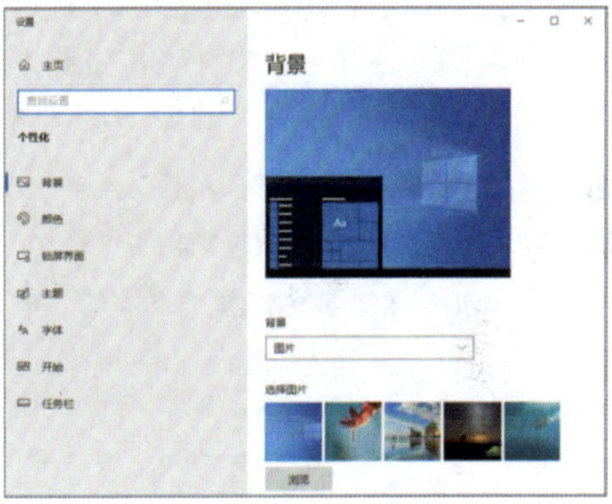

图 3-2　打开“设置”窗口

Step 03　在右侧的“背景”界面中，设置“背景”为“纯色”，如图 3-3 所示。

Step 04　在“选择你的背景色”选项区中，选择“运动绿”色块，如图 3-4 所示。

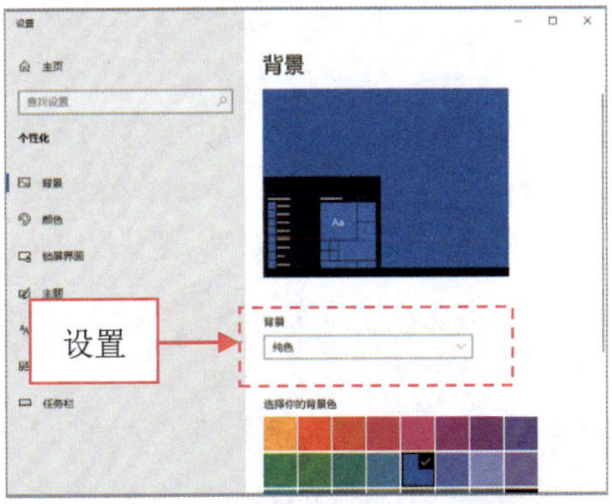

图 3-3　设置“背景”为“纯色”

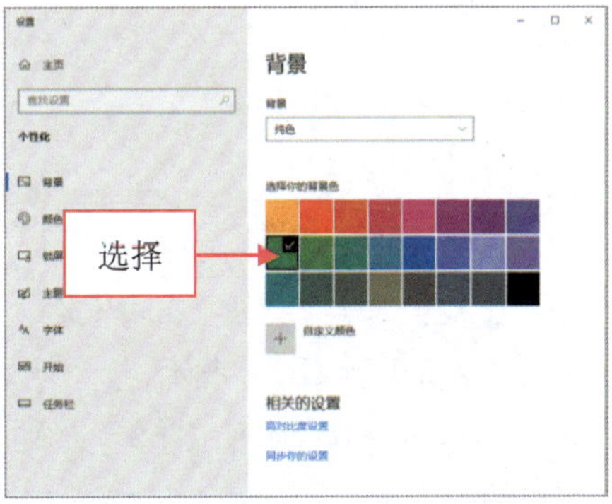

图 3-4　选择“运动绿”色块

Step 05 执行上述操作后，关闭“设置”窗口，即可设置桌面背景为纯色，效果如图 3-5 所示。

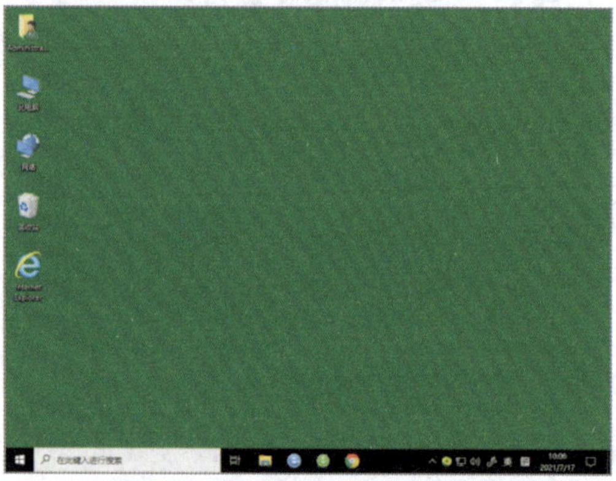

图 3-5 设置桌面背景为纯色的效果

3.1.2 设置桌面背景为幻灯片放映

设置桌面背景为幻灯片放映

在 Windows 10 系统中，将桌面背景设置为幻灯片放映，背景图片就会按照设定的切换频率和顺序进行轮流播放。在开始设置前，用户需要准备好一个文件夹，将要设置为桌面背景的图片放入文件夹中，以便进行后续的操作。下面介绍设置桌面背景为幻灯片放映的操作方法。

Step 01 按【Windows + I】组合键，打开“设置”窗口，选择“个性化”选项，如图 3-6 所示。

Step 02 执行上述操作后，在右侧的“背景”界面中，❶设置“背景”为“幻灯片放映”；❷单击“为幻灯片选择相册”下方的“浏览”按钮，如图 3-7 所示。

图 3-6 选择“个性化”选项

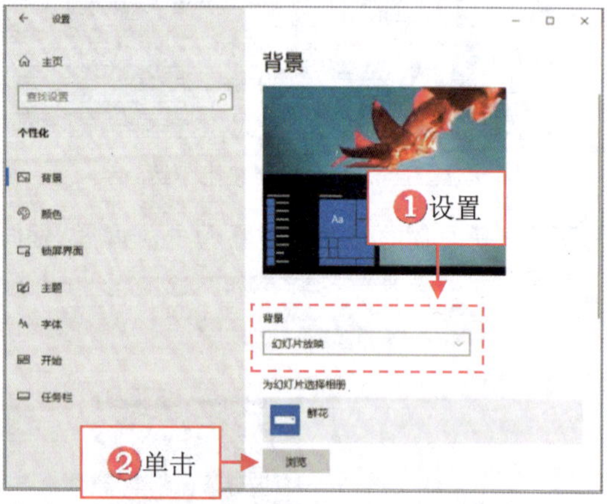

图 3-7 单击“浏览”按钮

Step 03 执行上述操作后，弹出“选择文件夹”对话框，❶选择相应文件夹；❷单击“选择此文件夹”按钮，如图 3-8 所示。

Step 04 执行上述操作后，返回“背景”界面，滚动鼠标滑轮，即可显示界面下方内容，如图 3-9 所示。

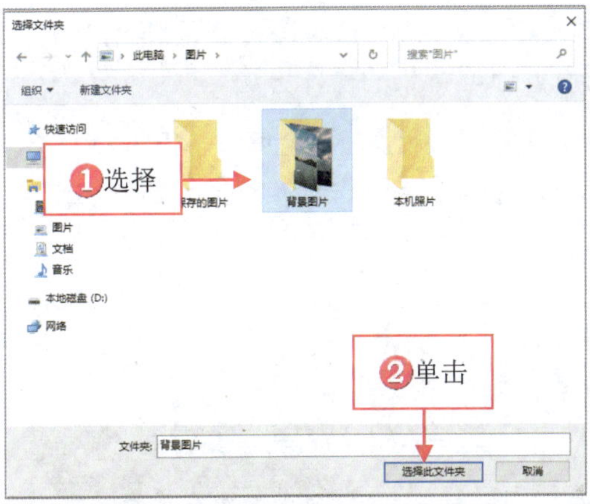

图 3-8　单击“选择此文件夹”按钮

图 3-9　显示界面下方内容

Step 05　❶设置“图片切换频率”为 1 分钟；❷设置“选择契合度”为“拉伸”，如图 3-10 所示。

Step 06　执行上述操作后，关闭“设置”窗口，即可设置桌面背景为幻灯片放映，效果如图 3-11 所示。

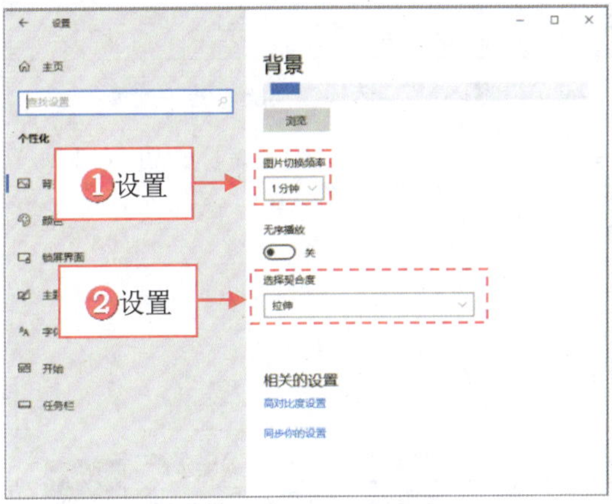

图 3-10　设置“选择契合度”为“拉伸”

图 3-11　设置桌面背景为幻灯片放映的效果

3.2　锁屏界面的设置

锁屏界面是当电脑处于锁屏状态时，电脑屏幕显示的界面内容。在 Windows 10 系统中，用户可以对锁屏界面的背景、在锁屏界面显示状态的应用、屏幕显示时长和屏幕保护程序进行设置，以得到个性化的锁屏界面。

3.2.1　锁屏背景的设置

锁屏背景的设置

在 Windows 10 操作系统中，锁屏背景有 Windows 聚焦、图片和幻灯片放映三种样式可供选择。其中图片和幻灯片放映既可以选择系统提供的图片，也可以使用用户自己的图片；而 Windows 聚焦则是由 Windows 系统随机推荐图片，用户不能将自己的图片设置为锁屏背景。下面介绍设置锁屏背景的操作方法。

Step 01 打开“设置”窗口，选择“个性化”选项，即可进入相应界面，效果如图 3-12 所示。

Step 02 在左侧的列表框中选择“锁屏界面”选项，如图 3-13 所示，右侧显示“锁屏界面”的相关设置。

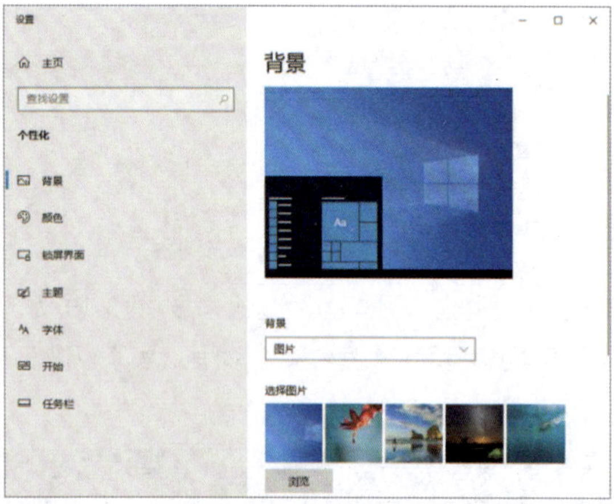

图 3-12 进入相应界面

图 3-13 选择“锁屏界面”选项

Step 03 ①设置“背景”为“图片”；②单击“选择图片”下方的“浏览”按钮，如图 3-14 所示。

Step 04 执行上述操作后，弹出“打开”对话框，①选择相应图片；②单击“选择图片”按钮，如图 3-15 所示。

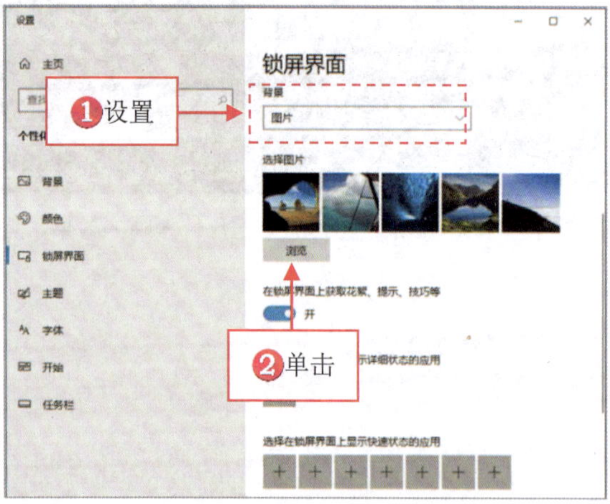

图 3-14 单击“浏览”按钮

图 3-15 单击“选择图片”按钮

Step 05 执行上述操作后，返回“锁屏界面”界面，单击“选择在锁屏界面上显示快速状态的应用”下方的第一个加号按钮＋，在弹出的列表框中选择“Microsoft Store”选项，如图 3-16 所示。

Step 06 执行上述操作后，即可设置锁屏界面背景，效果如图 3-17 所示。

图 3-16　选择 Microsoft Store 选项

图 3-17　设置锁屏界面背景的效果

3.2.2　屏幕显示时长的设置

屏幕显示时长的设置

屏幕超时是指屏幕显示超过设置的时间后就会自动关闭屏幕显示，进入黑屏状态，用户移动鼠标即可唤醒屏幕，显示登录界面或桌面。屏幕显示时长最短可以设置为 1 分钟，最长可以设置为从不熄屏，设置较短的屏幕显示时长可以节省电量并延长电池使用时间。下面介绍设置屏幕显示时长的操作方法。

Step 01　打开“设置”窗口，选择“系统”选项，如图 3-18 所示。

Step 02　执行上述操作后，进入相应界面，在左侧的列表框中选择“电源和睡眠”选项，如图 3-19 所示，右侧显示“电源和睡眠”的相关设置。

图 3-18　选择“系统”选项

图 3-19　选择“电源和睡眠”选项

Step 03　在右侧的“电源和睡眠”界面中，设置“屏幕”显示时长为 10 分钟，如图 3-20 所示。

Step 04　执行上述操作后，即可设置屏幕显示时长，屏幕显示超时后将关闭屏幕显示，效果如图 3-21 所示。

图 3-20　设置“屏幕”显示时长为 10 分钟

图 3-21　关闭屏幕显示效果

3.2.3　屏幕保护程序的设置

屏幕保护程序的设置

屏幕保护程序是指用户短时间不使用计算机时，系统自动运行的一种程序，它可以起到保护个人隐私和保护显示器的作用。用户需要重新使用计算机时，只要移动鼠标或者按键盘任意键便可恢复桌面显示状态。如果用户设置了屏幕保护程序的密码，则需输入密码后才能取消屏幕保护。

需要注意的是，如果设置的屏幕显示时长小于屏幕保护程序时长，屏幕就会关闭显示，而不会显示设置的屏幕保护程序样式。下面介绍设置屏幕保护程序的操作方法。

Step 01 打开“设置”窗口，选择“个性化”选项，进入相应界面，在左侧的列表框中选择“锁屏界面”选项，如图 3-22 所示，右侧显示“锁屏界面”的相关设置。

Step 02 在“锁屏界面”界面中，单击“屏幕保护程序设置”链接，如图 3-23 所示。

图 3-22　选择“锁屏界面”选项

图 3-23　单击“屏幕保护程序设置”链接

Step 03 执行上述操作后，弹出“屏幕保护程序设置”对话框，❶设置“屏幕保护程序”为“气泡”；❷设置“等待”为 3 分钟；❸选中“在恢复时显示登录屏幕”复选框，如图 3-24 所示。

Step 04 单击“确定”按钮，即可设置屏幕保护程序，效果如图 3-25 所示。

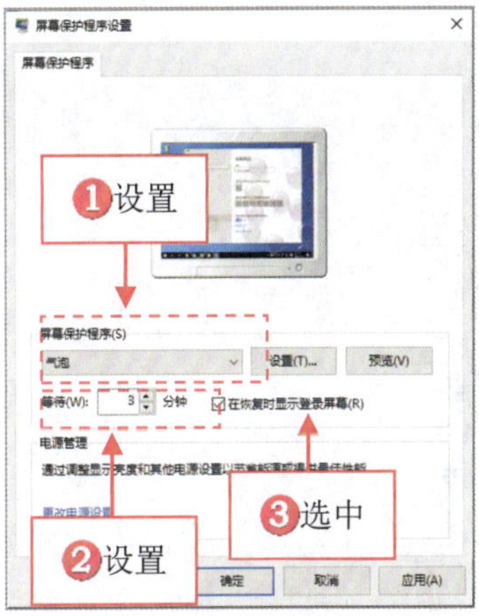

图 3-24　选中“在恢复时显示登录屏幕”复选框

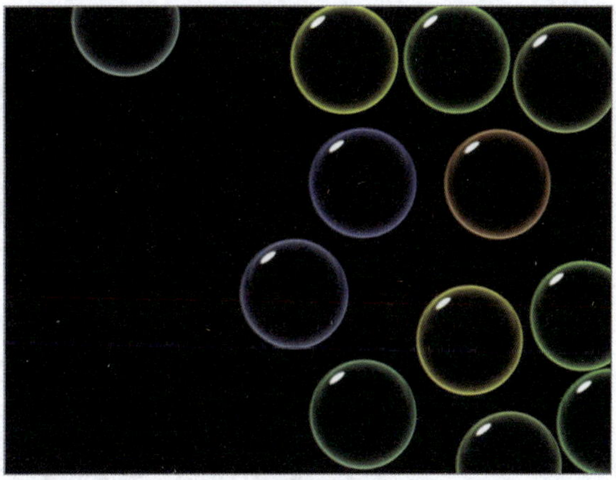

图 3-25　设置屏幕保护程序的效果

3.3　Windows 10 系统主题的使用

Windows 10 操作系统为用户提供了多种风格的系统主题，部分系统主题可以直接在设置中进行选择，更多的系统主题需要用户前往 Microsoft Store 进行获取。除了系统提供的主题外，用户还可以设置并保存自定义系统主题。

3.3.1　主题的更改

主题的更改

Windows 10 系统的默认主题为 Windows，用户如果对该主题不满意，可以根据自己的喜好更改系统主题。下面介绍更改系统主题的操作方法。

Step 01　打开“设置”窗口，选择“个性化”选项，进入相应界面，在左侧的列表框中选择“主题”选项，如图 3-26 所示，右侧显示“主题”的相关设置。

Step 02　在“主题”界面的“更改主题”选项区中，选择“鲜花”选项，如图 3-27 所示。

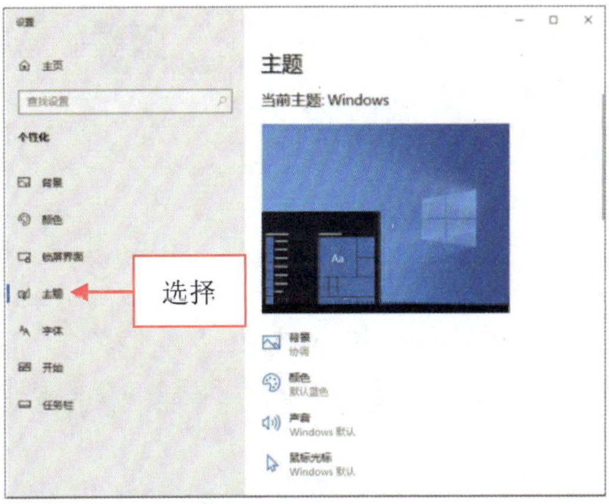

图 3-26　选择“主题”选项

图 3-27　选择“鲜花”选项

Step 03 执行上述操作后，即可更改系统主题，效果如图 3-28 所示。

图 3-28　更改系统主题的效果

3.3.2　自定义主题的保存

除了使用系统自带的主题，用户还可以自定义系统主题，并将其保存。下面介绍保存自定义主题的操作方法。

自定义主题的保存

Step 01 打开"设置"窗口，选择"个性化"选项，进入相应界面，在右侧的"背景"界面中，❶设置背景为"纯色"；❷在"选择你的背景色"选项区中选择"鸢尾花色"色块，如图 3-29 所示。

Step 02 ❶在左侧的列表框中选择"颜色"选项；❷在右侧的"颜色"界面中设置"选择颜色"为"浅色"，如图 3-30 所示。

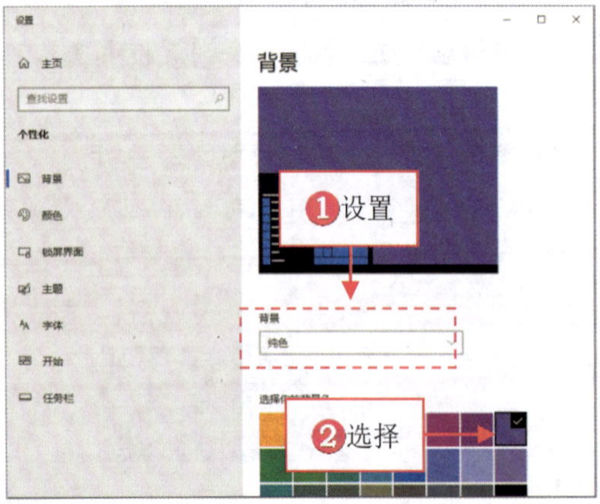

图 3-29　选择"鸢尾花色"色块

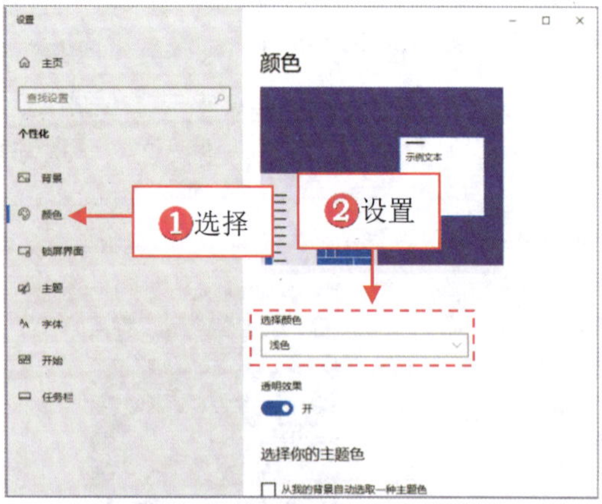

图 3-30　设置"选择颜色"为"浅色"

Step 03 ❶在左侧的列表框中选择"主题"选项；❷在右侧的"主题"界面中单击"保存主题"按钮，如图 3-31 所示。

Step 04 执行上述操作后，弹出"保存主题"对话框，❶输入自定义主题的名字；❷单击"保存"按钮，即可保存自定义主题，如图 3-32 所示。

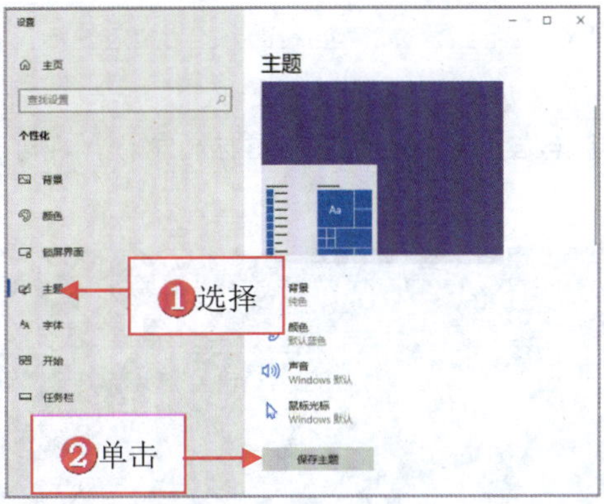

图 3-31　单击“保存主题”按钮

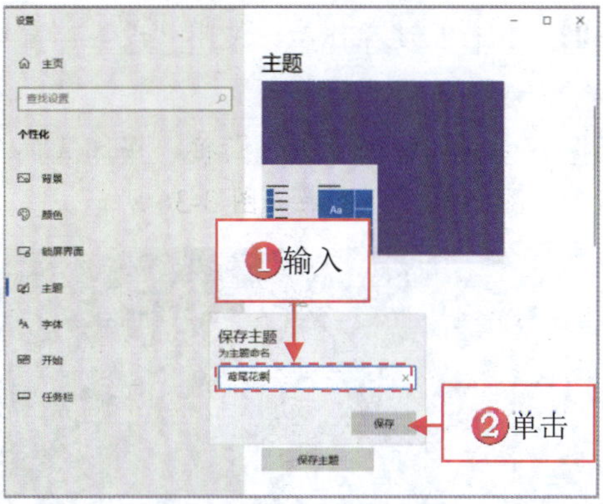

图 3-32　单击“保存”按钮

3.4　桌面图标的设置

在 Windows 10 系统中，图标是文件、程序或快捷方式的图形化显示方式，在整个系统中都有分布。用户可以在桌面、任务栏及“开始”菜单等位置添加或删除图标，在某些位置还可以更改图标的样式。下面主要介绍在桌面添加系统图标、快捷方式图标及更改桌面图标样式的方法。

3.4.1　系统图标的添加

系统图标的添加

在 Windows 10 系统的桌面上，默认显示“此电脑”“网络”“回收站”等系统图标，为了更方便地使用 Windows 10 系统，用户可以添加其他的系统图标。下面介绍添加系统图标的操作方法。

Step 01　在桌面的空白位置处单击鼠标右键，在弹出的快捷菜单中选择“个性化”选项，进入相应界面，❶在左侧的列表框中选择“主题”选项；❷在右侧的“主题”界面中，单击“桌面图标设置”链接，如图 3-33 所示。

Step 02　执行上述操作后，弹出“桌面图标设置”对话框，❶选中“控制面板”复选框；❷单击“确定”按钮，如图 3-34 所示。

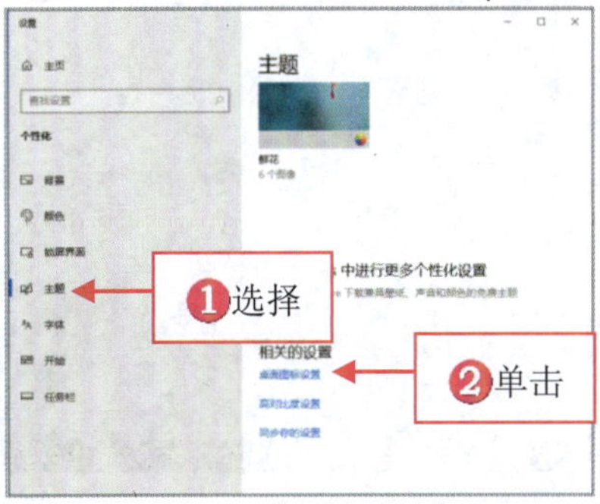

图 3-33　单击“桌面图标设置”链接

图 3-34　单击“确定”按钮

Step 03 执行上述操作后，关闭“设置”窗口，即可在桌面上添加“控制面板”系统图标，效果如图 3-35 所示。

Step 04 选择“控制面板”图标，按住鼠标左键并将其拖曳至“此电脑”图标的下方，即可调整图标位置，效果如图 3-36 所示。

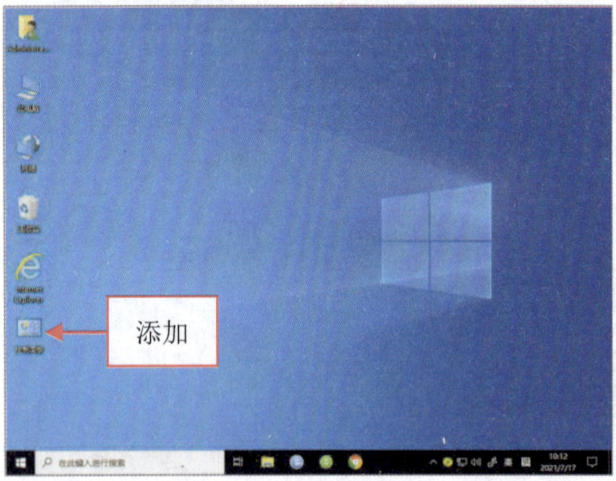

图 3-35　添加“控制面板”系统图标

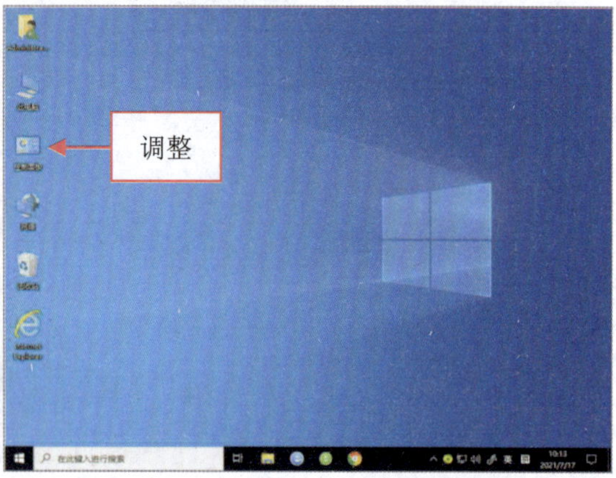

图 3-36　调整图标位置的效果

3.4.2　快捷方式图标的添加

快捷方式图标的添加

快捷方式是一种快速启动应用程序、打开文件或文件夹的方法，快捷方式图标的左下角都带有箭头。在桌面上除了可以添加系统图标外，还可以添加应用程序、文件和文件夹的快捷方式图标，以方便使用。下面介绍添加快捷方式图标的操作方法。

Step 01 单击任务栏的“开始”按钮，打开“开始”菜单，如图 3-37 所示。

Step 02 在中间的列表框中选择“酷我音乐”应用程序，按住鼠标左键并将其拖曳至桌面，释放鼠标左键，即可在桌面上添加一个“酷我音乐”应用程序的快捷方式图标，效果如图 3-38 所示。

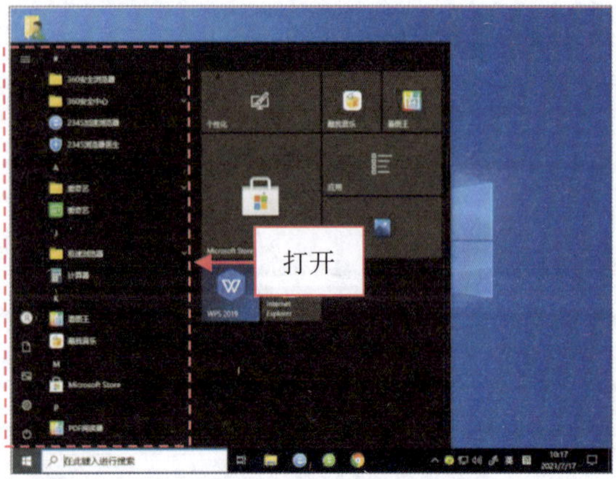

图 3-37　打开“开始”菜单

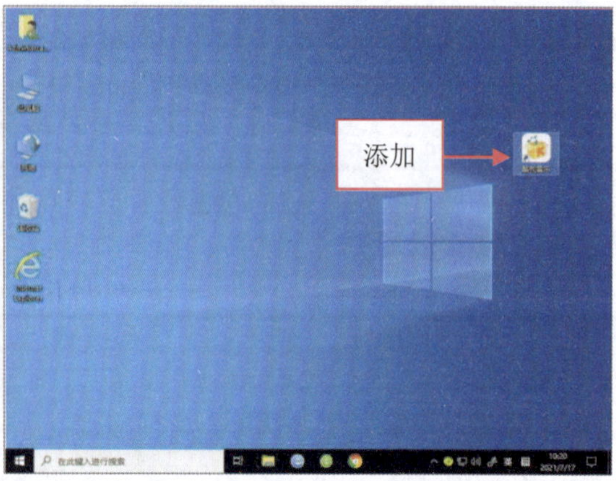

图 3-38　添加快捷方式图标的效果

Step 03　选中“酷我音乐”快捷方式图标，按住鼠标左键将其拖曳至 Internet Explorer 图标的下方，即可调整图标位置，效果如图 3-39 所示。

Step 04　双击“此电脑”图标，打开“此电脑”窗口；①在要添加快捷方式的文件夹上单击鼠标右键；②弹出快捷菜单，如图 3-40 所示。

图 3-39　调整图标位置的效果

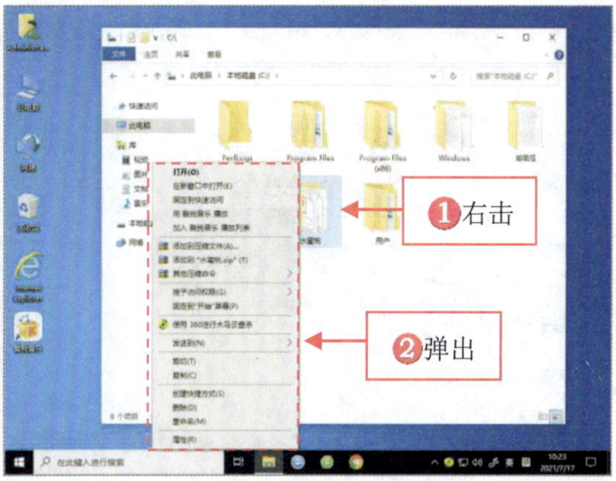

图 3-40　弹出快捷菜单

Step 05　在快捷菜单中，选择“发送到”|“桌面快捷方式”选项，如图 3-41 所示。

Step 06　执行上述操作后，关闭“此电脑”窗口，即可在桌面上创建该文件夹的快捷方式图标，效果如图 3-42 所示。

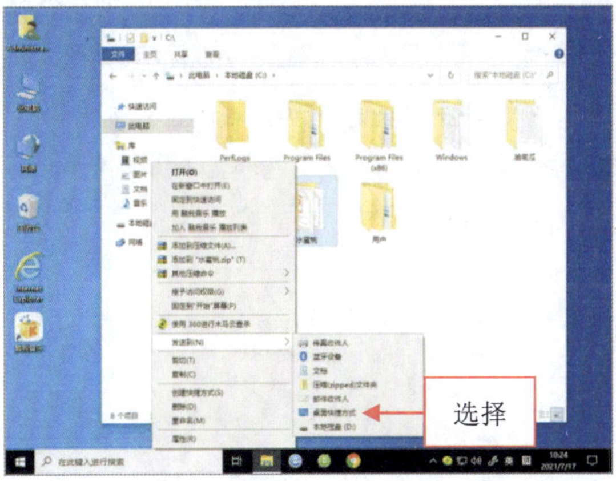

图 3-41　选择“发送到”|“桌面快捷方式”选项

图 3-42　创建快捷方式图标的效果

3.4.3　桌面图标样式的更改

桌面图标样式的更改

为桌面添加图标后，图标显示默认样式，用户可以通过更改图标样式来增加桌面的美观度。Windows 10 系统提供了大量的图标样式供用户选择，用户也可以将自己的图片设置为图标样式，还可以使用图标样式应用程序对图标样式进行更改。

需要注意的是，如果用户想将自己的图片设置为图标样式，必须符合图片格式要求，否则无法设置为图标样式。下面介绍更改桌面图标样式的操作方法。

Step 01 打开“设置”窗口，选择“个性化”选项，进入相应界面，❶在左侧的列表框中选择“主题”选项；❷在右侧的“主题”界面中，单击“桌面图标设置”链接，如图 3-43 所示。

Step 02 弹出“桌面图标设置”对话框，❶选择“此电脑”图标；❷单击“更改图标”按钮，如图 3-44 所示。

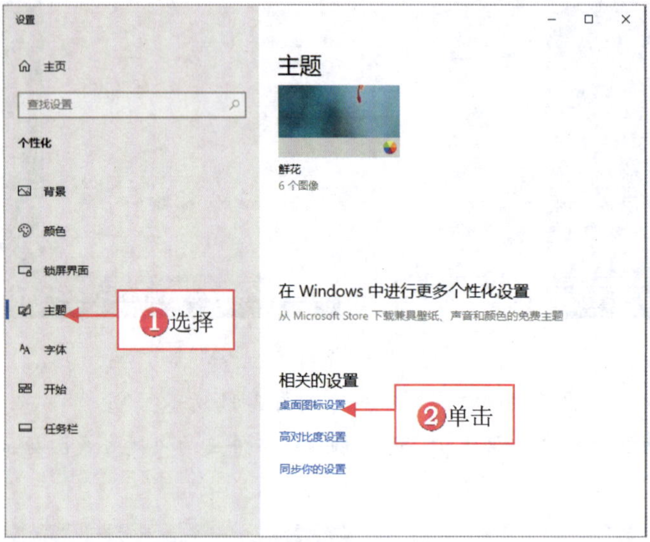

图 3-43 单击“桌面图标设置”链接

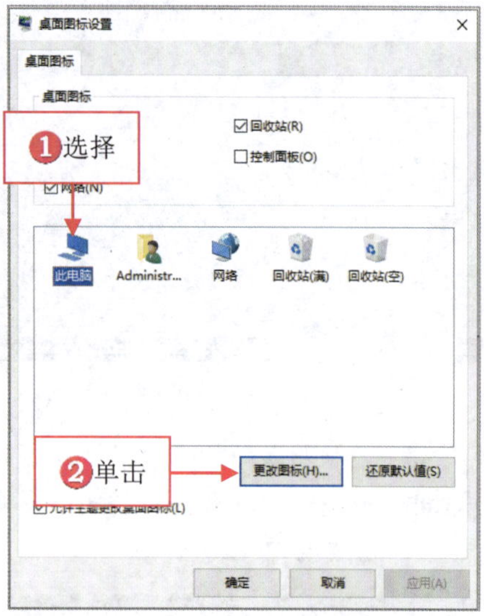

图 3-44 单击“更改图标”按钮

Step 03 弹出“更改图标”对话框，❶选择相应图标；❷单击“确定”按钮，如图 3-45 所示。

Step 04 执行上述操作后，返回到“桌面图标设置”对话框，单击“确定”按钮，如图 3-46 所示。

图 3-45 单击“确定”按钮（1）

图 3-46 单击“确定”按钮（2）

Step 05 执行上述操作后，即可更改“此电脑”的图标样式，效果如图 3-47 所示。

Step 06 在桌面上添加一个名为“哈密瓜”的文件夹快捷方式图标，❶在该图标上单击鼠标右键；❷在弹出的快捷菜单中选择“属性”选项，如图 3-48 所示。

图 3-47　更改图标样式的效果

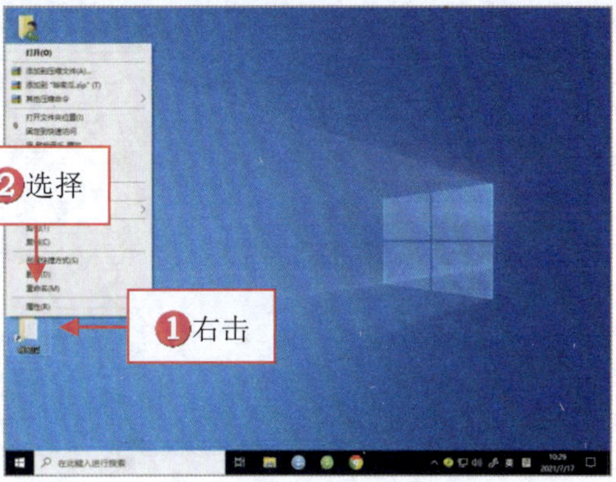

图 3-48　选择“属性”选项

Step 07 弹出“哈密瓜 属性”对话框，单击“更改图标”按钮，如图 3-49 所示。

Step 08 执行上述操作后，弹出“更改图标”对话框，❶选择相应图标；❷单击“确定”按钮，如图 3-50 所示。

图 3-49　单击“更改图标”按钮

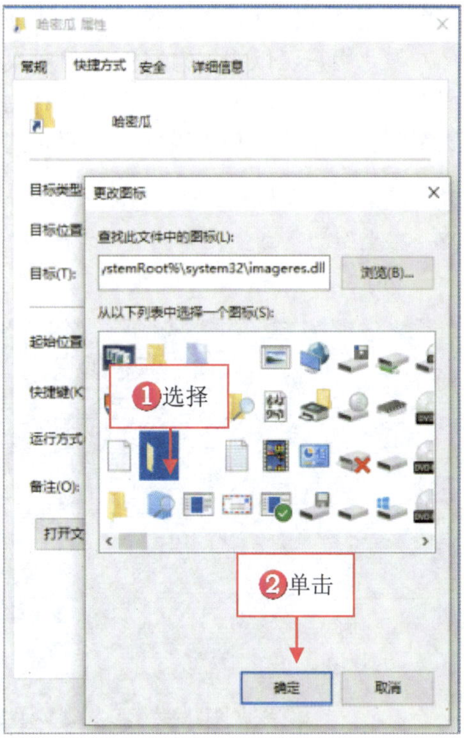

图 3-50　单击“确定”按钮

Step 09 执行上述操作后，返回到“哈密瓜 属性”对话框，单击“确定”按钮，如图 3-51 所示。

Step 10 执行上述操作后，即可更改快捷方式图标样式，效果如图 3-52 所示。

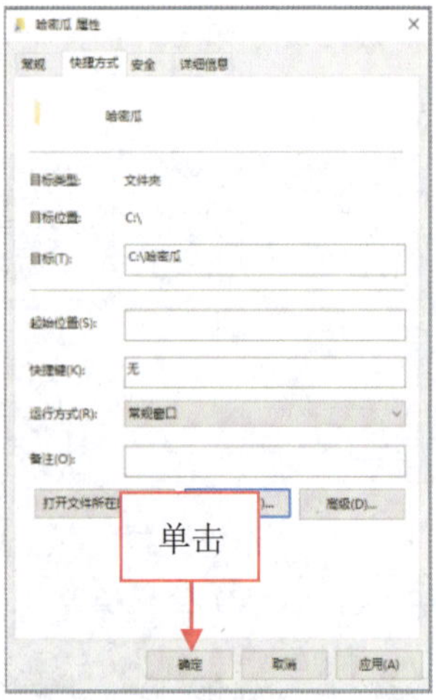

图 3-51　单击“确定”按钮

图 3-52　更改快捷方式图标样式的效果

3.4.4　桌面图标的管理

桌面图标的管理

在桌面上添加图标是为了更好、更快地使用应用程序、文件和文件夹。因此用户可以根据自己的需求对桌面图标进行管理，如重命名图标、删除图标、调整图标大小及对图标进行排序等，进一步提高桌面图标的使用率和实用性。下面介绍管理桌面图标的操作方法。

Step 01　在桌面上添加相应图标，效果如图 3-53 所示。

Step 02　在桌面的空白位置单击鼠标右键，在弹出的快捷菜单中选择“排序方式”|“名称”选项，如图 3-54 所示。

图 3-53　添加相应图标

图 3-54　选择“排序方式”|“名称”选项

Step 03　执行上述操作后，即可对桌面图标进行排序，效果如图 3-55 所示。

Step 04　按住【Ctrl】键的同时，滚动鼠标滑轮，即可调整图标尺寸，效果如图 3-56 所示。

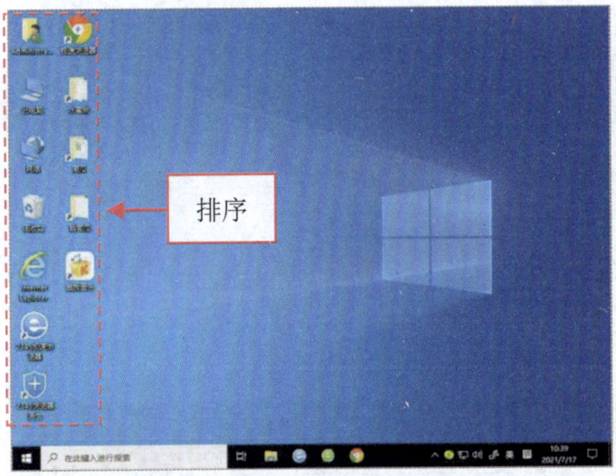

图 3-55　对桌面图标进行排序的效果

图 3-56　调整图标尺寸的效果

Step 05　在“此电脑”图标上单击鼠标右键，在弹出的快捷菜单中选择“重命名”选项，在图标下方的文本框中输入“我的电脑”，按【Enter】键，即可修改图标名称，效果如图 3-57 所示。

Step 06　在桌面空白位置处单击鼠标右键，在弹出的快捷菜单中选择“排序方式”|“项目类型”选项，对图标进行排序，效果如图 3-58 所示。

图 3-57　修改图标名称的效果

图 3-58　图标排序后的效果

本章小结

本章主要介绍了 Windows 10 操作系统的外观设置方法，具体内容包括桌面背景的设置、锁屏界面的设置、系统主题的使用以及桌面图标的设置等，帮助读者设置个性化的 Windows 10 系统外观。希望通过对本章的学习，读者能够熟练掌握设置 Windows 10 系统外观的操作方法。

课后习题

课后习题

鉴于本章知识的重要性，为了帮助读者更好地掌握所学知识，通过设置上机习题帮助读者进行简单的知识回顾和补充。

当桌面图标过多时，会影响用户的使用感受，用户可以及时删除不需要的桌面图标，保持桌面的美观。本习题可帮助读者掌握在桌面中删除快捷方式图标的操作方法，效果如图 3-59 所示。

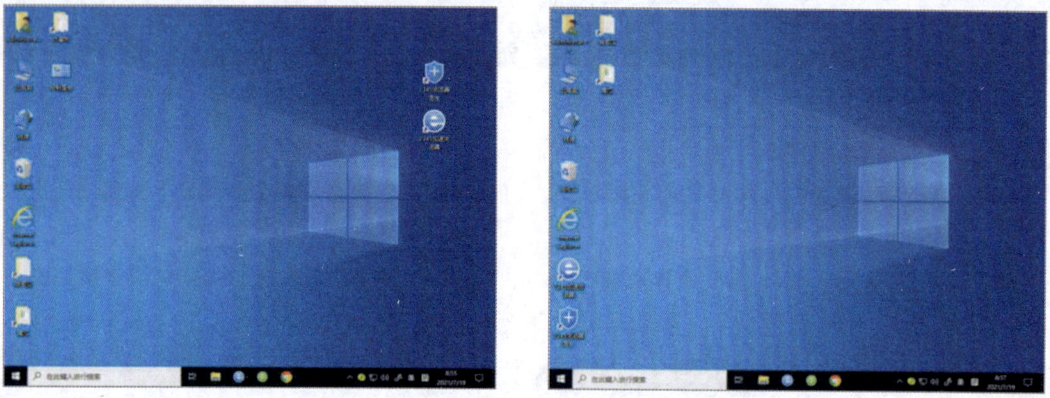

图 3-59　删除快捷方式图标前后效果对比图

第 4 章

管理 Windows 10 系统账户

4

Windows 10 系统是一个多用户操作系统，它允许系统管理员设定多个用户账户，并赋予不同的权限，从而使得各个用户在使用同一台电脑时完全可以做到互不干扰。用户在安装 Windows 10 操作系统时，会创建一个管理员账户用来登录，后续用户可以创建新的账户以便更好地使用系统。本章将主要介绍用户账户的类别、创建、设置和管理。

本章重点

- 用户账户的类别
- 用户账户的创建
- 用户账户的设置
- 用户账户的管理

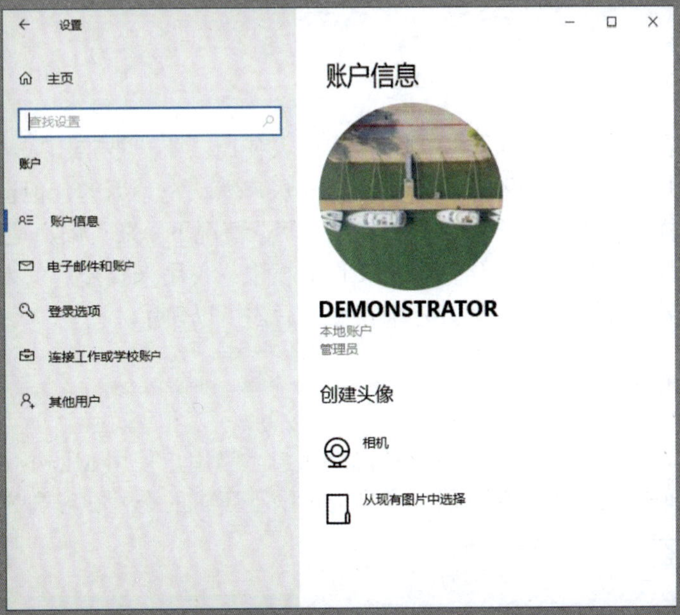

4.1 用户账户的类别

用户账户是多用户操作系统的重要组成部分，用户账户可以用来记录用户的登录名、口令等设置，而所有的用户账户都是通过登录名区分的。对于每个用户而言，在域控制器中都应该拥有一个属于自己的用户账户，这样才能访问服务器，共享网络资源。

在 Windows 10 操作系统中，一共有四种用户账户，分别是管理员账户、标准账户、来宾账户和 Microsoft 账户。具体内容如下。

4.1.1 管理员账户

管理员账户是允许用户对其他用户进行更改的用户账户，管理员可以更改安全设置，安装软件和硬件，访问计算机上的所有文件，还可以更改其他用户账户。管理员账户永远不能被删除、禁用或从本地组中删除。设置 Windows 10 系统时，会要求用户创建用户账户，此账户就是允许设置计算机以及安装所有程序的管理员账户。完成计算机设置后，建议使用标准用户账户进行日常的操作。使用标准用户账户比使用管理员账户更安全。

4.1.2 标准账户

标准用户账户允许用户使用计算机的大多数功能，但是如果要做的更改会影响计算机的其他用户或安全，则需要管理员的许可。使用标准账户时，可以使用计算机上安装的大多数程序，但是无法安装或卸载软件和硬件，也无法删除计算机运行所需的文件或者更改计算机上会影响其他用户的设置。如果使用的是标准账户，则有些程序可能要求提供管理员密码后才能执行。

4.1.3 来宾账户

来宾账户由在这台计算机上没有实际账户的人使用。账户被禁用（不是删除）的用户也可以使用来宾账户。来宾账户不需要密码，来宾账户默认是禁用的，但也可以启用。可以像任何用户账户一样设置来宾账户的权利和权限。默认情况下，来宾账户是内置来宾组的成员，它允许用户使用计算机，但没有访问个人文件的权限。使用来宾账户的人无法安装软件或硬件，更改设置或者创建密码，必须打开来宾账户后才可以使用。

4.1.4 Microsoft 账户

Microsoft 账户是使用微软账号登录的网络账户。当用户使用 Microsoft 账户登录电脑时，可以享受真正的个性化体验，并且用户在当前电脑上所有的个性化和自定义设置都可以随着 Microsoft 账户一起漫游到其他设备。

4.2　用户账户的创建

用户账户定义了用户可以在 Windows 10 系统中执行的操作。在独立计算机或作为工作组成员的计算机上，用户账户建立了分配给每个用户的特权，从而用户可以通过账户管理完成一机多用的目的。

用户首次启动系统时会创建一个管理员账户，如果用户不想使用这个账户，可以创建一个新的账户。下面介绍创建一个本地账户的操作方法。

用户账户的创建

Step 01　打开“设置”窗口，选择“账户”选项，如图 4-1 所示。

Step 02　执行上述操作后，进入相应界面，在左侧的列表框中选择“其他用户”选项，如图 4-2 所示。

图 4-1　选择“账户”选项

图 4-2　选择“其他用户”选项

Step 03　在右侧的“其他用户”界面中，选择“将其他人添加到这台电脑”选项，如图 4-3 所示。

Step 04　执行上述操作后，打开“本地用户和组（本地）”窗口，在中间的“名称”列表框中，选择“用户”选项，❶单击鼠标右键；❷在弹出的快捷菜单中选择“新用户”选项，如图 4-4 所示。

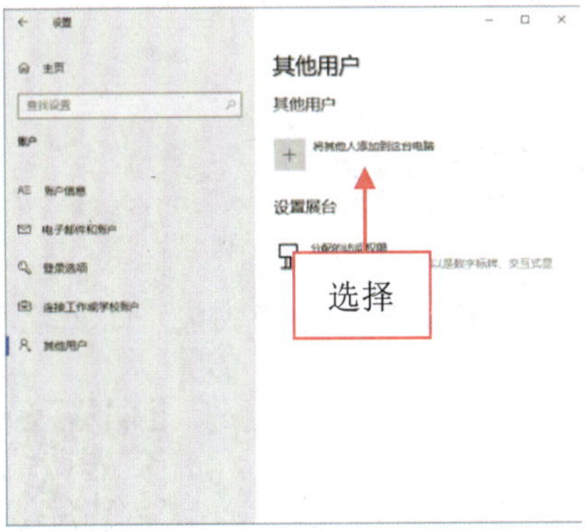

图 4-3　选择“将其他人添加到这台电脑”选项

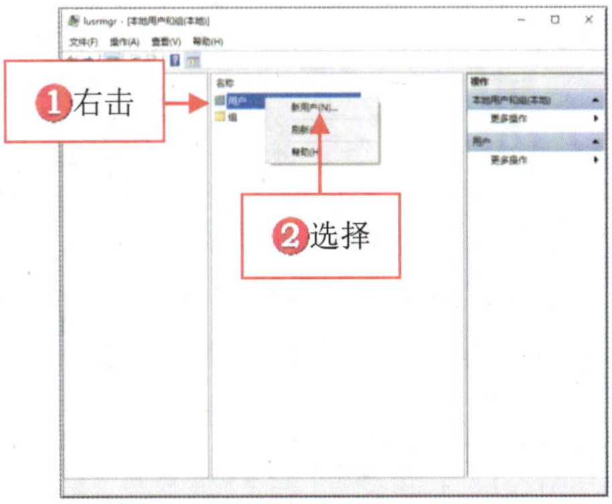

图 4-4　选择“新用户”选项

Step 05　执行上述操作后，弹出“新用户”对话框，❶输入用户名；❷输入两次密码（12345678910）；❸取消选中“用户下次登录时须更改密码”复选框；❹单击“创建”按钮，如图 4-5 所示。

Step 06 创建完成后，单击“关闭”按钮，如图 4-6 所示。

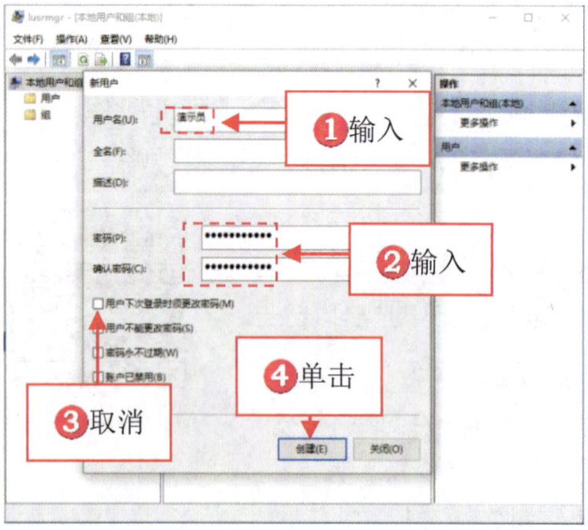

图 4-5 “新用户”对话框

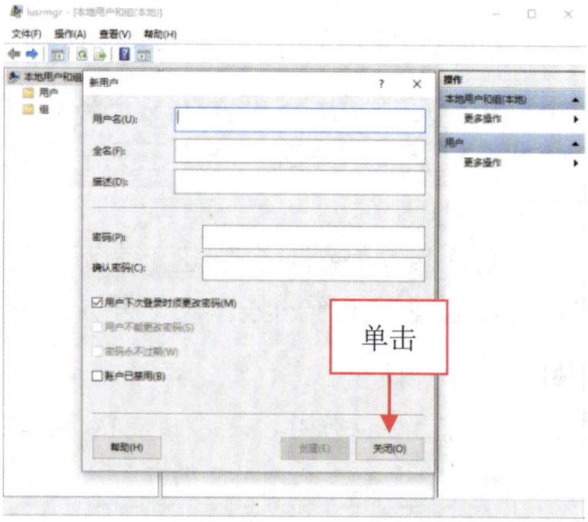

图 4-6 单击“关闭”按钮

Step 07 执行上述操作后，返回到“本地账户和组（本地）”窗口，双击“用户”选项，进入“本地账户和组（本地）\用户”窗口，查看创建的本地账户，如图 4-7 所示。

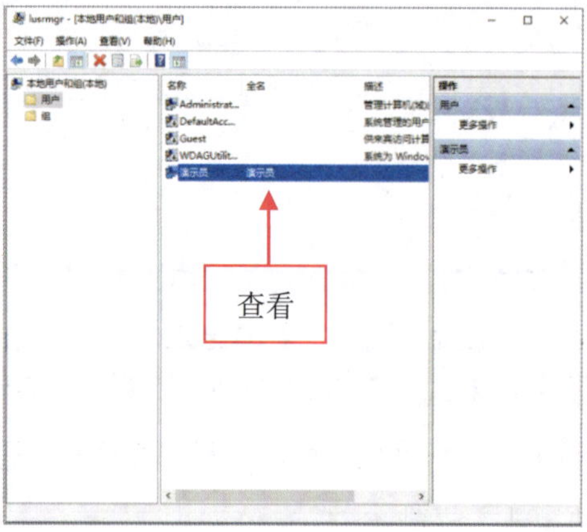

图 4-7 查看创建的本地账户

4.3 用户账户的设置

用户可以根据需要对账户进行相应设置，如更改账户类型、账户头像、账户名称及账户密码等，使账户更个性化和更具辨识性。

4.3.1 账户类型的更改

账户类型的更改

用户创建新的账户后，可以对账户的类型进行更改，可以将本地账户更改为管理员账户，这样可更方便地使用系统。下面介绍更改账户类型的操作方法。

Step 01 按照 4.2 节的操作步骤，创建一个名为“演示员”的本地账户，如图 4-8 所示。

Step 02　❶选择“演示员”本地账户；❷在弹出的列表框中单击“更改账户类型”按钮，如图 4-9 所示。

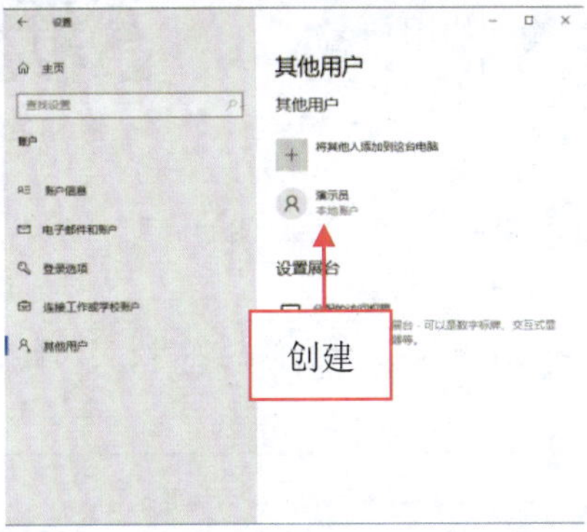

图 4-8　创建一个本地账户

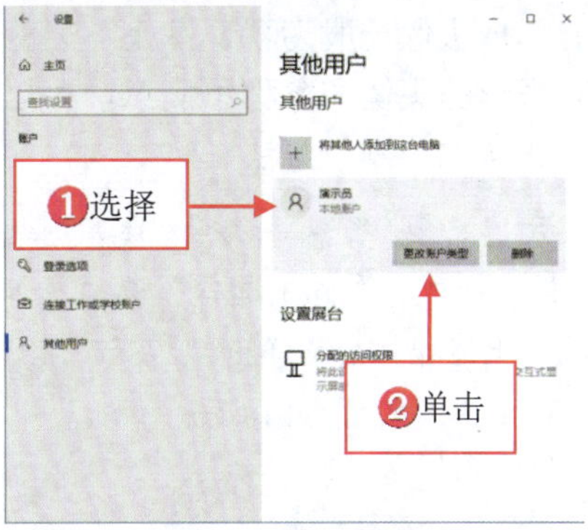

图 4-9　单击“更改用户类型”按钮

Step 03　执行上述操作后，弹出“更改账户类型”对话框，如图 4-10 所示。

Step 04　❶设置“账户类型”为“管理员”；❷单击“确定”按钮，如图 4-11 所示。

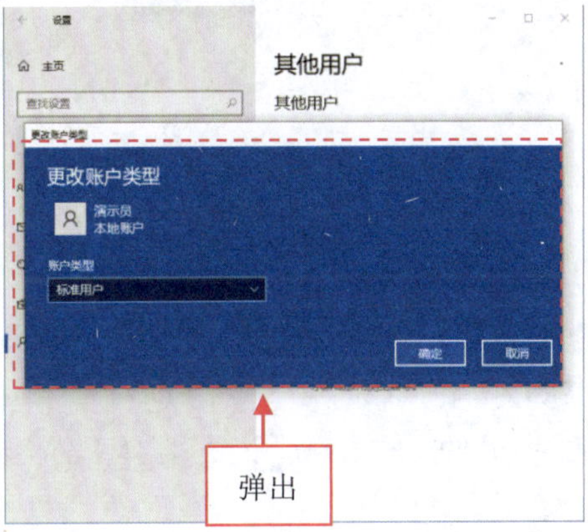

图 4-10　弹出“更改账户类型”对话框

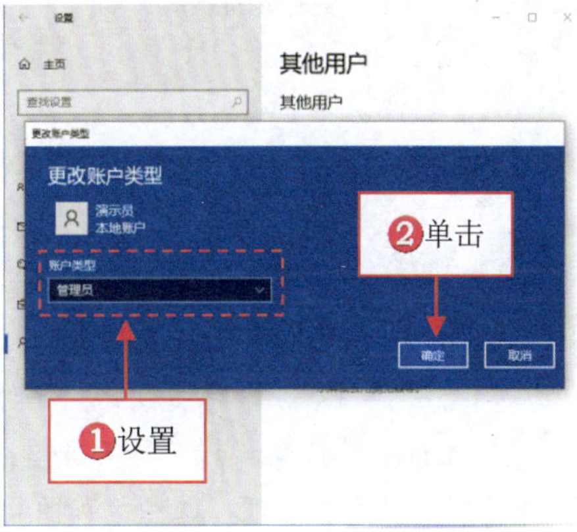

图 4-11　单击“确定”按钮

Step 05　执行上述操作后，返回到“其他用户”界面，即可更改“演示员”本地账户的账户类型，效果如图 4-12 所示。

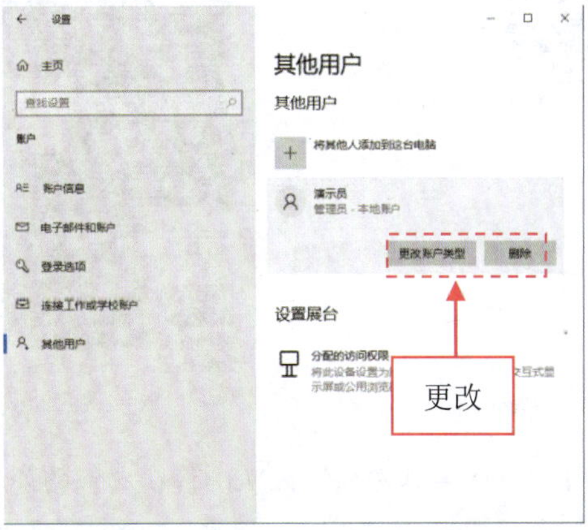

图 4-12　更改账户类型后的效果

4.3.2 账户头像和名称的更改

账户头像和名称的更改

用户的账户头像一般为默认图案，名称为用户输入的用户名。如果用户对账户的头像和名称不满意，可以进行更改。下面介绍更改账户头像和名称的操作方法。

Step 01 打开“设置”窗口，选择“账户”选项，进入相应界面，在右侧的“账户信息”界面中，选择“从现有图片中选择”选项，如图 4-13 所示。

Step 02 执行上述操作后，弹出“打开”对话框，❶选择要设置为头像的图片；❷单击“选择图片”按钮，如图 4-14 所示。

图 4-13 选择“从现有图片中选择”选项

图 4-14 单击“选择图片”按钮

Step 03 执行上述操作后，即可更改账户头像，效果如图 4-15 所示。

Step 04 关闭“设置”窗口，❶鼠标右键单击任务栏中的“开始”按钮；❷在弹出的快捷菜单中选择“计算机管理”选项，如图 4-16 所示。

图 4-15 更改账户头像效果

图 4-16 选择“计算机管理”选项

Step 05 执行上述操作后，打开“计算机管理”窗口，❶在左侧的列表框中选择“本地用户和组”选项；❷在中间的列表框中双击“用户”选项，如图 4-17 所示。

Step 06 执行上述操作后，进入“用户”列表框，❶鼠标右键单击 Administrator 账户；❷在弹出的快捷菜单中选择“重命名”选项，如图 4-18 所示。

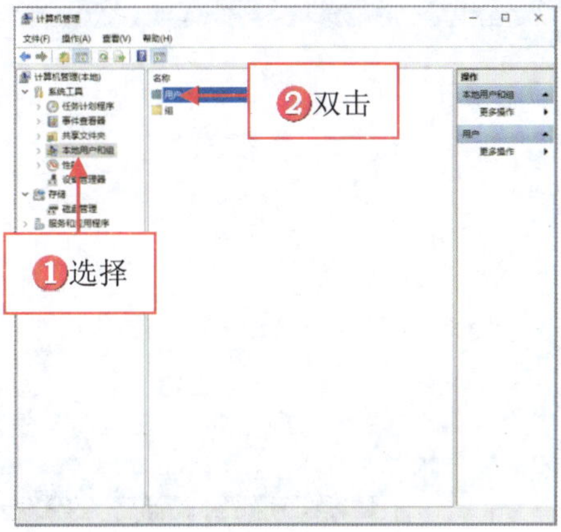

图 4-17　双击“用户”选项

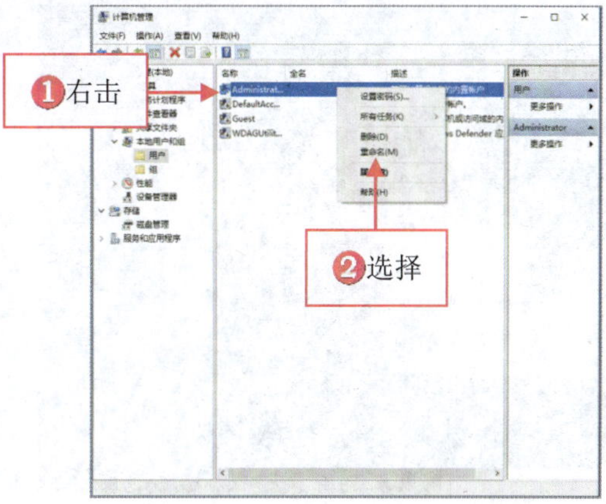

图 4-18　选择“重命名”选项

Step 07 执行上述操作后，在文本框中输入 Demonstrator，按【Enter】键，即可更改用户账户名称，效果如图 4-19 所示。

Step 08 关闭“计算机管理”窗口，按【Windows + I】组合键，打开“设置”窗口，选择“账户”选项，即可查看更改的账户头像和名称，效果如图 4-20 所示。

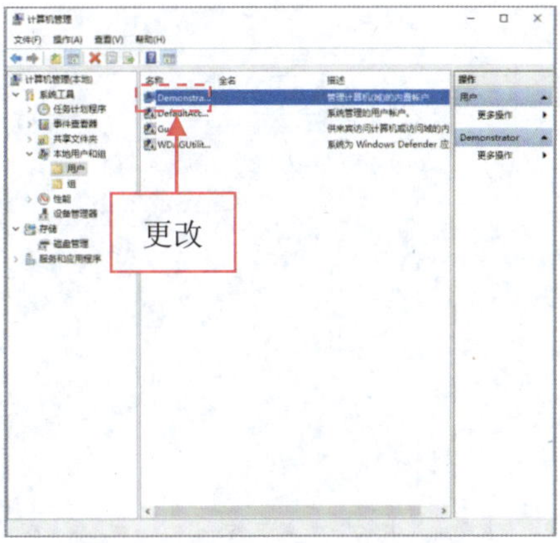

图 4-19　更改用户账户名称的效果

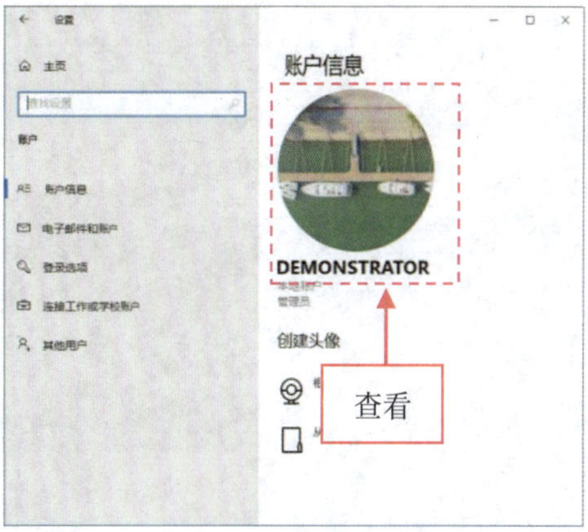

图 4-20　更改账户头像和名称的效果

4.3.3　账户密码的设置

账户密码的设置

用户在首次启动 Windows 10 系统时创建的 Administrator 管理员账户，并没有设置密码，为了提高账户和数据的安全性，可以为该管理员账户设置密码。下面介绍设置账户密码的操作方法。

Step 01 单击任务栏的“开始”按钮，打开“开始”菜单，❶单击账户头像按钮；❷在弹出的列表框中选择“更改账户设置”选项，如图 4-21 所示。

Step 02 执行上述操作后，打开“设置”窗口，❶在左侧的列表框中选择“登录选项”选项；

❷在右侧的“登录选项”界面中，选择“密码”选项；❸在弹出的列表框中单击“添加”按钮，如图 4-22 所示。

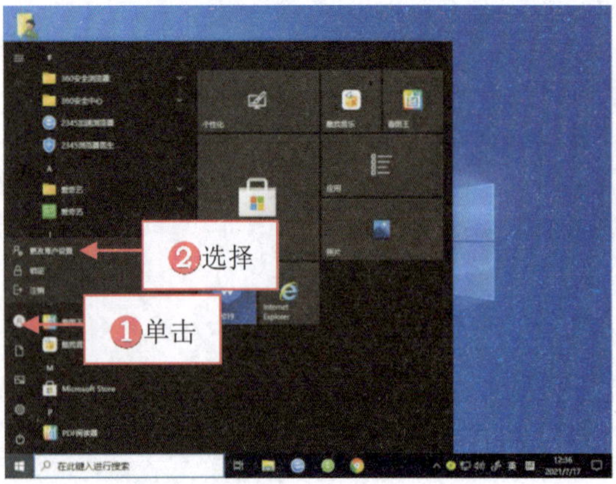

图 4-21　选择“更改账户设置”选项

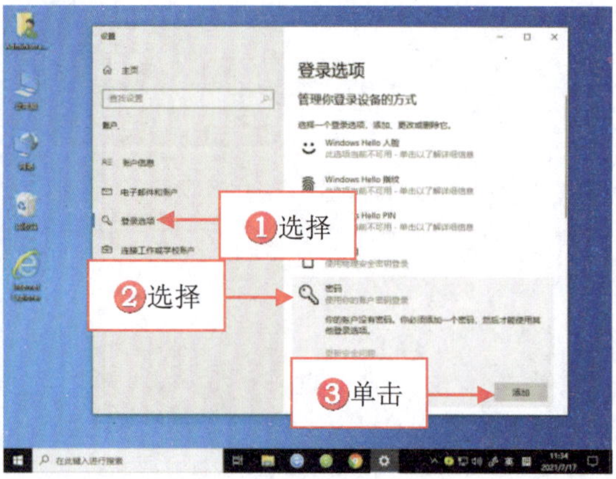

图 4-22　单击“添加”按钮

Step 03　执行上述操作后，弹出“创建密码”对话框，❶分别输入两次密码和密码提示；❷单击“下一页”按钮，如图 4-23 所示。

Step 04　执行上述操作后，进入下一界面，单击“完成”按钮，如图 4-24 所示，即可为管理员账户设置账户密码。

图 4-23　单击“下一页”按钮

图 4-24　单击“完成”按钮

4.3.4　账户密码的更改

如果用户忘记设置的账户密码，那么可以在“控制面板”对话框中重设账户密码。这种办法不用输入原有密码，但可能会导致用户账户信息的丢失。如果用户只是想更改账户密码，那么可以在“设置”对话框中更改账户密码。下面介绍更改账户密码的操作方法。

账户密码的更改

Step 01 按照 4.3.3 节的步骤，为管理员账户 Administrator 设置账户密码，效果如图 4-25 所示。

Step 02 单击“密码”选项区中的“更改”按钮，如图 4-26 所示。

图 4-25　设置账户密码的效果

图 4-26　单击“更改”按钮

Step 03 执行上述操作后，弹出“更改密码”对话框，❶输入当前密码（123456789）；❷单击“下一页”按钮，如图 4-27 所示。

Step 04 执行上述操作后，进入下一界面，❶输入两次新密码（20210804）；❷设置“密码提示”为“日期”；❸单击“下一页”按钮，如图 4-28 所示。

图 4-27　单击“下一页”按钮（1）

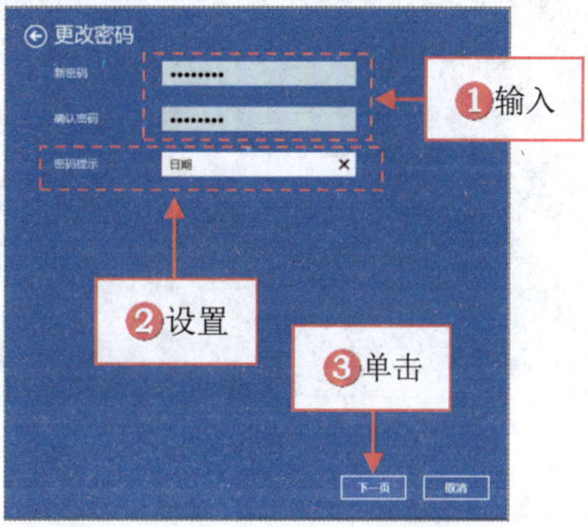

图 4-28　单击“下一页”按钮（2）

Step 05 执行上述操作后，单击“完成”按钮，如图 4-29 所示，即可更改账户密码。

图 4-29　单击“完成”按钮

4.4 用户账户的管理

Windows 10 系统是一个可以设定多个用户账户的系统，为了避免账户过多带来的麻烦，用户需要掌握管理账户的方法，如锁定用户账户、切换用户账户及启用来宾账户等。

4.4.1 用户账户的锁定

用户账户的锁定

如果用户要暂时离开电脑，但不希望其他用户登录电脑，或者是不想关闭打开的文件和程序时，用户可以将当前账户进行锁定。锁定账户后屏幕显示锁屏界面，如果想解除锁定，只需单击鼠标或按任意键，即可解除锁定状态，退出锁屏界面。下面介绍锁定用户账户的操作方法。

Step 01 单击任务栏中的“开始”按钮，打开“开始”菜单，如图 4-30 所示。

Step 02 在“开始”菜单中，❶单击账户头像按钮；❷在弹出的列表框中选择“锁定”选项，如图 4-31 所示。

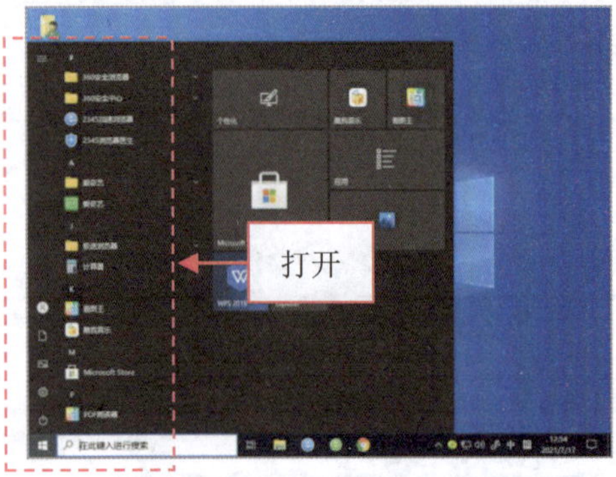

图 4-30 打开“开始”菜单

图 4-31 选择“锁定”选项

Step 03 执行上述操作后，即可锁定用户账户，效果如图 4-32 所示。

图 4-32 锁定用户账户效果

4.4.2　用户账户的切换

如果希望在不退出另一个用户账户的情况下使用自己的账户，那么可以选择切换账户，将账户设为当前账户。下面介绍切换用户账户的操作方法。

用户账户的切换

Step 01 按照 4.2 节的操作步骤，添加一个本地账户，效果如图 4-33 所示。

Step 02 关闭“设置”窗口，单击任务栏中的“开始”按钮，打开“开始”菜单，如图 4-34 所示。

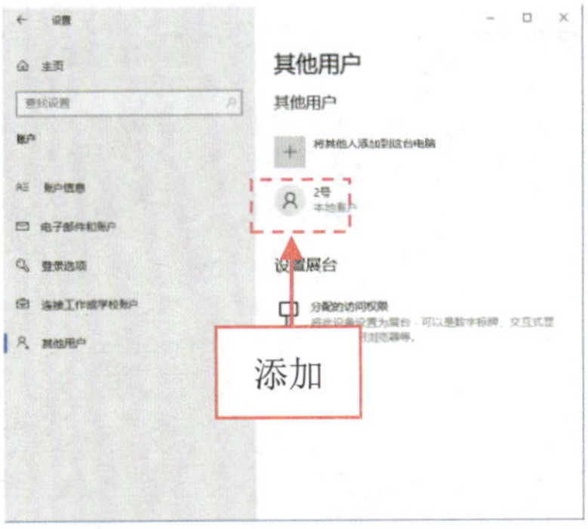

图 4-33　添加一个本地账户

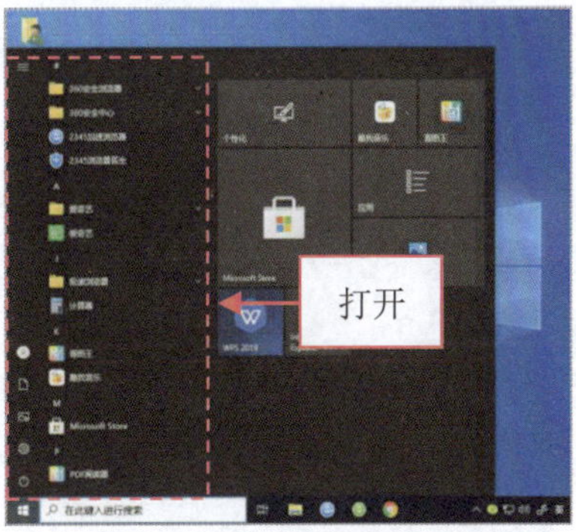

图 4-34　打开“开始”菜单

Step 03 在“开始”菜单中，❶单击账户头像按钮；❷在弹出的列表框中选择“2 号”账户，如图 4-35 所示。

Step 04 执行上述操作后，稍等片刻，进入登录界面，如图 4-36 所示。

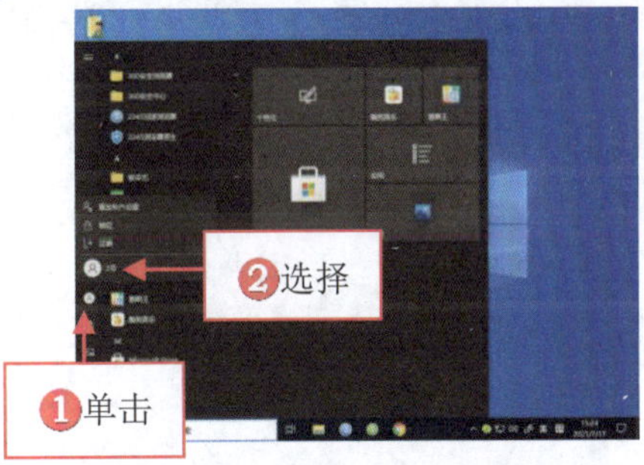

图 4-35　选择“2 号”账户

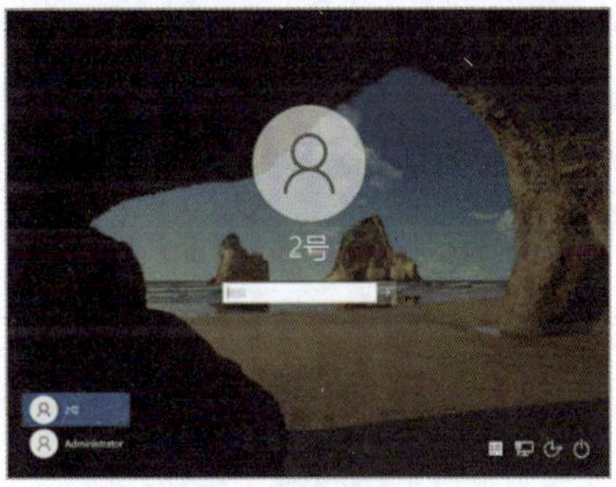

图 4-36　进入登录界面

Step 05 输入相应的登录密码（12345678910），如图 4-37 所示。

Step 06 按【Enter】键，稍等片刻，即可进入“2 号”账户的桌面，如图 4-38 所示。

图 4-37　输入相应的登录密码

图 4-38　进入“2 号”账户的桌面

4.4.3　来宾账户的启用

来宾账户默认处于禁用状态，如果用户想启用来宾账户，需要在“计算机管理”对话框中进行设置。下面介绍启用来宾账户的操作方法。

来宾账户的启用

Step 01　打开“计算机管理”窗口，选择左侧列表框中的“本地账户和组”选项，如图 4-39 所示。

Step 02　执行上述操作后，在中间的列表框中双击“用户”选项，如图 4-40 所示。

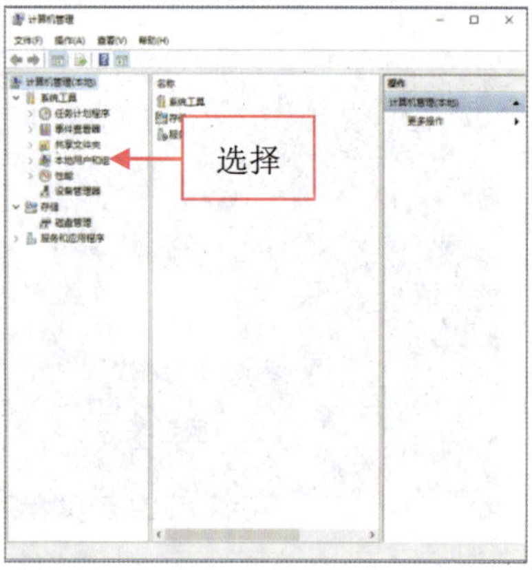

图 4-39　选择“本地账户和组”选项

图 4-40　双击“用户”选项

Step 03　执行上述操作后，显示用户账户信息，❶鼠标右键单击 Guest（来宾）账户；❷在弹出的快捷菜单中选择“属性”选项，如图 4-41 所示。

Step 04　执行上述操作后，弹出“Guest 属性”对话框，❶取消选中“账户已禁用”复选框；❷单击“确定”按钮，如图 4-42 所示。

Step 05　执行上述操作后，即可启用来宾账户，效果如图 4-43 所示。

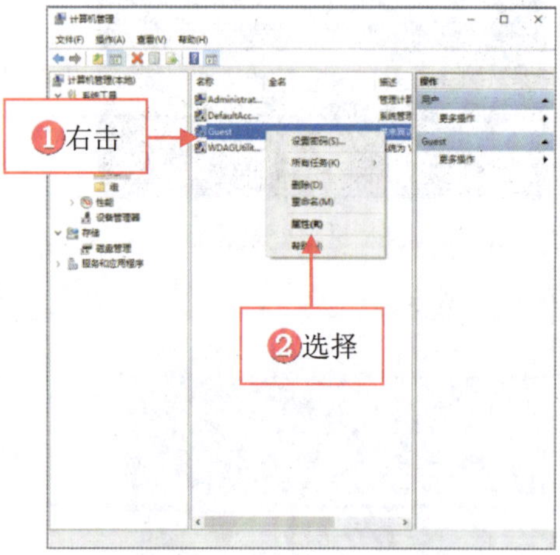

图 4-41　选择“属性”选项

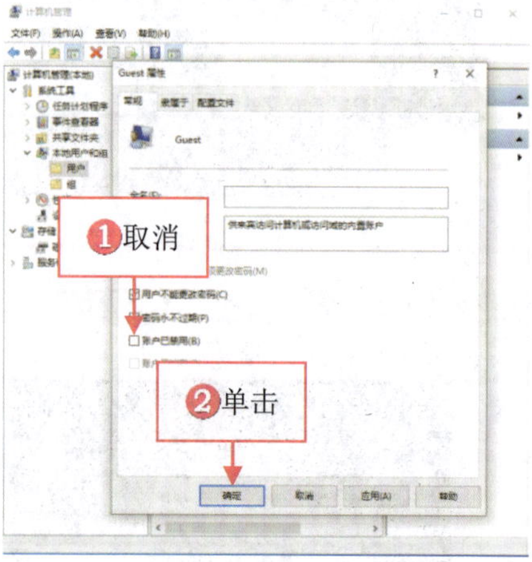

图 4-42　单击“确定”按钮

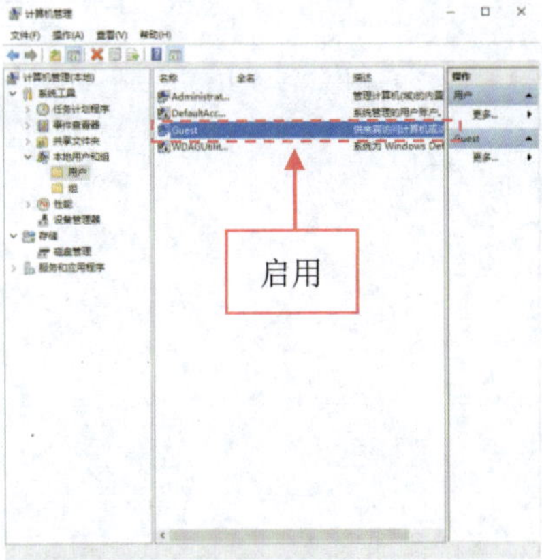

图 4-43　启用来宾账户的效果

本章小结

本章主要介绍了 Windows 10 操作系统中账户的相关知识，具体内容包括 Windows 10 操作系统用户账户的类别、创建、设置和管理等，帮助读者了解 Windows 10 操作系统的账户的基本使用方法。希望通过对本章的学习，读者能够掌握 Windows 10 操作系统的账户创建和设置方法。

课后习题

课后习题

鉴于本章知识的重要性，为了帮助读者更好地掌握所学知识，通过设置上机习题帮助读者进行简单的知识回顾和补充。

用户账户数量过多会妨碍使用，因此需要定期删除不再使用的账户。本习题可帮助读者掌握删除用户账户的操作方法，如图 4-44 所示。

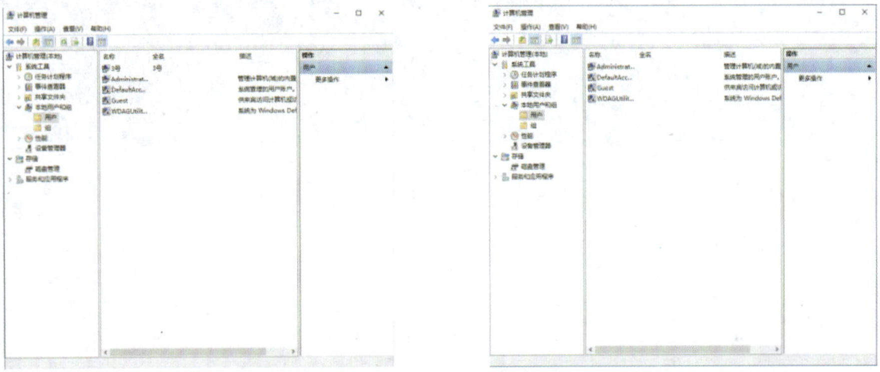

图 4-44　删除用户账户前后效果对比图

第 5 章 设置 Windows 10 基本应用

5

Windows 10 操作系统提供了许多基本应用以方便用户的使用，如鼠标、键盘、日期、时间及声音等，用户可以对这些基本应用进行相应设置，使系统更符合自己的使用习惯。本章将主要介绍 Windows 10 系统鼠标和键盘的设置、日期和时间的设置、声音的设置及输入法和语言的设置。

本章重点

- 鼠标和键盘的设置
- 日期和时间的设置
- 声音的设置
- 输入法和语言的设置

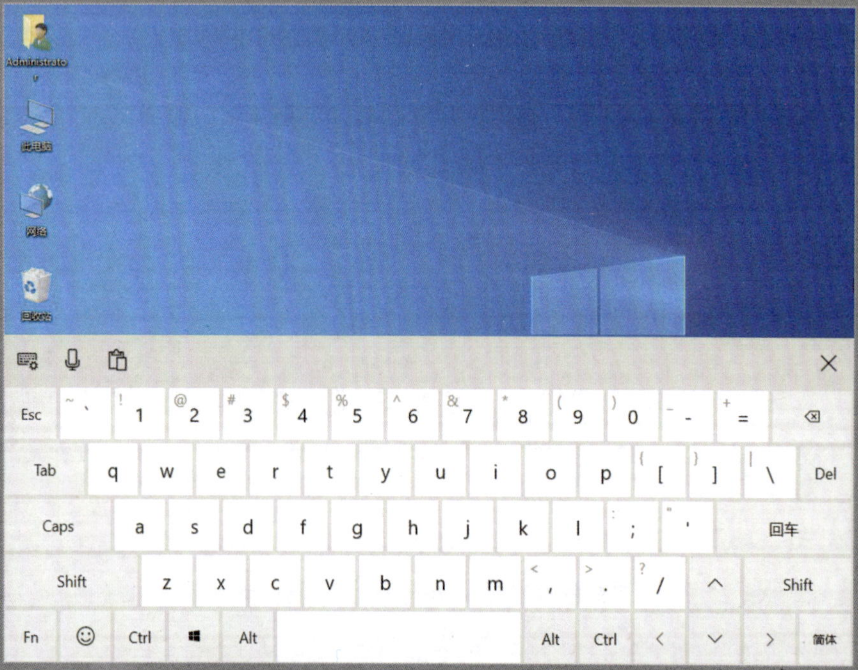

5.1　鼠标和键盘的设置

鼠标和键盘是最主要的两种输入设备，默认情况下，鼠标和键盘的设置符合大多数用户的操作习惯。但每个用户的使用习惯还是有差别的，因此需要对鼠标和键盘进行一些设置，以便更符合用户的操作习惯。

5.1.1　鼠标键和鼠标滑轮的设置

鼠标键和鼠标滑轮的设置

鼠标键和鼠标滑轮是鼠标最主要的组成部分，也是被用户使用次数最多的两个部位。因此很有必要对鼠标键和鼠标滑轮的功能进行相关设置，使操作更流畅。下面介绍设置鼠标键和鼠标滑轮的操作方法。

Step 01　打开“设置”窗口，选择“设备”选项，如图 5-1 所示。

Step 02　执行上述操作后，进入相应界面，❶在左侧的列表框中选择“鼠标”选项；❷在右侧的“鼠标”界面中设置“选择主按钮”为“向右键”，如图 5-2 所示。

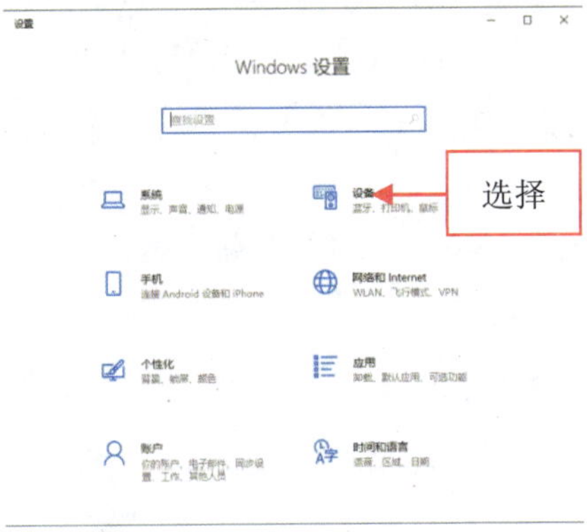

图 5-1　选择“设备”选项

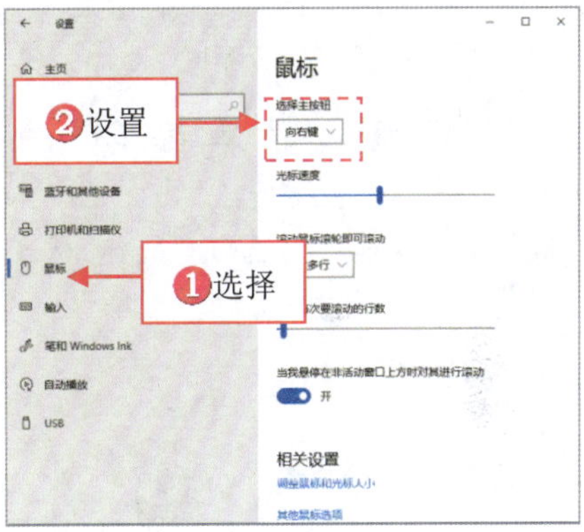

图 5-2　设置“选择主按钮”为“向右键”

Step 03　在“设置每次要滚动的行数”下方拖曳滑块，设置滚动行数，如图 5-3 所示。

Step 04　单击“其他鼠标选项”链接，如图 5-4 所示。

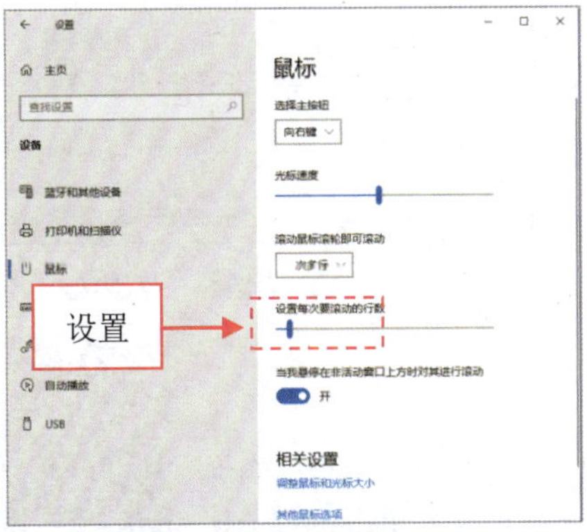

图 5-3　设置滚动行数

图 5-4　单击“其他鼠标选项”链接

Step 05 弹出“鼠标 属性”对话框，❶在“双击速度”选项区中拖曳滑块，调节鼠标的双击速度；❷在右侧文件夹预览图上双击进行测试，如图 5-5 所示。

Step 06 ❶在“单击锁定”选项区中选中“启用单击锁定”复选框；❷单击“设置”按钮，如图 5-6 所示。

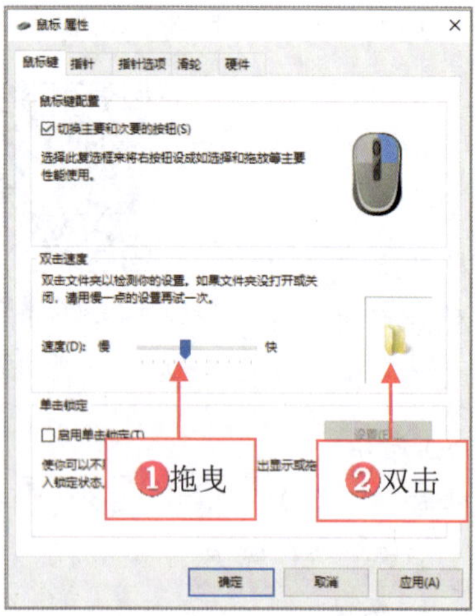

图 5-5　双击进行测试

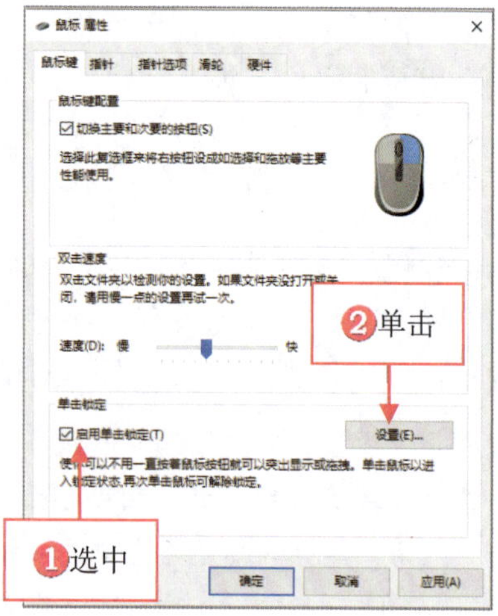

图 5-6　单击“设置”按钮

Step 07 弹出“单击锁定的设置”对话框，❶拖曳滑块进行设置；❷单击“确定”按钮，如图 5-7 所示。

Step 08 执行上述操作后，返回“鼠标 属性”对话框，单击“确定”按钮，如图 5-8 所示。

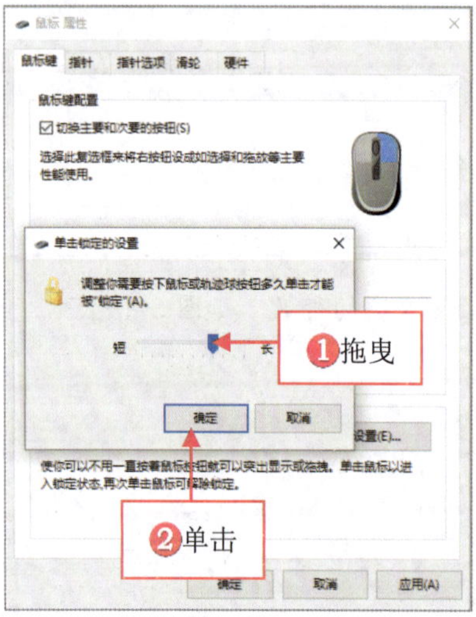

图 5-7　单击“确定”按钮（1）

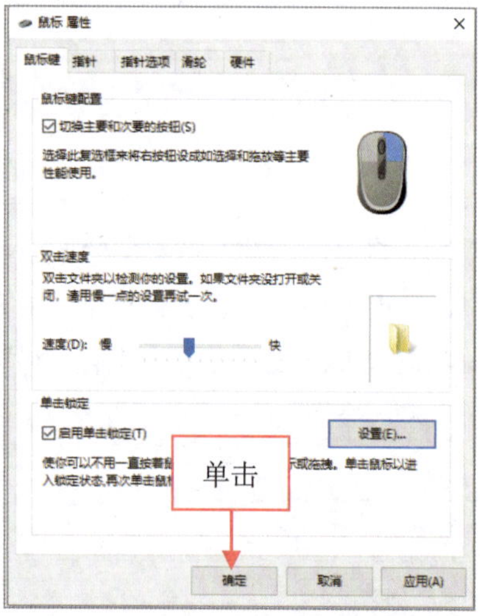

图 5-8　单击“确定”按钮（2）

5.1.2　鼠标指针的设置

鼠标指针是为了在计算机使用时标识鼠标位置而产生的，用户可以设置鼠标指针的外观样式、移动速度及可见性，方便操作的同时也能增

鼠标指针的设置

加界面的美观度。下面介绍设置鼠标指针的操作方法。

Step 01　①在任务栏的搜索框中输入“控制面板”；②在搜索结果中选择“打开”选项，如图 5-9 所示。

Step 02　打开“控制面板”窗口，单击“硬件和声音”链接，如图 5-10 所示。

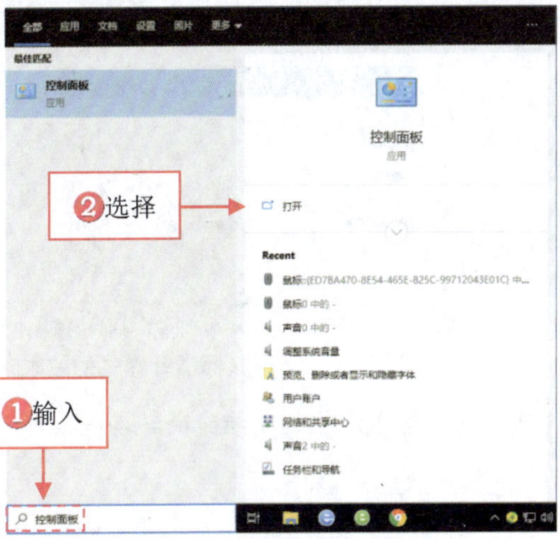

图 5-9　选择“打开”选项

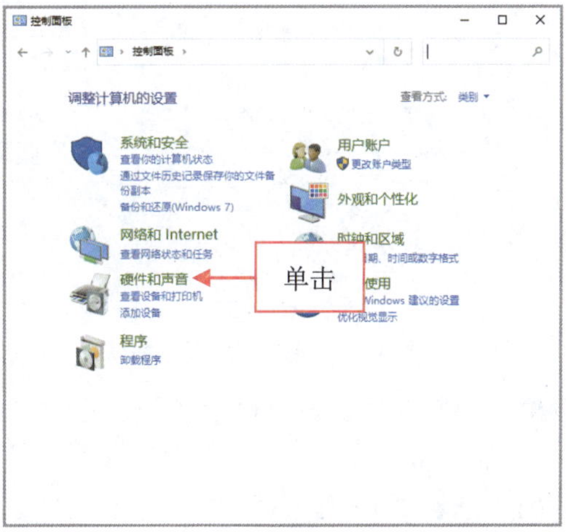

图 5-10　单击“硬件和声音”链接

Step 03　执行上述操作后，进入相应界面，单击“设备和打印机”选项区中的“鼠标”链接，如图 5-11 所示。

Step 04　弹出“鼠标 属性”对话框，切换至“指针”选项卡，①设置“方案”为“Windows 黑色（系统方案）”；②在“自定义”选项区中选择“后台运行”选项；③单击“浏览”按钮，如图 5-12 所示。

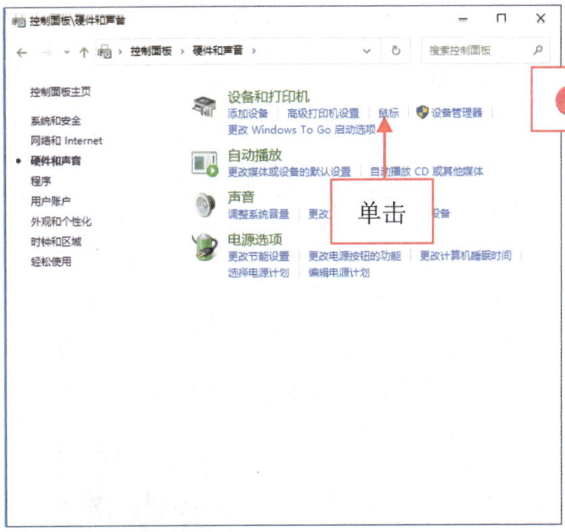

图 5-11　单击“鼠标”链接

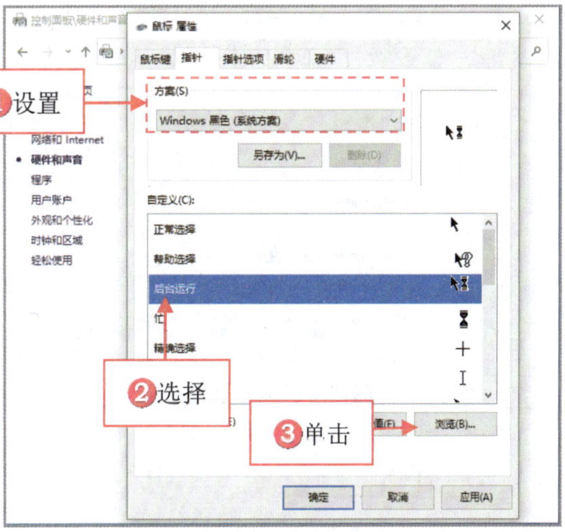

图 5-12　单击“浏览”按钮

Step 05　弹出“浏览”对话框，①选择相应的样式文件；②单击“打开”按钮，如图 5-13 所示。

Step 06　执行上述操作后，即可设置“后台运行”的鼠标指针样式，效果如图 5-14 所示。

图 5-13 单击“打开”按钮

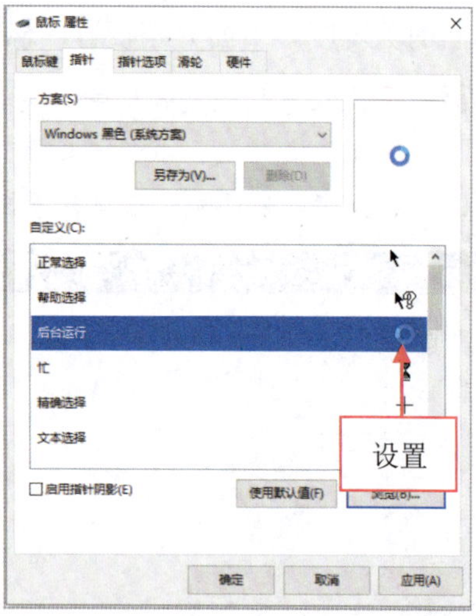

图 5-14 设置鼠标指针样式的效果

Step 07 切换至“指针选项”选项卡，在“移动”选项区中拖曳滑块调整指针的移动速度，如图 5-15 所示。

Step 08 ❶在“可见性”选项区中选中“当按 CTRL 键时显示指针的位置”复选框；❷单击“确定”按钮，如图 5-16 所示。

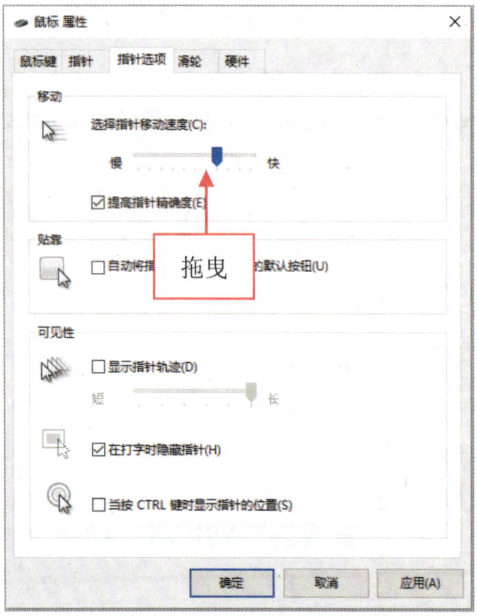

图 5-15 调整指针移动速度

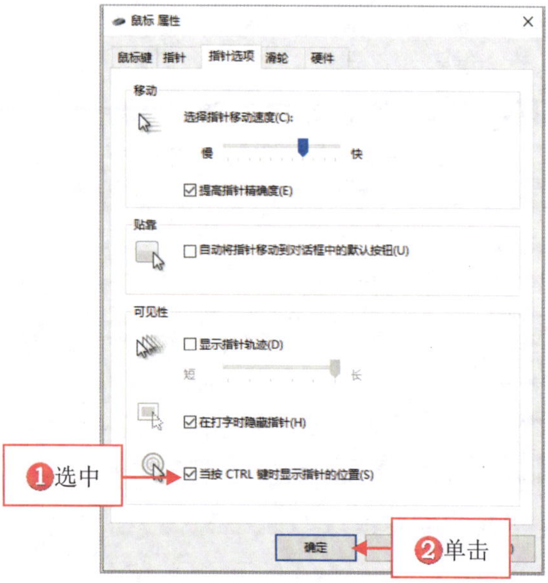

图 5-16 单击“确定”按钮

5.1.3 键盘属性的设置

键盘属性的设置

键盘也是一个重要的输入设备，在使用之前可以对其属性进行设置，以满足特殊需要。下面介绍设置键盘属性的操作方法。

Step 01 ❶在任务栏的搜索框中输入“键盘”；❷在搜索结果中选择“打开”选项，如图 5-17 所示。

Step 02 弹出“键盘 属性”对话框，❶在“字符重复”选项区中拖曳滑块，分别调整按键重复延迟和重复速度；❷在下方的测试文本框中按住【T】键测试字符重复速度；❸单击“确定”按钮，如图 5-18 所示。

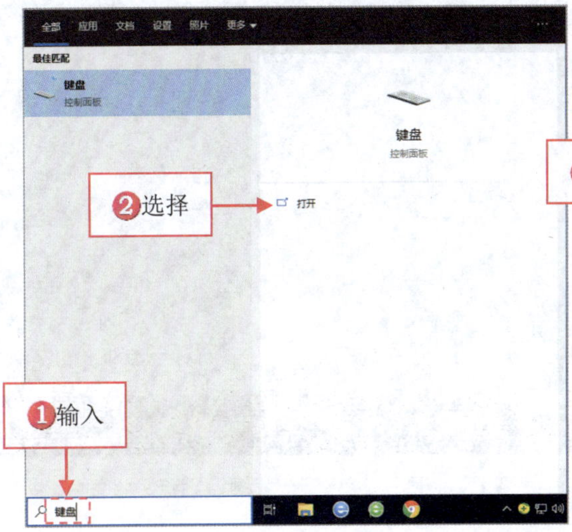

图 5-17　选择“打开”选项

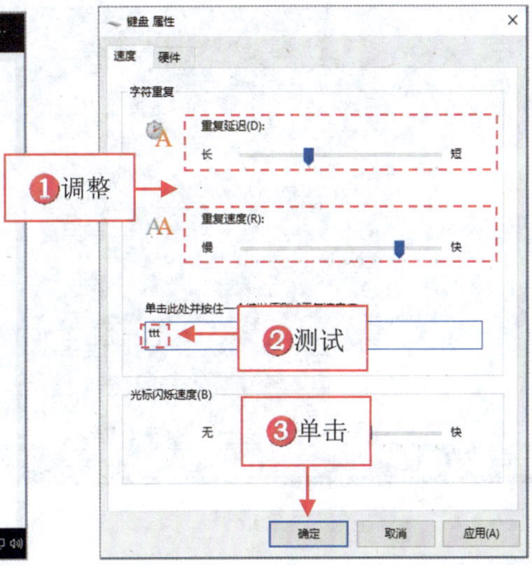

图 5-18　单击“确定”按钮

5.1.4　屏幕键盘和触摸键盘的启用

如果键盘忽然无法使用，用户可以启用 Windows 10 系统的屏幕键盘或者触摸键盘输入文字。下面介绍启用屏幕键盘和触摸键盘的操作方法。

屏幕键盘和触摸键盘的启用

Step 01 打开“设置”窗口，选择“轻松使用”选项，进入相应界面，❶在左侧的列表框中选择“键盘”选项；❷在“键盘”界面中打开“使用屏幕键盘”功能，如图 5-19 所示。

Step 02 执行上述操作后，即可启用屏幕键盘，效果如图 5-20 所示。

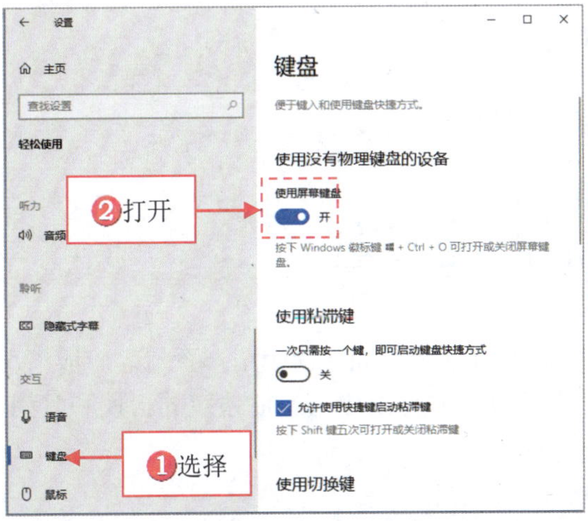

图 5-19　打开“使用屏幕键盘”功能

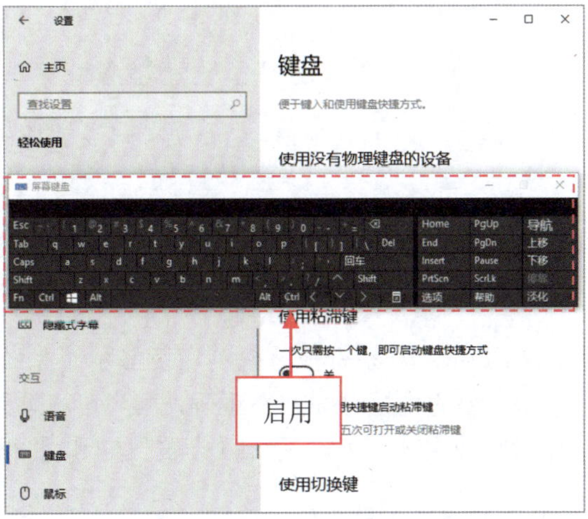

图 5-20　启用屏幕键盘的效果

Step 03 关闭"屏幕键盘"，关闭"设置"窗口，❶在任务栏的空白位置处单击鼠标右键；❷在弹出的列表框中选择"显示触摸键盘按钮"选项，如图 5-21 所示。

Step 04 执行上述操作后，任务栏的右侧显示"触摸键盘"按钮，如图 5-22 所示。

图 5-21　选择"显示触摸键盘按钮"选项

图 5-22　显示"触摸键盘"按钮

Step 05 单击"触摸键盘"按钮，即可弹出触摸键盘，效果如图 5-23 所示。

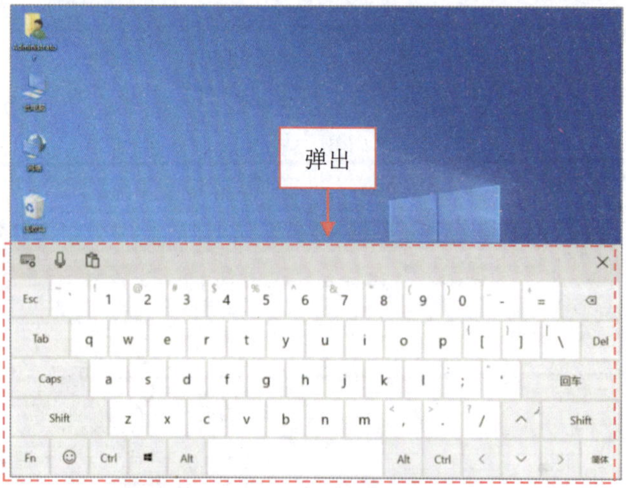

图 5-23　弹出触摸键盘的效果

5.2　日期和时间的设置

Windows 10 系统任务栏的右侧显示了系统当前的日期和时间，便于用户查看。一般情况下，新安装的系统时间并不正确，用户可以通过手动设置的方式更改当前系统的日期和时间，以免影响使用。此外，还可以设置日期和时间的显示格式。

5.2.1　日期和时间的更改

日期和时间的更改

用户可以查看当前的系统日期和时间，如果发现有误可以在“设置”对话框中更改当前的日期和时间。下面介绍更改日期和时间的操作方法。

Step 01　①单击任务栏右侧的时间；②在弹出的面板中单击“日期和时间设置”链接，如图 5-24 所示。

Step 02　执行上述操作后，打开“设置”窗口，在右侧的“日期和时间”界面中，①关闭“自动设置时间”功能；②单击“更改”按钮，如图 5-25 所示。

图 5-24　单击“日期和时间设置”链接

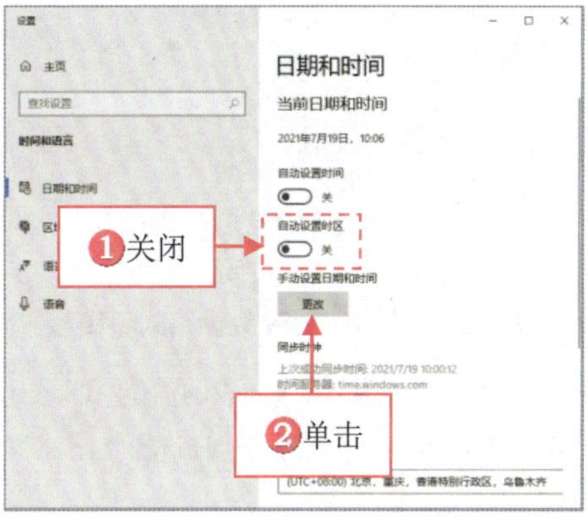

图 5-25　单击“更改”按钮（1）

Step 03　弹出“更改日期和时间”对话框，①更改日期和时间；②单击“更改”按钮，如图 5-26 所示。

Step 04　执行上述操作后，返回到“设置”窗口，即可更改当前日期和时间，效果如图 5-27 所示。

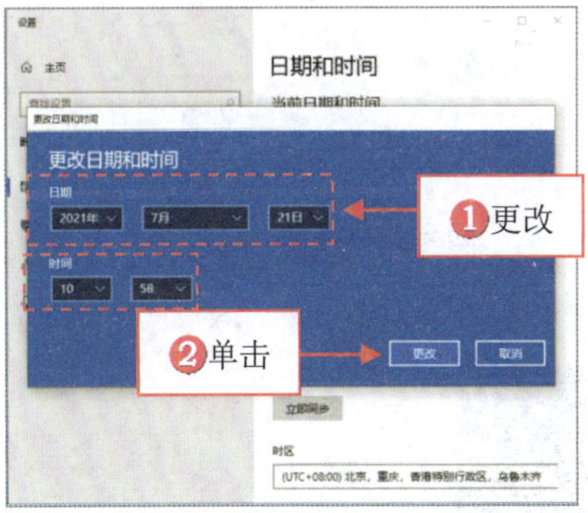

图 5-26　单击“更改”按钮（2）

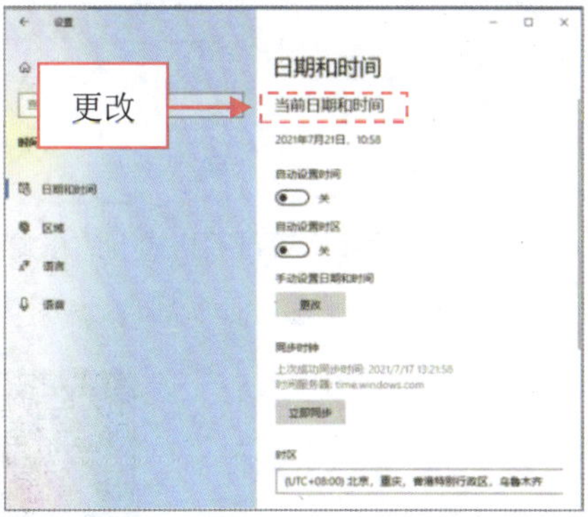

图 5-27　更改日期和时间的效果

5.2.2　日期和时间显示格式的设置

日期和时间显示格式的设置

Windows 10 操作系统提供了很多日期和时间的显示格式供用户选择，用户可以将日期和时间的显示格式设置成自己喜欢的。下面介绍设置日期和时间显示格式的操作方法。

Step 01 打开“设置”窗口，选择“时间和语言”选项，进入相应界面，❶在左侧的列表框中选择“区域”选项；❷在右侧的“区域”界面中单击“更改数据格式”链接，如图 5-28 所示。

Step 02 执行上述操作后，进入“更改数据格式”界面，设置“一周的第一天”为“星期日”，如图 5-29 所示。

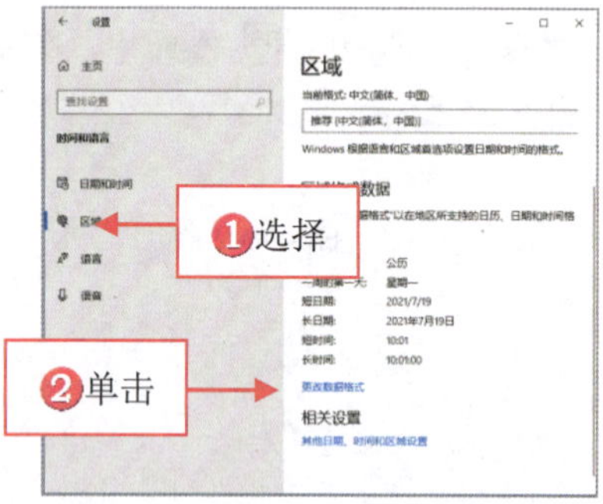

图 5-28　单击“更改数据格式”链接

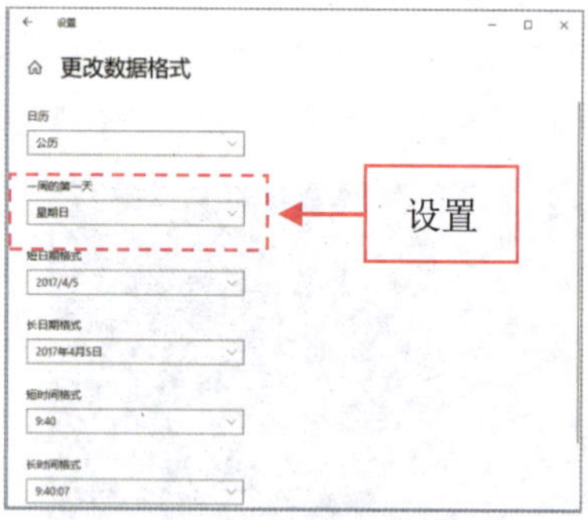

图 5-29　设置“一周的第一天”

Step 03 设置“短日期格式”为 2017-04-05，如图 5-30 所示。

Step 04 用与上述同样的方法分别设置“长日期格式”“短时间格式”“长时间格式”等三种格式，效果如图 5-31 所示。

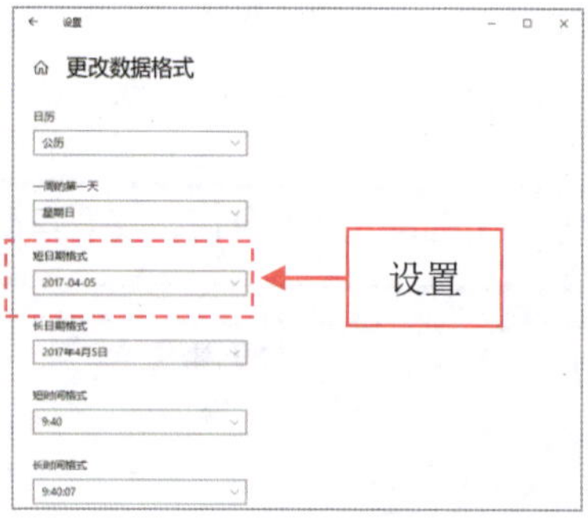

图 5-30　设置“短日期格式”的格式

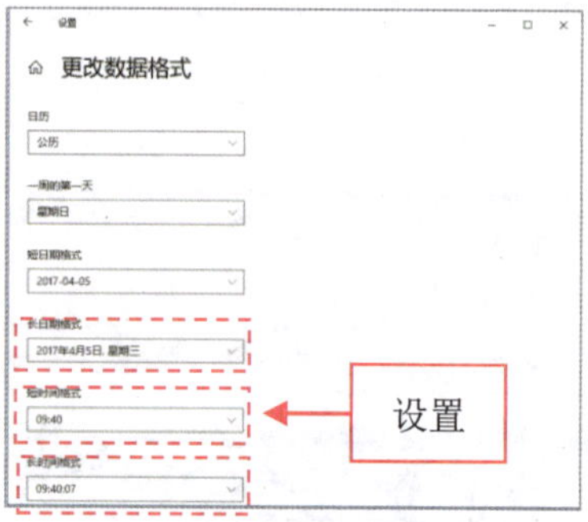

图 5-31　设置三种格式

Step 05 关闭“设置”窗口，即可查看更改的日期和时间显示格式，效果如图 5-32 所示。

图 5-32　更改的日期和时间的效果

5.3　声音的设置

当需要在电脑上播放或录制音频、视频时，可以对系统声音进行设置，以得到更好的播放或录制效果，如更改系统声音方案、调节系统音量等。

5.3.1　系统声音方案的更改

系统声音方案的更改

在 Windows 10 操作系统中，声音主题是指在系统和程序运行过程中使用的一组声音，Windows 10 系统的默认声音方案为“Windows 默认”，用户可以对方案内的声音进行更改，并保存修改后的声音方案，下面介绍更改系统声音方案的操作方法。

Step 01 ①在任务栏的搜索框中输入“声音设置”；②在搜索结果中选择“打开”选项，如图 5-33 所示。

Step 02 执行上述操作后，打开“设置”窗口，单击“声音控制面板”链接，如图 5-34 所示。

图 5-33　选择“打开”选项

图 5-34　单击“声音控制面板”链接

Step 03 执行上述操作后，弹出“声音”对话框，单击“声音”选项卡，如图 5-35 所示。

Step 04 ①在“程序事件”选项区中选择“NFP 完成”选项；②单击“浏览”按钮，如图 5-36 所示。

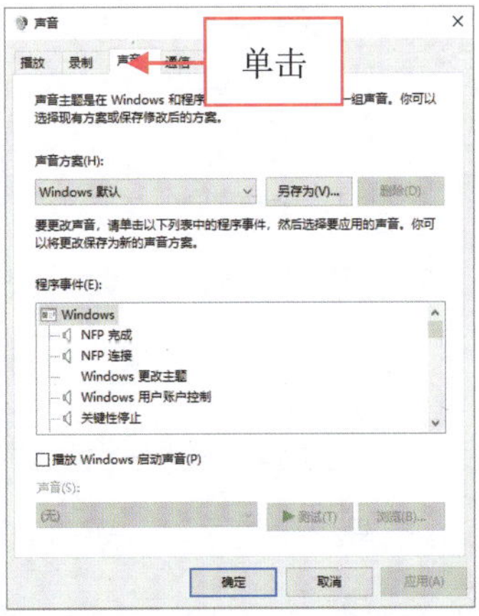

图 5-35　单击“声音”选项卡

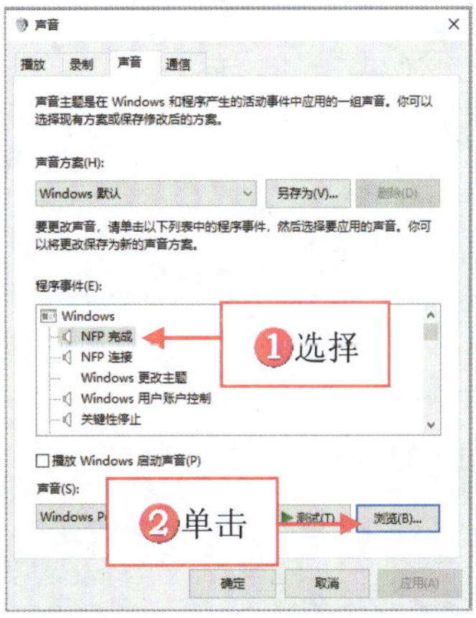

图 5-36　单击“浏览”按钮

Step 05 执行上述操作后，弹出“浏览新的 NFP 完成 声音”对话框，❶选择相应声音文件；❷单击“打开”按钮，如图 5-37 所示。

Step 06 执行上述操作后，即可设置“NFP 完成”的声音效果，如图 5-38 所示。

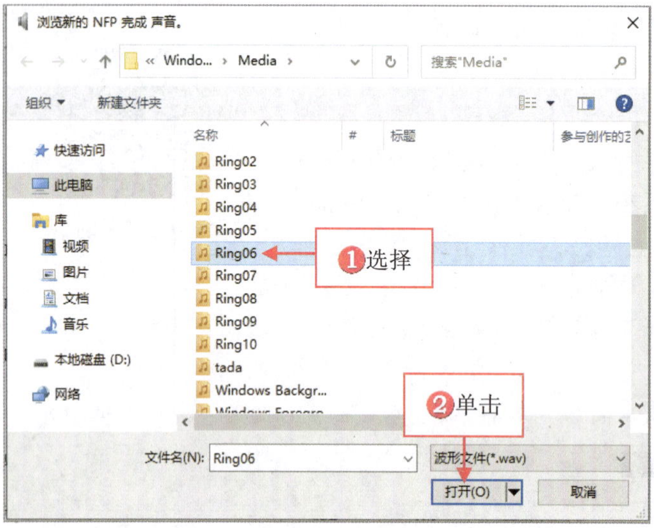

图 5-37　单击“打开”按钮

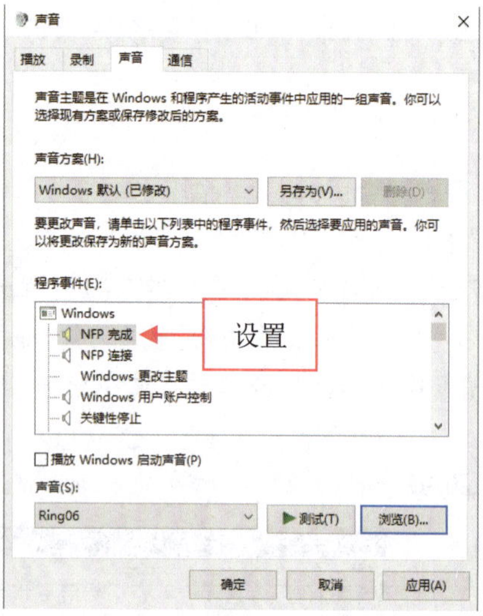

图 5-38　设置“NFP 完成”的声音效果

Step 07 用与上述同样的方法，分别设置“桌面邮件通知”“电池不足警报”“系统通知”的声音效果，效果如图 5-39 所示。

Step 08 ❶选中“播放 Windows 启动声音”复选框；❷单击“另存为”按钮，如图 5-40 所示。

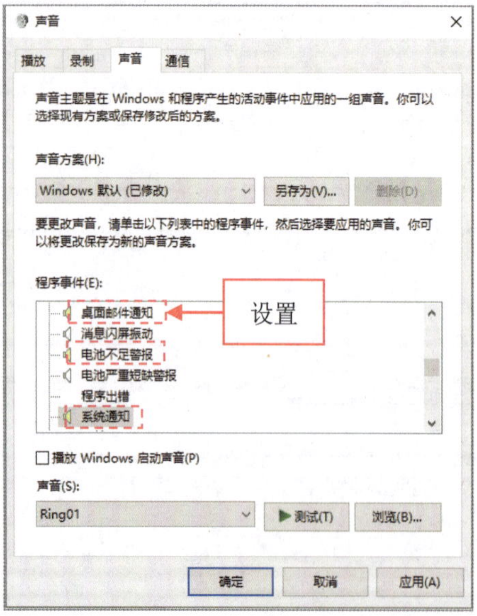

图 5-39　分别设置声音效果

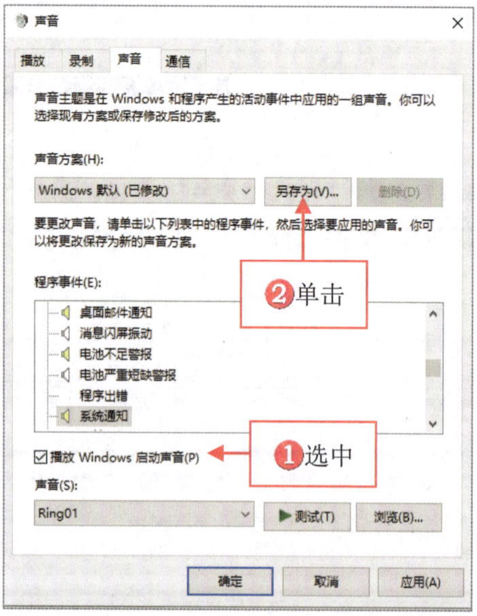

图 5-40　单击“另存为”按钮

Step 09 执行上述操作后，弹出“方案另存为”对话框，❶输入方案名称；❷单击“确定”按钮，效果如图 5-41 所示。

Step 10 执行上述操作后，返回到“声音”对话框，❶单击“应用”按钮；❷单击“确定”按钮，如图 5-42 所示。

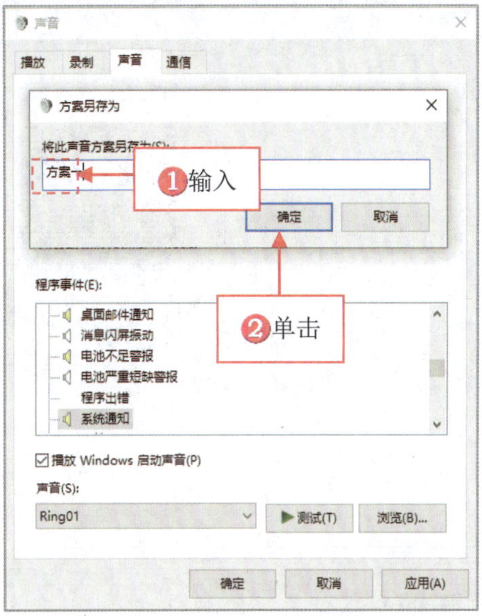

图 5-41　单击“确定”按钮（1）

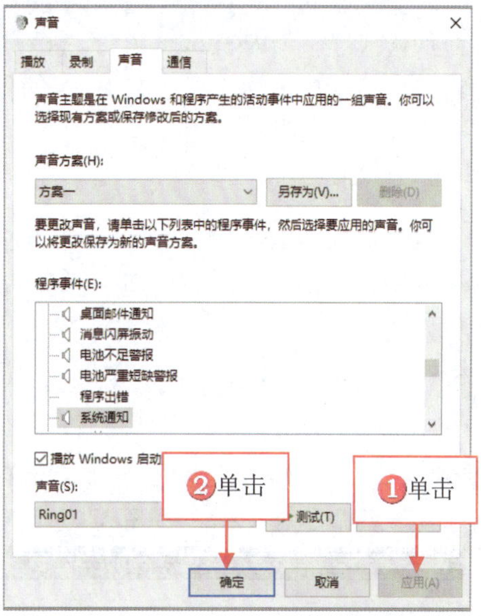

图 5-42　单击“确定”按钮（2）

5.3.2　系统音量的调节

调节音量的大小可以改变应用程序播放声音的大小，以获得更好的听觉体验。下面介绍调节系统音量的操作方法。

系统音量的调节

Step 01 ❶鼠标右键单击任务栏中的“扬声器”按钮🔊；❷在弹出的快捷菜单中选择“打开音量合成器”选项，如图 5-43 所示。

Step 02 执行上述操作后，弹出“音量合成器-扬声器”对话框，分别调节“扬声器”和“系统声音”的音量高低，如图 5-44 所示。

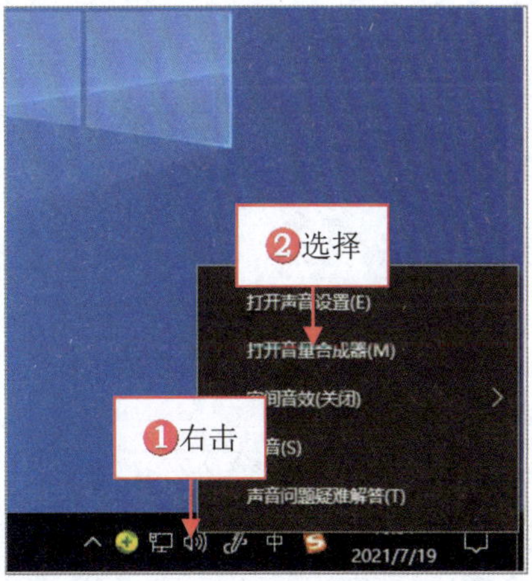

图 5-43　选择“打开音量合成器”选项

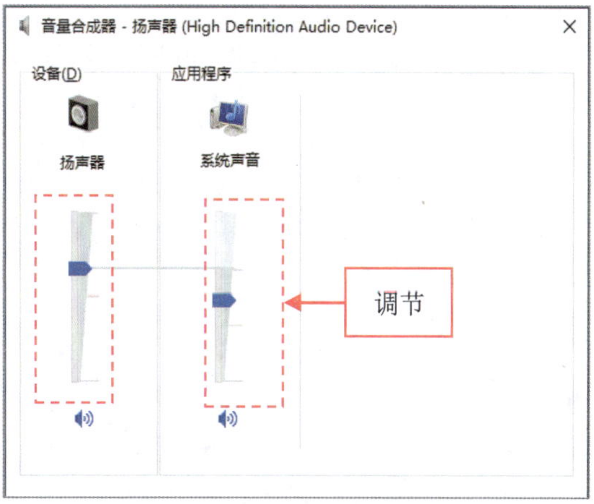

图 5-44　分别调节音量高低

5.4　输入法和语言的设置

在默认情况下，Windows 10 系统提供的键盘语言有中文、英语、日语、朝鲜语及其他国家的语言，其中默认的输入法有中文（简体）-美式键盘、Microsoft 拼音简捷等。

5.4.1　默认输入法的设置

默认输入法的设置

在 Windows 10 系统中，用户可以添加自己常用的第三方输入法，并将其设置为默认输入法，方便用户进行输入。下面介绍设置默认输入法的操作方法。

Step 01　❶在任务栏的搜索框中输入“输入法”；❷在搜索结果中选择“打开”选项，如图 5-45 所示。

Step 02　执行上述操作后，打开“设置”窗口，设置“替代默认输入法”为“中文（简体，中国）-搜狗拼音输入法”，如图 5-46 所示。

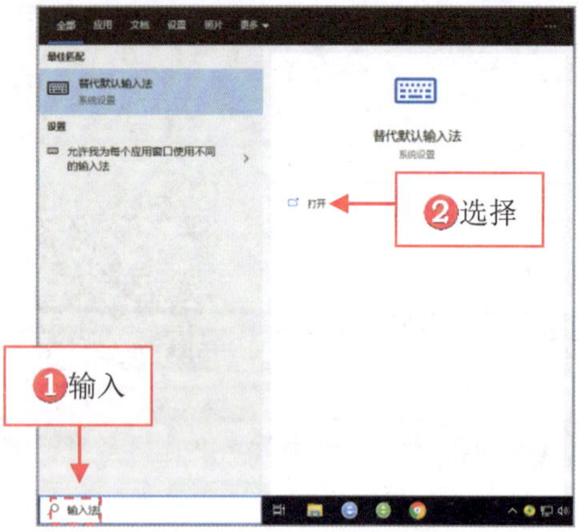

图 5-45　选择“打开”选项

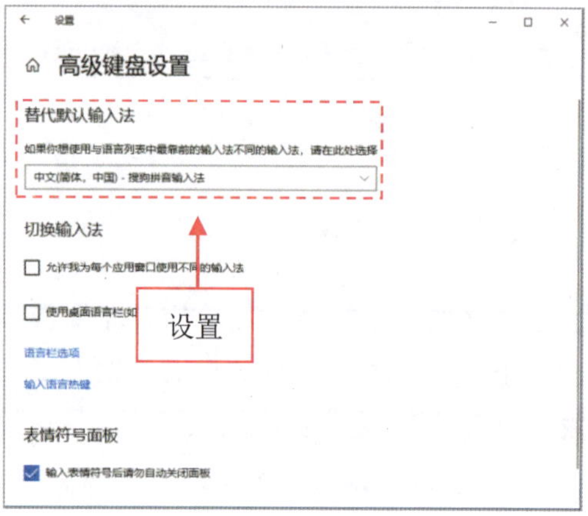

图 5-46　设置“替代默认输入法”

Step 03　选择“允许我为每个应用窗口使用不同的输入法”复选框，如图 5-47 所示。

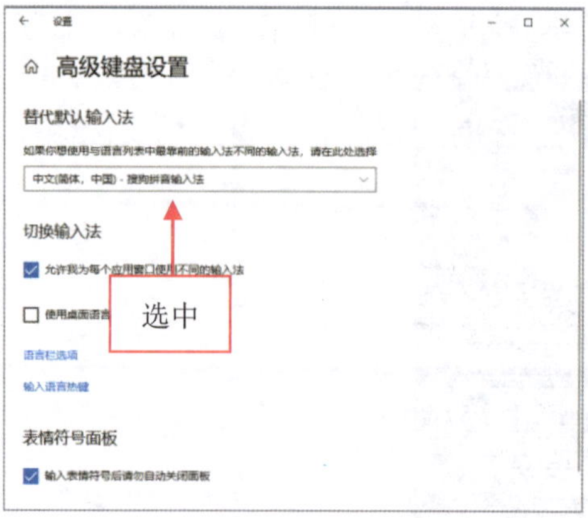

图 5-47　选择“允许我为每个应用窗口使用不同的输入法”复选框

5.4.2　输入法功能的设置

为了增强用户的输入体验感，可以对输入法的功能进行设置，使其更贴合自己的输入习惯。系统自带的输入法可以在“设置”对话框中设置其功能，第三方输入法则需要在其输入法程序中进行设置。下面介绍设置输入法功能的操作方法。

输入法功能的设置

Step 01　①在任务栏中单击“开始”按钮；②在打开的“开始”菜单中选择“搜狗输入法”文件夹；③在展开的列表框中选择“设置选项”选项，如图 5-48 所示。

Step 02　执行上述操作后，弹出“属性设置”对话框，选中“隐藏状态栏”复选框，如图 5-49 所示。

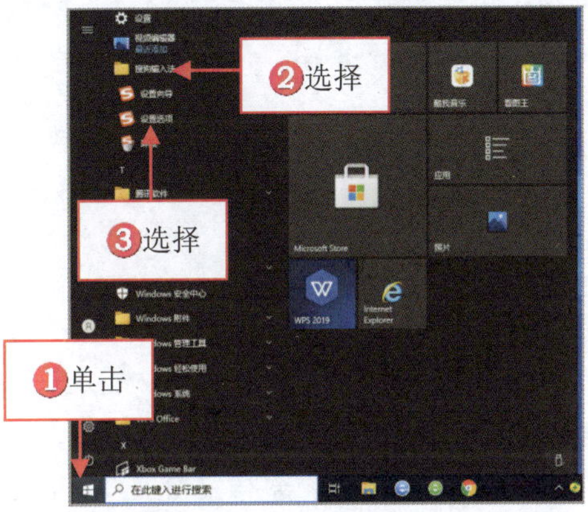

图 5-48　选择“设置选项”选项

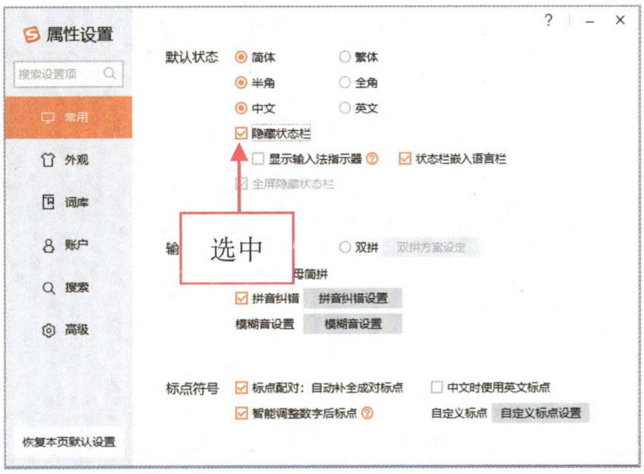

图 5-49　选中“隐藏状态栏”复选框

Step 03　①在左侧的列表框中选择“高级”选项；②选中“快捷键”选项区中的“切换到英文时，上屏已输入字符”复选框；如图 5-50 所示。

Step 04　①选中“快捷键”选项区的“Shift + Space”复选框；②选中“候选扩展”选项区的“符号大全”复选框，如图 5-51 所示。

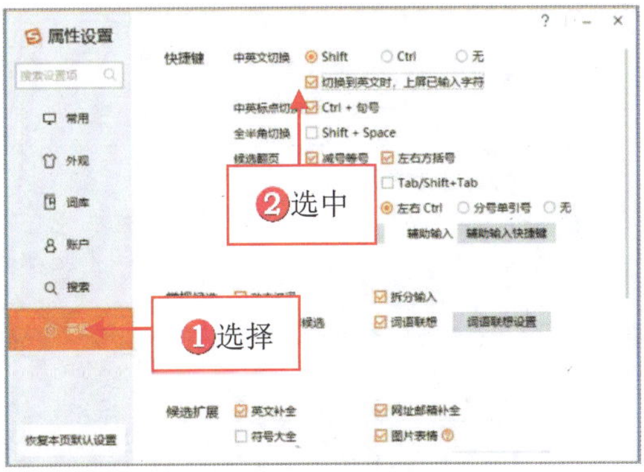

图 5-50　选中相应复选框

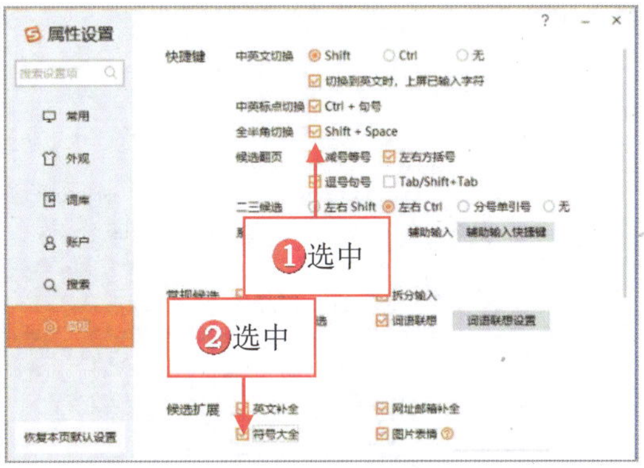

图 5-51　选中“符号大全”复选框

5.4.3 语言包的添加

语言包的添加

在安装 Windows 10 操作系统时，如果选择的语言是中文，那么安装完成后显示的系统语言就是中文。如果想使用其他系统语言，首先需要添加语言包。下面介绍添加语言包的操作方法。

Step 01 按【Windows + I】组合键，打开“设置”窗口，选择“时间和语言”选项，如图 5-52 所示。

Step 02 执行上述操作后，进入相应界面，❶在左侧的列表框中选择“语言”选项；❷在“语言”界面中选择“添加语言”选项，如图 5-53 所示。

图 5-52 选择“时间和语言”选项

图 5-53 选择“添加语言”选项

Step 03 执行上述操作后，弹出“选择要安装的语言”对话框，❶在上方的搜索框中输入“英语”；❷在搜索结果中选择 English（United States）选项；❸单击“下一页”按钮，如图 5-54 所示。

Step 04 执行上述操作后，弹出“安装语言功能”对话框，单击下方的“安装”按钮，如图 5-55 所示。

图 5-54 单击“下一页”按钮

图 5-55 单击“安装”按钮

Step 05 执行上述操作后，返回到“设置”窗口，此时“英语（美国）”语言包显示“正在下载”，如图 5-56 所示。

Step 06　下载完成后，即可添加“英语（美国）”语言包，效果如图 5-57 所示。

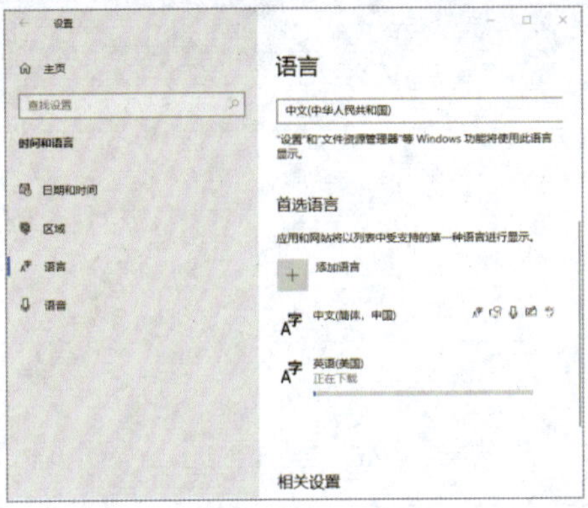

图 5-56　显示“正在下载”

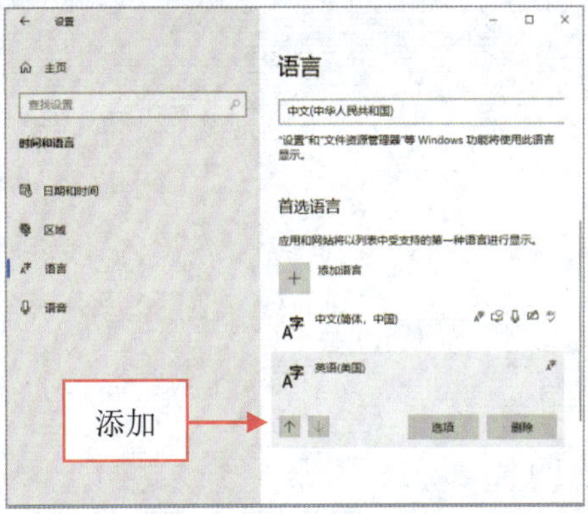

图 5-57　添加相应语言包

本章小结

本章主要介绍了 Windows 10 操作系统的基本应用，具体内容包括鼠标和键盘的设置、日期和时间的设置、声音的设置及输入法和语言的设置等。希望通过对本章的学习，读者能够掌握设置 Windows 10 操作系统基本应用的操作方法。

课后习题

课后习题

鉴于本章知识的重要性，为了帮助读者更好地掌握所学知识，通过设置上机习题帮助读者进行简单的知识回顾和补充。

当不再需要已添加的系统语言包时，可以删除多余的系统语言包。本习题可帮助读者掌握删除语言包的操作方法，效果如图 5-58 所示。

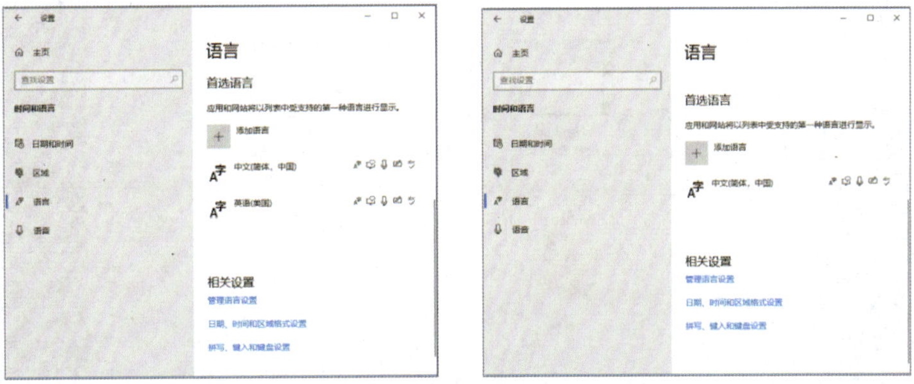

图 5-58　删除语言包前后效果对比图

第 6 章

管理文件与文件夹

文件与文件夹是 Windows 10 系统中管理数据的两大要素。在计算机中所有的数据都是以文件的形式进行存储的，而文件夹是对文件进行分类整理的工具。本章将主要介绍文件和文件夹的基础知识、文件和文件夹的管理、回收站的管理及文件或文件夹的基本操作。

本章重点

- 文件和文件夹的基础知识
- 文件和文件夹的管理
- 回收站的管理
- 文件或文件夹的查看
- 文件或文件夹的隐藏与显示
- 文件或文件夹的压缩与解压
- 文件或文件夹的共享

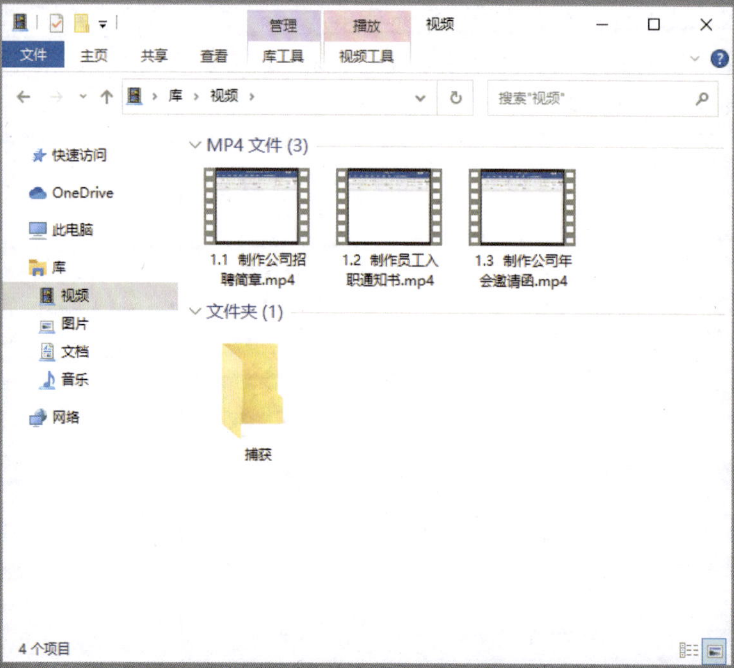

6.1　文件和文件夹的基础知识

计算机的信息都是以文件的形式存在，文件通常存放在文件夹中，合理地使用文件与文件夹，可以帮助用户妥善保存和快速查找需要的数据。本节主要介绍认识文件和文件夹等基础知识。

6.1.1　文件和文件夹的概念

Windows 操作系统中的文件是指被赋予名字并存储在磁盘上的信息集合，扩展名包括应用程序和文件两种类型。在 Windows 系统中，不同的文件类型主要以不同的扩展名来区别。它是文件名的重要组成部分，也是标识文件类型的重要方式。

表 6-1　在 Windows 10 系统文件中常用的扩展名

扩展名	说明
txt	文本文件，可用所有具有文本编辑功能的程序打开
doc/docx	Word 文档，可用 Microsoft Word 打开并编辑
xls/xlsx	Excel 文档，电子表格文档
ppt/pptx	PowerPoint 文档，演示文稿文档
ico	图标文件，可用系统程序或 ACDSee 打开
gif/bmp/jpg/png/tif	图像文件，可用支持图像显示和编辑的程序打开
dll	动态链接库，系统文件
exe	可执行文件，系统文件或应用程序打开
avi	媒体文件，可用多媒体应用程序
zip/rar	压缩文件，可用 WinZip 等压缩程序解压
wav/mp3	声音文件，可用支持音频播放的程序打开

文件夹是计算机中存储信息的重要体系，用于存放电脑中的文件。通常，文件夹能对电脑中的文件进行显示、组织和管理。计算机硬盘中的每个分区下面可存放若干个文件夹和文件；每个文件夹里面又可以存放若干个子文件夹和文件；这些子文件夹里还可以继续存放文件夹和文件。文件名称由文件名和扩展名两部分组成，并且两部分之间用一个实心点“.”分隔开，不同类型的文件使用不同的扩展名，但通常文件夹没有扩展名。

6.1.2　文件的命名规则

文件的命名方式是有一定条件限制的，用户不能随意设定文件的名称。在 Windows 10 系统中，文件的命名方式有三项基本规则，具体内容如下。

1．长度规则

Windows 10 操作系统虽然支持长文件名，但是对长度仍有限制，其中文件名加所有路径的总字符数量不能超过 260 个。文件所处的目录越低级，子目录越多，文件名允许的字符数便越少。

2. 禁用特殊字符

Windows 10 系统支持中、英文以及 Unicode 支持的其他国家的语言文字作为文件名。为了区分路径以及为查询等提供支持，文件名中禁用以下字符：“\” “/” “?” “:” “*” “|” “>” “<”。如果不小心使用了这些字符命名文件，Windows 会发出警告提示，并拒绝命名或重命名操作，如图 6-1 所示。

图 6-1　Windows 拒绝命名或重命名操作

3. 保留设备名称

为了与早期 DOS 系统存储的文件兼容，Windows 10 保留了 con、aux、coml、prn 和 nul 等设备名称。系统自动禁止用户使用这些名称来命名文件或目录。例如，用户将“打印”目录重命名为 prn，系统会自动忽略重命名请求，而保留原名称。

▶ 专家指点

虽然通过特殊的方法可以使用保留设备名称命名文件和目录，但是在访问和存储数据时依然十分困难，因此不推荐使用该方法。

6.1.3　文件扩展名的显示

文件扩展名的显示

为了方便使用文件，系统默认隐藏文件类型的扩展名。如果用户要查看完整的文件名，可以对文件夹的属性进行相应的设置。下面介绍显示文件扩展名的操作方法。

▶ 专家指点

文件的路径如同地址一样，通过路径可以得知文件在电脑磁盘中的具体位置。路径的结构一般包括了盘符名称、文件夹名称及文件名称，它们中间用“\”隔开。例如，“D:\公司文件\财务管理.doc”指的是在电脑 D 盘“公司文件”文件夹中的“财务管理”文件。查看文件或文件夹时，在所在窗口的地址栏中可直观地看到路径。

Step 01　打开计算机中的相应文件夹，如图 6-2 所示。

Step 02　在文件夹的菜单栏中，单击“查看”命令，如图 6-3 所示。

图 6-2　打开相应文件夹

图 6-3　单击“查看”命令

Step 03　在“显示/隐藏”选项区中，选中“文件扩展名”复选框，如图 6-4 所示。

Step 04　完成设置后，即可恢复显示文件的扩展名，如图 6-5 所示。

图 6-4　选中相应复选框

图 6-5　恢复显示文件的扩展名

6.2　文件和文件夹的管理

企业在有效的管理机制下才能更好地运行，电脑中的资源也是如此，电脑中的数据和信息在得到妥善管理后才会变得井井有条。在电脑中资源的管理是通过对文件与文件夹进行操作来实现的。

6.2.1　文件和文件夹的新建

文件和文件夹的新建

如果用户需要新建文件或文件夹，可以在“计算机”窗口中打开要创建文件或文件夹的目录。在内容区的空白处单击鼠标右键，在弹出的快捷菜单中选择“新建”子菜单中所需的选项即可。下面介绍新建文件和文件夹的操作方法。

Step 01　打开“图片”文件夹，如图 6-6 所示。

Step 02 在菜单栏中的“主页”选项卡中，单击“新建文件夹”按钮，如图 6-7 所示。

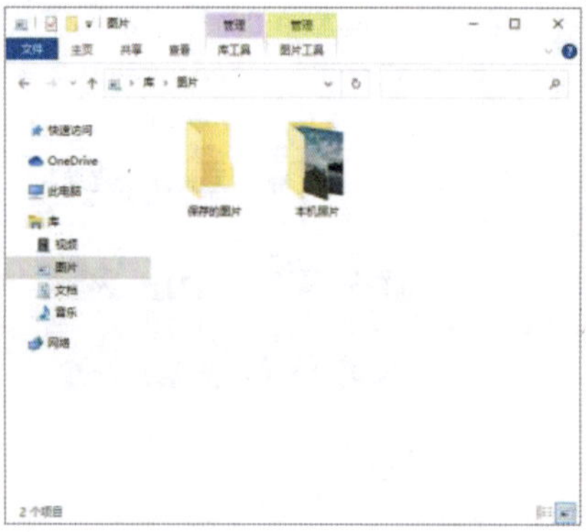

图 6-6 打开“图片”文件夹

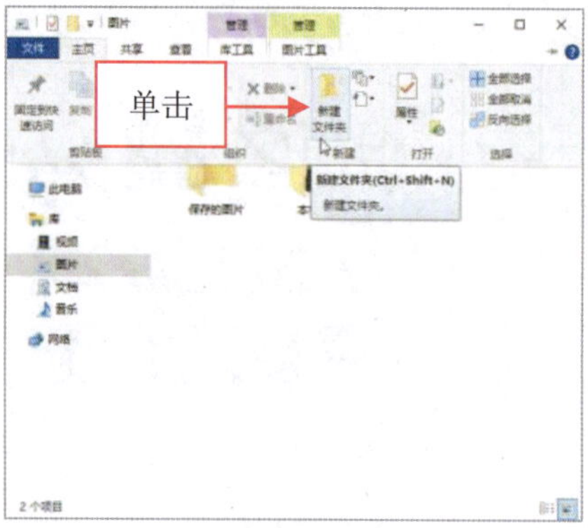

图 6-7 单击“新建文件夹”按钮

Step 03 执行上述操作后，即可新建一个文件夹，如图 6-8 所示。

Step 04 ❶在该文件夹上单击鼠标右键；❷在弹出的快捷菜单中选择“打开”选项，如图 6-9 所示。

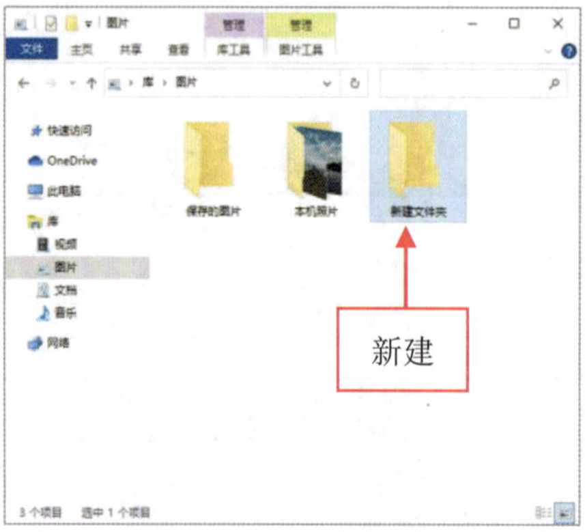

图 6-8 新建一个文件夹

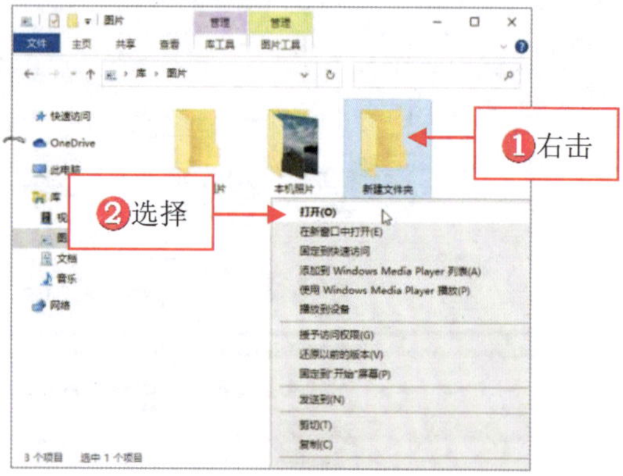

图 6-9 选择“打开”选项

Step 05 在菜单栏中的“主页”选项卡中，❶单击“新建项目”下拉按钮；❷在弹出的列表框中选择“Microsoft Word 文档”选项，如图 6-10 所示。

Step 06 执行上述操作后，即可在新建文件夹中新建一个 Word 文档，如图 6-11 所示。

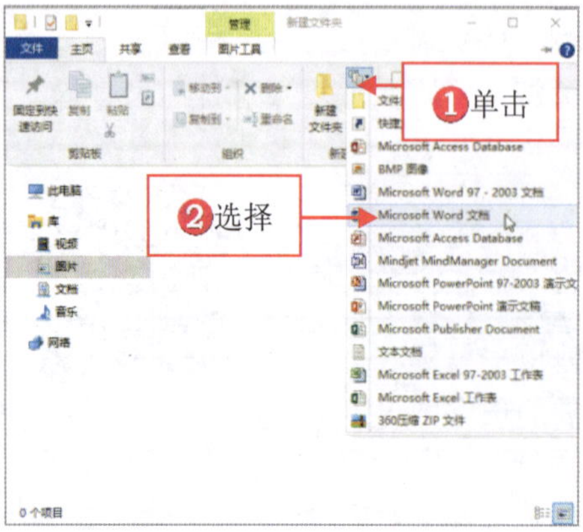

图 6-10 选择“Microsoft Word 文档”选项

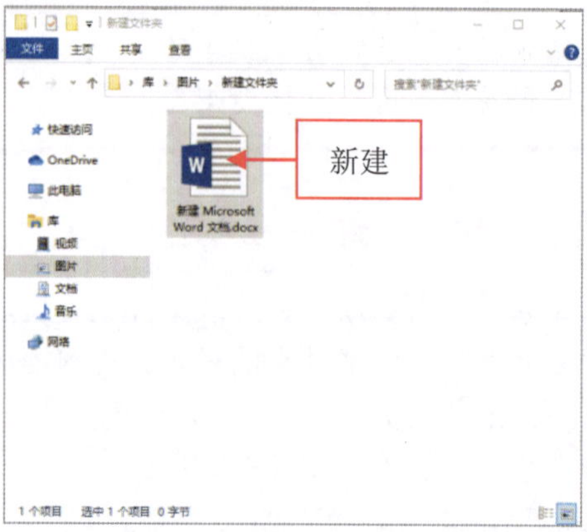

图 6-11 新建一个 Word 文档

> **▶ 专家指点**
>
> 在“计算机”窗口中，进入需要新建文件或文件夹的位置，在空白区域处单击鼠标右键。在弹出的快捷菜单中选择“新建”|“Microsoft Word 文档”选项，也可以快速新建 Microsoft Word 文档。

6.2.2　文件和文件夹的浏览

文件和文件夹的浏览

在 Windows 10 系统中浏览各个文件夹，实质上是依次打开各个文件夹查看其中内容的过程。由于电脑中的大量信息都是以文件的形式保存在磁盘上的，所以查看文件时，可以对文件进行浏览，然后再对文件进行相应操作。下面介绍浏览文件和文件夹的操作方法。

Step 01　打开“此电脑”窗口，在导航窗格中选择“图片”选项，如图 6-12 所示。

Step 02　执行上述操作后，切换至“图片”文件夹，如图 6-13 所示。

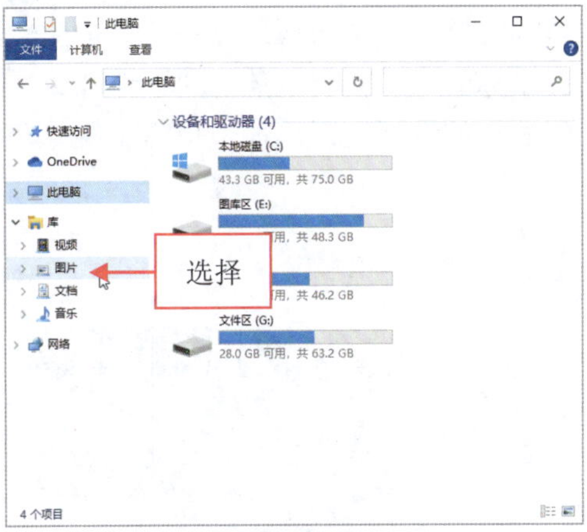

图 6-12　选择“图片”选项

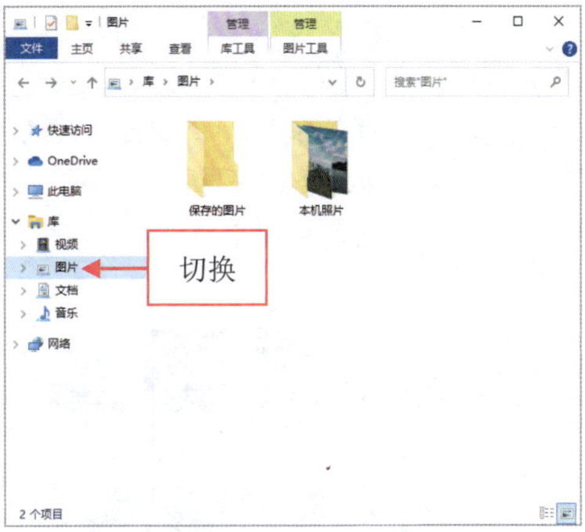

图 6-13　切换至“图片”文件夹

Step 03　❶在“本机照片”文件夹上单击鼠标右键；❷在弹出的快捷菜单中选择“打开”选项，如图 6-14 所示。

Step 04　打开“本机照片”文件夹，即可浏览该文件夹中的文件，效果如图 6-15 所示。

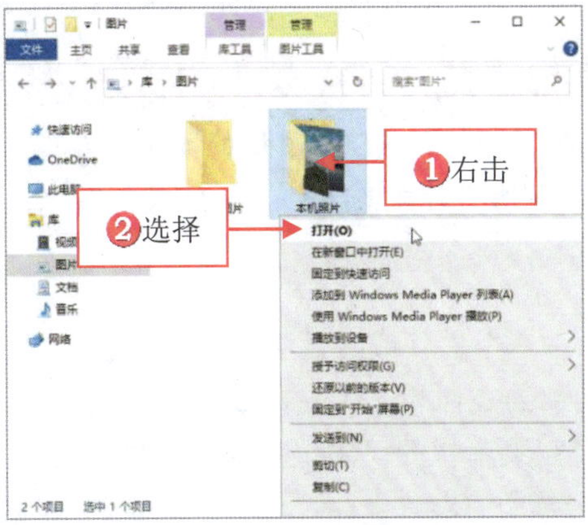

图 6-14　选择“打开”选项

图 6-15　浏览该文件夹中的文件

6.2.3 文件或文件夹的选择

在对文件或文件夹进行操作时，首先需要选定操作对象，即选择该文件或文件夹。在 Windows 10 系统中，用户可以选择单个或多个文件和文件夹。

1．选择单个文件或文件夹

选择单个文件或文件夹的方法是用鼠标直接单击需要选择的文件或文件夹，文件或文件夹被选择后呈蓝底黑字显示，效果如图 6-16 所示。

> ▶ 专家指点
>
> 在窗口中选择单个文件或文件夹后，使用键盘上的方向键上下移动，也可以选择其他单个文件或文件夹。

2．选择多个相邻的文件或文件夹

选择多个相邻的文件或文件夹的方法是：将鼠标指针移动至所要选择的第一个文件或文件夹前的空白区域，按住鼠标左键并拖曳；在拖曳鼠标的同时会出现蓝色的矩形区域，继续拖曳鼠标至所要选择的最后一个文件或文件夹；然后释放鼠标左键，被选择的文件或文件夹以蓝底显示，效果如图 6-17 所示。

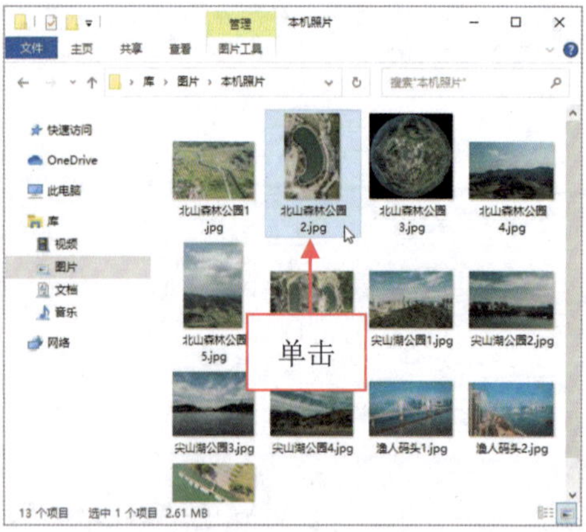

图 6-16　选择单个文件的效果

图 6-17　选择多个相邻的文件效果

> ▶ 专家指点
>
> 在 Windows 10 中，单击一个文件或文件夹图标后；按住【Shift】键的同时，再单击另一个文件或文件夹图标，可以选择这两个或两者之间所有连续的文件与文件夹。

3．选择多个不相邻的文件或文件夹

选择多个不相邻的文件或文件夹的方法是：单击一个文件或文件夹后，按住【Ctrl】键的同时单击其他的文件或文件夹，即可选择多个不相邻的文件与文件夹，效果如图 6-18 所示。

如果要选择窗口中所有的文件或文件夹，只需在菜单栏的“主页”选项卡中单击“全部选择”按钮，或直接按【Ctrl＋A】组合键，即可选择所有文件。

图 6-18　选择多个不相邻的文件效果

6.2.4　文件或文件夹的复制

复制文件或文件夹是在电脑操作中使用频率最高的操作之一，它可以将一份文件完整地复制到另外一个文件夹或其他磁盘中。

1．通过快捷菜单复制

通过快捷菜单复制文件或文件夹的方法比较简单，下面通过将“视频”文件夹中的“捕获”文件夹复制到“音乐”文件夹为例，介绍复制文件或文件夹的方法。

通过快捷菜单复制

Step 01　打开“视频”文件夹，选择“捕获”文件夹，如图 6-19 所示。

Step 02　❶在该文件夹上单击鼠标右键；❷在弹出的快捷菜单中选择“复制”选项，如图 6-20 所示。

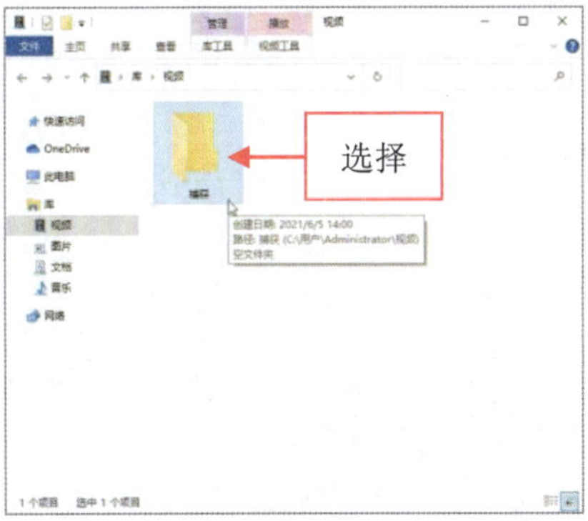

图 6-19　选择“捕获”文件夹

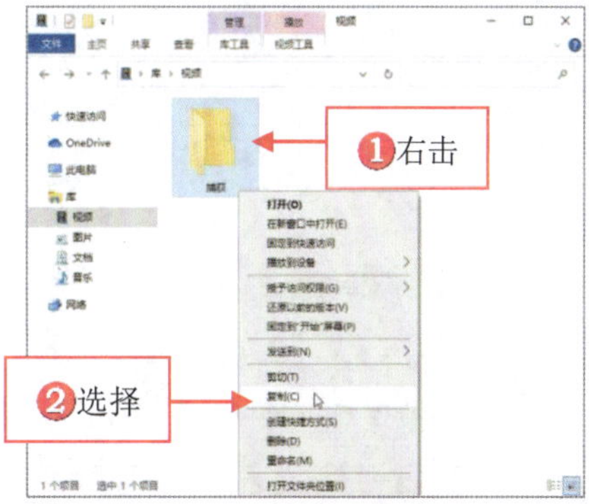

图 6-20　选择“复制”选项

> ▶ **专家指点**
>
> 在复制文件夹的过程中，可以先对需要复制的文件或文件夹进行选择；再按【Ctrl + C】组合键进行复制，然后选择目标位置；并按【Ctrl + V】组合键进行粘贴，也可以复制文件与文件夹。

Step 03　执行上述操作后，打开库中的“音乐”文件夹，❶在空白位置处单击鼠标右键；❷在弹出的快捷菜单中选择“粘贴”选项，如图 6-21 所示。

Step 04　执行上述操作后，即可复制该文件至库中的“音乐”文件夹，如图 6-22 所示。

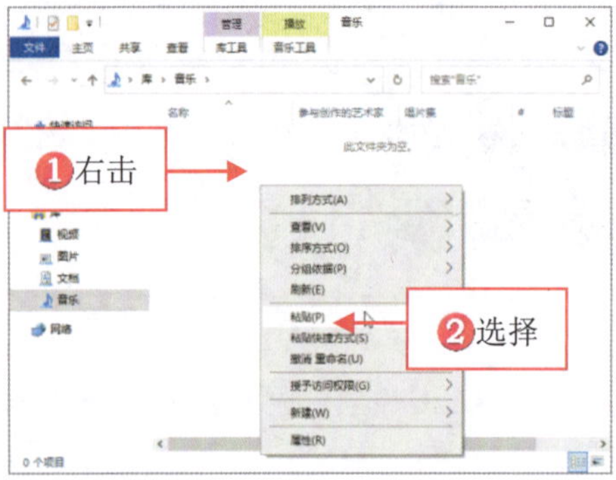

图 6-21　选择“粘贴”选项

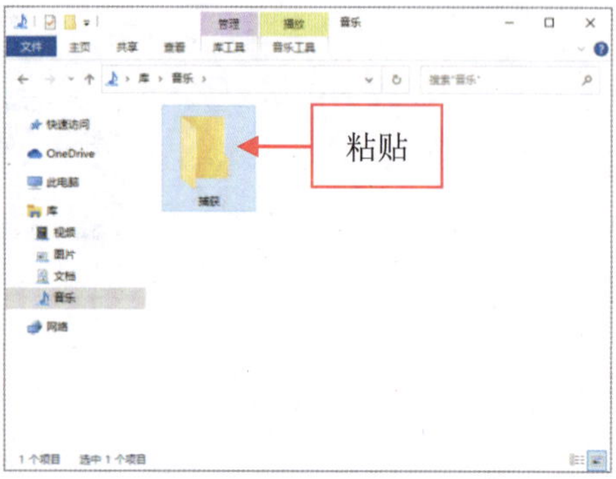

图 6-22　复制该文件至其他文件夹

2．通过菜单栏复制

当需要在磁盘中备份某个文件或文件夹时，用户可以通过菜单栏的“复制”按钮实现在目标位置创建一个与选定文件或文件夹完全相同的副本。

通过菜单栏复制

Step 01　在“视频”文件夹中，选择相应的视频文件，如图 6-23 所示。

Step 02　在菜单栏中的“主页”选项卡中，单击“复制”按钮，如图 6-24 所示。

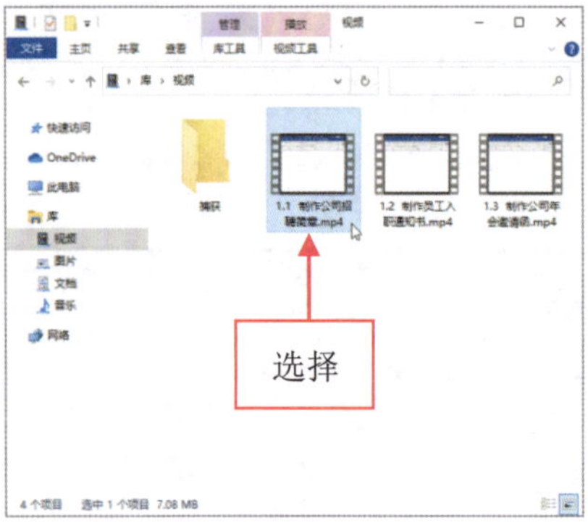

图 6-23　选择相应的视频文件

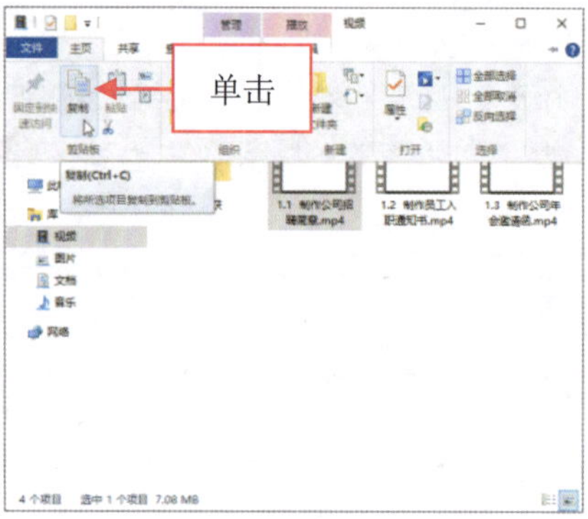

图 6-24　单击“复制”按钮

Step 03　打开“音乐”文件夹，在菜单栏中的“主页”选项卡中，单击“粘贴”按钮，如图 6-25 所示。

Step 04　执行上述操作后，即可完成复制并粘贴文件的操作，如图 6-26 所示。

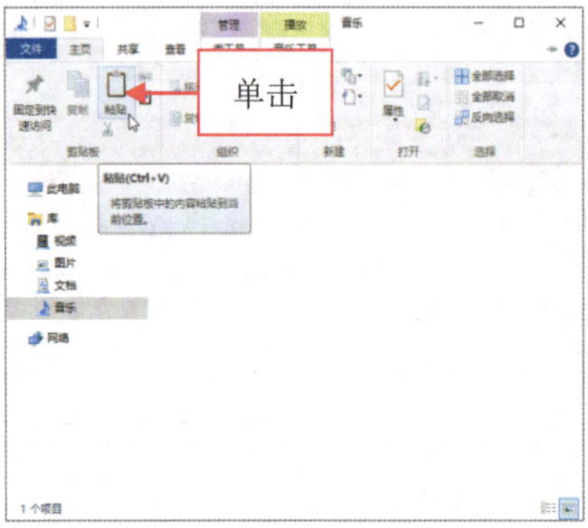

图 6-25　单击“粘贴”按钮

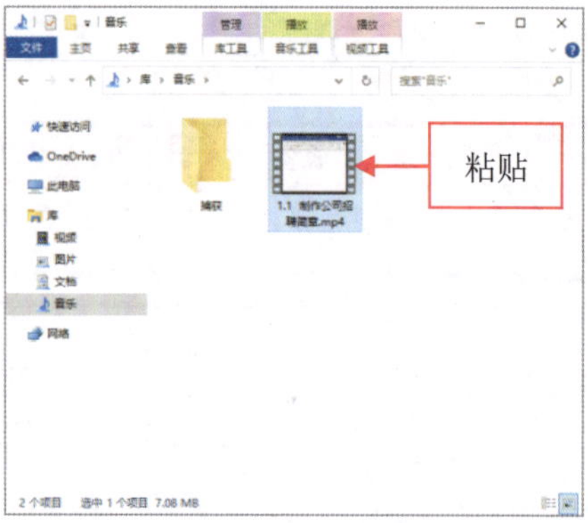

图 6-26　复制并粘贴文件

3. 通过拖曳复制

除了以上两种方法可以复制文件与文件夹外，还可以通过拖曳的方法进行复制操作。下面通过拖曳复制文件或文件夹的操作方法。

通过拖曳复制

Step 01 打开“视频”文件夹，选择相应的视频文件，如图 6-27 所示。

Step 02 按住【Ctrl】键的同时，按住鼠标左键将其拖曳至文件夹列表中的“音乐”文件夹图标上，如图 6-28 所示，即可复制该文档。

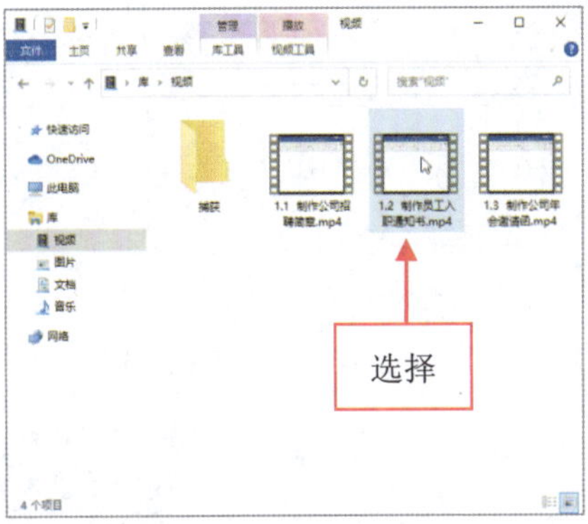

图 6-27　选择相应文件

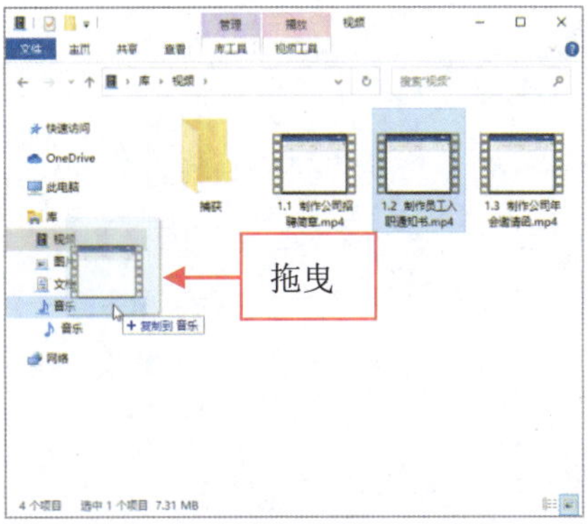

图 6-28　拖曳复制到其他文件夹

6.2.5　文件或文件夹的删除

长时间地复制粘贴文件，使得一些文件变得重复，可以将不需要的文件删除，以节省磁盘的空间。如果要永久性地删除文件或文件夹，只需在选择文件或文件夹后，按【Shift＋Delete】组合键，弹出信息提示框，单击“是”按钮，即可永久删除所选择的文件或文件夹，而且被删除的文件或文件夹将不能被还原。下面介绍删除文件或文件夹的操作方法。

文件或文件夹的删除

Step 01 打开“视频”文件夹，选择相应的视频文件，如图 6-29 所示。

Step 02 在菜单栏中的“主页”选项卡中，单击“删除”按钮，如图 6-30 所示。

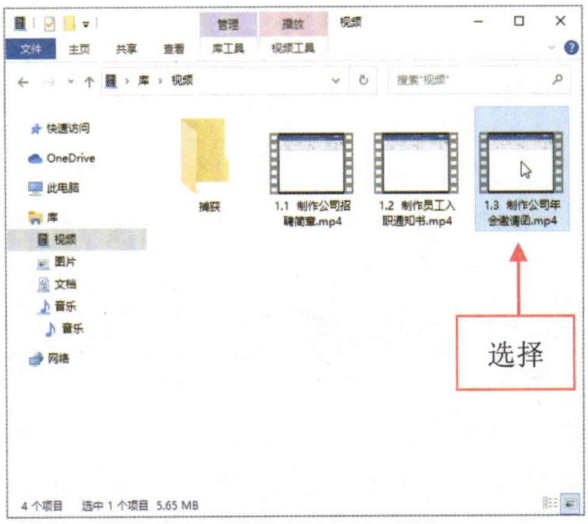

图 6-29　选择相应文件

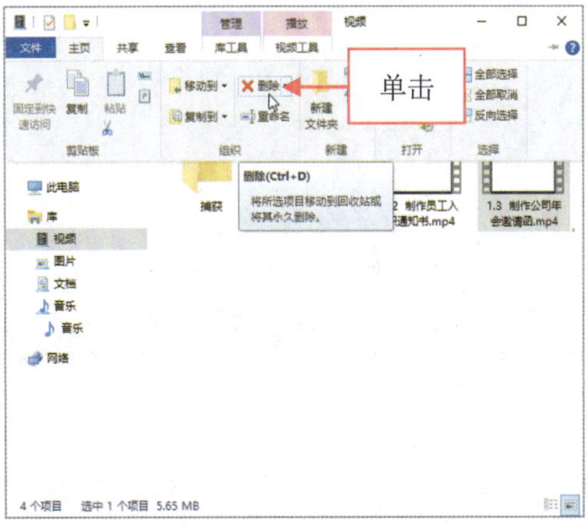

图 6-30　单击“删除”按钮

Step 03 执行上述操作后，即可删除该文件，如图 6-31 所示。

▶ 专家指点

另外，还可以在菜单栏中切换至“主页”选项卡，❶单击“删除”右侧的下三角按钮▾；❷在弹出的列表框中选择“永久删除”选项，删除文件和文件夹，如图 6-32 所示。

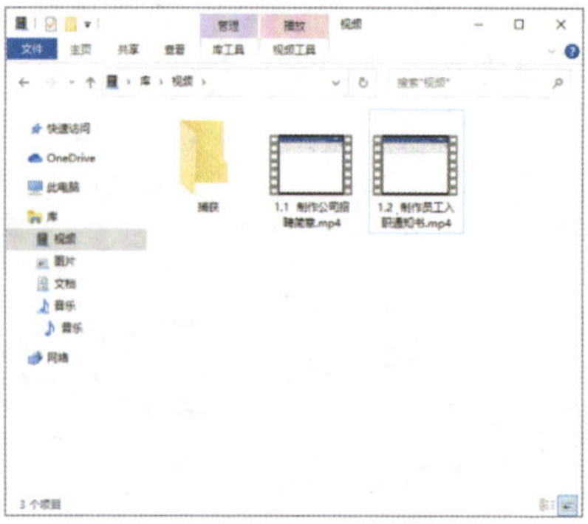

图 6-31　删除文件夹后的效果

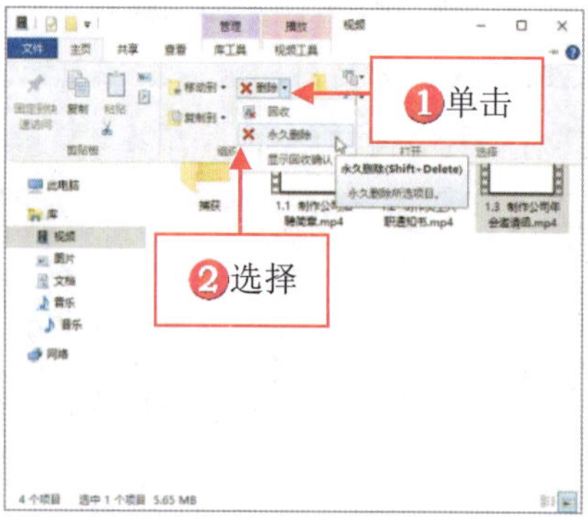

图 6-32　选择“永久删除”选项

6.2.6　文件或文件夹的移动

可以剪切文件或文件夹，将文件或文件夹从硬盘上原来的位置移动到一个新的位置，移动后的文件或文件夹在原来的位置将被删除。下面介绍移动文件或文件夹的操作方法。

文件或文件夹的移动

Step 01　在“图片”文件夹中，选择“保存的图片”文件夹，如图 6-33 所示。

Step 02　在菜单栏中的“主页”选项卡中，单击“剪切”按钮✂，如图 6-34 所示。

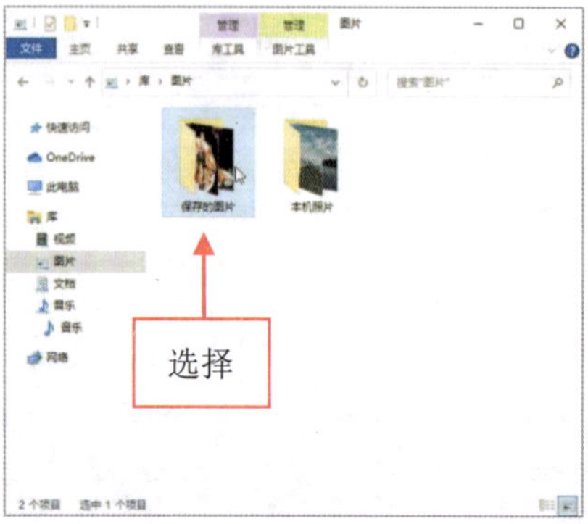

图 6-33　选择“保存的图片”文件夹

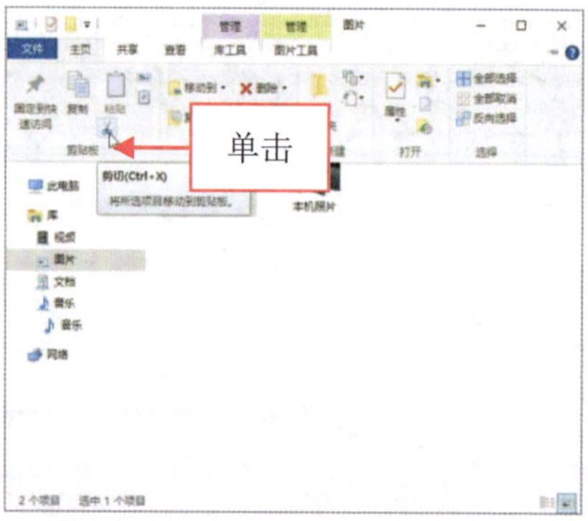

图 6-34　单击“剪切”按钮

▶ 专家指点

如果用户需要将文件或文件夹复制到可移动磁盘中时，需先将可移动磁盘与电脑的 USB 接口相连接。然后在本地磁盘中，选择相应的文件或文件夹，单击鼠标右键，在弹出的快捷菜单中选择“发送到”|“可移动磁盘”选项，即可复制该文件或文件夹到可移动设备中。

Step 03　打开“文档”文件夹后，在菜单栏中的“主页”选项卡中，单击“粘贴”按钮，如图 6-35 所示。

Step04　执行上述操作后，即可移动该文件夹，如图 6-36 所示。

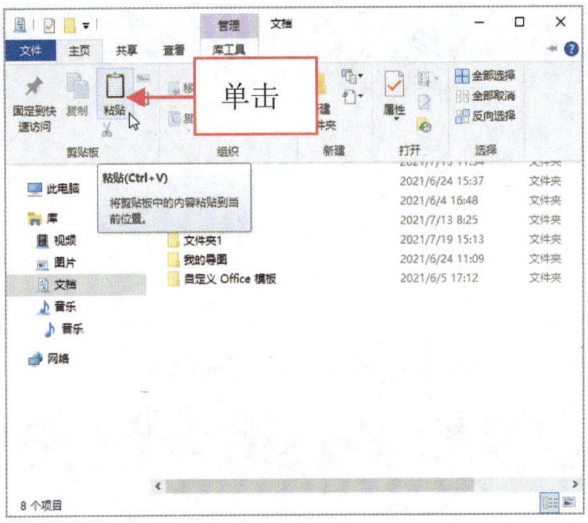

图 6-35　单击“粘贴”按钮

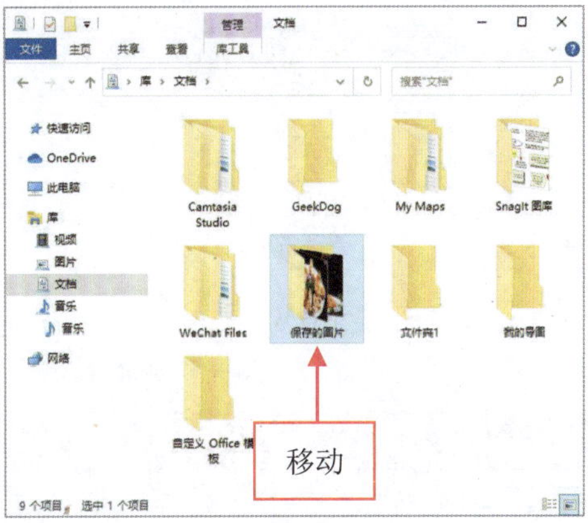

图 6-36　移动该文件夹

6.2.7　文件或文件夹的重命名

文件或文件夹的重命名

有时需要将文件或文件夹重新命名，以方便管理的需要。通常，命名文件或文件夹需遵循两个原则：第一是文件或文件夹名称不宜太长，否则系统不能显示全部名称；第二是名称应有明确的含义。

Step01　打开“图片”文件夹，选择“保存的图片”文件夹，如图 6-37 所示。

Step02　在菜单栏中的“主页”选项卡中，单击“重命名”按钮，如图 6-38 所示。

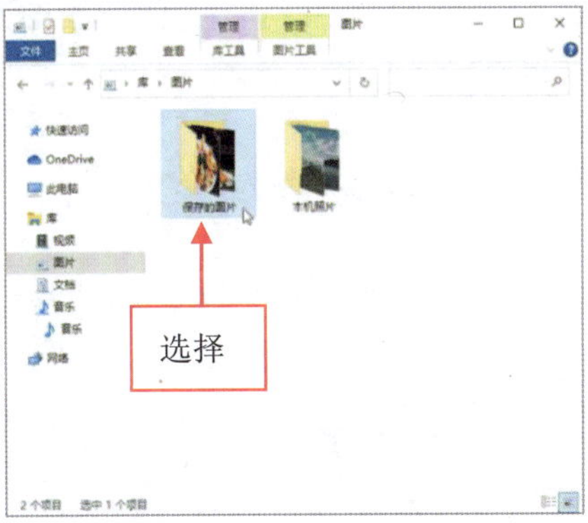

图 6-37　选择“保存的图片”文件夹

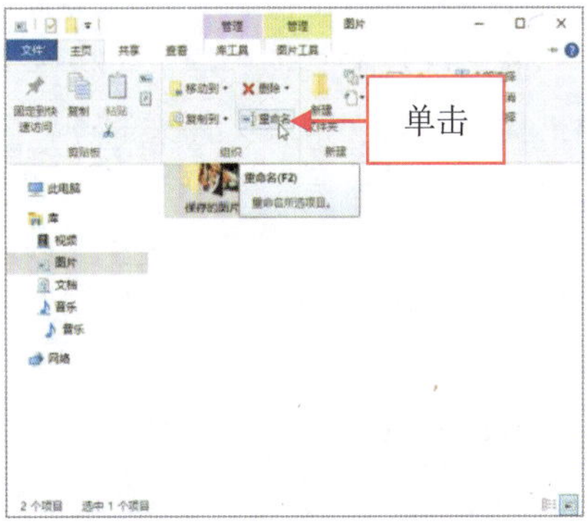

图 6-38　单击“重命名”按钮

▶ 专家指点

在重命名文件或文件夹时需要注意的是，如果文件已经被打开或正在被使用，则不能被重命名，并且不能对系统文件以及其他程序文件或文件夹进行重命名，否则会造成系统或程序无法运行。

Step03　执行上述操作后，文件夹的名称呈可编辑状态，如图 6-39 所示。

Step04　在其中输入名称“美食图片”，按【Enter】键确认，即可完成文件重命名操作，效果如图 6-40 所示。

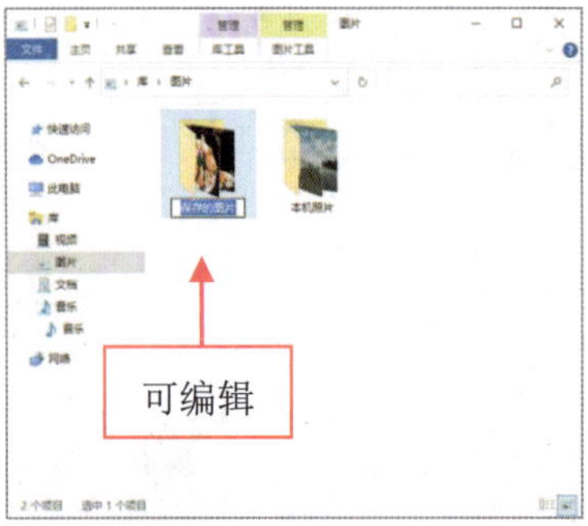

图 6-39　名称呈可编辑状态

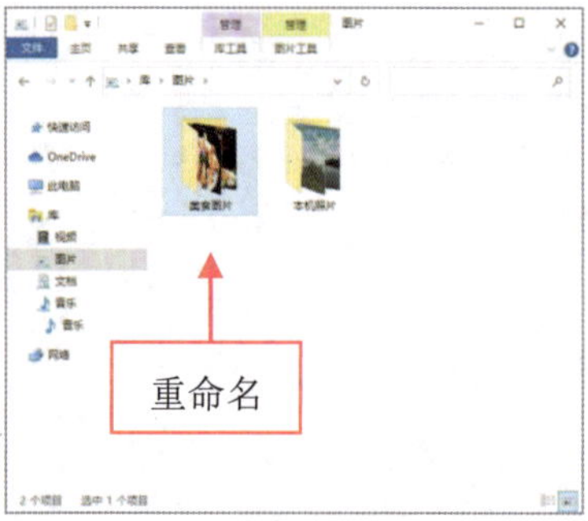

图 6-40　完成文件重命名操作效果

▶ 专家指点

还可以通过以下三种方法重命名文件与文件夹。

- 选择需要重命名的文件或文件夹，在该文件上单击鼠标右键，在弹出的快捷菜单中选“重命名”选项，也可以进行重命名操作。
- 选择需要重命名的文件或文件夹，在该文件的名称上单击鼠标左键，此时名称呈可编辑状态，输入相应文件名称即可。
- 选择需要重命名的文件或文件夹，按【F2】键，也可以重命名文件或文件夹。

执行以上任意一种操作，都可以重命名文件与文件夹。

6.2.8　文件或文件夹的批量重命名

文件或文件夹的批量重命名

用户在进行重命名时，会遇到为大量的文件进行重命名的情况。如果手动单个进行重命名，不但费时费力而且容易出错，如果这些文件的名称具有某种规律，可以为文件进行批量重命名。下面介绍批量重命名文件或文件夹的操作方法。

Step 01　❶选择所有需要重命名的文件，在其中一个文件上单击鼠标右键；❷在弹出的快捷菜单中选择“重命名”选项，如图 6-41 所示。

Step 02　输入“美食”，按【Enter】键确认，即可批量重命名文件，效果如图 6-42 所示。

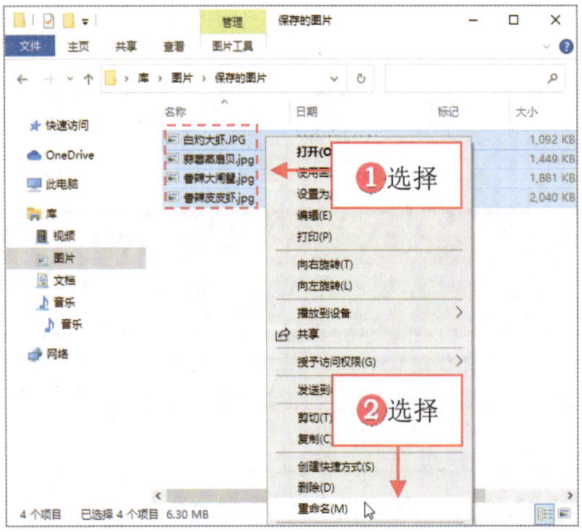

图 6-41　选择“重命名”选项

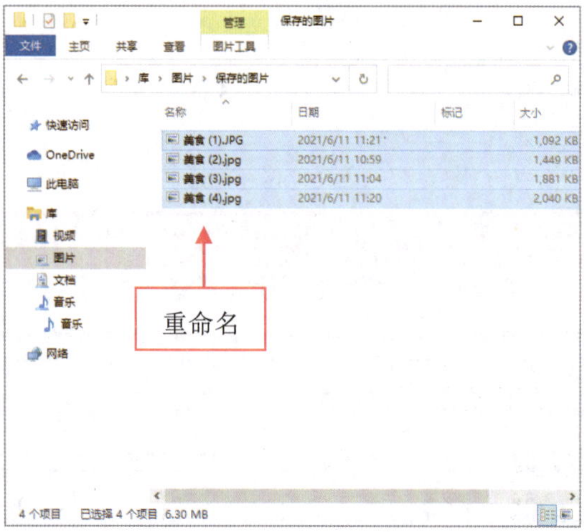

图 6-42　批量重命名文件效果

6.3　回收站的管理

回收站是 Windows 10 系统用来存储被删除文件的场所。在管理文件和文件夹的过程中，系统将被删除的文件自动移动到回收站中，用户可以根据需要，选择将回收站中的文件彻底删除或者恢复。

6.3.1　直接清空回收站文件

执行“清空回收站”命令，将彻底删除不需要的文件或文件夹，释放其占用的磁盘空间。下面介绍直接清空回收站的操作方法。

直接清空回收站文件

Step 01 ❶在桌面的“回收站”图标上单击鼠标右键；❷在弹出的快捷菜单中选择“清空回收站”选项，如图 6-43 所示。

Step 02 弹出信息提示框，提示用户是否确认操作，单击“是”按钮，如图 6-44 所示，即可清空回收站。

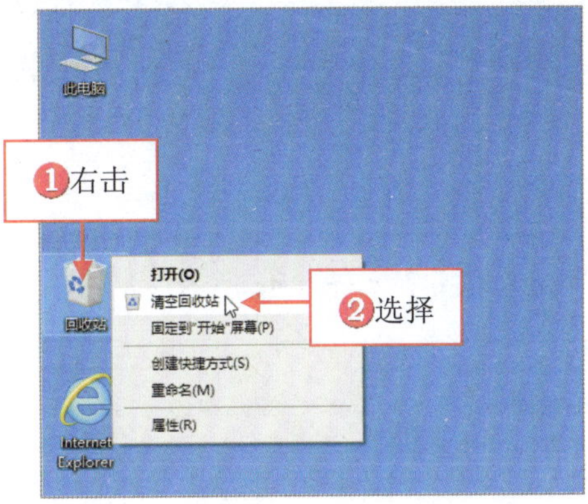

图 6-43　选择“清空回收站”选项

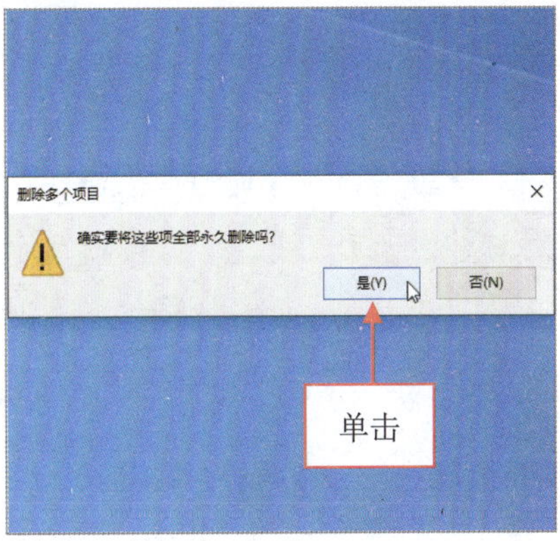

图 6-44　单击“是”按钮

> ▶ 专家指点
>
> 在桌面上双击“回收站”图标，在打开的“回收站”窗口中切换至“管理”选项卡。单击“清空回收站”按钮，弹出信息提示框，提示用户是否确认操作，单击“是”按钮，即可清空回收站中的文件。

6.3.2　还原回收站中的文件

删除文件有时难免会出现操作失误，这时可以使用回收站的还原功能，将文件从回收站还原到原来的位置。下面介绍从回收站还原删除的文件的操作方法。

还原回收站中的文件

Step 01 在桌面上双击“回收站”图标，打开“回收站”窗口，如图 6-45 所示。

Step 02 ❶在需要还原的文件图标上，单击鼠标右键；❷在弹出的快捷菜单中选择“还原”选项，如图 6-46 所示，即可将相应文件还原至原来的位置。

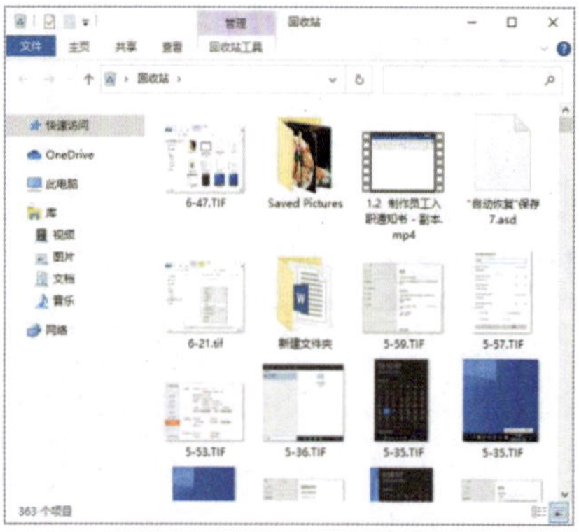

图 6-45　打开“回收站”窗口

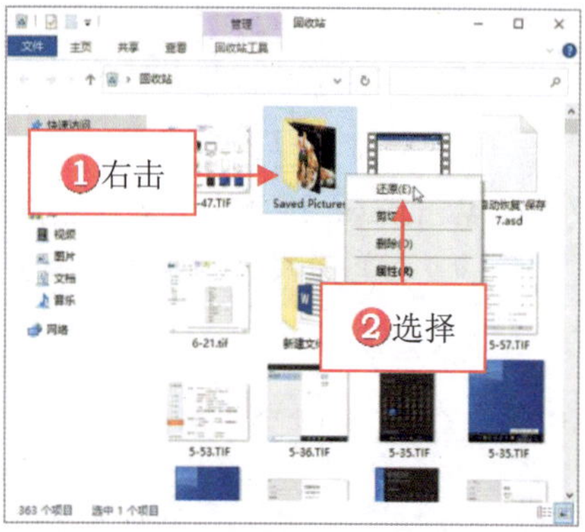

图 6-46　选择“还原”选项

> ▶ 专家指点
>
> 移动存储器中的资源在删除后无法在“回收站”中找到，也不能将其还原。

6.3.3　删除回收站中的文件或文件夹

删除回收站中的文件或文件夹

对于“回收站”中的文件或文件夹，确认该文件或文件夹没有存在的价值或者不想让其他用户知道此文件时，可以在回收站中将其彻底删除。

Step 01　在桌面上双击“回收站”图标，打开“回收站”窗口，选择相应的文件夹，如图 6-47 所示。

Step 02　在菜单栏中的“主页”选项卡中，单击“删除”按钮，如图 6-48 所示。

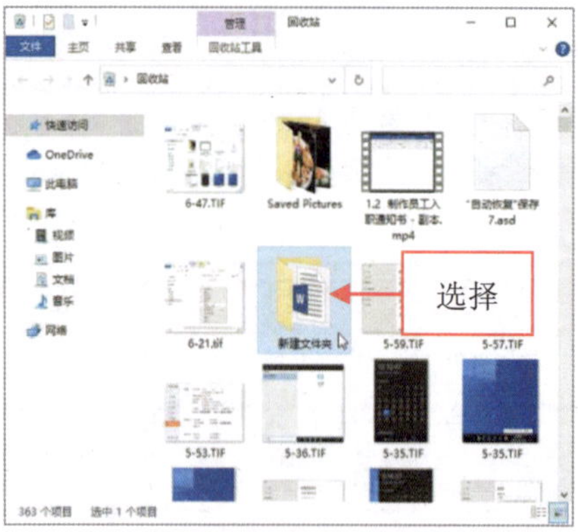

图 6-47　选择相应的文件夹

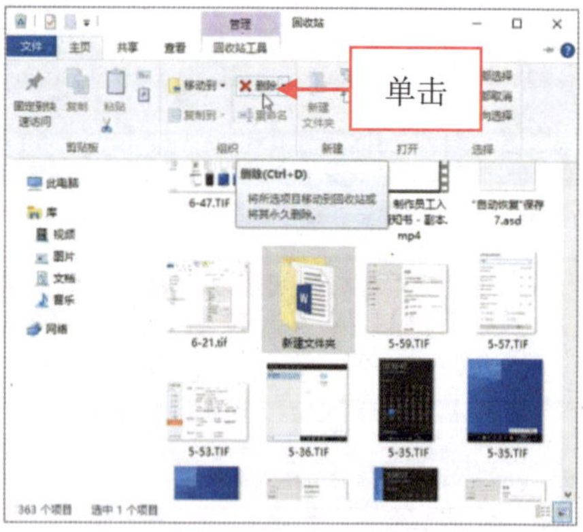

图 6-48　单击“删除”按钮

> ▶ 专家指点
>
> 在“回收站”窗口中，选择需要删除的文件或文件夹，单击鼠标右键。在弹出的快捷菜单中选择“删除”选项，也可以永久性删除选择的文件或文件夹。

Step 03　执行上述操作后，弹出信息提示框，提示用户是否确认操作，单击“是”按钮，如图 6-49 所示。

Step 04　执行上述操作后，即可删除该文件夹，如图 6-50 所示。

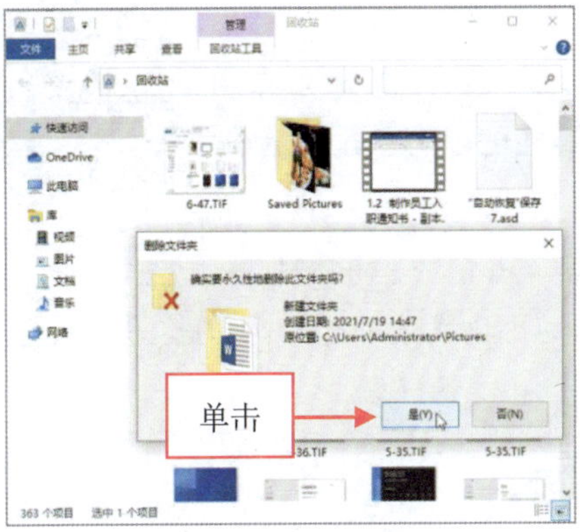

图 6-49　单击“是”按钮

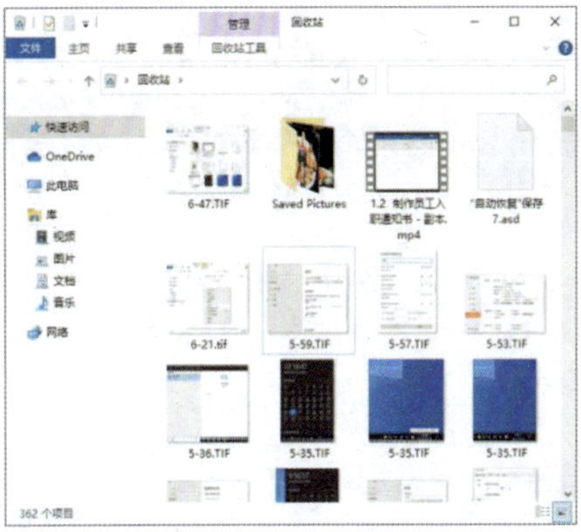

图 6-50　删除该文件夹

6.3.4　设置回收站存放空间

在安装 Windows 10 操作系统时，系统自动划分了一部分硬盘空间作为回收站空间，默认为磁盘空间的 10%，可以对默认设置进行修改，以满足使用需求。

设置回收站存放空间

Step 01 ❶在桌面的“回收站”图标上单击鼠标右键；❷在弹出的快捷菜单中选择“属性”选项，如图 6-51 所示。

Step 02 弹出“回收站 属性”对话框，❶选择需要设置的磁盘；❷在“选定位置的设置”选项区中设置“最大值”为 2 599 MB；❸单击“确定”按钮，如图 6-52 所示，即可设置回收站存放空间。

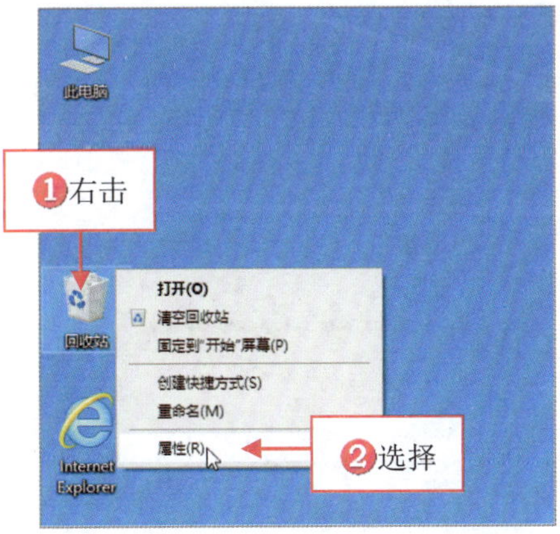

图 6-51　选择“属性”选项

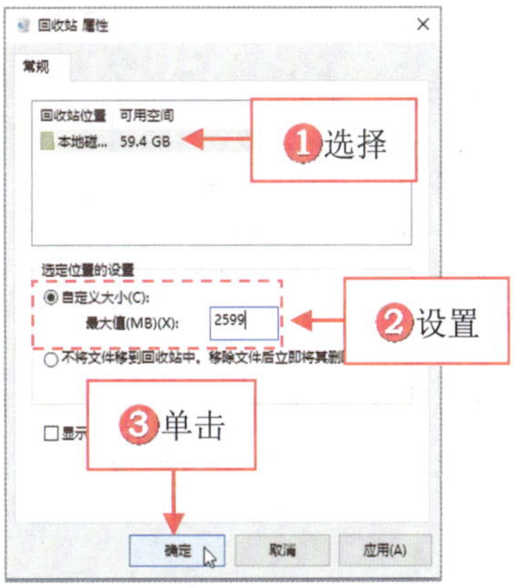

图 6-52　单击“确定”按钮

6.4　文件或文件夹的查看

在文件夹窗口浏览文件或文件夹时，可以采用多种查看方式，如超大图标、大图标、中等图标、小图标、列表、详细信息、平铺和内容等。采取不同的查看方式时，文件夹窗口中显示的文件或文件夹信息不同。

6.4.1 文件或文件夹属性的查看

在 Windows 10 系统中，查看文件或文件夹的属性可以有效地进行文件管理。下面介绍查看文件夹属性的操作方法。

文件或文件夹属性的查看

Step 01 在“音乐”文件夹中，选择“捕获”文件夹，如图 6-53 所示。

Step 02 ❶在该文件夹上单击鼠标右键；❷在弹出的快捷菜单中选择“属性”选项，如图 6-54 所示。

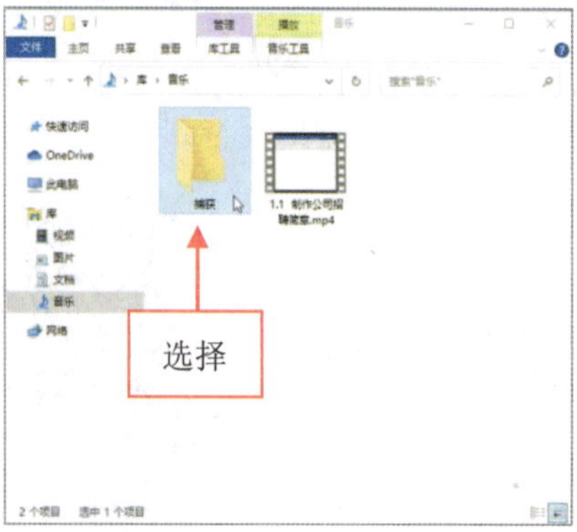

图 6-53 选择“捕获”文件夹

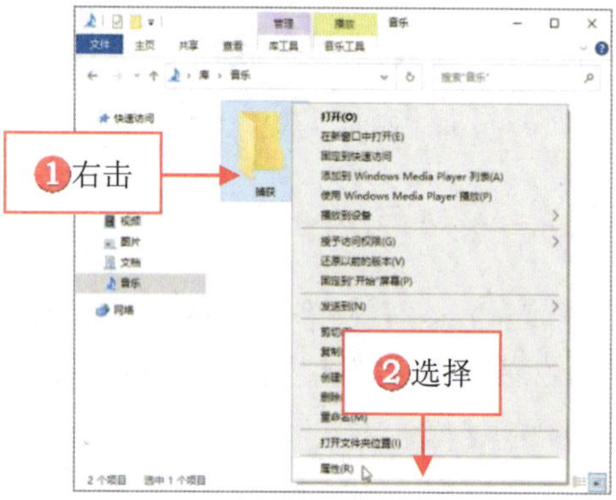

图 6-54 选择“属性”选项

Step 03 执行上述操作后，弹出“捕获 属性”对话框，在“常规”选项卡中，显示了文件夹的类型、位置、大小、占用空间、包含、创建时间及属性等信息，如图 6-55 所示。

Step 04 切换至“共享”选项卡，在其中可以设置文件在局域网中的共享操作，如图 6-56 所示。

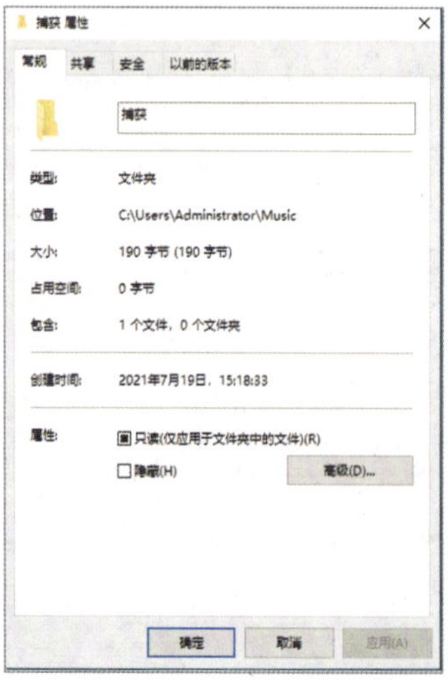

图 6-55 “常规”选项卡

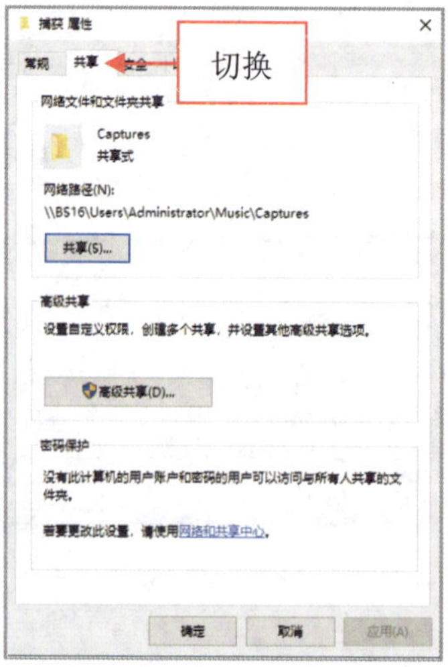

图 6-56 “共享”选项卡

Step 05 切换至“安全”选项卡，在其中显示了文件夹的对象名称、组或用户名及相关权限等，用户可根据需要进行相应的操作，如图 6-57 所示。

Step 06 切换至“以前的版本”选项卡，在其中可以查看、打开或还原文件夹以前的版本，如图 6-58 所示。

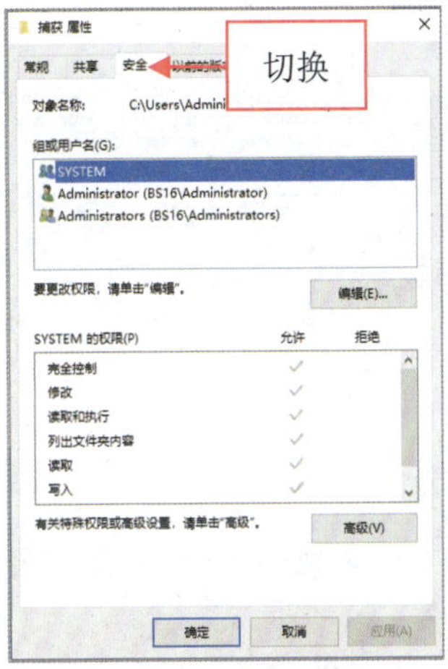

图 6-57　“安全”选项卡

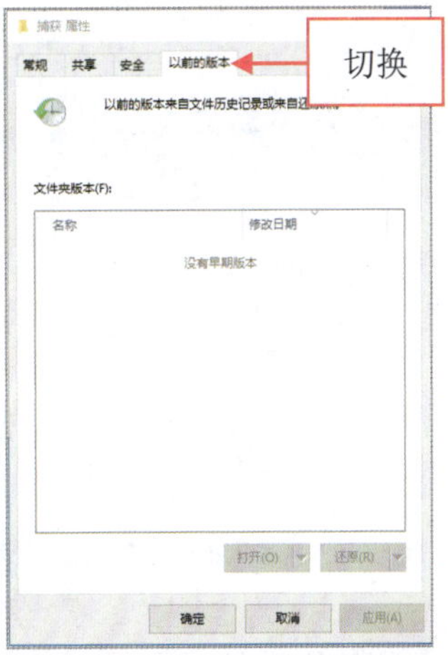

图 6-58　“以前的版本”选项卡

6.4.2　文件或文件夹的排序

文件或文件夹的排序

为了更加方便地查找文件和文件夹，在同一个窗口中，可以对文件或文件夹按一定的规则进行排序，如按“名称”“大小”排序等。

Step 01　打开“保存的图片”文件夹，在空白处单击鼠标右键，在弹出的快捷菜单中选择“排序方式”|“名称”选项，如图 6-59 所示。

Step 02　执行上述操作后，即可按文件名称进行排序操作，效果如图 6-60 所示。

图 6-59　选择“排序方式”|“名称”选项

图 6-60　按文件名称进行排序后的效果

6.4.3　文件或文件夹的分组

文件或文件夹的分组

可以根据文件属性的不同分组文件和文件夹，以便于快速地定位对象。下面以将文件按“类型”进行分组为例，介绍对文件或文件夹分组的方法。

Step 01　打开“视频”文件夹，在空白处单击鼠标右键，在弹出的快捷菜单中选择“分组依据”|“类型”选项，如图 6-61 所示。

Step 02　执行上述操作后，即可按文件类型进行分组操作，效果如图 6-62 所示。

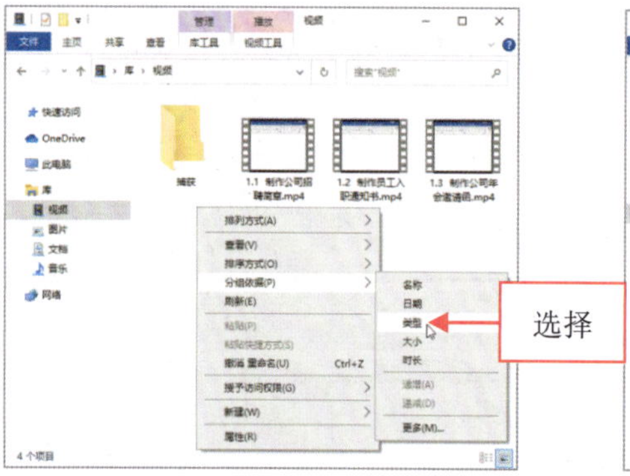

图 6-61　选择“分组依据”|“类型”选项

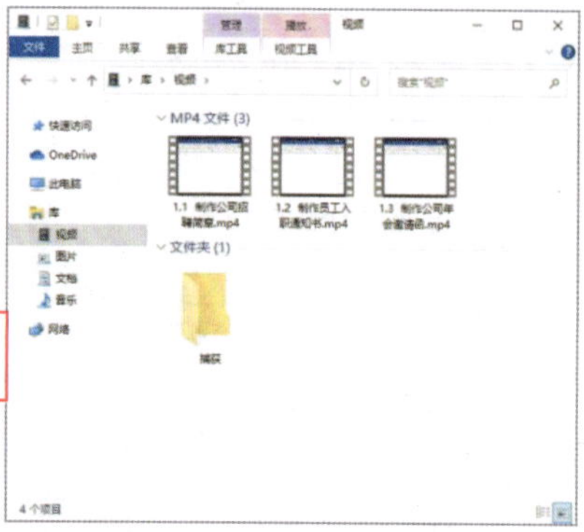

图 6-62　按文件类型进行分组后的效果

▶ 专家指点

当对文件夹和子文件进行分组时，文件夹中的子文件不会展开，所以文件夹中的子文件便不会进行分组。

6.5　文件或文件夹的隐藏与显示

掌握了 Windows 10 操作系统中文件和文件夹的基本操作后，就可以开始体验 Windows 10 操作系统中文件和文件夹的高级操作，如隐藏与显示文件或文件夹的操作等。

6.5.1　文件或文件夹的隐藏

对于一些重要或者隐私的文件，可以将其隐藏，以防被其他人查看。下面介绍隐藏文件或文件夹的操作方法。

文件或文件夹的隐藏

Step 01　❶选择“序号”文档，单击鼠标右键；❷在弹出的快捷菜单中选择“属性”选项，如图 6-63 所示。

Step 02　弹出“序号 属性”对话框，在“属性”选项区中，❶选中“隐藏”复选框；❷单击“确定”按钮，如图 6-64 所示，即可隐藏该文件。

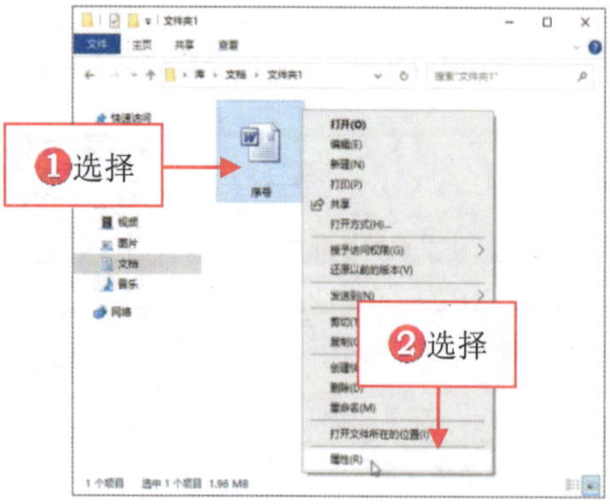

图 6-63　选择“属性”选项

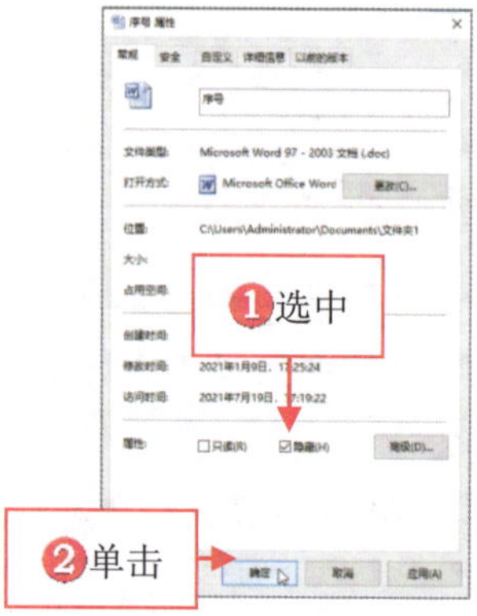

图 6-64　单击“确定”按钮

▶ 专家指点

如果用户不需要隐藏文件，只是为了防止别的用户修改此文件时，此时可在相应文件的属性对话框中，选中“只读”复选框即可。

6.5.2　文件或文件夹的显示

文件或文件夹的显示

如果用户需要再次访问已被隐藏的文件或文件夹，可以将隐藏的文件重新显示。下面介绍显示隐藏的文件或文件夹的操作方法。

Step 01 打开“文件夹 1”文件夹，❶在菜单栏中切换至“查看”选项卡；❷单击“选项”按钮，如图 6-65 所示。

Step 02 执行上述操作后，弹出“文件夹选项”对话框，❶切换至“查看”选项卡；❷在“高级设置”下拉列表框中选中“显示隐藏的文件、文件夹和驱动器”单选按钮，如图 6-66 所示。

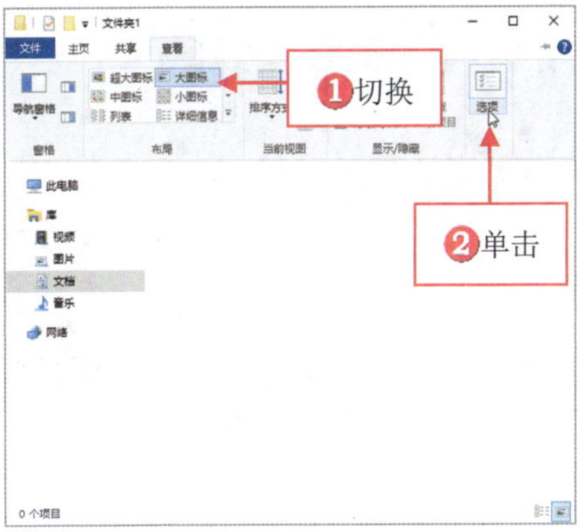

图 6-65　单击“选项”按钮

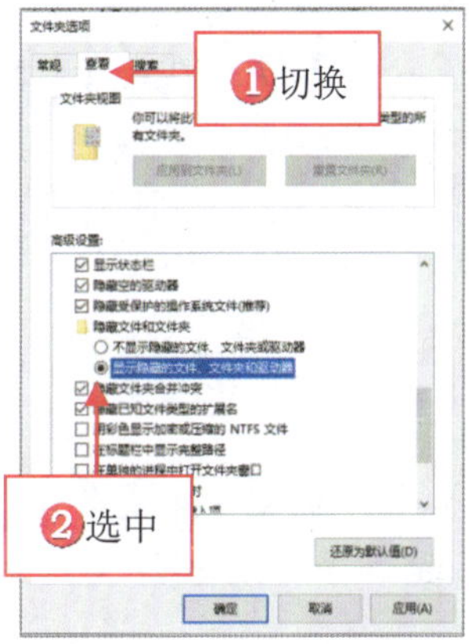

图 6-66　选中相应单选按钮

Step 03 单击“确定”按钮，返回文件夹所在窗口，此时该文档呈半透明状态，如图 6-67 所示。

Step 04 ❶在半透明状态的文档图标上单击鼠标右键；❷在弹出的快捷菜单中选择“属性”选项，如图 6-68 所示。

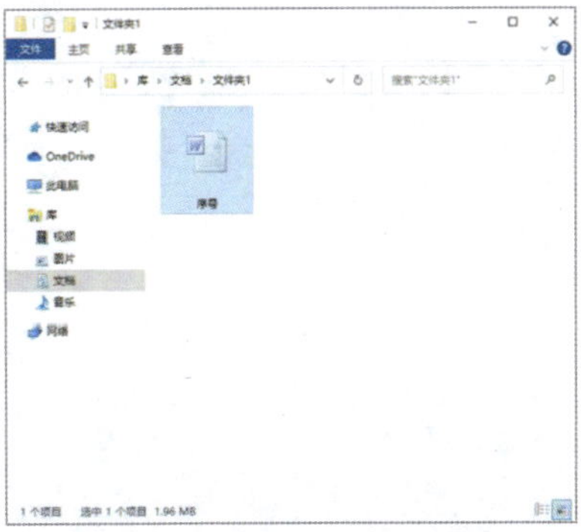

图 6-67　该文档呈半透明状态

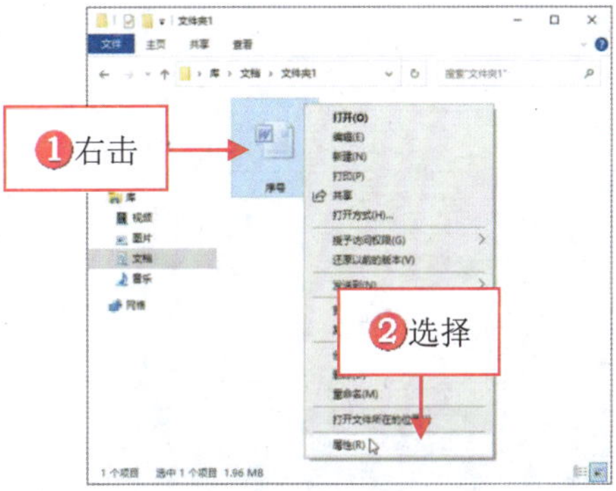

图 6-68　选择“属性”选项

Step 05 执行上述操作后，弹出“序号 属性”对话框，取消选中“隐藏”复选框，如图 6-69 所示。

Step 06 单击“确定”按钮，即可完全显示该文件，如图 6-70 所示。

图 6-69　取消选中“隐藏”复选框

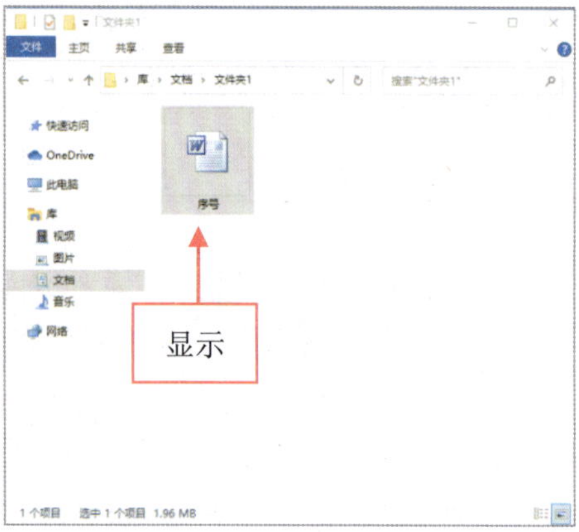

图 6-70　完全显示该文件

6.6　文件或文件夹的压缩与解压

压缩与解压操作是使用计算机过程中必不可少的操作。下面将以 360 压缩软件为例进行介绍。

6.6.1　文件或文件夹的压缩

文件或文件夹的压缩

如果需要节约磁盘空间或者有需要上传的文件，都可以先进行压缩操作。下面将以压缩“示例”文件夹为例介绍压缩的方法。

Step 01 ❶在桌面的“示例”文件夹上单击鼠标右键；❷在弹出的快捷菜单中选择“添加到‘示例.zip’”选项，如图 6-71 所示。

Step 02 执行上述操作后，弹出“正在压缩：示例.zip”对话框，显示压缩进度，如图 6-72 所示，经过一段压缩时间后，压缩过的文件就会出现在桌面上了。

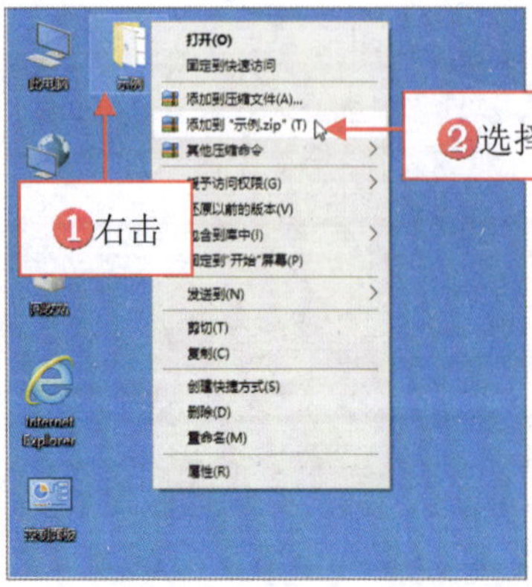

图 6-71　选择“添加到‘示例.zip’”选项

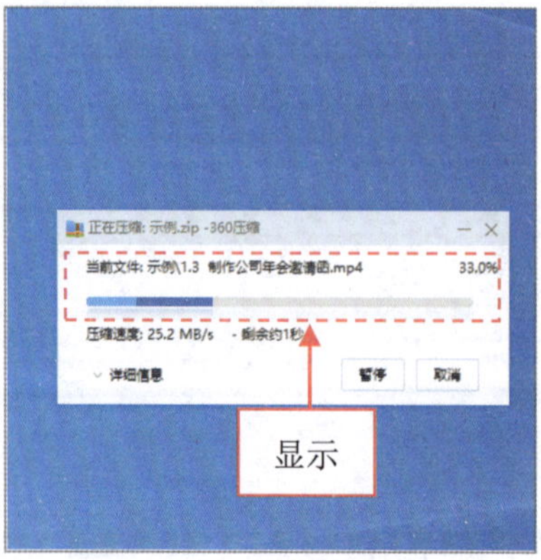

图 6-72　显示压缩进度

> ▶ 专家指点
>
> 可以使用 Windows 10 系统自带的工具进行压缩与解压操作。在选择的文件或文件夹上单击鼠标右键，在弹出的快捷菜单中选择“发送到” | “压缩文件夹”选项，即可进行压缩。需要解压时在该文件上单击鼠标右键，选择“全部取消”选项即可。

6.6.2　文件或文件夹的解压

如果用户需要使用压缩文件中的文件时，可将压缩文件中的文件进行解压。下面以将压缩文件“示例”解压到桌面为例，介绍解压文件的方法。

文件或文件夹的解压

Step 01　❶在桌面的“示例”压缩文件上单击鼠标右键；❷在弹出的快捷菜单中选择“解压到当前文件夹”选项，如图 6-73 所示。

Step 02　执行上述操作后，弹出解压进程，稍等片刻后，在桌面上显示解压好的“示例”文件夹，如图 6-74 所示。

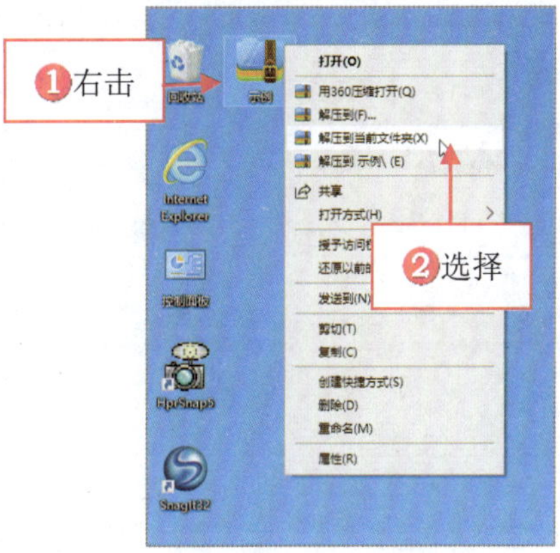

图 6-73　选择“解压到当前文件夹”选项

图 6-74　显示解压好的文件夹

6.7　文件或文件夹的共享

如果希望在局域网内的多个计算机之间实现文件或文件夹的共享，可将计算机接入到局域网内，并设置文件夹为共享，将需要共享的文件移到共享文件夹中即可。

6.7.1　共享文件或文件夹

在 Windows 10 系统中共享文件夹，可以在“共享”选项卡中进行设置。下面介绍共享文件或文件夹的操作方法。

共享文件或文件夹

Step 01　❶选择“本机照片”文件夹；❷在菜单栏中的“共享”选项卡中选择“特定用户”选项，如图 6-75 所示。

Step 02　执行上述操作后，弹出“网络访问”对话框，❶选择 Everyone 用户；❷单击“添加”按钮，如图 6-76 所示。

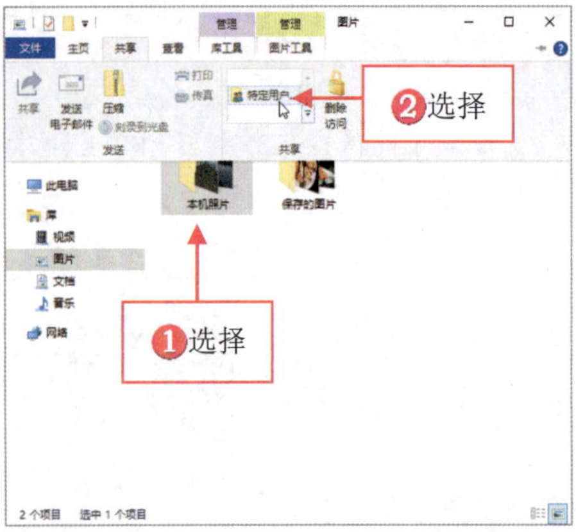

图 6-75 选择“特定用户”选项

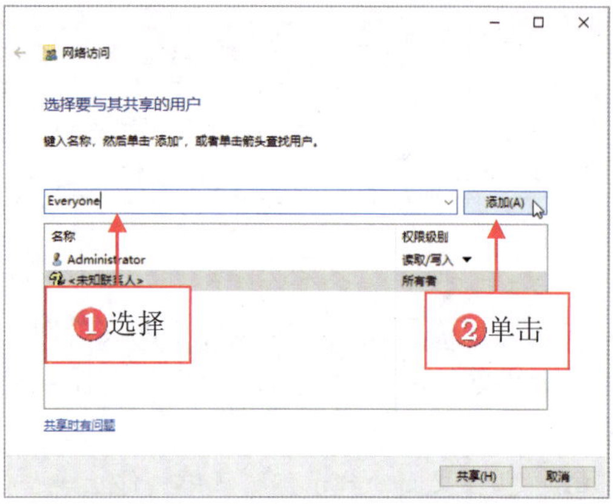

图 6-76 选择 Everyone 用户

Step 03 执行上述操作后，即可添加共享用户，效果如图 6-77 所示。

Step 04 单击“共享”按钮，如图 6-78 所示。

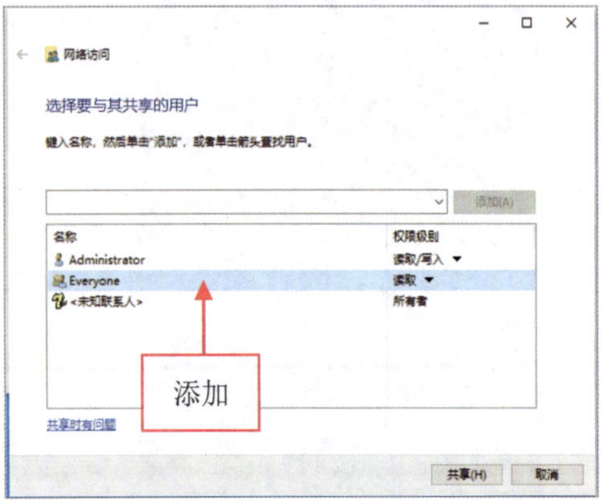

图 6-77 添加共享用户

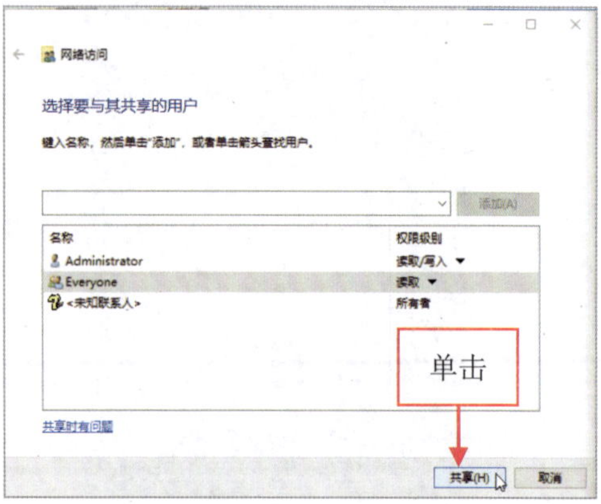

图 6-78 单击“共享”按钮

Step 05 稍等片刻后，将自动进入“你的文件夹已共享”界面，在列表框中显示共享项目，如图 6-79 所示。

Step 06 单击“完成”按钮，如图 6-80 所示，退出“文件共享”对话框。

图 6-79 显示共享项目

图 6-80 单击“完成”按钮

> **▶ 专家指点**
>
> 在局域网中，也可以将共享文件夹进行隐藏，让只有通过 UNC（Universal Naming Convention，通用命名规则）路径访问的用户才能共享文件夹。在隐藏共享文件夹时，用户只需在文件夹的共享名后加上“$”符号，如将文件夹“文档”的共享名设置为“文档$”，即可使其在局域网内不被显示。

6.7.2　停止文件或文件夹共享

停止文件或文件夹共享

在共享文件夹后，可以将一些需要共享的文件放置在共享文件夹中进行共享，当用户一旦不需要进行文件共享时，可以通过停止文件夹的共享来取消文件共享。

Step 01　在计算机中选择一个共享文件夹，如图 6-81 所示。

Step 02　在菜单栏中的“共享”选项卡中，单击“删除访问”按钮，如图 6-82 所示，即可取消该文件夹的共享。

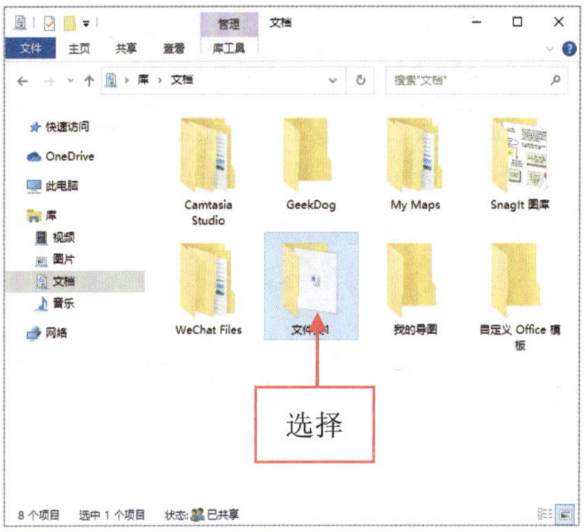

图 6-81　选择一个共享文件夹

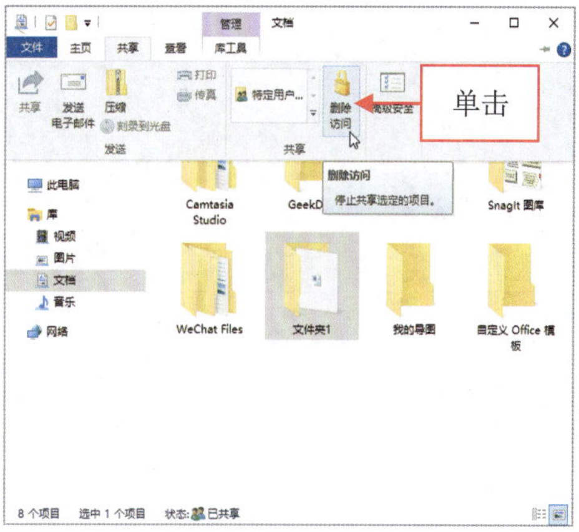

图 6-82　单击“删除访问”按钮

本章小结

本章主要介绍了在 Windows 10 操作系统中文件与文件夹的基础知识和基本操作，具体内容包括文件和文件夹的基础知识、文件和文件夹的管理、回收站的管理、文件或文件夹的基本操作。希望通过对本章的学习，读者能够掌握文件与文件夹的管理方法。

课后习题

课后习题

鉴于本章知识的重要性，为了帮助读者更好地掌握所学知识，通过设置习题帮助读者进行简单的知识回顾和补充。

如果需要查找某一个或某一类文件，可以使用 Windows 10 操作系统提供的搜索功能进行查找。本习题可帮助读者掌握使用搜索功能查找文件或文件夹的操作方法，如图 6-83 所示。

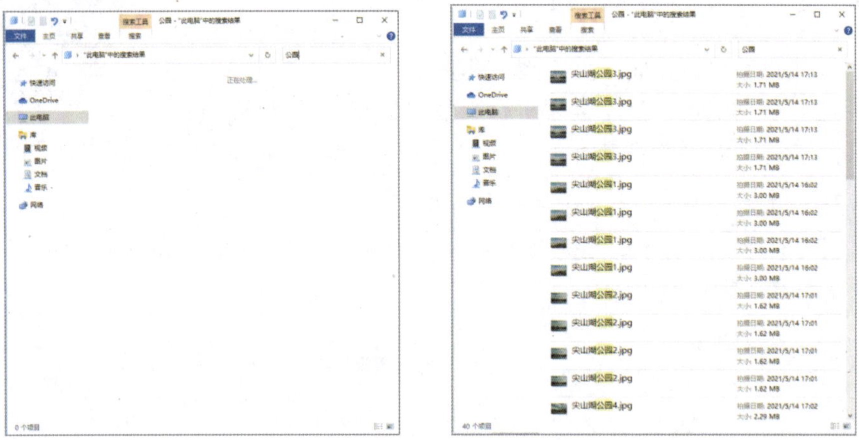

图 6-83　搜索文件前后效果对比图

第 7 章

使用 Windows 10 系统工具

Windows 10 操作系统为用户提供了许多实用的系统管理工具，如任务管理器、事件查看器、性能监视器、可靠性监视程序及资源监视器等。这些工具可以帮助用户更快、更准确地判断和解决使用过程中遇到的问题。本章将主要介绍 Windows 10 操作系统中的系统管理工具的使用。

本章重点

- ➢ 任务管理器
- ➢ 事件查看器
- ➢ 性能监视器
- ➢ 可靠性监视程序
- ➢ 资源监视器

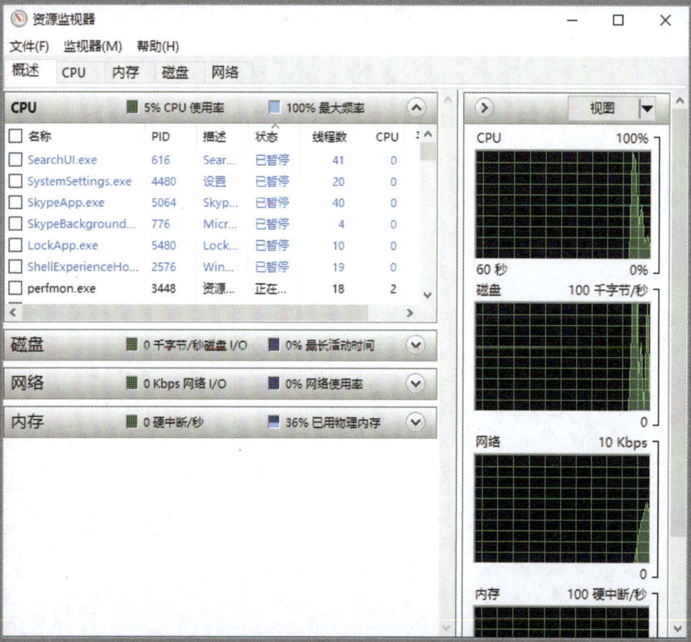

7.1 任务管理器

Windows 任务管理器向用户提供计算机性能的相关信息，同时还显示了计算机中运行的应用、进程和服务的信息。用户可以利用任务管理器查看计算机性能，管理进程和服务。

7.1.1 系统性能的查看

系统性能的查看

用户在“任务管理器”窗口中可以查看系统硬件的使用情况，了解系统性能。如查看硬件资源的使用率、CPU 信息、内存信息、磁盘信息和以太网信息等。下面介绍查看系统性能的操作方法。

Step 01 在任务栏的空白位置处单击鼠标右键，在弹出的快捷菜单中选择“任务管理器”选项，打开“任务管理器”窗口，如图 7-1 所示。

Step 02 在“进程”选项卡中，可以查看硬件资源的使用率，如图 7-2 所示，资源使用率以不同的颜色进行标注，颜色越深表示越耗费系统资源。

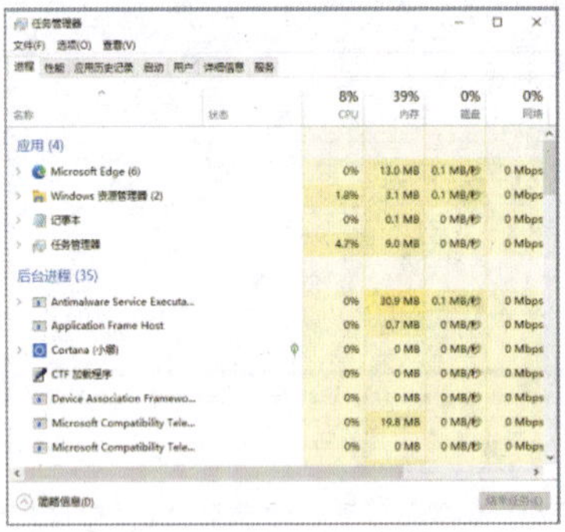

图 7-1　打开“任务管理器”窗口

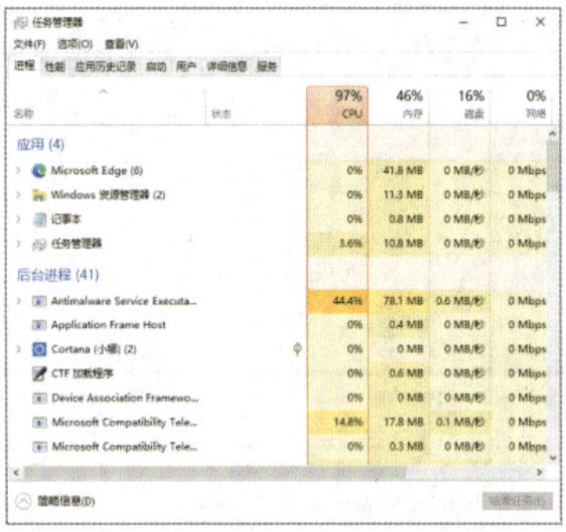

图 7-2　查看硬件资源的使用率

Step 03 切换至“性能”选项卡，可以查看 CPU 利用率、速度、进程数、运行时间和缓存等信息，如图 7-3 所示。

Step 04 在左侧选择“内存”选项，可以查看内存使用量、内存组合和缓存等信息，如图 7-4 所示。

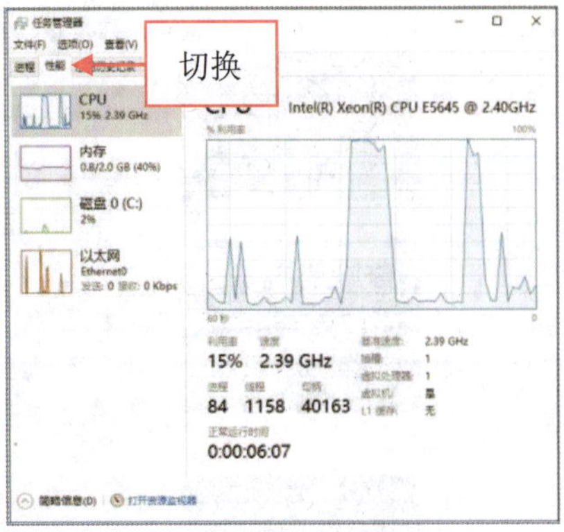

图 7-3　查看 CPU 信息

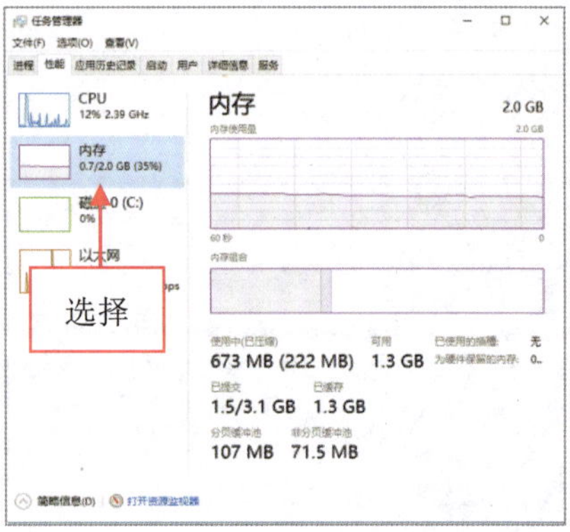

图 7-4　查看内存信息

Step 05 在左侧选择“磁盘”选项，可以查看磁盘的活动时间、传输速率、平均响应时间、读取速度、写入速度和总容量等信息，如图 7-5 所示。

Step 06 在左侧选择“以太网”选项，可以查看吞吐量、网卡 IP 地址、发送及接收数据的速度等信息，如图 7-6 所示。

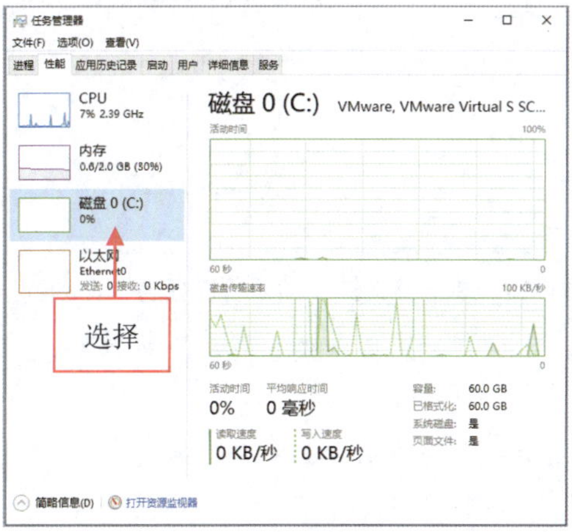

图 7-5 查看磁盘信息

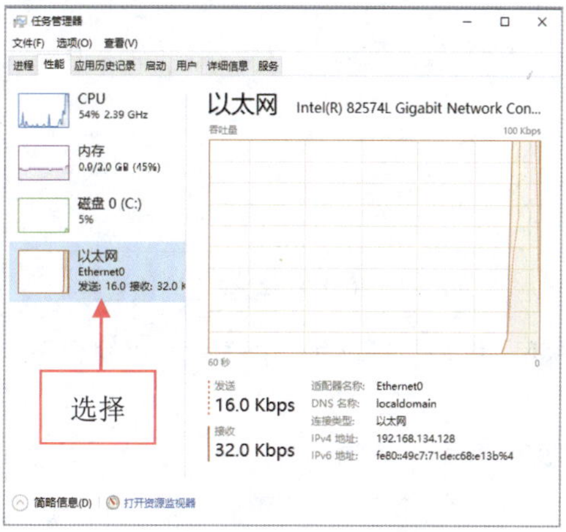

图 7-6 查看以太网信息

7.1.2 进程的管理

在“任务管理器”窗口中，可以查看运行的应用、进程和服务，也可以对应用和进程进行管理，如结束进程、新建任务、排序进程和查看进程详细信息等。下面介绍管理进程的操作方法。

进程的管理

Step 01 按【Ctrl + Shift + Esc】组合键，打开“任务管理器”窗口，如图 7-7 所示。

Step 02 ①在“设置”进程上单击鼠标右键；②在弹出的快捷菜单中选择“结束任务”选项，如图 7-8 所示。

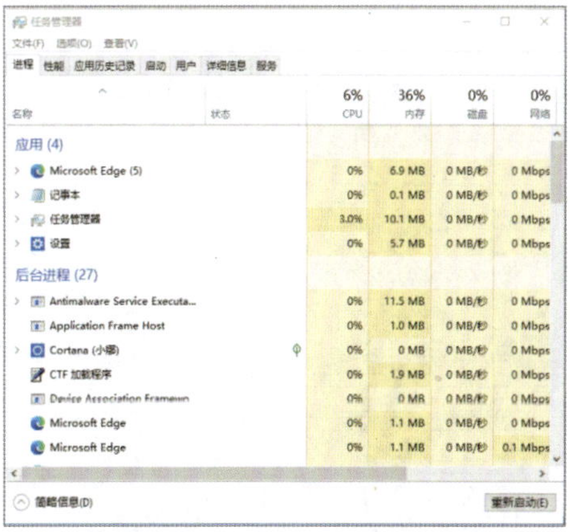

图 7-7 打开“任务管理器”窗口

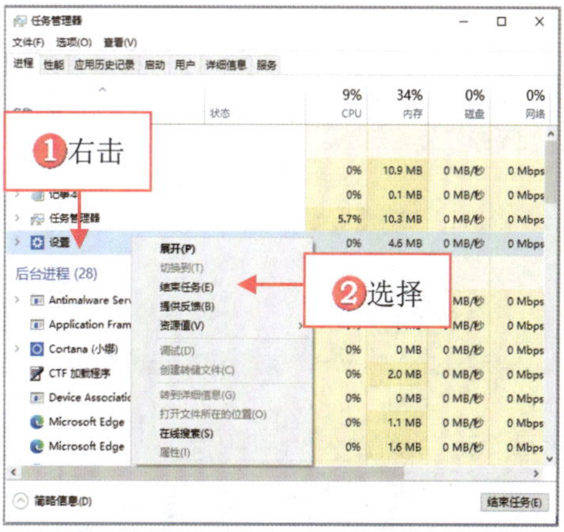

图 7-8 选择“结束任务”选项

Step 03 执行上述操作后，即可结束“设置”进程，如图 7-9 所示。

Step04 在窗口的菜单栏中单击“文件”|“运行新任务”命令，如图 7-10 所示。

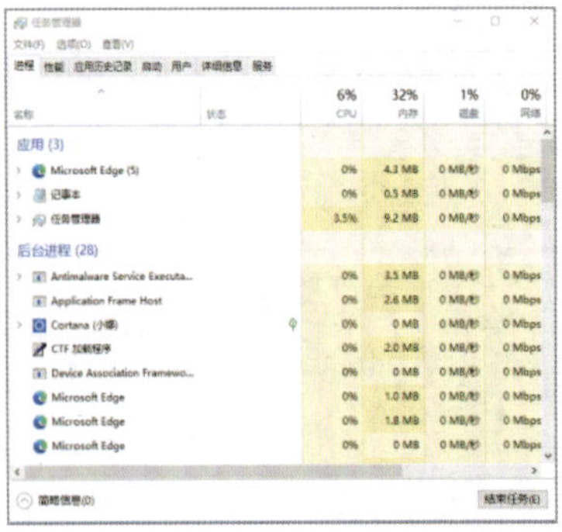

图 7-9 结束相应进程

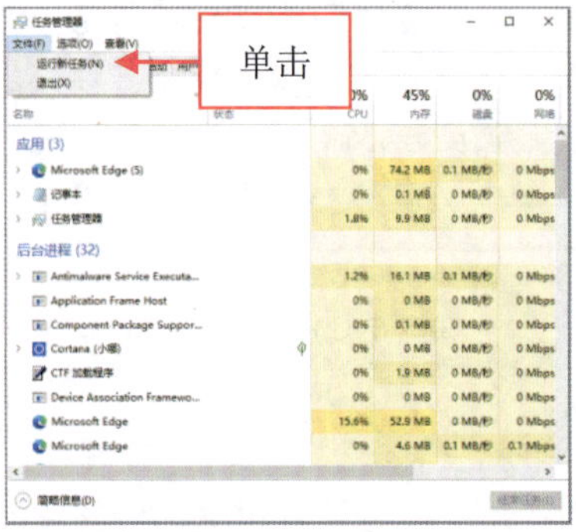

图 7-10 单击“文件”|“运行新任务”命令

Step05 执行上述操作后，弹出“新建任务”对话框，❶输入相应进程名称；❷单击“确定”按钮，如图 7-11 所示。

Step06 执行上述操作后，即可启动“Windows 资源管理器”应用，如图 7-12 所示。

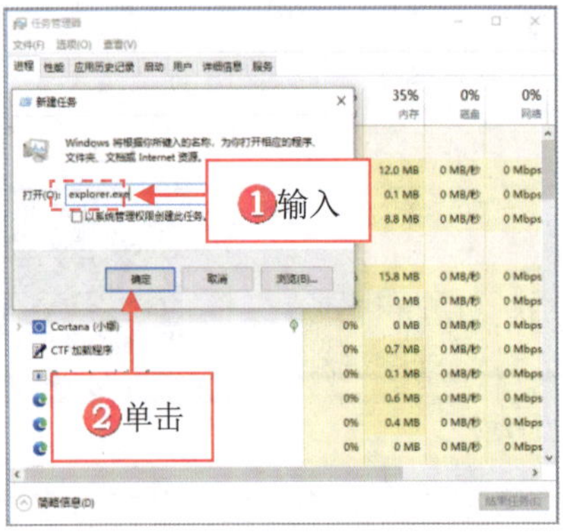

图 7-11 单击“确定”按钮

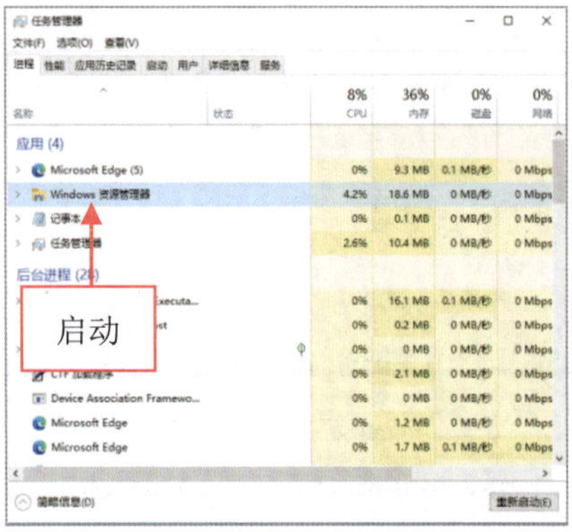

图 7-12 启动“Windows 资源管理器”应用

Step07 ❶在“记事本”应用上单击鼠标右键；❷在弹出的快捷菜单中选择“转到详细信息”选项，如图 7-13 所示。

Step08 执行上述操作后，即可进入“详细信息”选项卡，显示所选应用的详细信息。如图 7-14 所示。

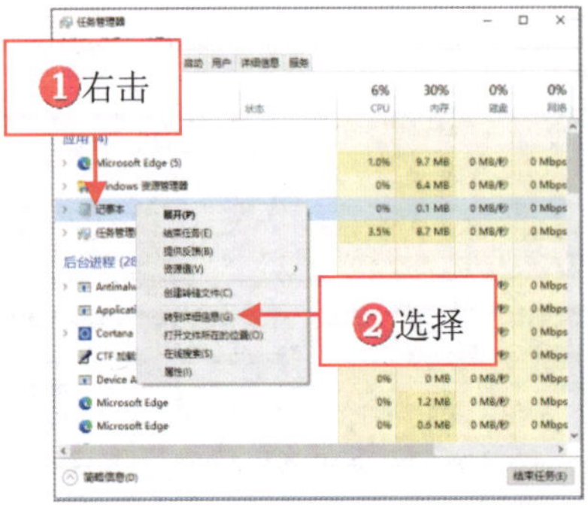

图 7-13 选择“转到详细信息”选项

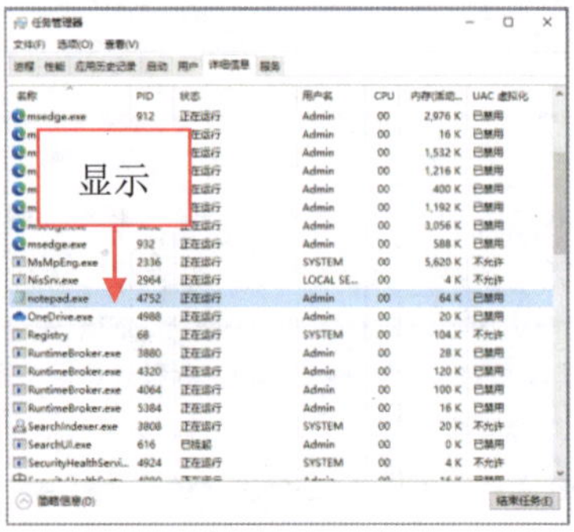

图 7-14 显示所选应用的详细信息

Step 09　切换至“进程”选项卡，单击“状态”标签，如图 7-15 所示。

Step 10　执行上述操作后，即可按状态对进程进行排序显示，效果如图 7-16 所示。

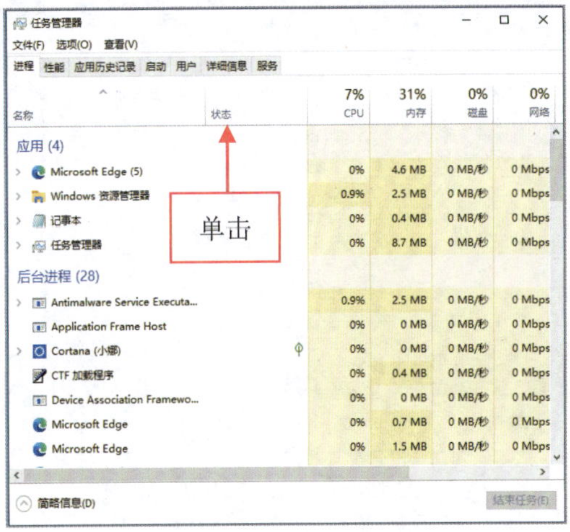

图 7-15　单击“状态”标签

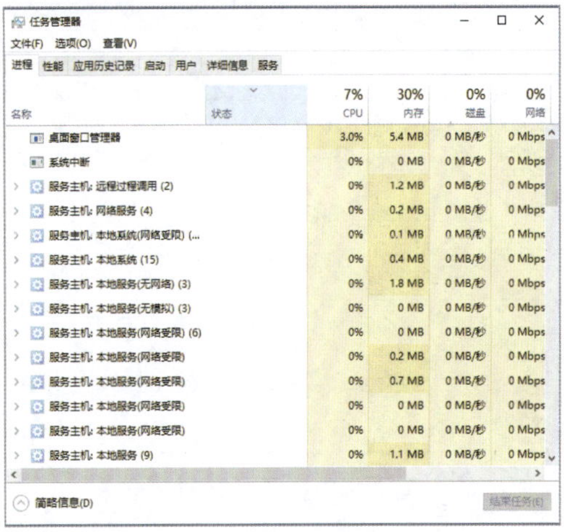

图 7-16　排序显示进程的效果图

7.1.3　应用资源使用情况的查看

在“任务管理器”窗口中切换至“应用历史记录”选项卡，即可查看当前用户账户的应用资源使用情况，如图 7-17 所示，包括 CPU 的使用时间、网络活动的流量、在按流量计费的网络连接上的网络活动、磁贴更新等。

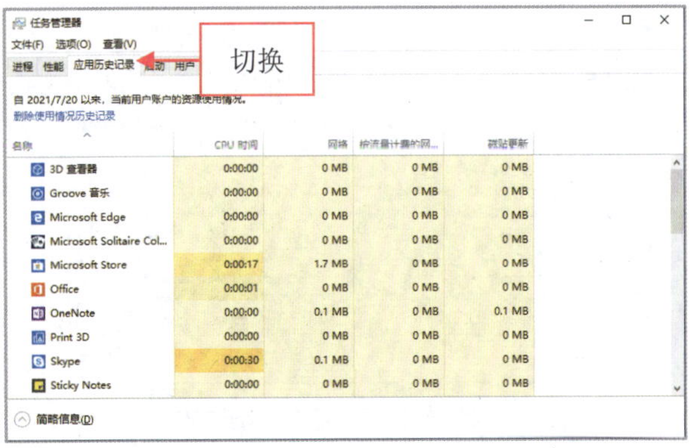

图 7-17　查看应用资源使用情况

7.1.4　系统启动项的管理

在“任务管理器”窗口中切换至“启动”选项卡，即可查看随电脑开机启动的程序，如图 7-18 所示。

如果想要禁止 Microsoft OneDrive 程序随电脑开机启动，只需❶在 Microsoft OneDrive 程序上单击鼠标右键；❷在弹出的快捷菜单中选择“禁用”选项，如图 7-19 所示，即可禁止该程序随电脑开机启动。

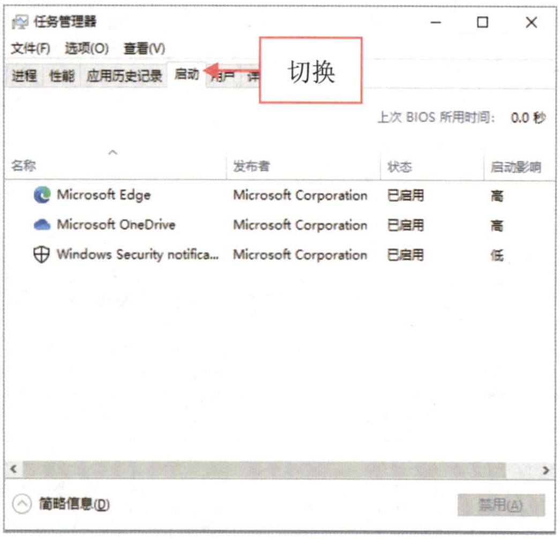

图 7-18　查看随电脑开机启动的程序

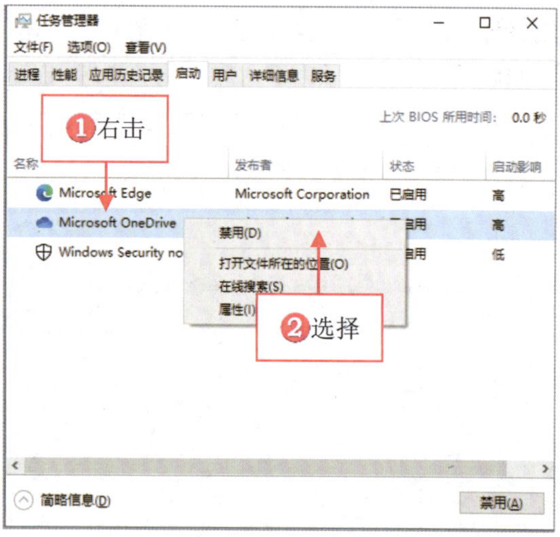

图 7-19　选择“禁用”选项

7.1.5　多用户任务的管理

在“任务管理器”窗口中切换至“用户”选项卡，单击用户头像前方的 › 按钮，即可查看用户运行的所有任务，如图 7-20 所示。若系统中登录了其他的用户账户，还可以查看和管理其他用户账户运行的任务。

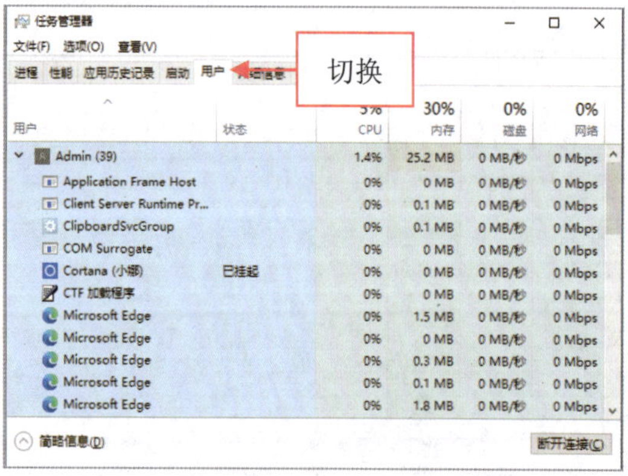

图 7-20　查看用户运行的所有任务

7.1.6　服务的管理

在“任务管理器”窗口中切换至“服务”选项卡，即可查看系统服务的详细信息，如图 7-21 所示。

如果想停止 Appinfo 服务的运行，只需❶在 Appinfo 服务上单击鼠标右键；❷在弹出的快捷菜单中选择“停止”选项，如图 7-22 所示，即可停止该服务的运行。

图 7-21　查看系统服务的详细信息

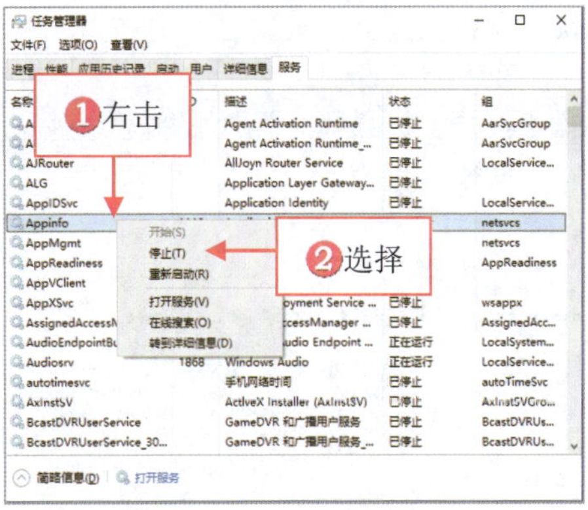

图 7-22　选择“停止”选项

7.2　事件查看器

如果系统出现问题，用户可以在 Windows 事件查看器中查看和搜索导致问题出现的事件日志，从而采取相应的解决措施。可以通过“开始”菜单和在“开始”按钮上单击鼠标右键，在弹出的快捷菜单中选择相应选项，具体操作方法如下。

7.2.1　事件日志的查看

事件日志的查看

在“事件查看器”窗口中，可以查看事件的详细信息，包括事件的级别、日期和时间、来源、事件 ID 及任务类别等。下面介绍查看事件日志详细信息的操作方法。

Step 01 打开“开始”菜单，在“Windows 管理工具”的文件夹下选择“事件查看器”选项，如图 7-23 所示。

Step 02 执行上述操作后，打开“事件查看器”窗口，在左侧的列表框中选择“Windows 日志”|“系统”选项，如图 7-24 所示。

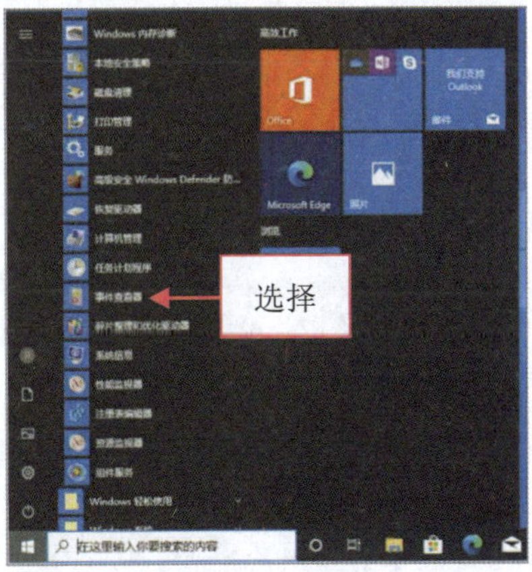

图 7-23　选择“事件查看器”选项

图 7-24　选择相应选项

Step 03 执行上述操作后，在中间的列表框中显示最近记录的系统事件，双击要查看的事件，如图 7-25 所示。

Step 04 执行上述操作后，弹出相应事件的“事件属性”对话框，即可查看该事件的详细信息，如图 7-26 所示。

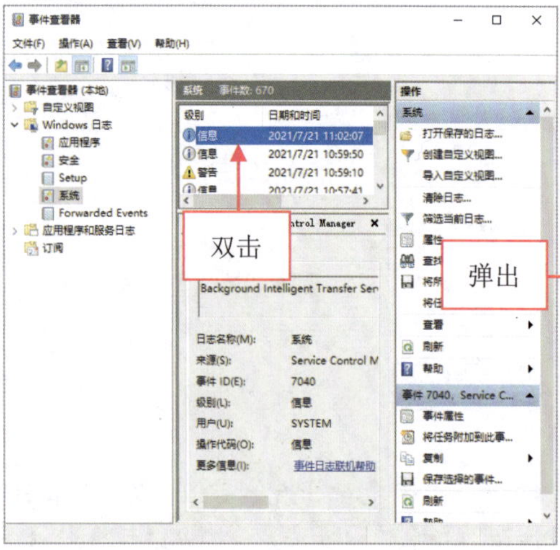

图 7-25　双击要查看的事件

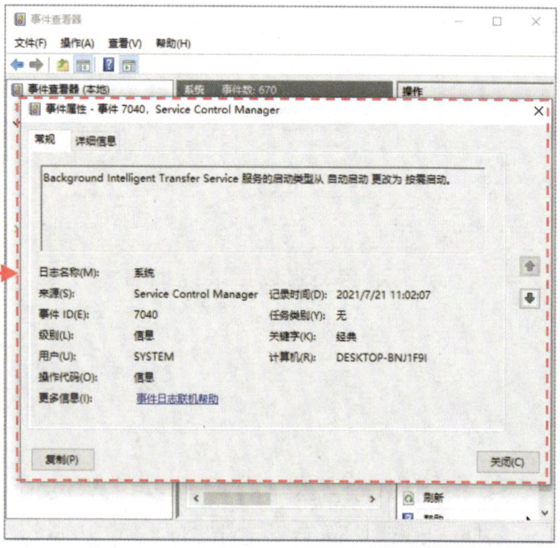

图 7-26　查看该事件的详细信息

7.2.2　自定义视图的创建

在“事件查看器”窗口中，可以创建自定义视图，筛选显示想查看的事件。下面介绍手动创建自定义视图的操作方法。

自定义视图的创建

Step 01 打开“事件查看器”窗口，在右侧的列表框中选择“创建自定义视图”选项，如图 7-27 所示。

Step 02 执行上述操作后，弹出“创建自定义视图”对话框，❶设置“记录时间”为“近 7 天”；❷选中“警告”复选框，如图 7-28 所示。

图 7-27　选择“创建自定义视图”选项

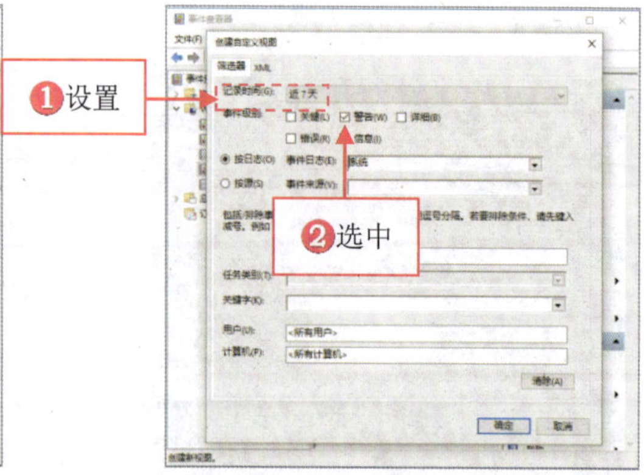

图 7-28　选中“警告”复选框

Step 03 在“事件日志”下拉列表的“Windows 日志”选项下选中“应用程序”复选框，如图 7-29 所示。

Step 04　单击“确定”按钮，如图 7-30 所示。

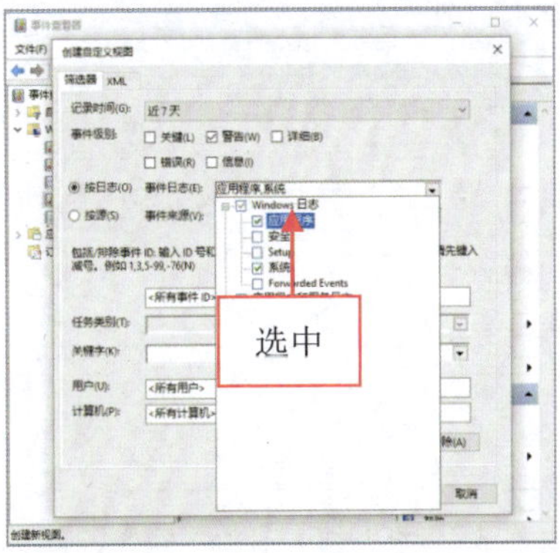

图 7-29　选中“应用程序”复选框

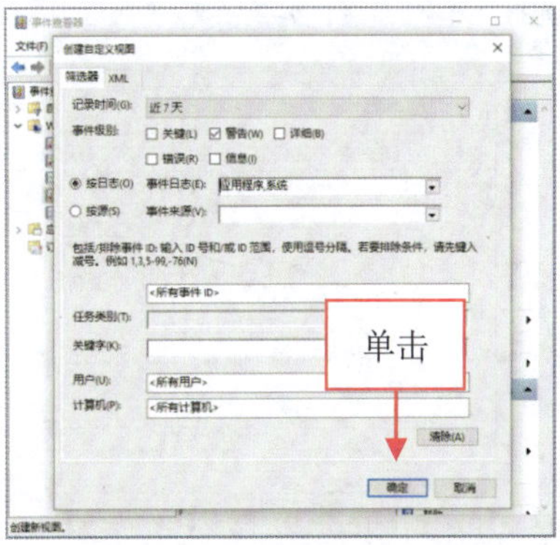

图 7-30　单击“确定”按钮

Step 05　执行上述操作后，弹出“将筛选器保存到自定义视图”对话框，❶输入视图名称；❷单击“确定”按钮，如图 7-31 所示。

Step 06　执行上述操作后，即可创建一个自定义视图，效果如图 7-32 所示。

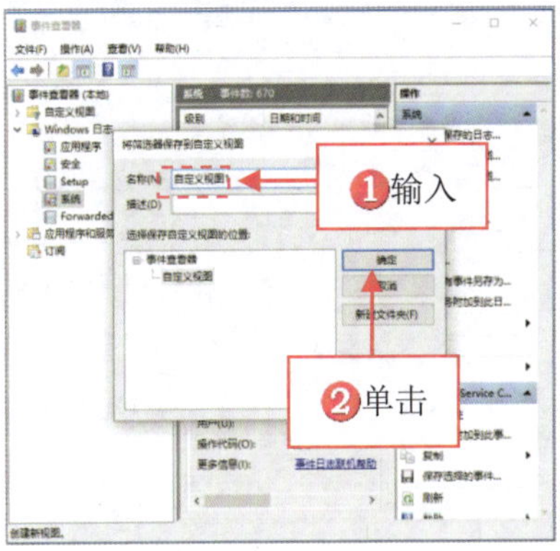

图 7-31　单击“确定”按钮

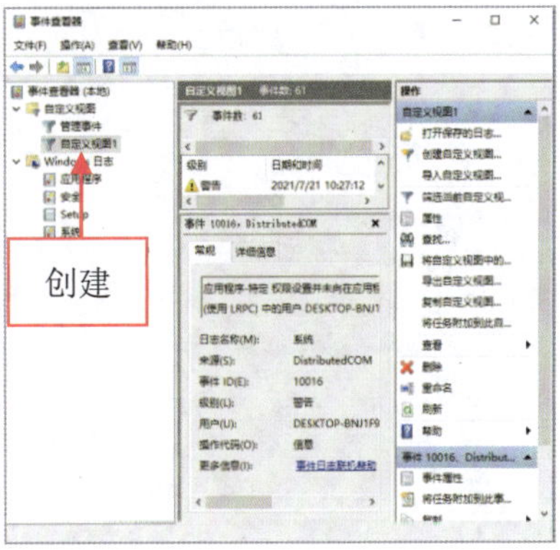

图 7-32　创建一个自定义视图

7.3　性能监视器

Windows 性能监视器能够实时监视硬件和应用程序的状态，可以利用性能监视器了解当前系统各方面的性能表现。在性能监视器中，可以创建数据收集器集，收集相关数据和记录日志。

7.3.1　计数器的添加

计数器的添加

默认状态下，“性能监视器”窗口中只有一个“%Processor Time”计数器，以显示 CPU 的占有率。可以自行添加新的计数器，显示需要的数据。下面介绍添加计数器的操作方法。

Step 01　打开“开始”菜单，在“Windows 管理工具”文件夹下选择“性能监视器”选项，即可打开“性能监视器”窗口，如图 7-33 所示。

Step 02 ❶在左侧的列表框中选择“性能监视器”选项；❷在右侧的图表上方单击“添加”按钮 ，如图 7-34 所示。

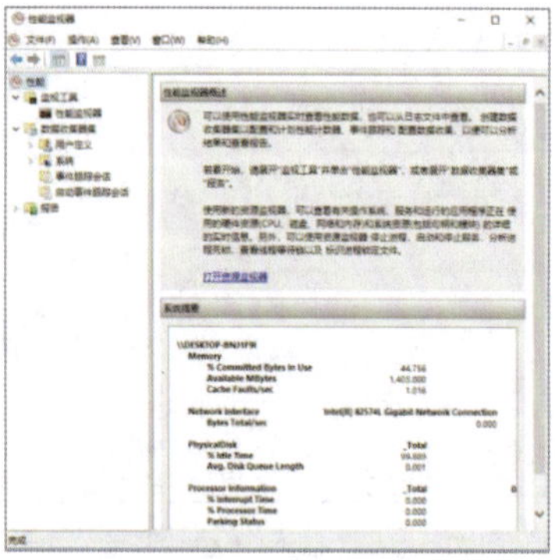

图 7-33　打开“性能监视器”窗口

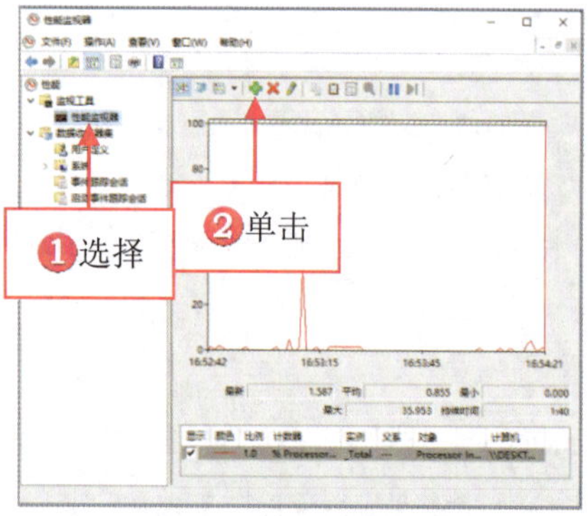

图 7-34　单击“添加”按钮

Step 03 执行上述操作后，弹出“添加计数器”对话框，在“可用计数器”选项区中，❶选择 Average Idle Time 计数器；❷单击“添加”按钮，如图 7-35 所示。

Step 04 执行上述操作后，❶在“添加的计数器”列表框内显示添加的计数器；❷单击“确定”按钮，如图 7-36 所示。

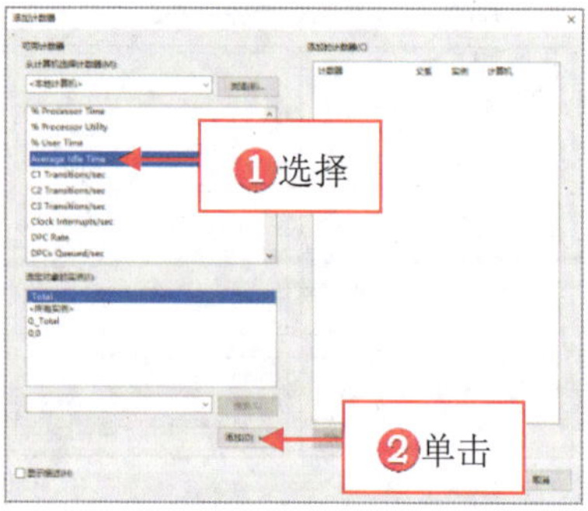

图 7-35　单击“添加”按钮

图 7-36　单击“确定”按钮

Step 05 执行上述操作后，即可添加新的计数器，如图 7-37 所示。

Step 06 取消选中“%Processor Time”计数器前的复选框，如图 7-38 所示，即可单独显示相关图表。

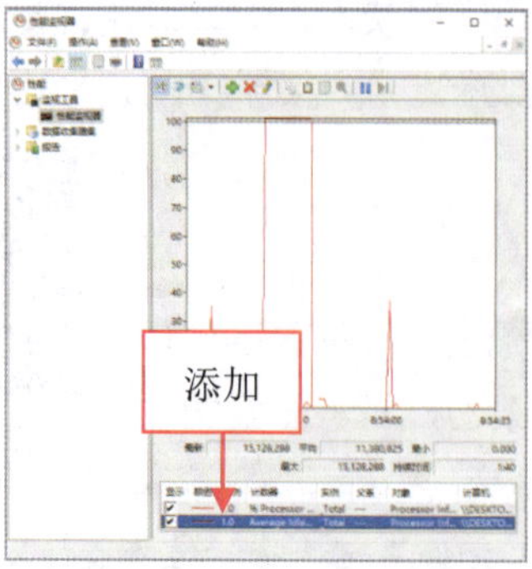

图 7-37　添加新的计数器

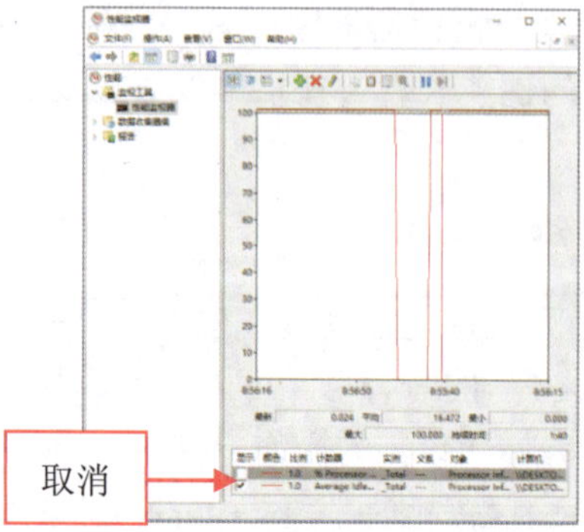

图 7-38　取消选中相应复选框

7.3.2 数据收集器集的创建

数据收集器集是性能监视器中的重要功能。创建数据收集器集一共有三种方法，分别是手动创建、通过模板创建和通过性能监视器创建，这三种方法各有特点。

1．手动创建数据收集器集

手动创建数据收集器集是最自由的方法，可以自行选择数据类型和注册表项，从而更精准地监测想了解的数据。下面介绍手动创建数据收集器集的操作方法。

手动创建数据收集器集

Step 01 打开“开始”菜单，在“Windows 管理工具”的文件夹下选择“性能监视器”选项，如图 7-39 所示。

Step 02 打开“性能监视器”窗口，❶在左侧列表框中的“数据收集器集”|“用户定义”选项上单击鼠标右键；❷在弹出的快捷菜单中选择“新建”|“数据收集器集”选项，如图 7-40 所示。

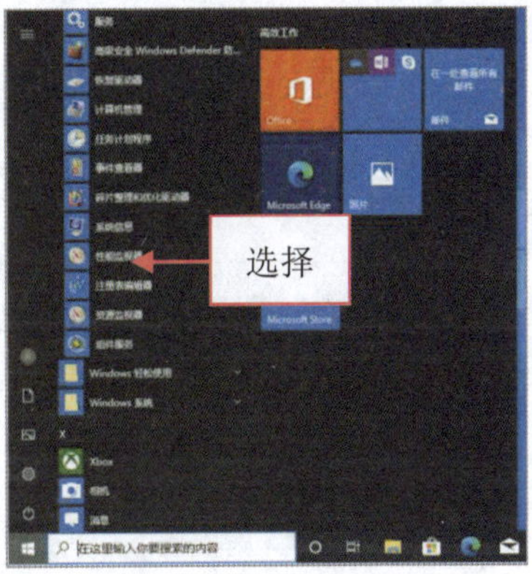

图 7-39 选择“性能监视器”选项

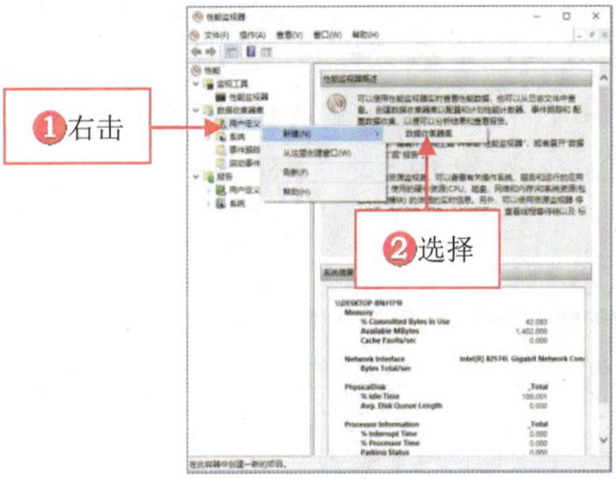

图 7-40 选择“新建”|“数据收集器集”选项

Step 03 执行上述操作后，弹出“创建新的数据收集器集”对话框，❶输入相应名称；❷选中“手动创建（高级）”单选按钮；❸单击“下一步”按钮，如图 7-41 所示。

Step 04 执行上述操作后，进入“你希望包括何种类型的数据？”界面，❶选中“系统配置信息”复选框；❷单击“下一步”按钮，如图 7-42 所示。

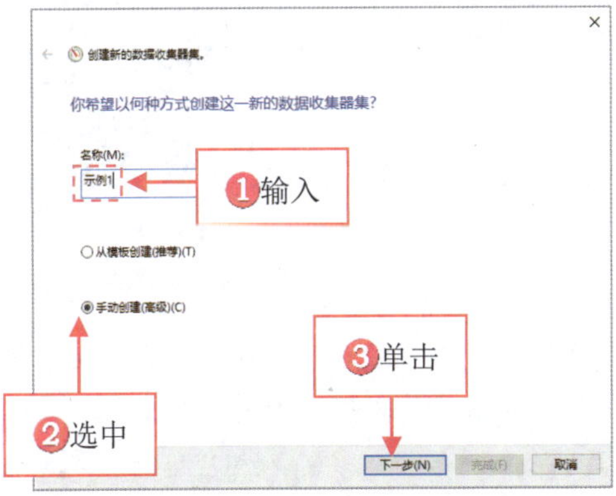

图 7-41 单击“下一步”按钮（1）

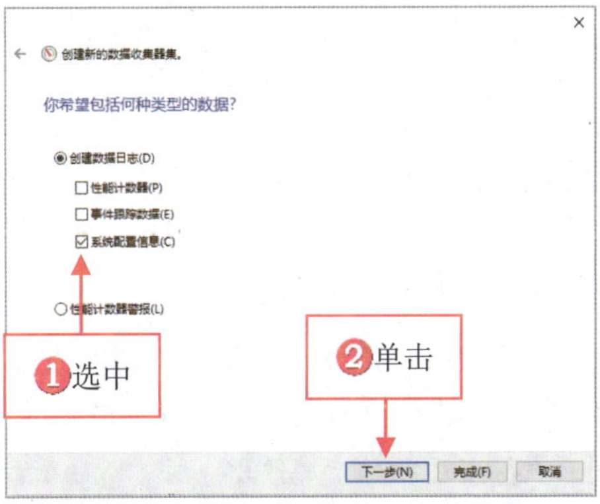

图 7-42 单击“下一步”按钮（2）

Step 05 进入“你希望记录哪个注册表项？”界面，❶单击“添加”按钮；❷单击“下一步”按钮，如图 7-43 所示。

Step 06 进入“你希望将数据保存在什么位置？”界面，❶设置保存位置；❷单击“下一步”按钮，如图 7-44 所示。

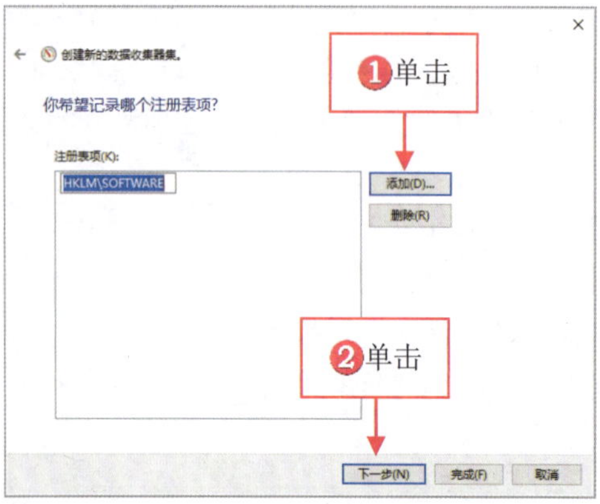

图 7-43 单击“下一步”按钮（3）

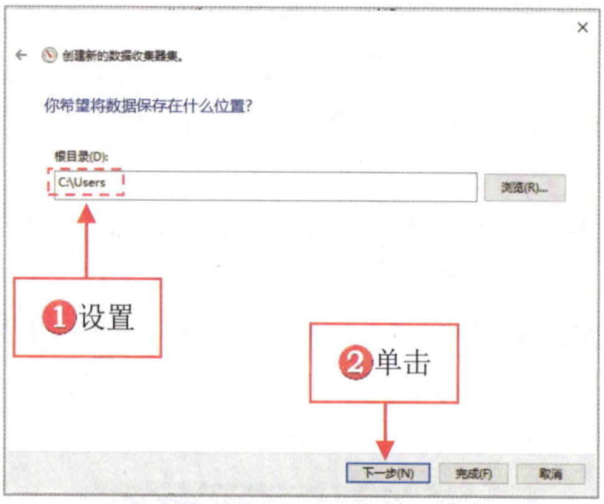

图 7-44 单击“下一步”按钮（4）

Step 07 进入“是否创建数据收集器集？”界面，单击“完成”按钮，如图 7-45 所示。

Step 08 执行上述操作后，即可创建一个数据收集器集，如图 7-46 所示。

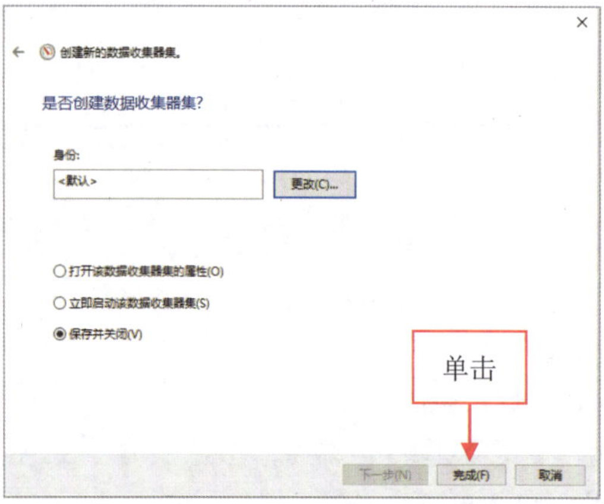

图 7-45 单击“完成”按钮

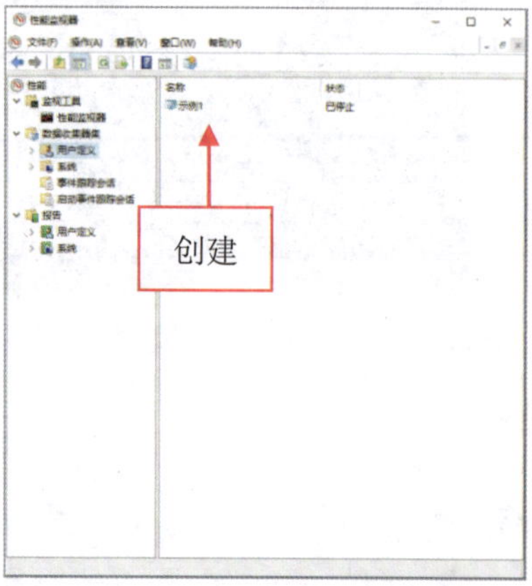

图 7-46 创建一个数据收集器集

2．通过模板创建数据收集器集

通过模板创建数据收集器集是较为简单的方法，用户只需输入名称、选择相应模板和保存位置即可完成创建。下面介绍通过模板创建数据收集器集的操作方法。

通过模板创建数据收集器集

Step 01 打开“性能监视器”窗口，❶在左侧列表框中的“用户定义”选项上单击鼠标右键；❷在弹出的快捷菜单中选择“新建”|“数据收集器集”选项，如图 7-47 所示。

Step 02 执行上述操作后，弹出“创建新的数据收集器集”对话框，❶输入相应名称；❷单击“下一步”按钮，如图 7-48 所示。

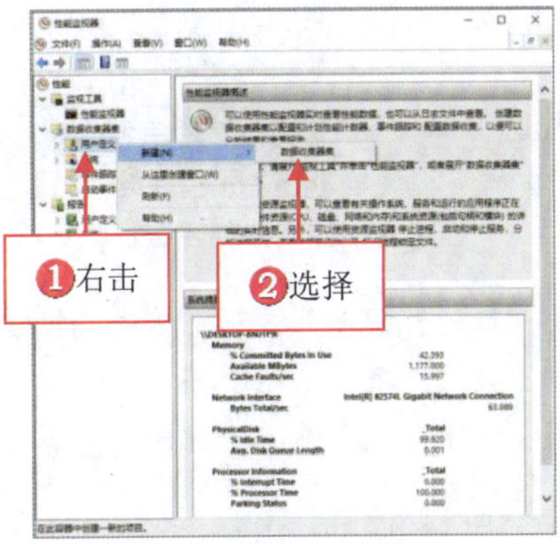

图 7-47　选择相应选项

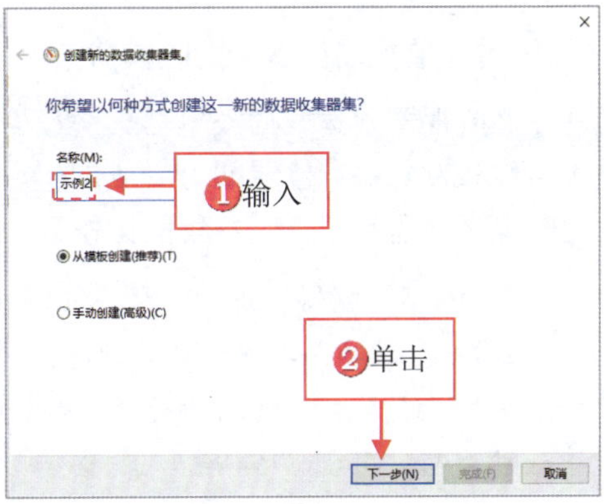

图 7-48　单击“下一步”按钮（1）

Step 03　执行上述操作后，进入“你想使用哪个模板？”界面，❶选择相应模板；❷单击“下一步”按钮，如图 7-49 所示。

Step 04　执行上述操作后，进入“你希望将数据保存在什么位置？”界面，❶设置保存位置；❷单击“下一步”按钮，如图 7-50 所示。

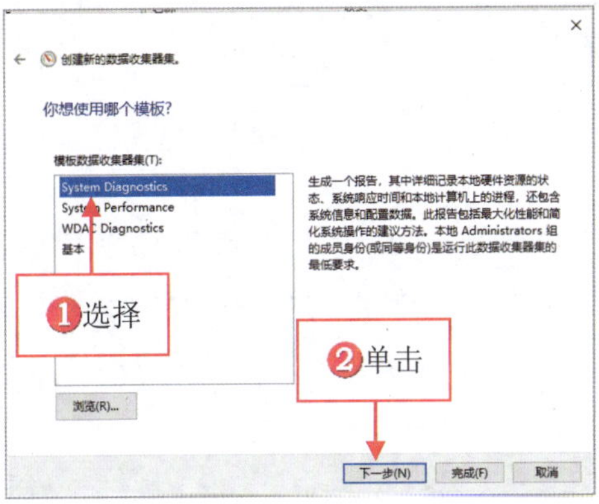

图 7-49　单击“下一步”按钮（2）

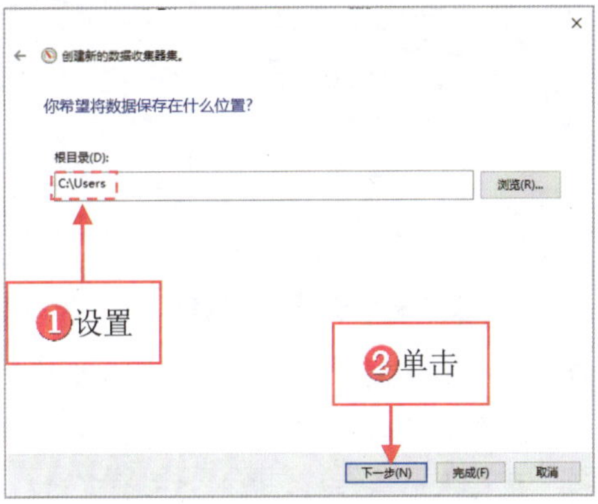

图 7-50　单击“下一步”按钮（3）

Step 05　进入“是否创建数据收集器集？”界面，单击“完成”按钮，如图 7-51 所示。

Step 06　执行上述操作后，即可创建一个数据收集器集，如图 7-52 所示。

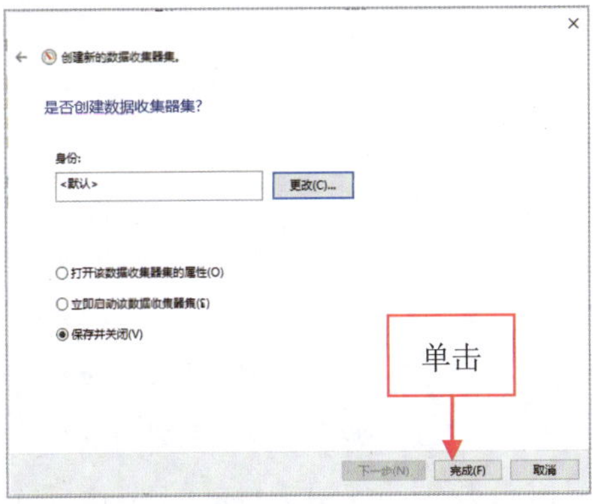

图 7-51　单击“完成”按钮

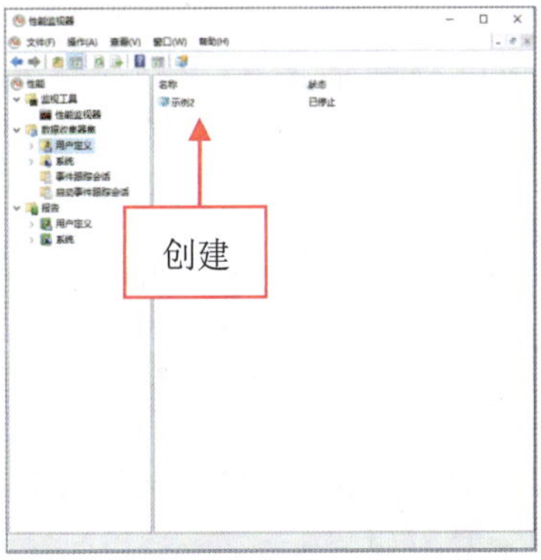

图 7-52　创建一个数据收集器集

3．通过性能监视器创建数据收集器集

通过性能监视器创建数据收集器集是最简单的方法，只需输入名称和设置保存位置即可完成创建。下面介绍通过性能监视器创建数据收集器集的操作方法。

通过性能监视器创建数据收集器集

Step 01 打开“性能监视器”窗口，❶在左侧列表框中的“性能监视器”选项上单击鼠标右键；❷在弹出的快捷菜单中选择“新建”|“数据收集器集”选项，如图 7-53 所示。

Step 02 执行上述操作后，弹出“创建新的数据收集器集”对话框，❶输入相应名称；❷单击“下一步”按钮，如图 7-54 所示。

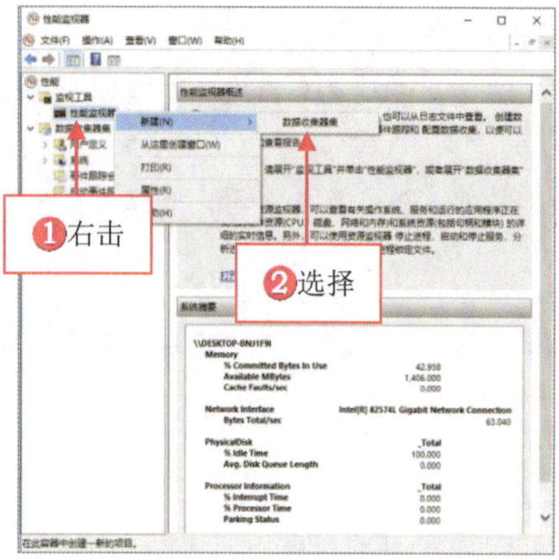

图 7-53　选择相应选项

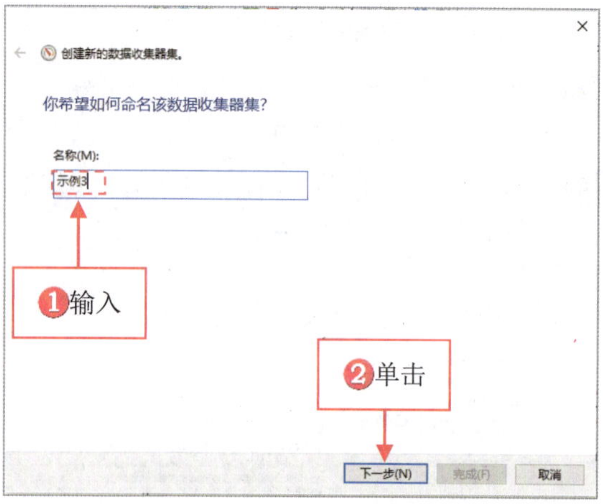

图 7-54　单击“下一步”按钮

Step 03 执行上述操作后，进入“你希望将数据保存在什么位置？”界面，❶设置保存位置；❷单击“下一步”按钮，如图 7-55 所示。

Step 04 执行上述操作后，进入“是否创建数据收集器集？”界面，单击“完成”按钮，如图 7-56 所示。

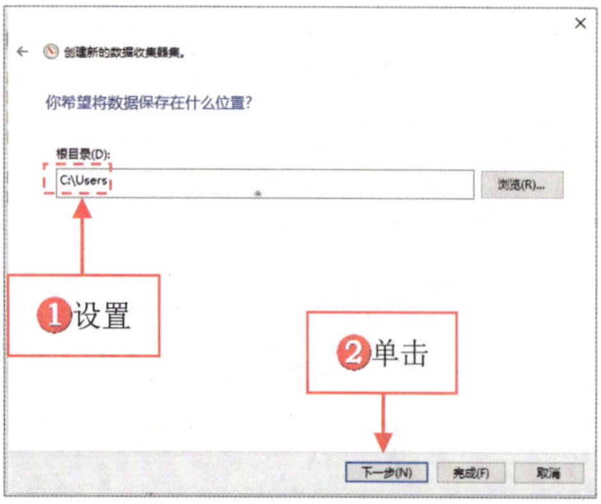

图 7-55　单击“下一步”按钮

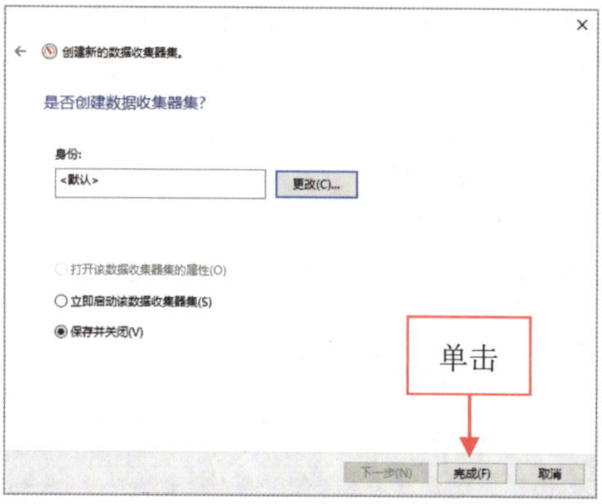

图 7-56　单击“完成”按钮

Step 05 执行上述操作后，返回到“性能监视器”窗口，选择左侧列表框中的“数据收集器集”|“用户定义”选项，即可查看创建的数据收集器集，如图 7-57 所示。

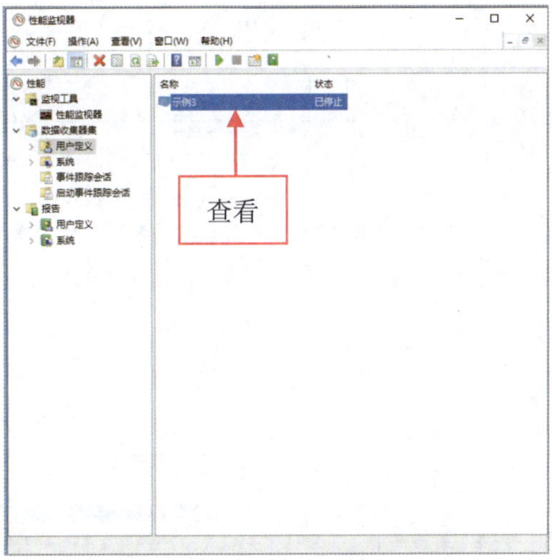

图 7-57　查看创建的数据收集器集

7.4　可靠性监视程序

可靠性监视程序可以提供系统稳定性的大体情况和趋势分布，并显示有可能会影响系统稳定的事件的详细信息。用户可以根据可靠性监视程序中的稳定性指数对电脑的稳定性和可靠性进行评估。

可靠性监视程序

Step 01　①在任务栏的搜索框中输入“可靠性”；②在搜索结果中选择“打开”选项，如图 7-58 所示。

Step 02　打开“可靠性监视程序”窗口，程序开始生成报告，稍等片刻后，显示已生成的报告，如图 7-59 所示。

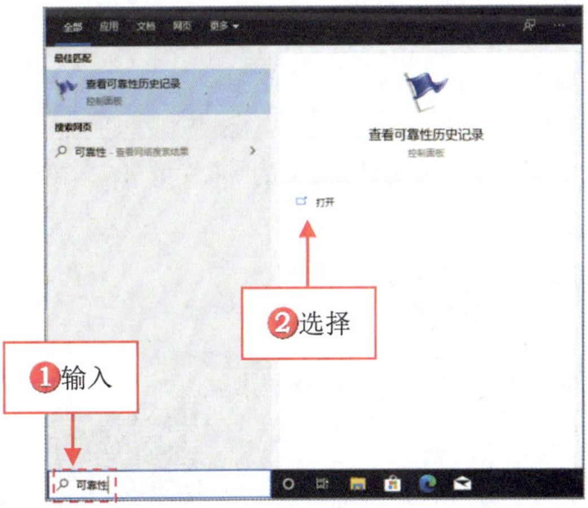

图 7-58　选择“打开”选项

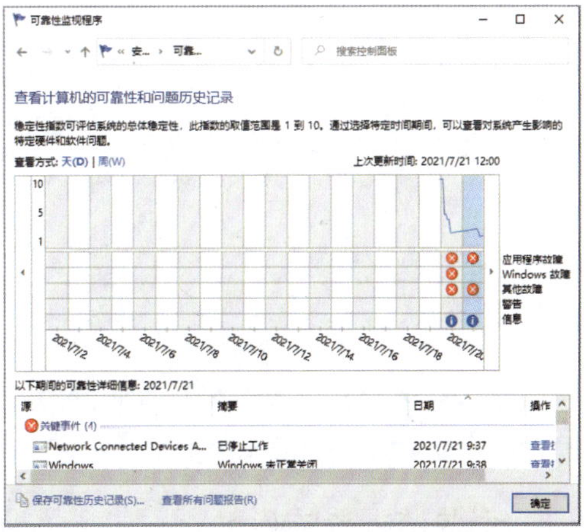

图 7-59　显示已生成的报告

Step 03　在图表中选择相应日期，如图 7-60 所示。

Step 04 执行上述操作后，在窗口下方即可看到具体的事件，双击最上方的第一个事件，如图 7-61 所示。

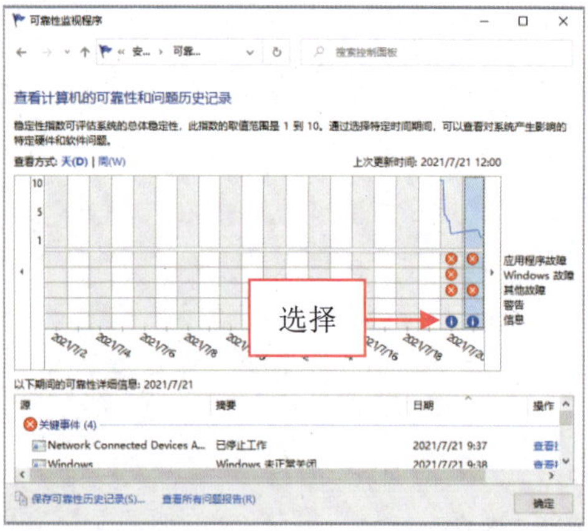

图 7-60 选择相应日期

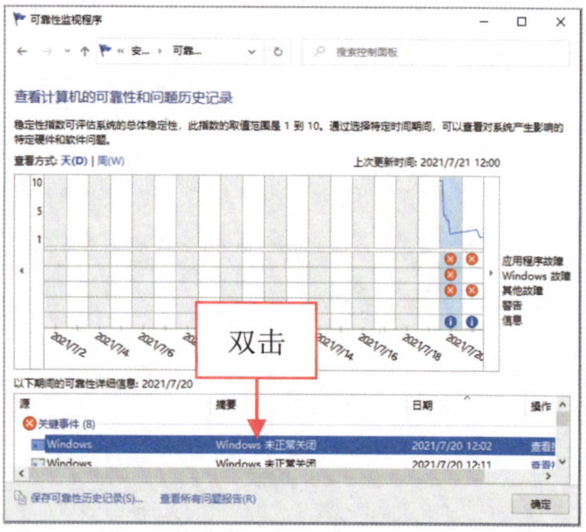

图 7-61 双击相应事件

Step 05 执行上述操作后，打开“问题详细信息”窗口，查看该事件的详细信息，单击左上方的“返回”按钮←，如图 7-62 所示，即可返回“可靠性监视程序”窗口。

Step 06 在“可靠性监视程序”窗口下方单击“查看所有问题报告”链接，在弹出的窗口中可按问题源进行分类显示近期的所有关键事件，效果如图 7-63 所示。

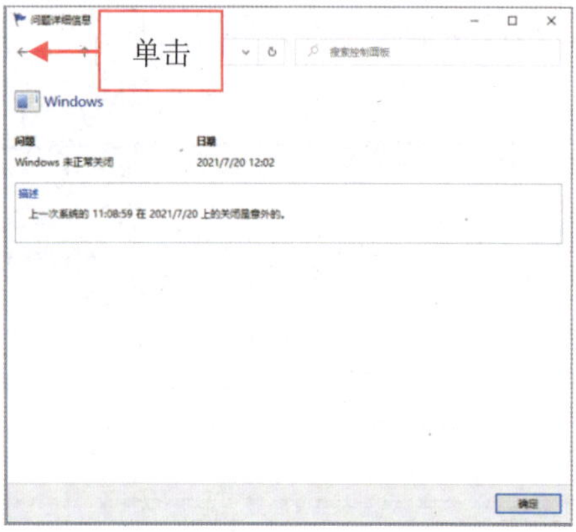

图 7-62 单击“返回”按钮

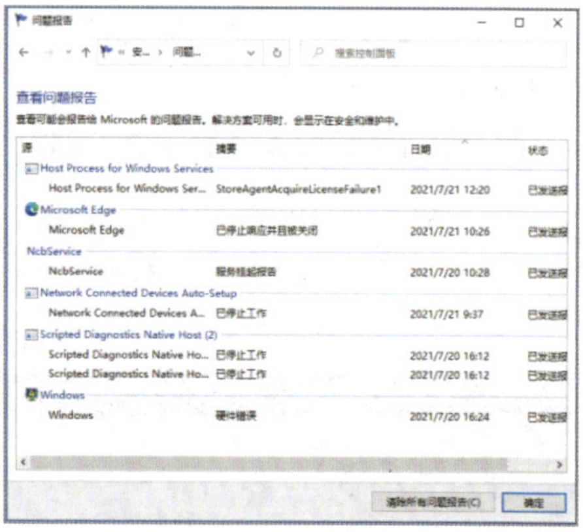

图 7-63 分类显示近期的所有关键事件效果

7.5 资源监视器

Windows 资源监视器可以实时监测电脑中的硬件和软件的资源使用情况，使用户更轻松地监管电脑中的进程。

7.5.1 资源监视器的启动

资源监视器的启动

启动资源监视器有两种方法：一种是从“开始”菜单中启动；另一种是从“任务管理器”窗口中启动。下面介绍从“任务管理器”窗口启动资源监视器的操作方法。

Step 01 打开“任务管理器”窗口，❶切换至“性能”选项卡；❷单击最下方的“打开资源监视器”链接，如图 7-64 所示。

Step 02 执行上述操作后，即可启动资源监视器，打开“资源监视器”窗口，如图 7-65 所示。

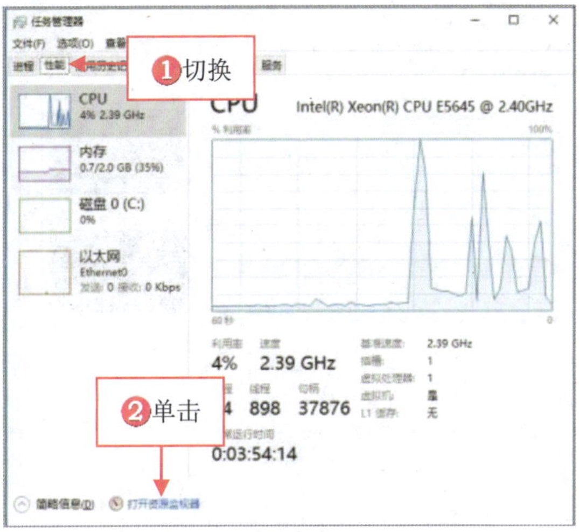

图 7-64　单击“打开资源监视器”链接

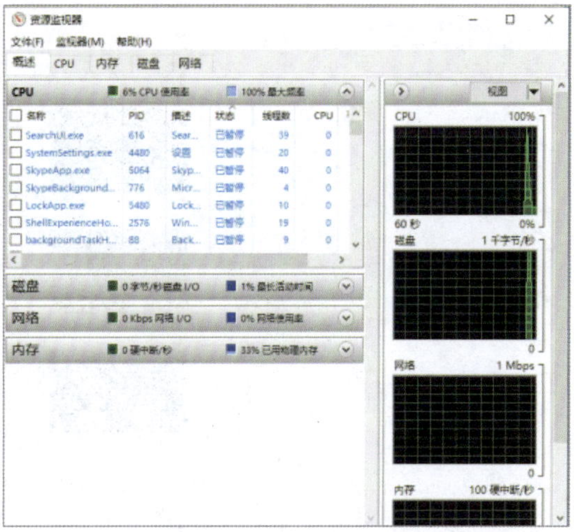

图 7-65　打开“资源监视器”窗口

7.5.2　硬件资源使用情况的查看

可以借助资源管理器查看硬件资源的使用情况，对电脑有一个更全面、更深入地了解。下面介绍查看电脑中硬件资源使用情况的操作方法。

硬件资源使用情况的查看

Step 01 打开“资源监视器”窗口，如图 7-66 所示。

Step 02 在“资源监视器”窗口中切换至 CPU 选项卡，即可查看所有进程的 CPU 使用情况，如图 7-67 所示。

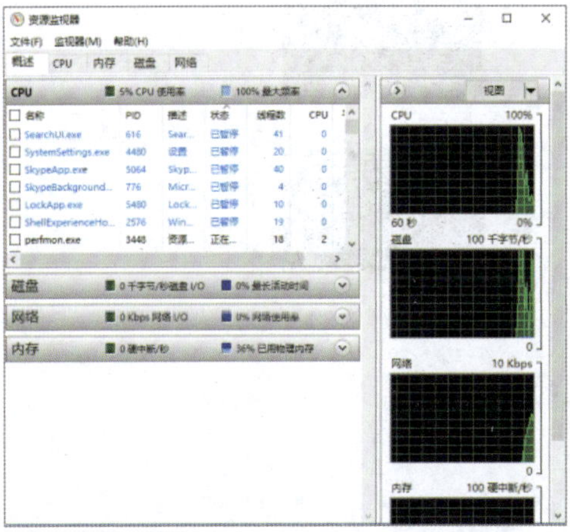

图 7-66　打开“资源监视器”窗口

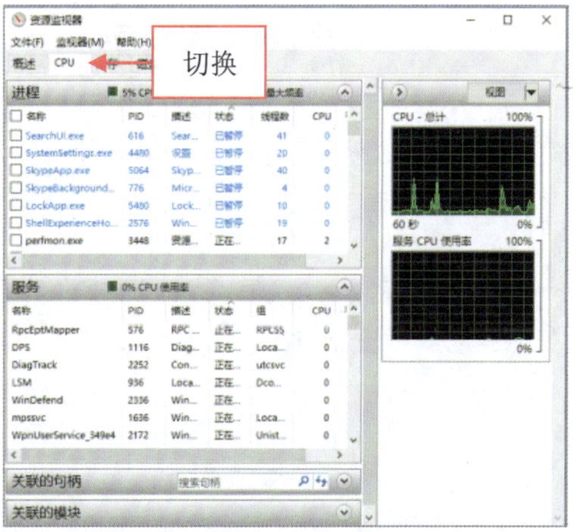

图 7-67　查看 CPU 的使用情况

Step 03 在“资源监视器”窗口中切换至“内存”选项卡，即可显示当前进程的内存使用情况，如图 7-68 所示。

Step 04 在“资源监视器”窗口中切换至“磁盘”选项卡，即可查看各进程和程序的详细读写速度和文件路径，如图 7-69 所示。

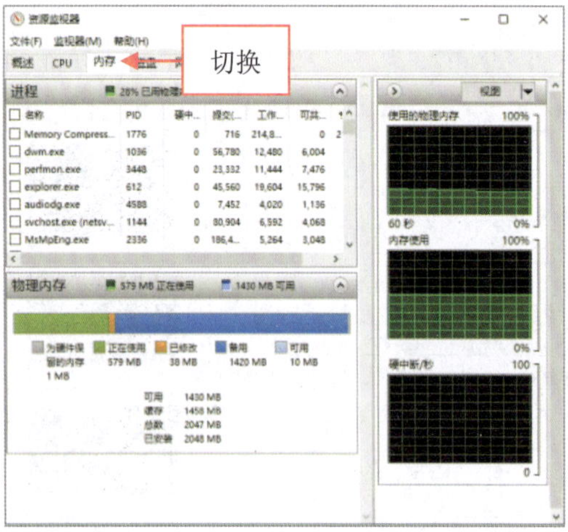

图 7-68 查看内存的使用情况

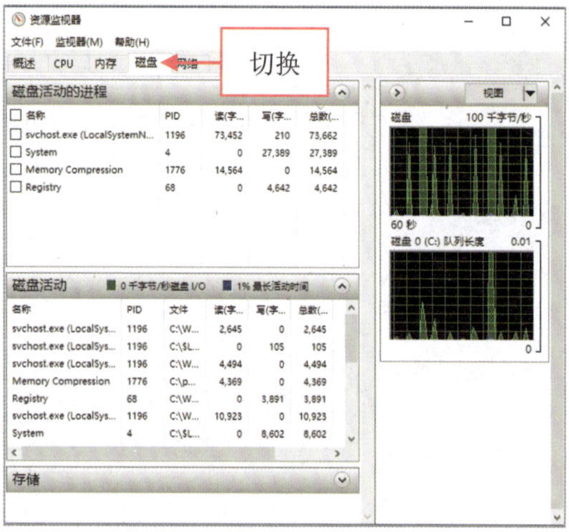

图 7-69 查看磁盘的使用情况

Step 05 在“资源监视器”窗口中切换至“网络”选项卡，即可查看当前网络的使用情况，如图 7-70 所示。

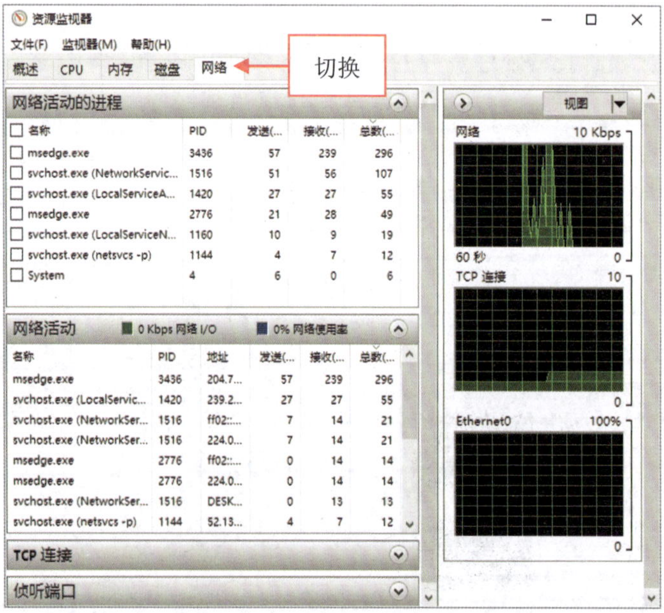

图 7-70 查看网络的使用情况

本章小结

本章主要介绍了 Windows 10 操作系统中的系统管理工具的基础知识和基本操作，具体内容包括任务管理器、事件查看器、性能监视器、可靠性监视程序和资源监视器的基础知识和基本操作。希望通过对本章的学习，读者能够 Windows 10 操作系统中系统管理工具的使用方法。

课后习题

课后习题

鉴于本章知识的重要性，为了帮助读者更好地掌握所学知识，通过设置上机习题帮助读者进行简单的知识回顾和补充。

在事件查看器中，除了手动创建自定义视图外，还可以通过筛选创建自定义视图。本习题可帮助读者掌握在事件查看器中通过筛选创建自定义视图的操作方法，如图 7-71 所示。

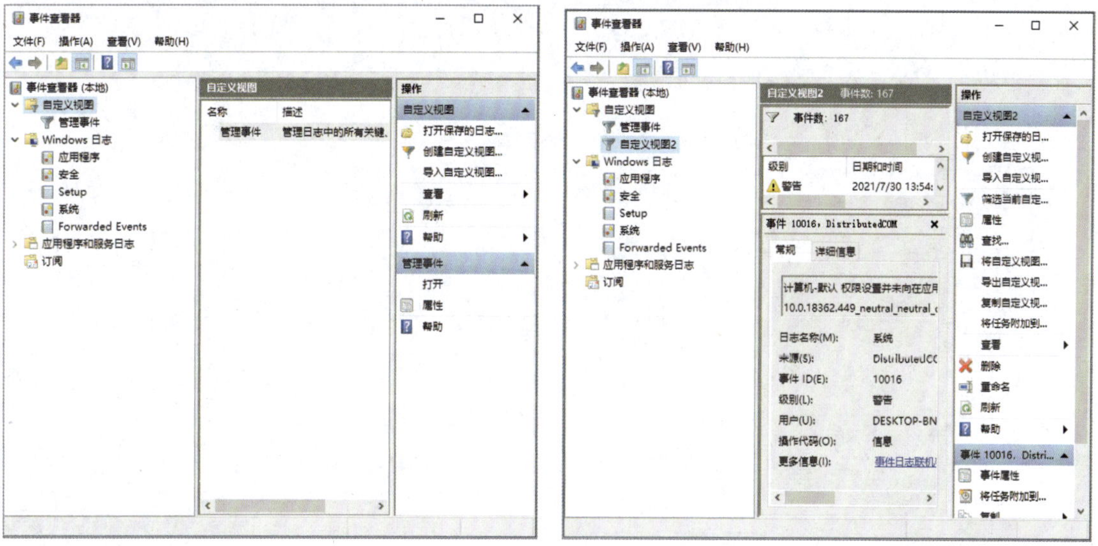

图 7-71　通过筛选创建自定义视图

第 8 章 使用系统应用和附件工具

Windows 10 操作系统试图打造一个应用和社交网络平台，锻造出一个完整的应用生态系统。因此系统内备有许多系统应用和附件工具，以满足用户更多的使用需求。本章将主要介绍画图工具、计算器、截图和草图工具、闹钟和时钟工具、人脉应用、日历应用、便笺应用以及写字板的使用方法。

本章重点

- 画图工具的使用
- 计算器的使用
- 截图和草图工具的使用
- 闹钟和时钟工具的使用
- 人脉应用的使用
- 日历应用的使用
- 便笺应用的使用
- 写字板的使用

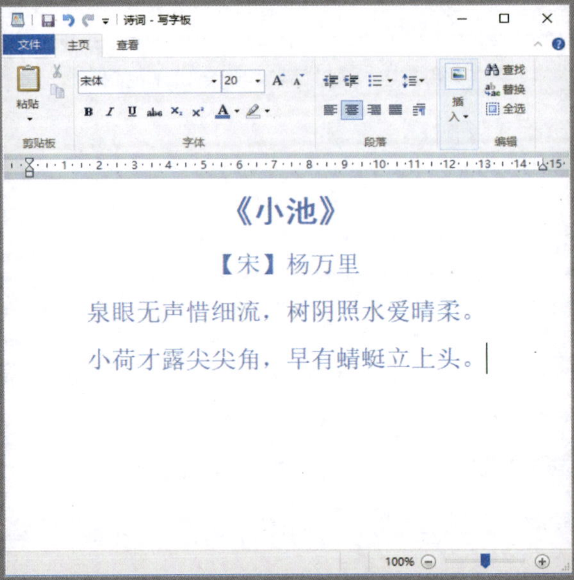

8.1　画图工具的使用

画图是 Windows 10 系统自带的一个工具，可以使用画图工具绘制一些形状或图画，也可以利用画图工具对图片进行一些简单的编辑操作。

画图提供了多种绘制工具供用户选择，可以随意选择工具，绘制出一幅个性化的图画。下面介绍使用画图工具绘制图画的操作方法。

画图工具的使用

Step 01 打开“开始”菜单，①选择“Windows 附件”文件夹；②在展开的列表框中选择“画图”选项，如图 8-1 所示。

Step 02 执行上述操作后，即可打开“画图”窗口，如图 8-2 所示。

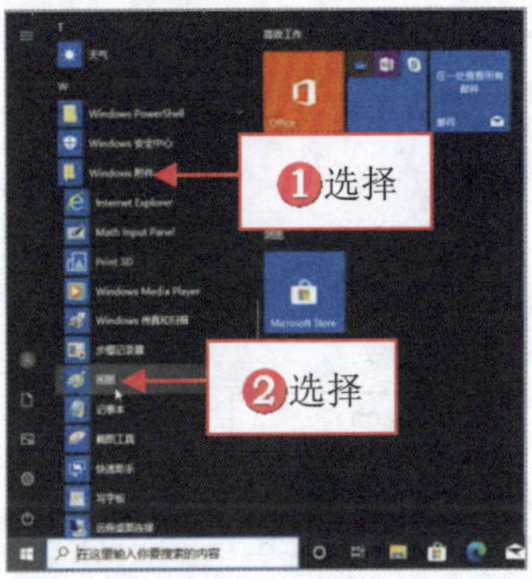

图 8-1　选择“画图”选项

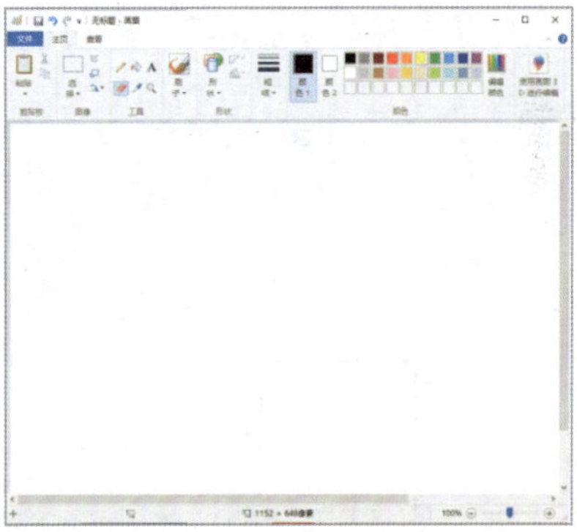

图 8-2　打开“画图”窗口

Step 03 在菜单栏中，单击“文件”|“属性”命令，如图 8-3 所示。

Step 04 执行上述操作后，弹出“映像属性”对话框，①在“单位”选项区中选中“厘米”单选按钮；②设置“宽度”为 22.01 厘米、“高度”为 15 厘米；③单击“确定”按钮，如图 8-4 所示。

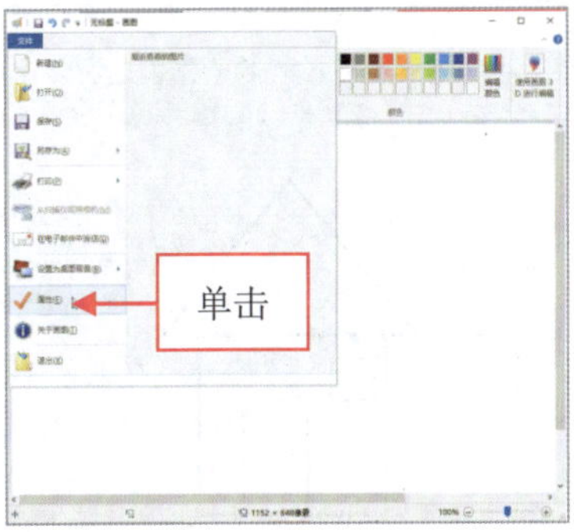

图 8-3　单击“文件”|“属性”命令

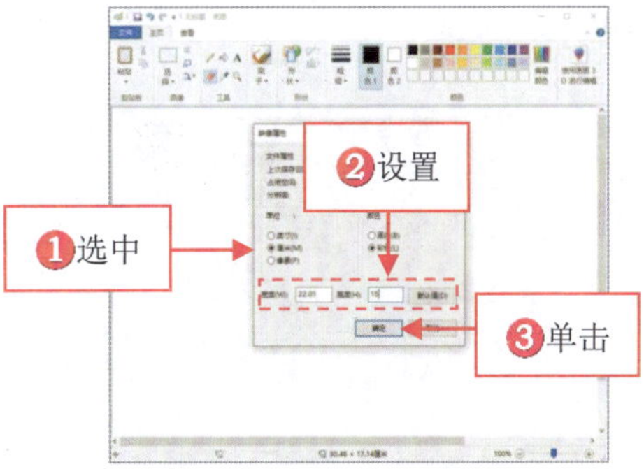

图 8-4　单击“确定”按钮

Step 05 执行上述操作后，即可调整画布尺寸，效果如图 8-5 所示。

Step 06 在“形状”选项板中，①单击“形状”下拉按钮；②在弹出的列表框中选择“矩形”□选项，如图 8-6 所示。

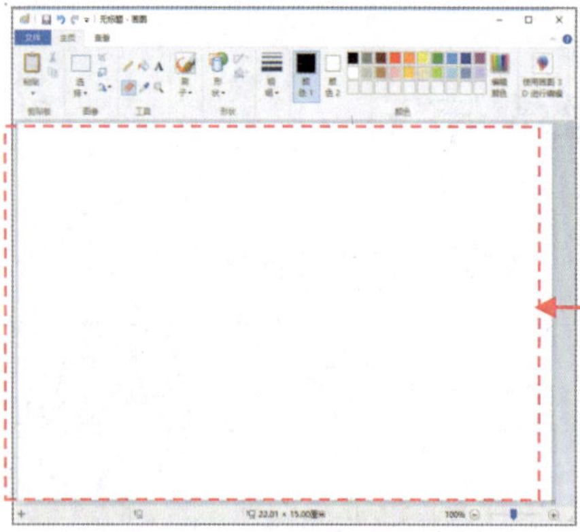

图 8-5　调整画布尺寸效果

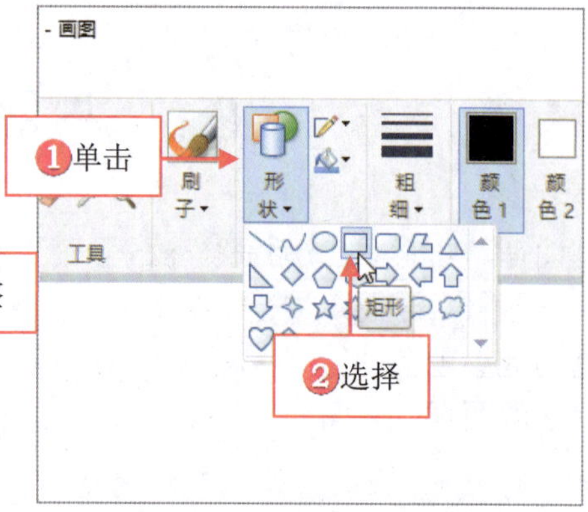

图 8-6　选择“矩形”选项

Step 07　执行上述操作后，鼠标呈十形状，在绘图区中绘制一个矩形，效果如图 8-7 所示。

Step 08　用与上述同样的方法，再绘制两个矩形，效果如图 8-8 所示。

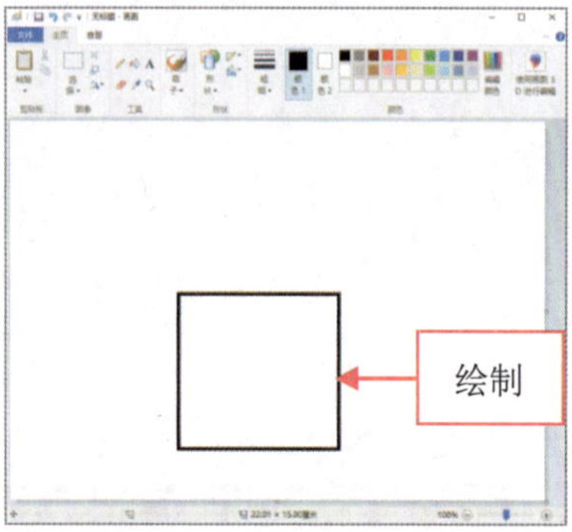

图 8-7　绘制一个矩形

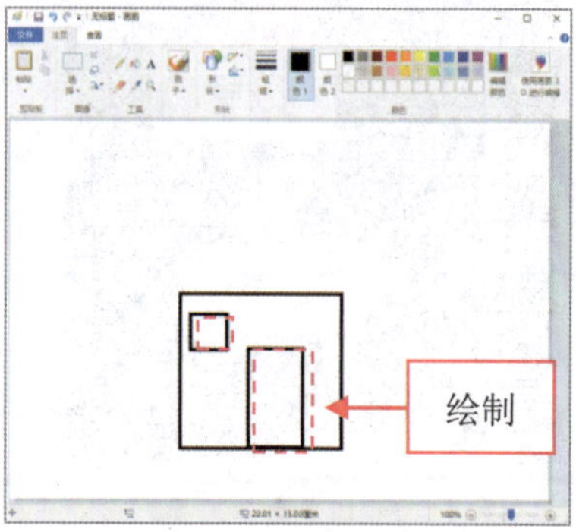

图 8-8　绘制两个矩形

Step 09　在“形状”选项板中，❶单击“形状”下拉按钮；❷在弹出的列表框中选择“三角形”△选项，如图 8-9 所示。

Step 10　在绘图区的合适位置处绘制一个三角形，效果如图 8-10 所示。

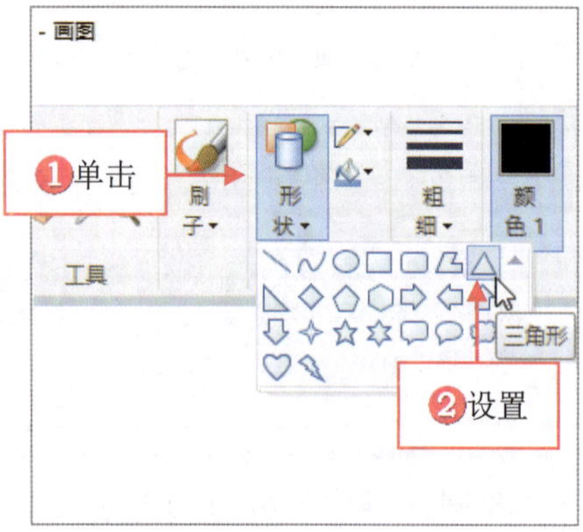

图 8-9　选择“三角形”选项

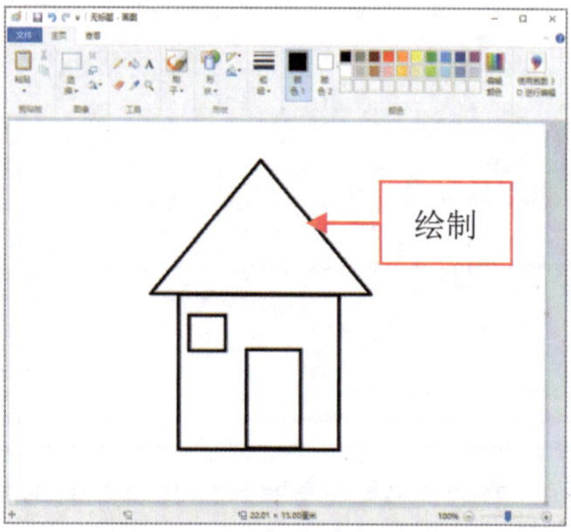

图 8-10　绘制一个三角形

Step 11　❶在“工具”选项板中单击“用颜色填充”按钮；❷在“颜色”选项板中选择“褐色”色块，如图 8-11 所示。

Step 12 执行上述操作后，鼠标呈◇形状，单击绘图区中的三角形，即可为三角形填充颜色，效果如图 8-12 所示。

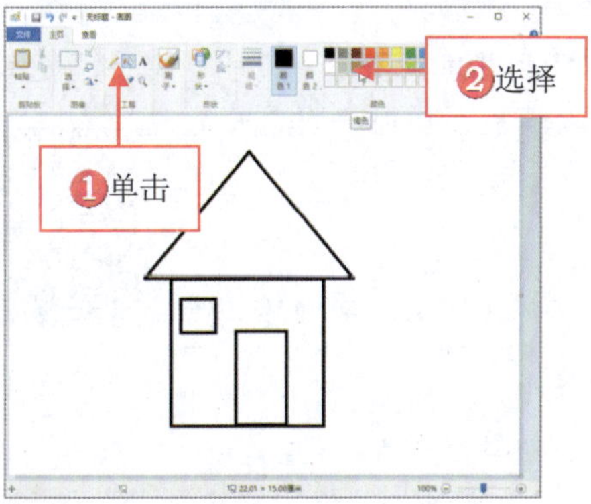

图 8-11　选择“褐色”色块

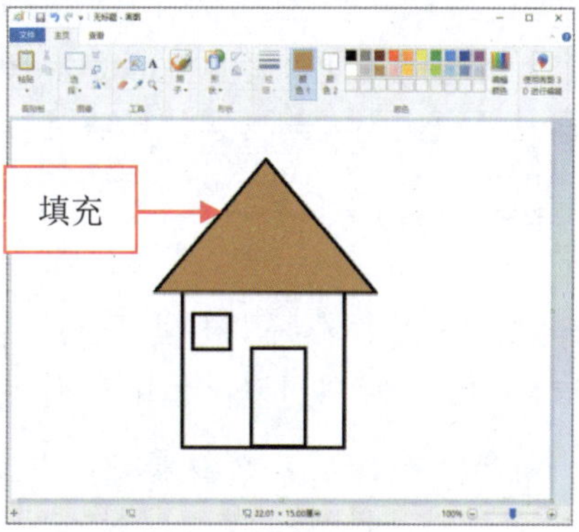

图 8-12　为三角形填充颜色

Step 13 用与上述同样的方法，为两个小矩形填充颜色，效果如图 8-13 所示。

Step 14 单击快捷操作栏中的“保存”按钮，如图 8-14 所示。

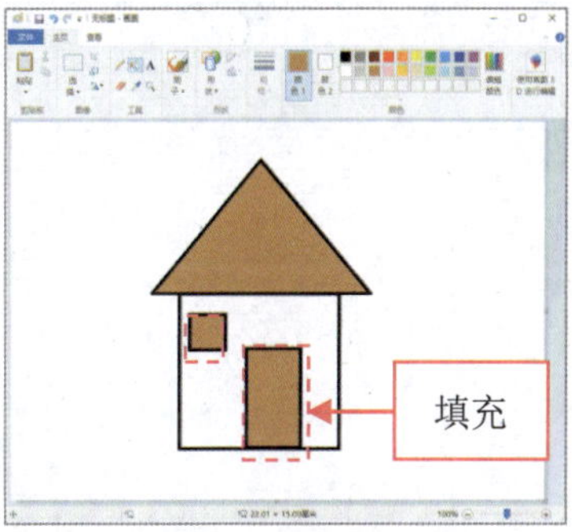

图 8-13　为矩形填充颜色

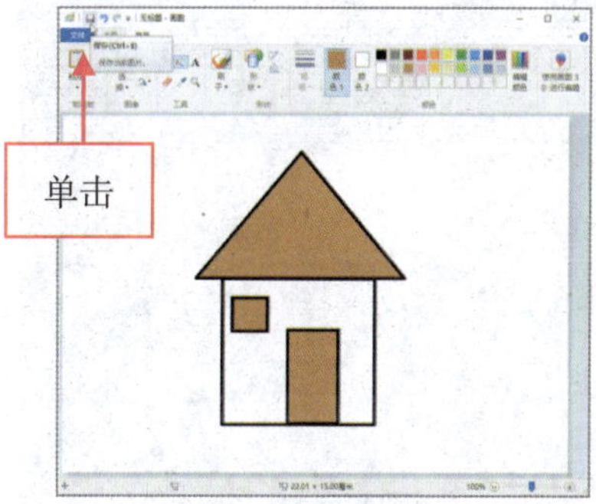

图 8-14　单击“保存”按钮

Step 15 执行上述操作后，弹出“保存为”对话框，❶设置图片保存位置；❷输入图片名称；❸单击“保存”按钮，如图 8-15 所示。

Step 16 执行上述操作后，即可保存图片，窗口上方显示图片名称，如图 8-16 所示。

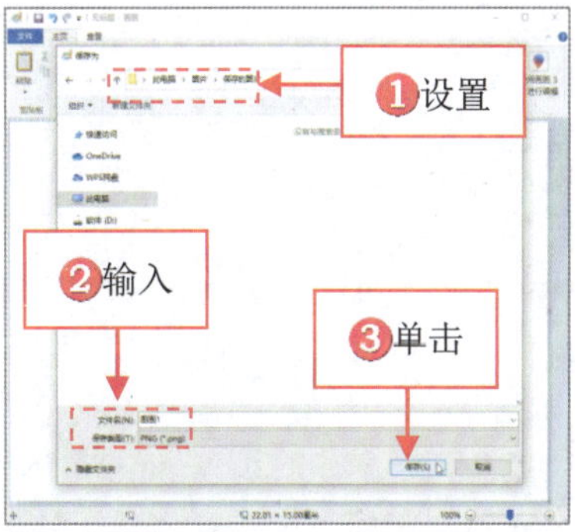

图 8-15　单击“保存”按钮

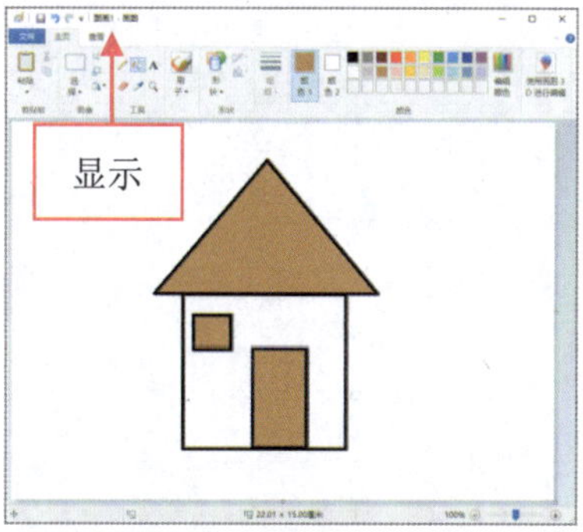

图 8-16　显示图片名称

8.2 计算器的使用

在进行计算时，可以使用 Windows 10 操作系统自带的计算器。该计算器不仅提供了常规运算，而且还有更强大的科学计算功能，完全可以满足不同用户的需求。

8.2.1 计算器类型

Windows 10 操作系统中提供了标准型、科学型及其他多种类型的计算器，不同类型的计算器可以满足用户不同领域的需要。

计算器类型

Step 01 打开“开始”菜单，选择“计算器”应用，如图 8-17 所示。

Step 02 执行上述操作后，即可打开“计算器”窗口，如图 8-18 所示，窗口默认显示标准型计算器的界面。

图 8-17 选择“计算器”选项

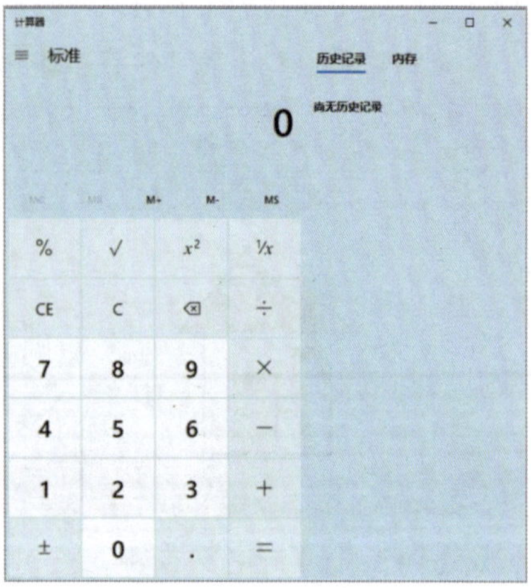

图 8-18 打开“计算器”窗口

Step 03 单击窗口左上方的“打开导航”按钮≡，如图 8-19 所示。

Step 04 执行上述操作后，在弹出的列表框中选择“科学”选项，如图 8-20 所示。

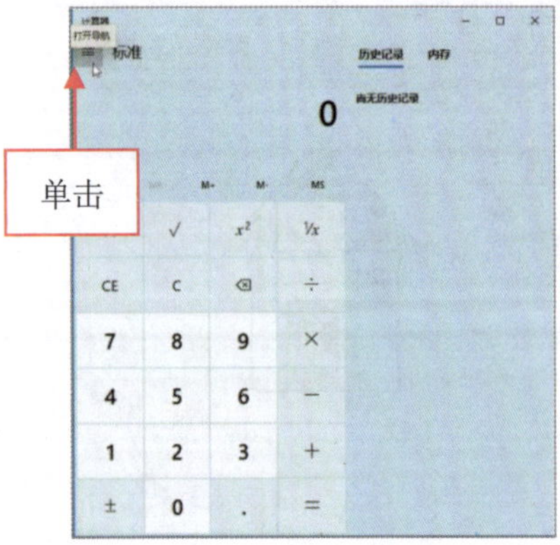

图 8-19 单击“打开导航”按钮

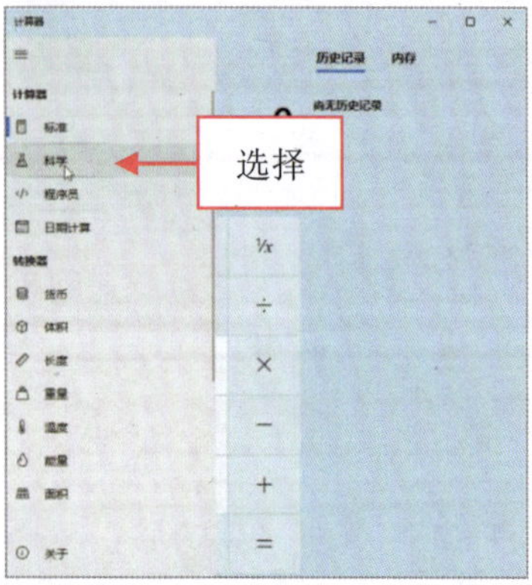

图 8-20 选择“科学”选项

Step 05　执行上述操作后，切换至科学型计算器的界面，如图 8-21 所示。

Step 06　用与上述同样的方法，切换至程序员型计算器的界面，如图 8-22 所示。

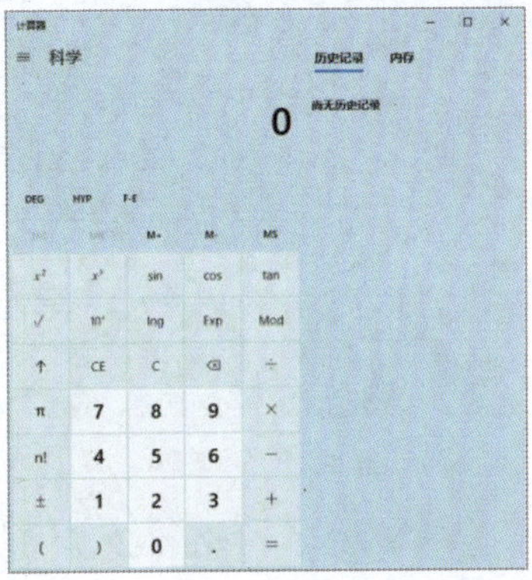

图 8-21　切换至科学型计算器界面

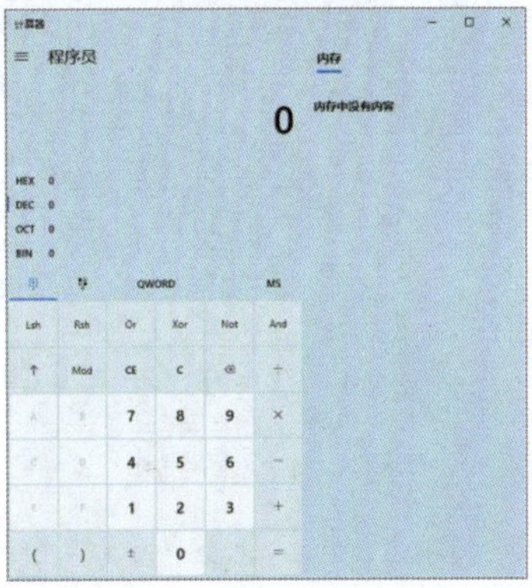

图 8-22　切换至程序员计算器界面

Step 07　用与上述同样的方法，切换至“日期计算”界面，如图 8-23 所示。

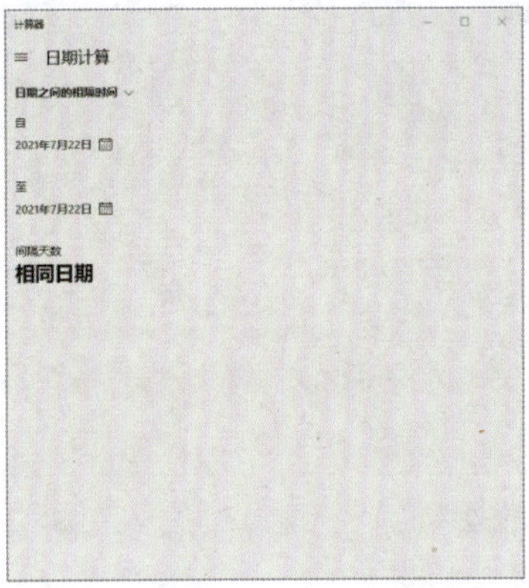

图 8-23　切换至“日期计算”界面

8.2.2　使用计算器

Windows 计算器支持四则混合运算、立方运算及日期计算等多种运算方法，可以使用不同的计算器进行不同的运算，得出准确的答案。

1. 四则混合运算

掌握四则混合运算是使用计算器最基本的要求，下面以计算 29×4÷2+14-9 为例，介绍使用计算器进行四则混合运算的操作方法。

四则混合运算

Step 01　打开“计算器”窗口，在“计算器”的键盘上依次单击 2、9，输入 29，效果如图 8-24 所示。

Step 02　在“计算器”的键盘上，❶单击“×”符号；❷再单击 4，如图 8-25 所示。

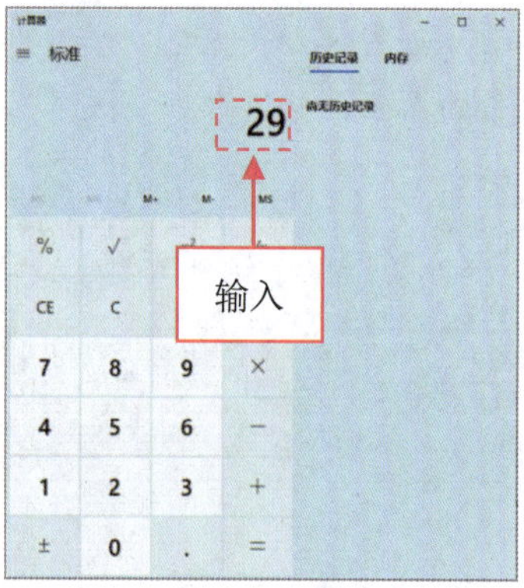

图 8-24　输入 29

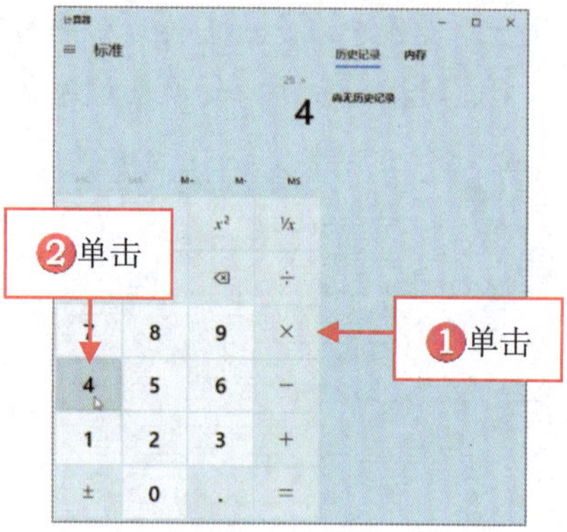

图 8-25　单击 4

Step 03　在“计算器”的键盘上，①单击“÷”符号；②再单击 2，如图 8-26 所示。

Step 04　用与上述同样的方法，输入剩下的算式，效果如图 8-27 所示。

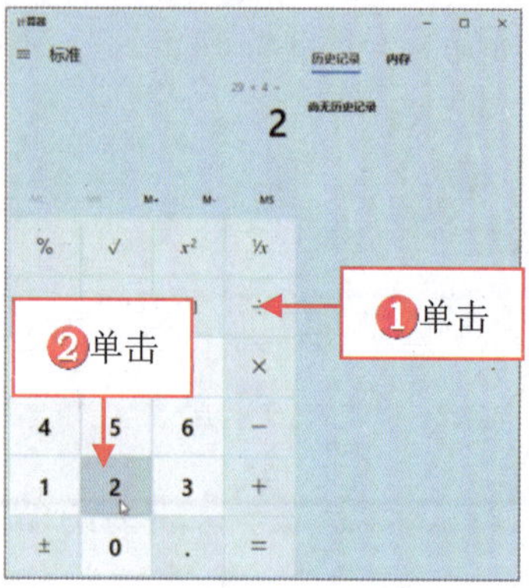

图 8-26　单击 2

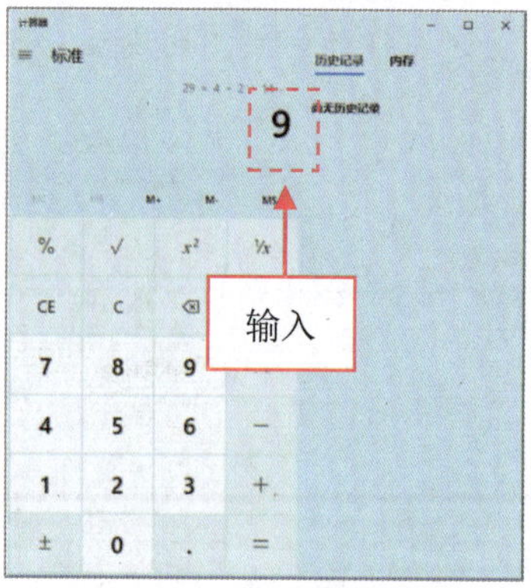

图 8-27　输入剩下的算式

Step 05　在“计算器”的键盘上单击“=”符号，显示计算结果为 63，效果如图 8-28 所示。

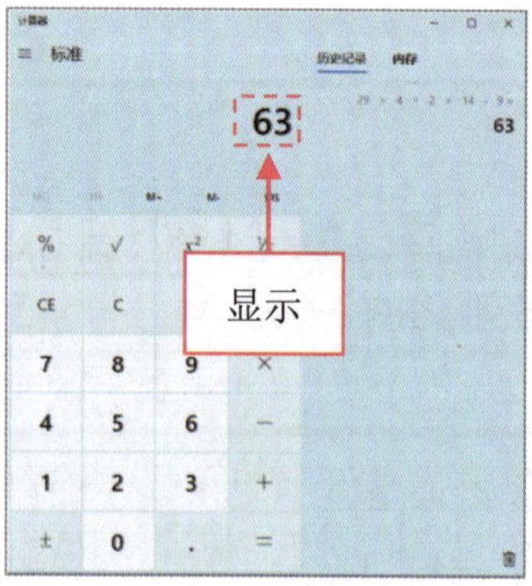

图 8-28　显示计算结果为 63

2. 立方运算

除了标准型计算器外，用户如果需要更多的功能，可以使用科学型计算器。下面以计算 13 的立方为例，介绍使用计算器进行立方运算的操作方法。

立方运算

Step 01　打开“计算器”窗口，切换至科学型计算器界面，效果如图 8-29 所示。

Step 02　在计算器中，❶输入 13；❷单击 X^y 符号，如图 8-30 所示。

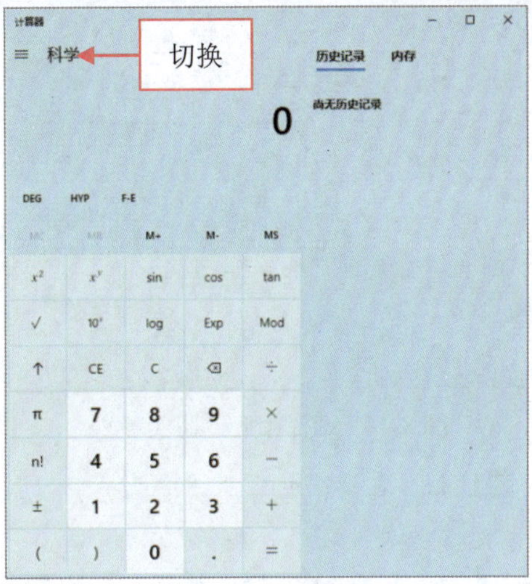

图 8-29　切换至科学型计算器界面

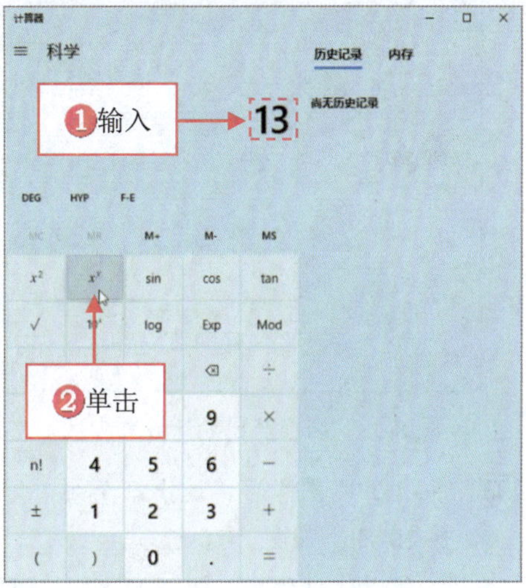

图 8-30　单击相应符号

Step 03　在“计算器”的键盘上单击 3，如图 8-31 所示。

Step 04　在“计算器”的键盘上单击“=”符号，显示计算结果为 2 197，如图 8-32 所示。

图 8-31　单击 3

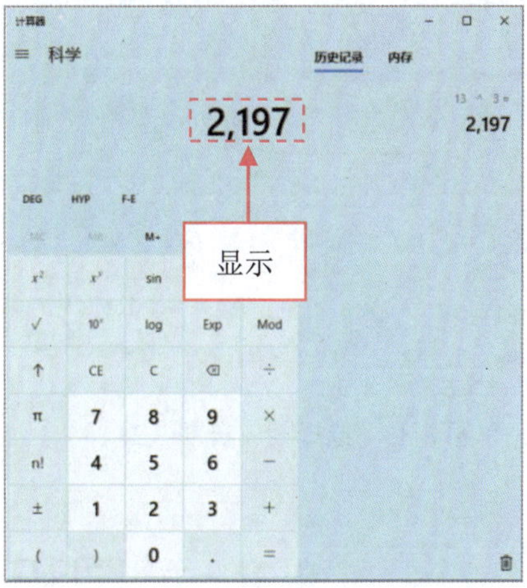

图 8-32　显示计算结果为 2 197

3．日期计算

日期计算虽然不常用，但是确实是一个实用的功能。日期计算器有日期之间的相隔时间和添加还有减去天数两种运算模式，用户可以根据需要自由选择。下面以计算 2021 年 4 月 3 日至 2021 年 7 月 20 日之间的相隔时间为例，介绍使用日期计算器进行相隔时间运算的操作方法。

日期计算

Step 01　打开“计算器”窗口，切换至日期计算器界面，效果如图 8-33 所示。

Step 02　单击上方的第 1 个▦按钮，在弹出的日历图中选择 2021 年 4 月 3 日，如图 8-34 所示。

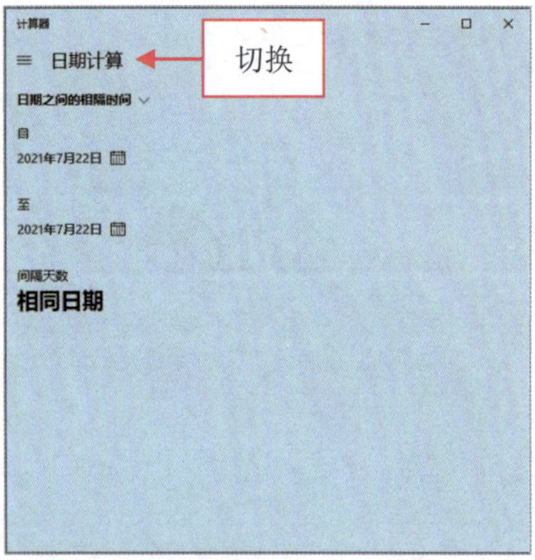

图 8-33　切换至日期计算器界面

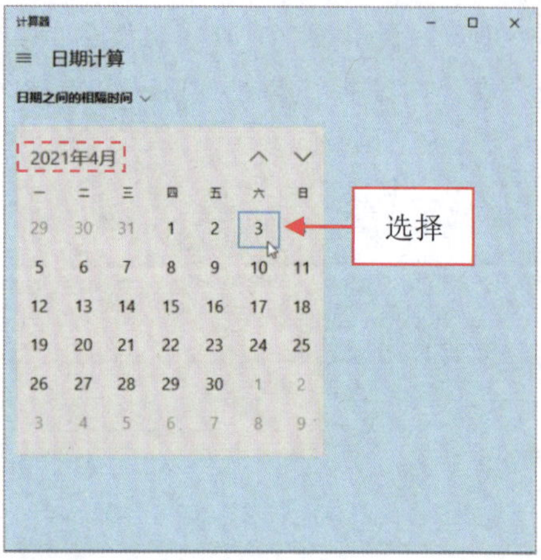

图 8-34　选择相应日期（1）

Step 03　执行上述操作后，退出日历图，单击第 2 个按钮，在弹出的日历图中选择 2021 年 7 月 20 日，如图 8-35 所示。

Step 04　执行上述操作后，退出日历图，即可显示间隔天数，效果如图 8-36 所示。

图 8-35　选择相应日期（2）

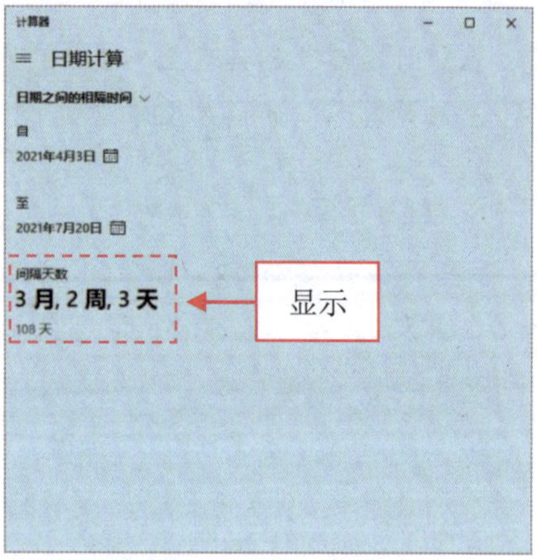

图 8-36　显示间隔天数

8.3　截图和草图工具的使用

当需要在电脑上截图时，可以使用 Windows 10 操作系统自带的截图和草图工具进行截图。截图和草图工具是 Windows 10 操作系统中截图工具的升级版，相比于截图工具，截图和草图工具的截图功能和编辑功能都有所增强，更能满足用户的截图需求。

8.3.1　截图和草图工具的功能介绍

截图和草图工具的功能介绍

截图功能和编辑功能是截图和草图工具的两大主要功能，也是用户使用最多的两种功能。可以选择适当的截图模式和截图间隔，以得到令人满意的截图；还可以利用编辑工具对截图进行编辑，完善和美化图片。

Step 01 打开“开始”菜单，选择“截图和草图”选项，如图 8-37 所示。

Step 02 执行上述操作后，即可打开“截图和草图”窗口，如图 8-38 所示。

图 8-37　选择“截图和草图”选项

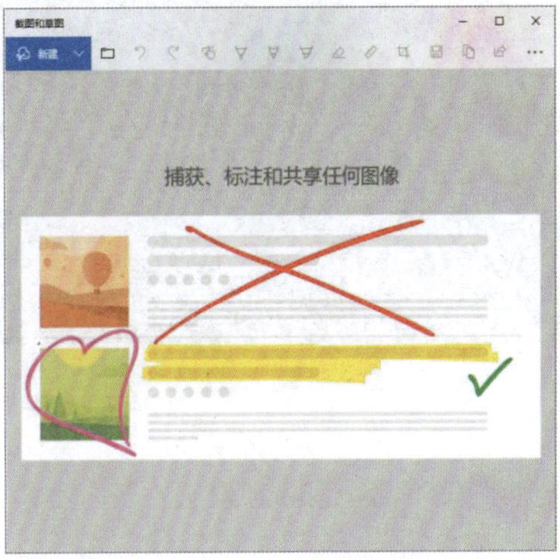

图 8-38　打开“截图和草图”窗口

Step 03 在菜单栏中，单击“新建”命令右侧的下拉按钮，如图 8-39 所示，即可在弹出的列表框中选择截图的时间间隔。

Step 04 在菜单栏中，单击“查看更多”按钮⋯，如图 8-40 所示，即可在弹出的列表框中选择更多相关选项。

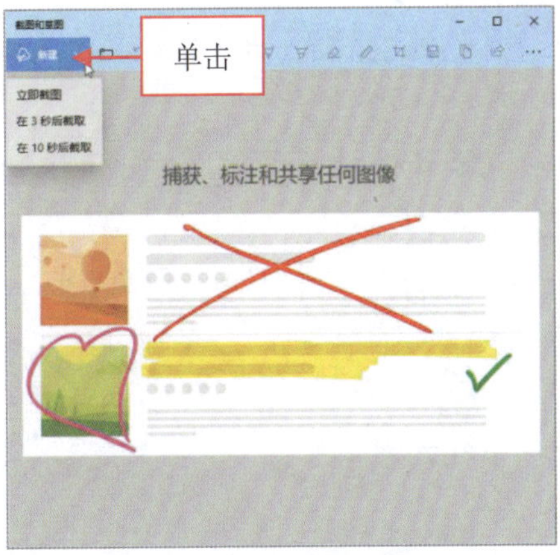

图 8-39　单击下拉按钮

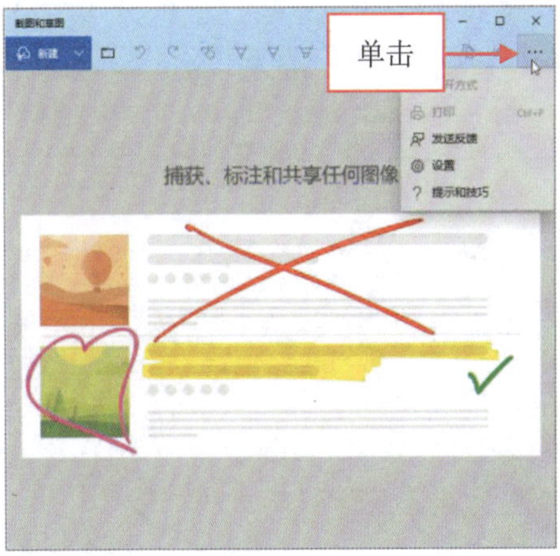

图 8-40　单击“查看更多”按钮

Step 05 单击“新建”命令，隐藏“截图和草图”窗口，进入截图界面，如图 8-41 所示，在界面最上方的一排操作按钮中可以选择截图模式和退出截图界面。

Step 06 截取一张图片，返回到“截图和草图”窗口，进入编辑界面，如图 8-42 所示，可以选择图片上方的菜单栏中的工具，对截取的图片进行相应的编辑和操作。

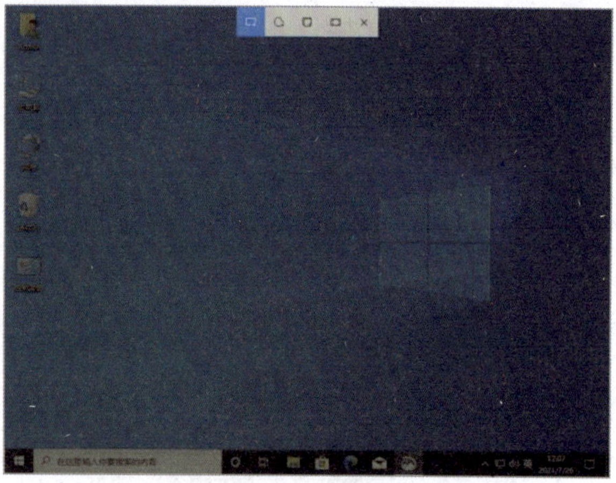
图 8-41　进入截图界面

图 8-42　进入编辑界面

8.3.2　截图快捷键的更改

截图快捷键的更改

截图和草图工具默认的截图快捷键是【Windows＋Shift＋S】组合键，如果用户觉得默认的截图快捷键不好用，可以将截图快捷键更改为【PrintScreen】键（有些按键标注为【Prt Sc】键或【Prt Scn】键），简化截图的操作步骤。下面介绍更改截图快捷键的操作方法。

Step 01　打开“截图和草图”窗口，❶单击菜单栏右侧的“查看更多”按钮···；❷在弹出的列表框中选择“设置”选项，如图 8-43 所示。

Step 02　执行上述操作后，进入“设置”界面，单击“使用 PrtScn 按键打开屏幕截图”链接，如图 8-44 所示。

图 8-43　选择“设置”选项

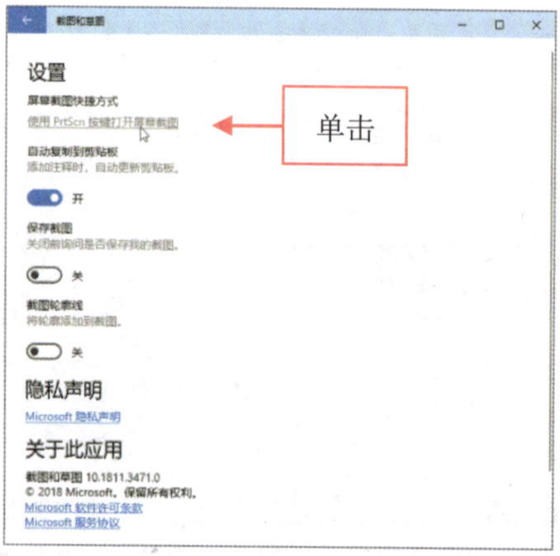

图 8-44　单击相应链接

Step 03　执行上述操作后，弹出信息提示框，单击“是”按钮，如图 8-45 所示。

Step 04　执行上述操作后，打开“设置”窗口，在右侧的“键盘”界面中打开“使用 PrtScn 按键打开屏幕截图”功能，如图 8-46 所示，即可更改快捷操作键。

图 8-45　单击“是”按钮

图 8-46　打开相应功能

8.4　闹钟和时钟工具的使用

如果需要设定闹钟或使用计时器和秒表，可以使用 Windows 10 操作系统自带的闹钟和时钟工具，节省使用其他设备进行操作的时间。

8.4.1　闹钟的添加和删除

闹钟的添加和删除

在闹钟和时钟工具中，默认名为“早上好”的闹钟，可以根据需要添加新的闹钟，也可以删除不需要的闹钟。下面介绍添加和删除闹钟的操作方法。

Step 01　打开“开始”菜单，选择“闹钟和时钟”选项，如图 8-47 所示。

Step 02　执行上述操作后，打开“闹钟和时钟”窗口，单击界面右下角的“添加新闹钟”按钮＋，如图 8-48 所示。

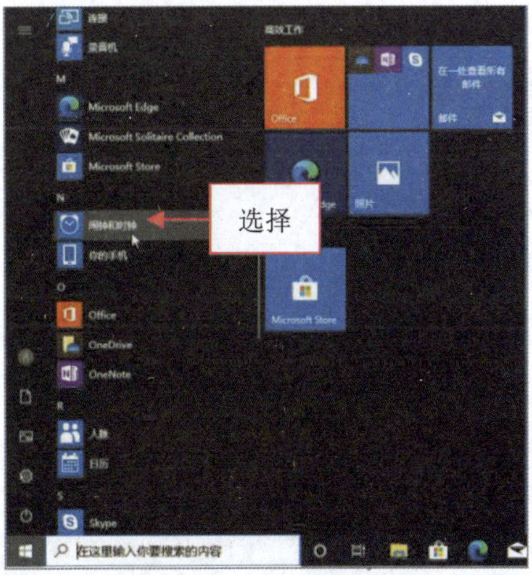

图 8-47　选择“闹钟和时钟”选项

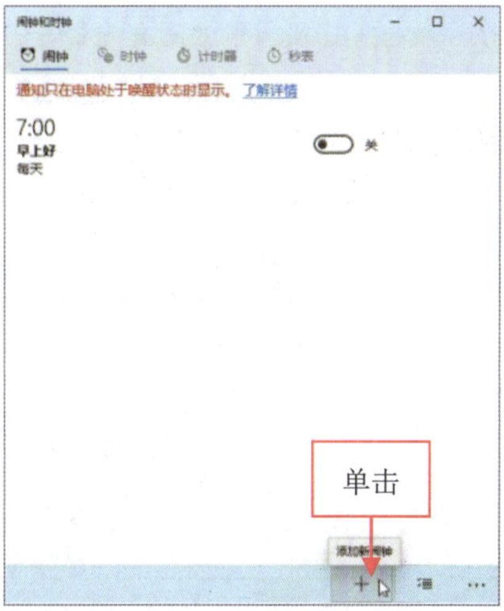

图 8-48　单击“添加新闹钟”按钮

Step03 执行上述操作后，进入相应界面，❶设置闹钟提醒时间；❷设置“闹钟名称”为“寄快递”；❸设置“声音”为“和弦”，如图 8-49 所示。

Step04 单击“保存”按钮，如图 8-50 所示。

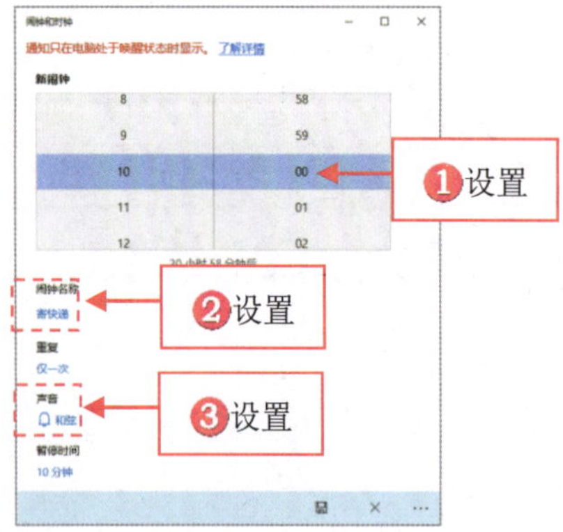

图 8-49　设置“声音”为“和弦”

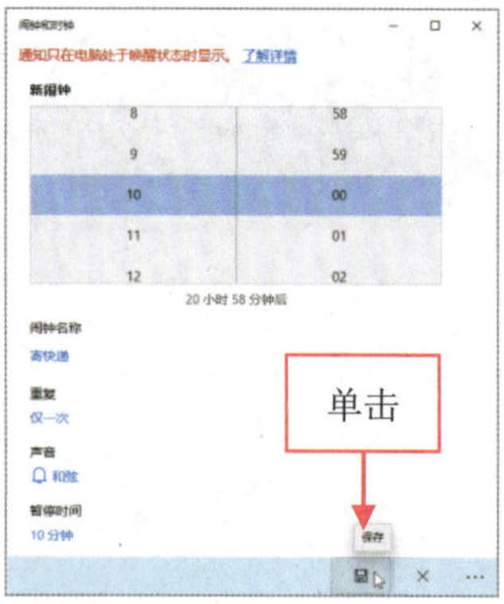

图 8-50　单击“保存”按钮

Step05 执行上述操作后，即可添加一个闹钟，效果如图 8-51 所示。

Step06 单击窗口右下角的“选择闹钟”按钮，如图 8-52 所示。

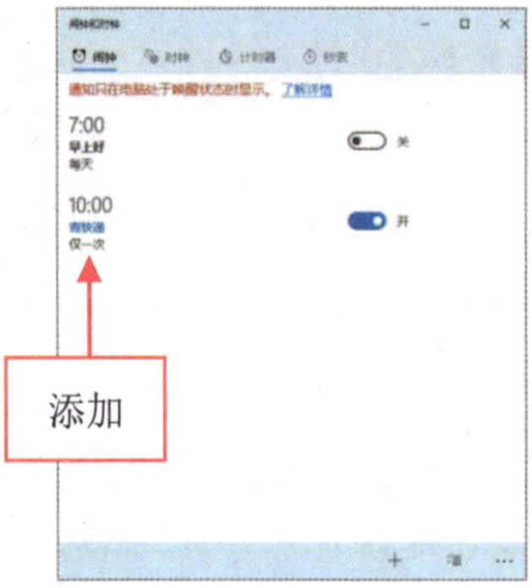

图 8-51　添加一个闹钟

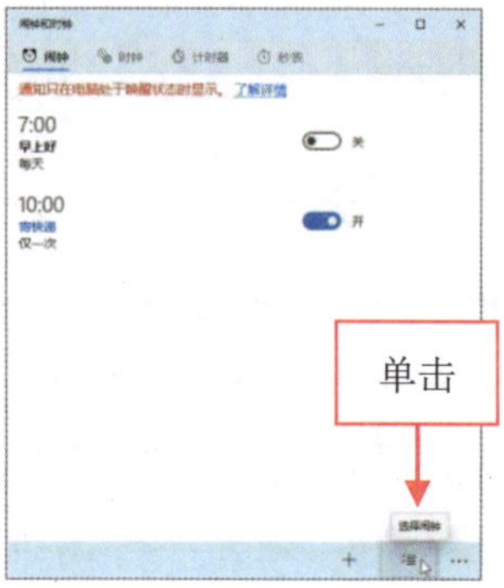

图 8-52　单击“选择闹钟”按钮

Step07 执行上述操作后，所有闹钟显示可选中状态，❶选中“早上好”闹钟前方的复选框；❷单击窗口右下角的“删除所选闹钟”按钮，如图 8-53 所示。

Step08 执行上述操作后，即可删除所选闹钟，效果如图 8-54 所示。

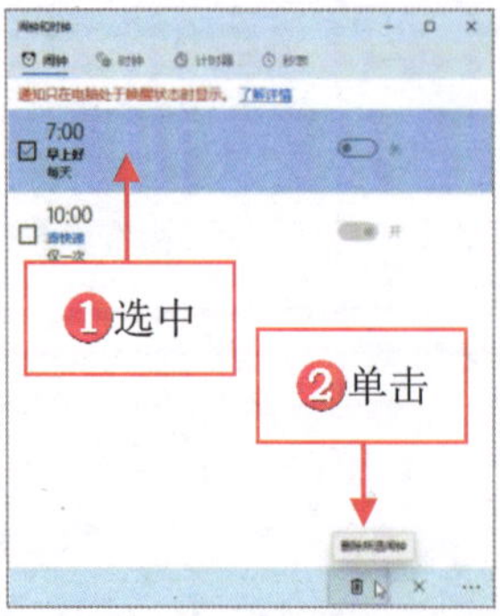

图 8-53　单击“删除所选闹钟”按钮

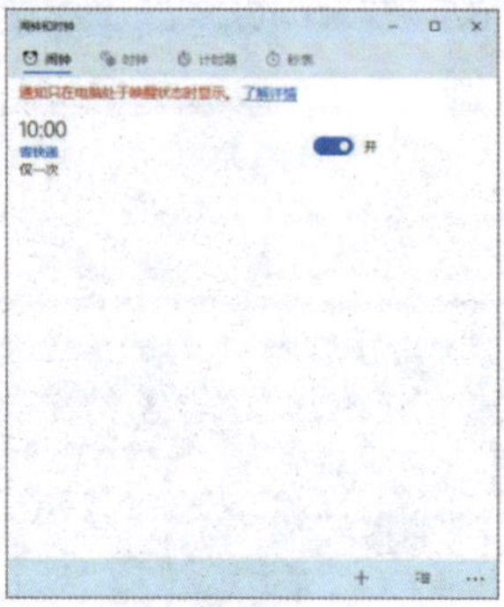

图 8-54　删除所选闹钟

8.4.2 计时器的添加和删除

计时器的添加和删除

在闹钟和时钟工具中，默认有一个 15 分 30 秒的计时器。如果用户有其他的计时需求，可以添加新的计时器。需要注意的是，添加的新计时器默认是开始状态，添加成功就会开始计时。计时器使用完毕后，并不会消失，依然会显示在“计时器”界面中。因此为了避免计时器数量过多，可以删除不需要的计时器。下面介绍添加和删除计时器的操作方法。

Step 01 打开“闹钟和时钟”窗口，①切换至“计时器”选项卡；②单击窗口右下角的“添加新计时器”按钮＋，如图 8-55 所示。

Step 02 执行上述操作后，进入相应界面，①设置计时器的时间；②输入计时器的名称；③单击“开始”按钮▷，如图 8-56 所示。

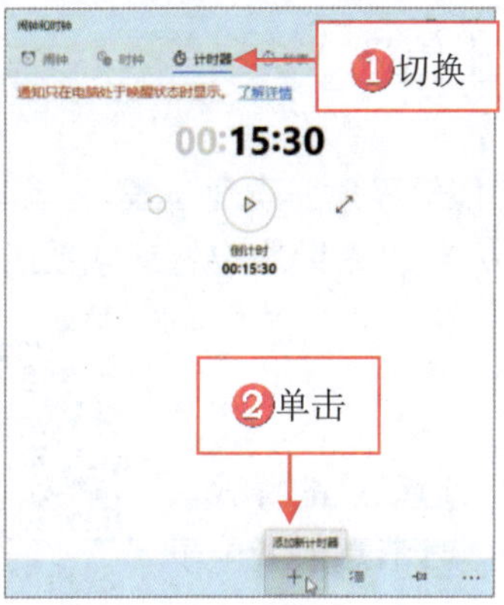

图 8-55 单击“添加新计时器”按钮

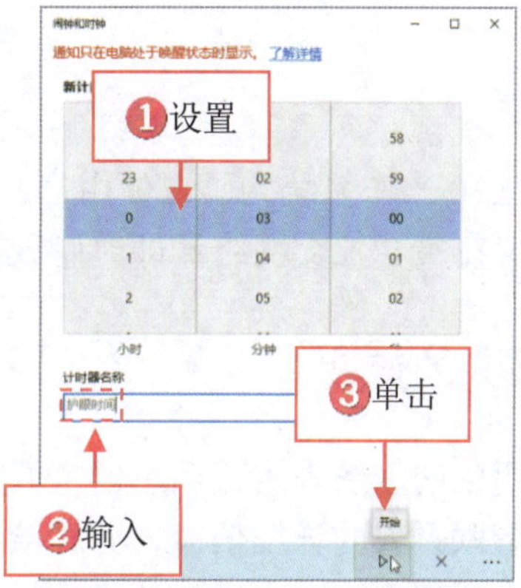

图 8-56 单击“开始”按钮

Step 03 执行上述操作后，即可添加一个计时器，此时计时器处于开启状态，单击“暂停”按钮 ||，如图 8-57 所示。

Step 04 单击窗口右下角的“选择计时器”按钮☰，如图 8-58 所示。

图 8-57 单击“暂停”按钮

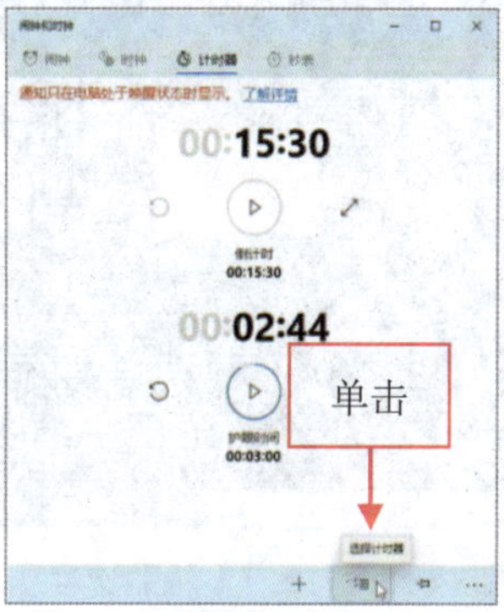

图 8-58 单击“选择计时器”按钮

Step 05 执行上述操作后，所有计时器显示可选中状态，①选中“倒计时”计时器前方的复选框；②单击窗口右下角的“删除所选计时器”按钮🗑，如图 8-59 所示。

Step 06 执行上述操作后，即可删除该计时器，如图 8-60 所示。

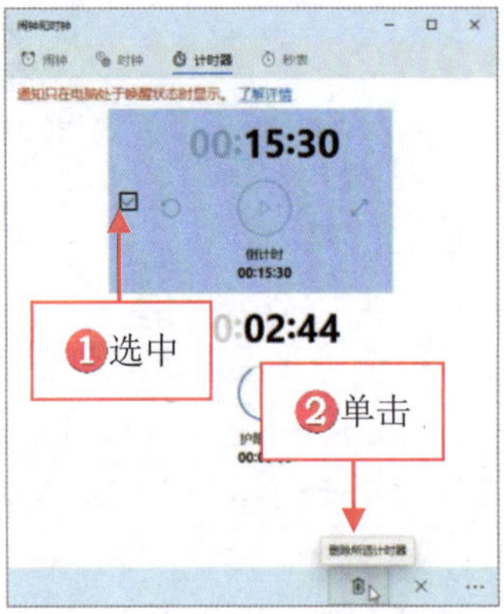

图 8-59　单击“删除所选计时器”按钮

图 8-60　删除该计时器

8.5　人脉应用的使用

Windows 10 操作系统为了方便用户在日常生活中能够及时地与他人交流，向用户提供了人脉应用。可以集合社交网络和即时聊天服务的联系人，以帮助用户管理联系对象。

8.5.1　联系人的查看

联系人的查看

人脉应用中的联系人用最简单的方式呈现，类似于通讯录的样式，用户可以查看联系人的详细信息，并且给联系人发送即时消息或者电子邮件。下面介绍查看联系人详细信息的操作方法。

Step 01　打开“开始”菜单，选择“人脉”选项，如图 8-61 所示。

Step 02　执行上述操作后，打开“人脉”窗口，选择联系人“李四”，如图 8-62 所示。

图 8-61　选择“人脉”选项

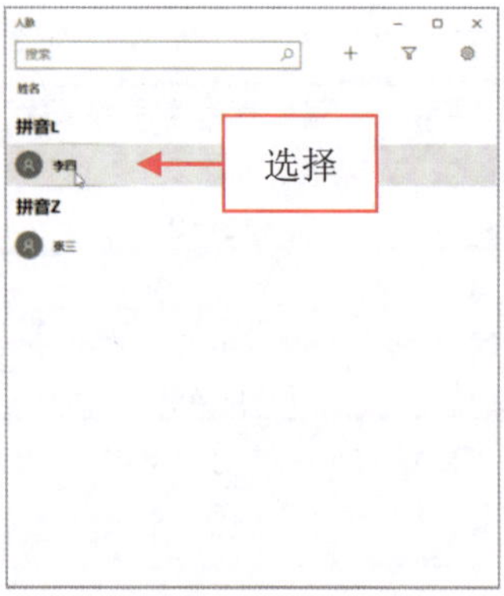

图 8-62　选择联系人“李四”

Step 03　执行上述操作后，进入联系人“李四”界面，即可查看联系人“李四”的详细信息，如图 8-63 所示。

Step 04　用与上述同样的方法，查看联系人“张三”的详细信息，如图 8-64 所示。

图 8-63　查看“李四”的详细信息

图 8-64　查看“张三”的详细信息

8.5.2　联系人的添加

联系人的添加

除了自动同步账号中的联系人外，在人脉应用程序中还可以手动添加联系人，以帮助用户更好地管理所有联系人的资料。下面介绍添加联系人的操作方法。

Step 01　打开“人脉”窗口，单击右上角的“新建联系人”按钮＋，如图 8-65 所示。

Step 02　执行上述操作后，进入“新建 Microsoft 账户联系人”界面，❶分别输入联系人的姓、名；❷输入联系人的手机号码；❸单击“保存”按钮，如图 8-66 所示。

图 8-65　单击“新建联系人”按钮

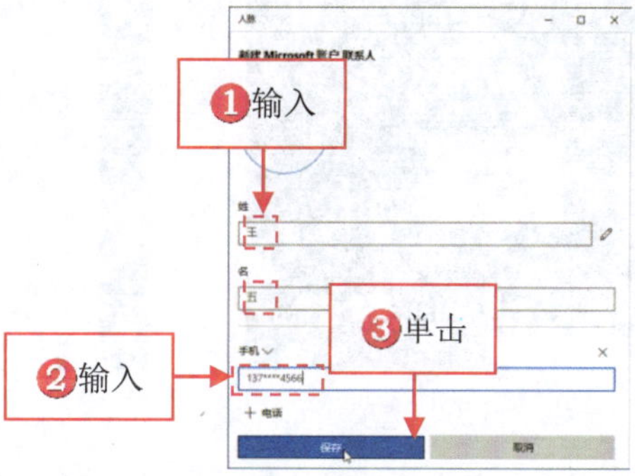

图 8-66　单击“保存”按钮

Step 03　执行上述操作后，即可添加一个联系人，效果如图 8-67 所示。

图 8-67　添加一个联系人

8.6　日历应用的使用

Windows 10 操作系统中与人脉应用配套的应用有日历应用，它们同属于一个程序集。日历应用除了提供常用的日历功能和节日提醒外，还可以添加事件安排，在指定的时间提醒即将到来的事件。在 Windows 10 操作系统下应用日历可以让用户的日程安排更加方便、有序。

8.6.1　日历视图的设置

日历视图的设置

在日历应用中，除了可以使用月历的方式外，还可以使用“周”“日”的视图查看日历，这种个性化的视图方式可以满足用户不同的查看需要，快速找到对应的日子。

Step 01　打开“开始”菜单，选择“日历”选项，如图 8-68 所示。

Step 02　打开“日历”窗口，默认使用月视图的方式显示，如图 8-69 所示。

图 8-68　选择“日历”选项

图 8-69　默认显示月视图

Step 03　单击窗口右上角的“周”按钮，如图 8-70 所示。

Step 04　执行上述操作后，即可将日历视图切换至周视图，效果如图 8-71 所示。

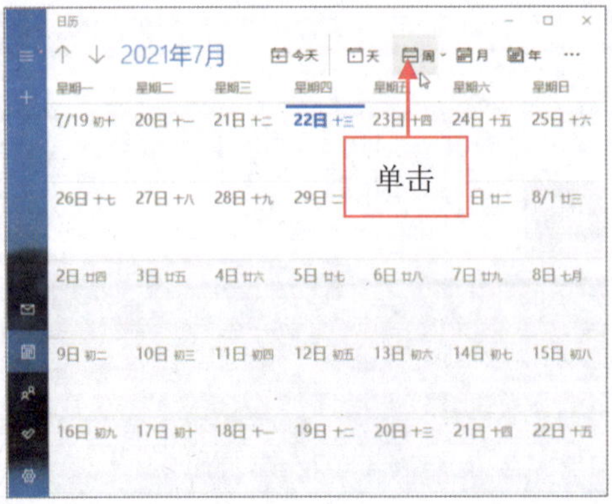

图 8-70　单击“周”按钮

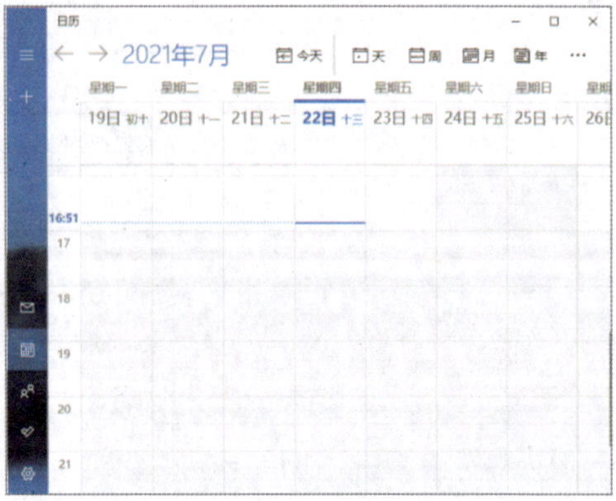

图 8-71　切换至周视图

Step 05　单击窗口右上角的“天”按钮，如图 8-72 所示。

Step 06　执行上述操作后，即可将日历视图切换至天视图，如图 8-73 所示。

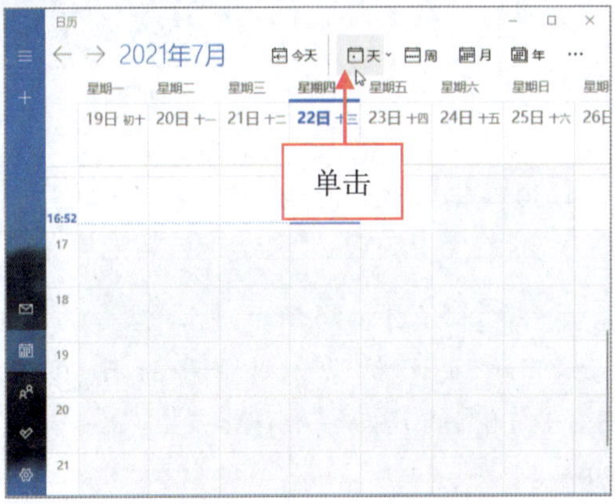

图 8-72　单击“天”按钮

图 8-73　切换至天视图

▶ 专家指点

从月视图到周视图、天视图，可以显示的日程更加详细和明确。在月视图中，一天不能被明确地划分成时间段，适合用来查看节日、节气以及纪念日等信息。在周视图中，一周中的天数被划分成不同的时间段，适合查看日程安排较多、较满的信息；而天视图则能显示一天中更多的日程。

8.6.2　今日日历的查看

今日日历的查看

用户在浏览日历中的其他月份或者年份时，如果想要查看今天的日历，可以使用日历应用中的功能直接回到今天所在的月份。

Step 01　打开“日历”窗口，❶在月视图中切换至 2021 年 4 月；❷单击“今天”按钮，如图 8-74 所示。

Step 02　执行上述操作后，即可返回到今天所在的月份，如图 8-75 所示。

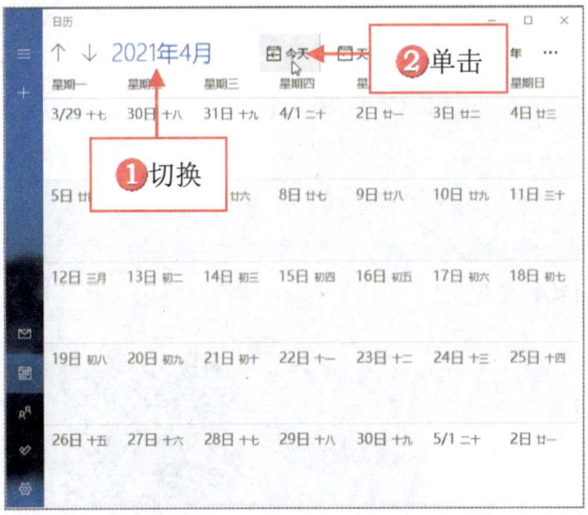

图 8-74　单击“今天”按钮

图 8-75　返回到今天所在的月份

8.6.3 事件的添加和删除

日历应用除了可以简单地查看日历和节日外，还可以手动添加自己的事件、作息时间等，让系统帮忙提醒。

添加事件

1．添加事件

“日历”窗口界面简洁美观，并且使用方便，可以在指定的日期和时间添加事件并进行提醒。下面介绍添加日程的操作方法。

Step 01　打开“日历”窗口，单击左侧的“新事件”按钮+，如图 8-76 所示。

Step 02　进入“开始”界面，❶输入事件名称；❷设置“开始”时间为“2021 年 8 月 21 日，09:00”；❸设置“结束”时间为“2021 年 8 月 21 日，14:00”，如图 8-77 所示。

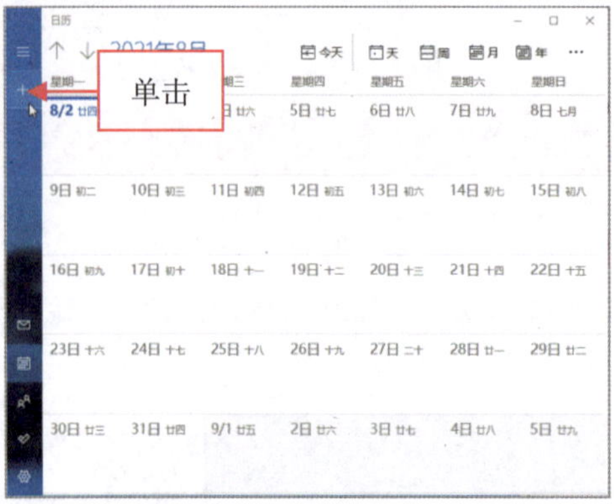

图 8-76　单击“新事件”按钮

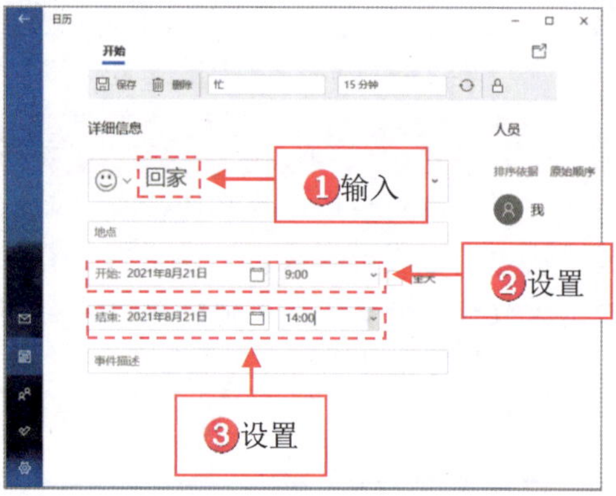

图 8-77　设置“结束”时间

Step 03　单击“保存”按钮，即可添加事件，效果如图 8-78 所示。

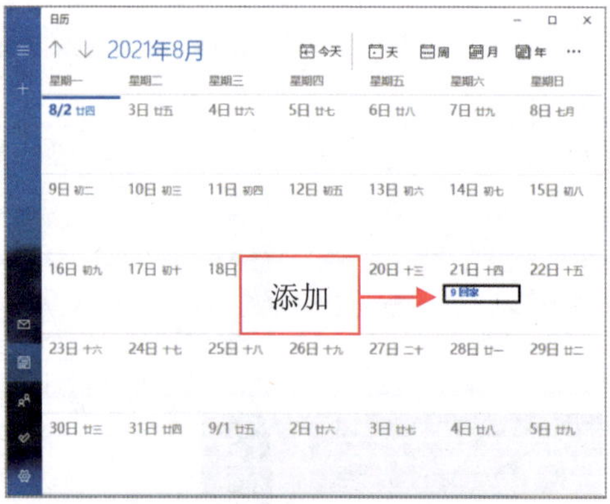

图 8-78　添加事件效果图

2．删除事件

若事件忽然取消，可以删除日历应用中的事件，避免多余的提醒。下面介绍删除事件的操作方法。

删除事件

Step 01　打开“日历”窗口，选择已添加的事件，如图 8-79 所示。

Step 02　❶单击鼠标右键；❷在弹出的快捷菜单中选择“删除”选项，如图 8-80 所示。

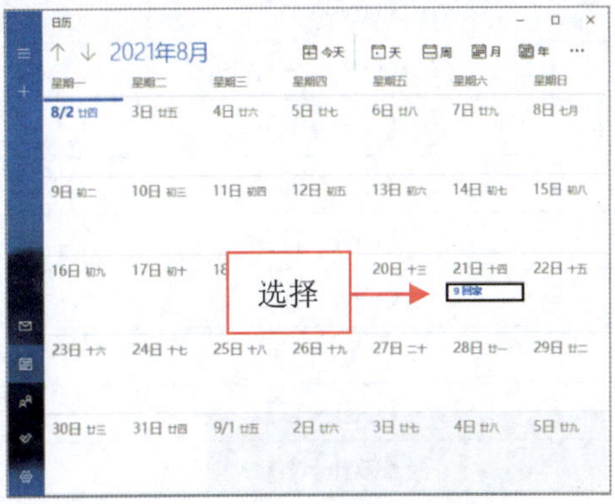

图 8-79　选择已添加的事件

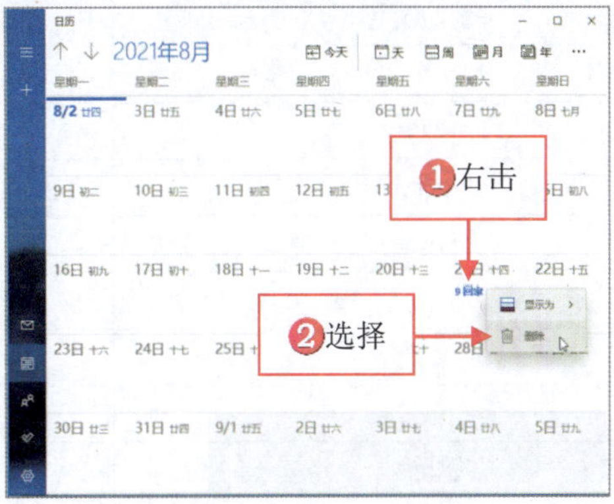

图 8-80　选择“删除”选项

Step 03　执行上述操作后，即可删除事件，效果如图 8-81 所示。

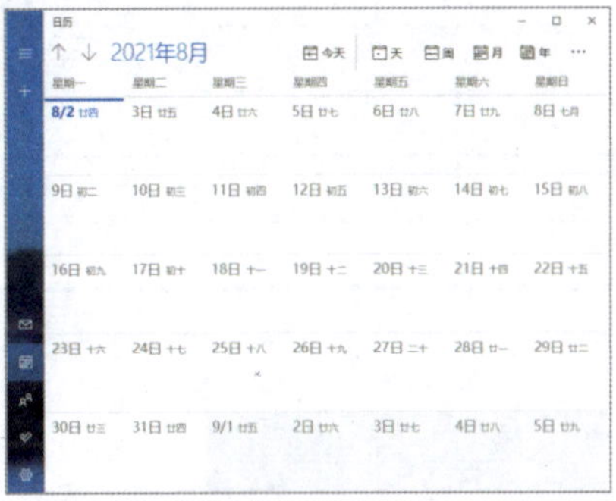

图 8-81　删除事件效果图

8.7　便笺应用的使用

便笺是 Windows 10 操作系统中一款操作简单、实用性强的软件。在便笺中，可以添加笔记记录自己的日程安排和灵感等内容，还可以将笔记放置在桌面上，以便随时查看。

8.7.1　便笺应用快捷键的介绍

便笺中有大量的快捷键供使用，帮助用户更快捷、更方便地记录、编辑和管理笔记，用户可以根据需要使用相应的快捷键。便笺应用的快捷键如表 8-1 所示。

表 8-1　便笺应用的快捷键

说明	快捷键
便笺列表	【Ctrl+H】
关闭窗口	【Ctrl+W】

（续表）

说明	快捷键
删除笔记	【Ctrl+D】
上一个窗口	【Ctrl+Shift+Tab】
搜索	【Ctrl+F】
下一个窗口	【Ctrl+Tab】
新建笔记	【Ctrl+N】
加粗	【Ctrl+B】
斜体	【Ctrl+I】
下划线	【Ctrl+U】
删除线	【Ctrl+T】
撤销	【Ctrl+Z】
恢复	【Ctrl+Y】
剪切	【Ctrl+X】
复制	【Ctrl+C】
粘贴	【Ctrl+V】
全选	【Ctrl+A】
切换项目符号	【Ctrl+Shift+L】

8.7.2 笔记的新建和编辑

笔记的新建和编辑

在便笺中，可以新建一个笔记记录内容，并对内容进行简单的编辑。下面介绍新建和编辑笔记的操作方法。

Step01 打开“开始”菜单，选择“便笺”选项，如图 8-82 所示。

Step02 执行上述操作后，即可打开“便笺”窗口，如图 8-83 所示。

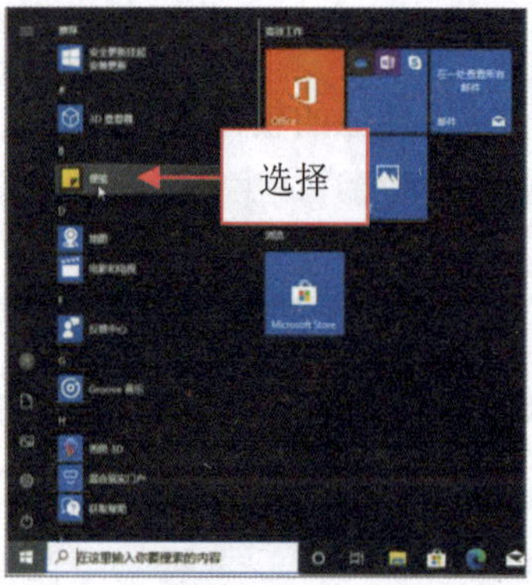

图 8-82 选择“便笺”选项

图 8-83 打开“便笺”窗口

Step03 单击窗口左上角的“新建笔记”按钮+，如图 8-84 所示。

Step04 执行上述操作后，打开一个“记笔记”窗口，新建一个笔记，效果如图 8-85 所示。

图 8-84　单击“新建笔记”按钮

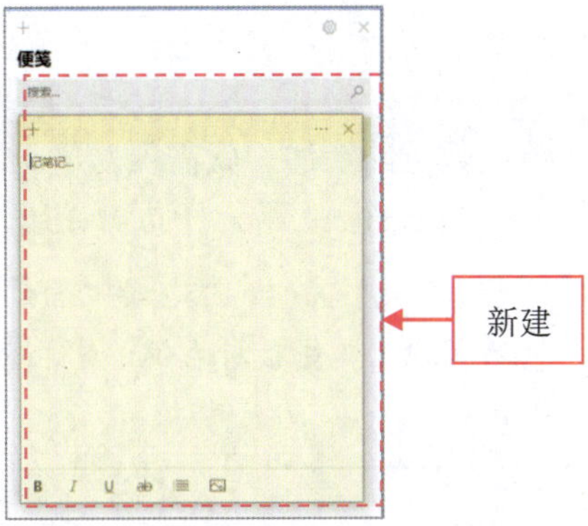

图 8-85　新建一个笔记

Step 05　在笔记中输入相应的文本内容，效果如图 8-86 所示。

Step 06　❶选中输入的内容；❷单击窗口下方的“加粗”按钮 **B**；❸单击“切换项目符号”按钮 ☰，如图 8-87 所示。

图 8-86　输入相应的文本内容

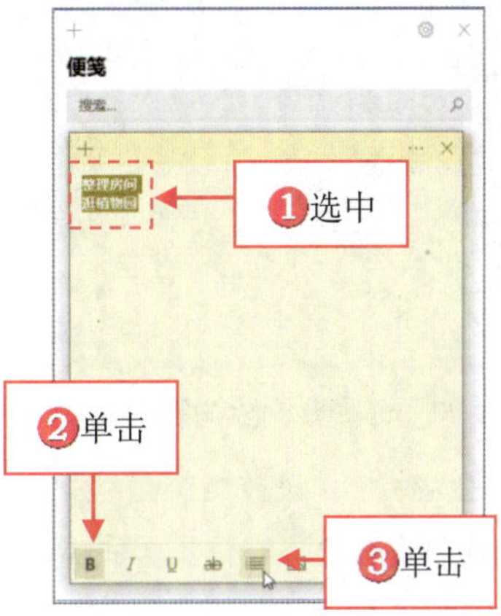

图 8-87　单击相应按钮

Step 07　❶选中第一行的内容；❷单击“删除线”按钮 ab，如图 8-88 所示。

Step 08　执行上述操作后，即可为文本内容添加删除线，效果如图 8-89 所示。

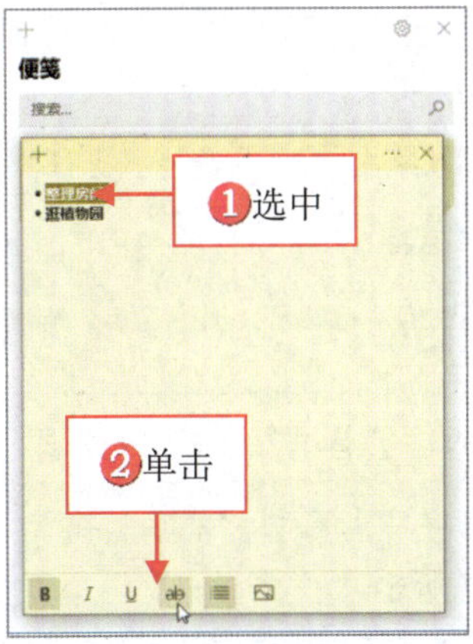

图 8-88　单击“删除线”按钮

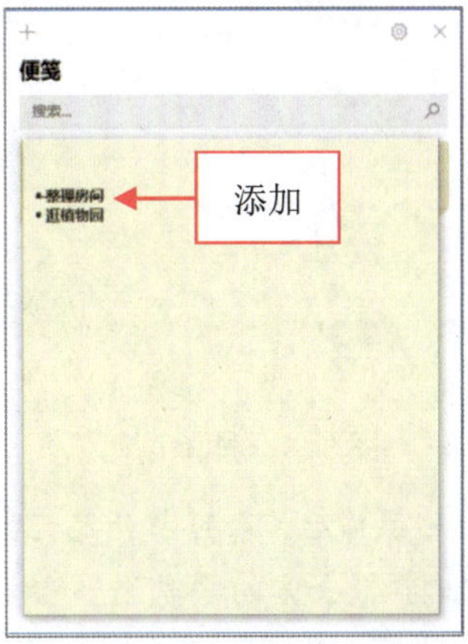

图 8-89　添加删除线效果

8.7.3 笔记的管理

随着笔记数量的增加，就需要对笔记进行管理，如删除不再需要的笔记和设置同类笔记的颜色等。下面介绍管理笔记的操作方法。

笔记的管理

Step 01 打开“便笺”窗口，选择要删除的笔记，如图 8-90 所示。

Step 02 ❶在笔记上单击鼠标右键；❷在弹出的快捷菜单中选择“删除笔记”选项，如图 8-91 所示。

图 8-90　选择要删除的笔记

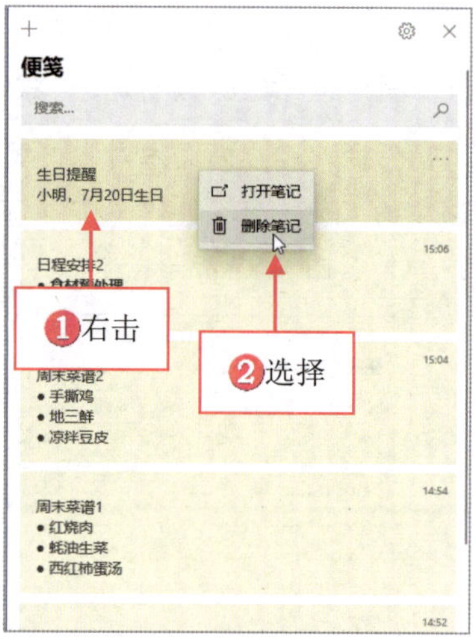

图 8-91　选择“删除笔记”选项

Step 03 执行上述操作后，即可删除该笔记，如图 8-92 所示。

Step 04 ❶在“日程安排 2”笔记上单击鼠标右键；❷在弹出的快捷菜单中选择“打开笔记”选项，如图 8-93 所示。

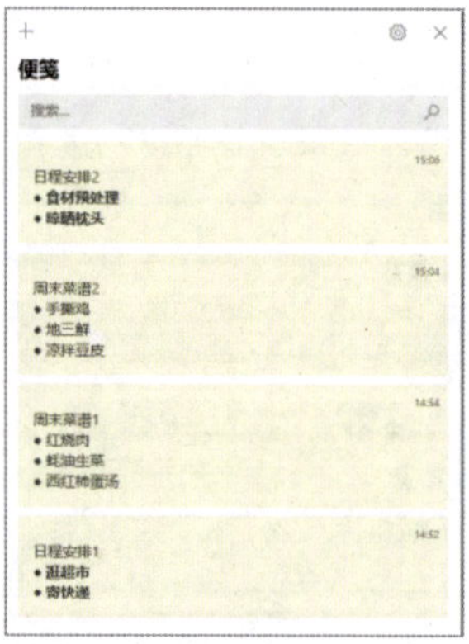

图 8-92　删除该笔记

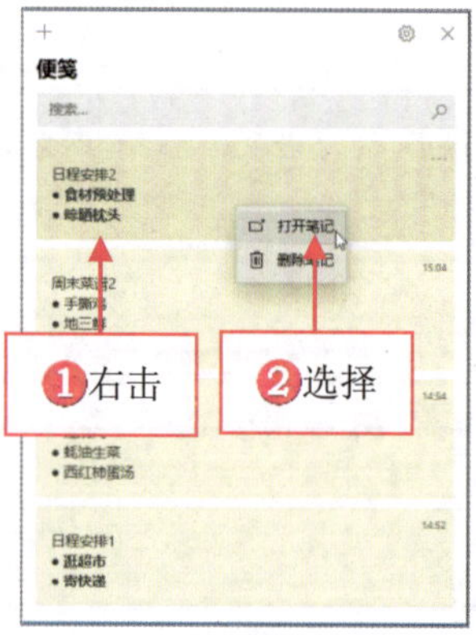

图 8-93　选择“打开笔记”选项

Step 05 执行上述操作后，即可打开笔记窗口，单击窗口右上角的“菜单”按钮···，在弹出的列表框中选择最上方的“绿色”色块，如图 8-94 所示。

Step 06 执行上述操作后，即可更改该笔记的颜色，效果如图 8-95 所示。

图 8-94　选择“绿色”色块

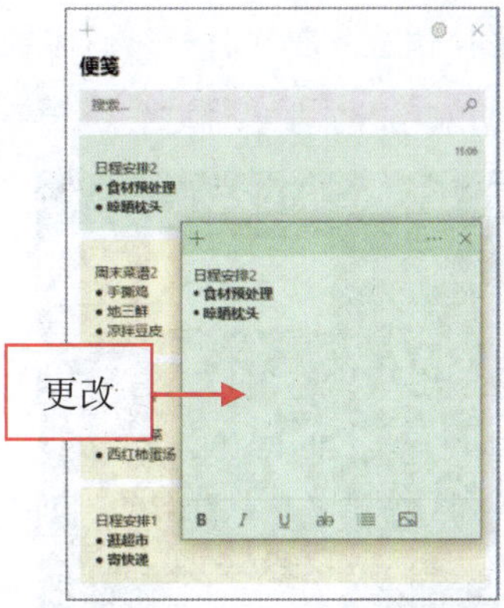

图 8-95　更改笔记颜色效果（1）

Step 07　用与上述同样的方法，更改“日程安排 1”笔记的颜色，效果如图 8-96 所示。

Step 08　用与上述同样的方法，设置“周末菜谱 1”和“周末菜谱 2”两个笔记的颜色为“蓝色”，效果如图 8-97 所示。

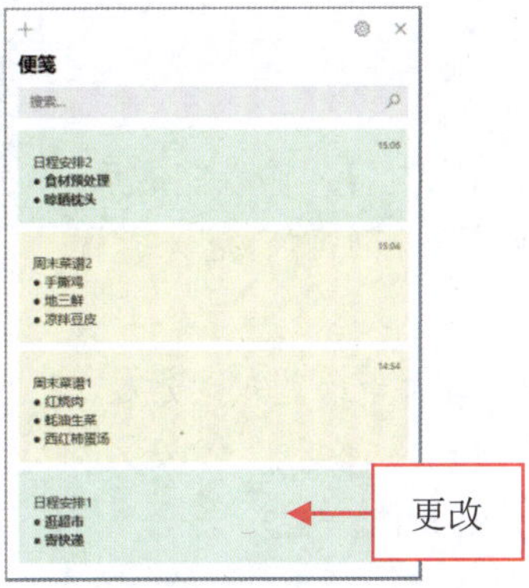

图 8-96　更改相应笔记颜色效果（2）

图 8-97　设置其他笔记颜色效果

8.8　写字板的使用

写字板是 Windows 10 操作系统中一款简单且功能齐全的文字处理软件程序。用户可以使用写字板创建、编辑、保存及打印文本，使用写字板可以撰写信笺和一些其他的简单文本，写字板也具有一些文本的基本格式。

8.8.1　快速新建文档

快速新建文档

每次启用写字板程序时，都将自动创建一个空白文档。用户可以直接在该文档中编辑内容，在编辑文档过程中用户还可以根据需求创建新的空白文档。下面介绍快速新建文档的操作方法。

Step 01　打开“开始”菜单，❶选择“Windows 附件”文件夹；❷在展开的列表框中选择“写字板”选项，如图 8-98 所示。

Step 02 执行上述操作后，即可打开“写字板”窗口，单击菜单栏中的“文件”|“新建”命令，如图 8-99 所示，即可新建一个文档。

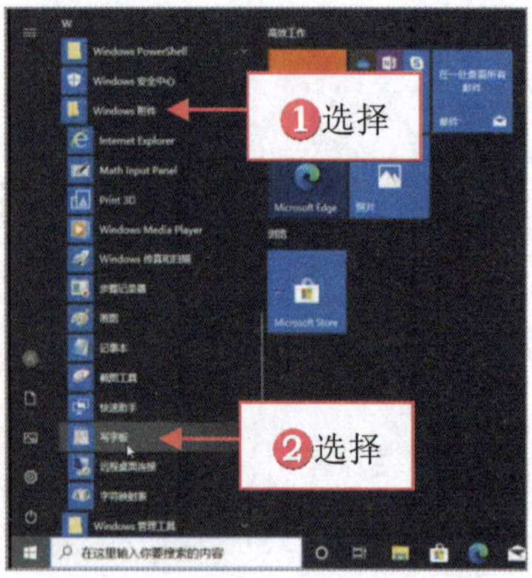

图 8-98　选择“写字板”选项

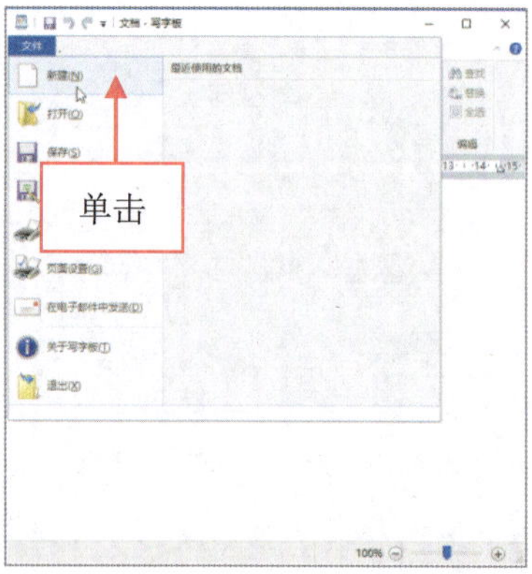

图 8-99　单击“文件”|“新建”命令

8.8.2　编辑与保存文档

编辑与保存文档

根据需要在“写字板”窗口的编辑区中输入相应内容。输入完成后，还可以根据需要对文本进行格式编排，在完成所有编辑后保存起来。下面介绍编辑和保存文档的操作方法。

Step 01 打开“写字板”窗口，选择合适的输入法，在其中输入相应文本内容，如图 8-100 所示。

Step 02 选择要编辑的文本内容，在“字体”选项板中，❶设置“字体系列”为“黑体”、“字体大小”为 26；❷单击“加粗”按钮 **B**，如图 8-101 所示。

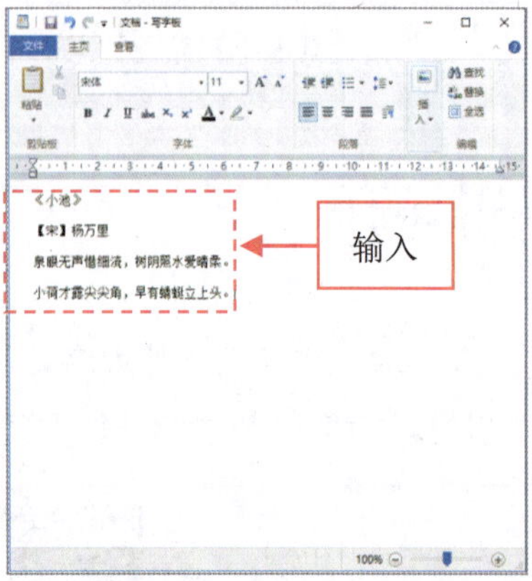

图 8-100　输入相应文本内容

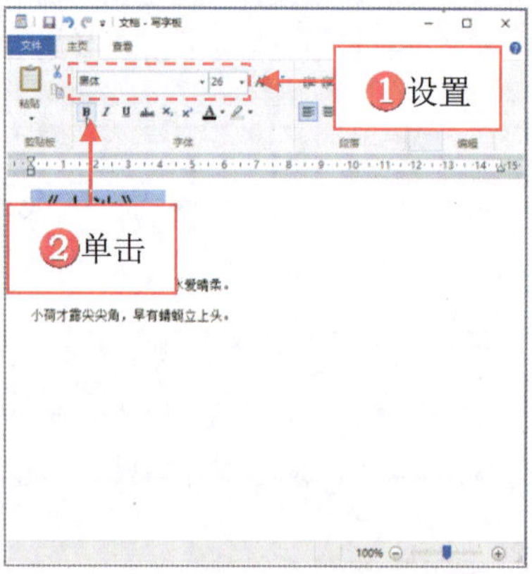

图 8-101　单击“加粗”按钮

Step 03 用与上述同样的方法，设置其他文本内容的字号为 20，效果如图 8-102 所示。

Step 04 选择全部文本内容，在“字体”选项板中，❶单击“文本颜色”右侧的下拉按钮 A·；❷在弹出的列表框中选择“职业蓝”色块，如图 8-103 所示。

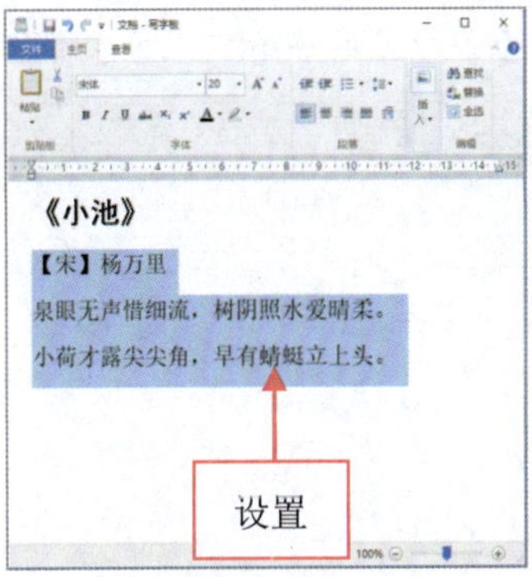

图 8-102　设置其他文本内容的字号效果

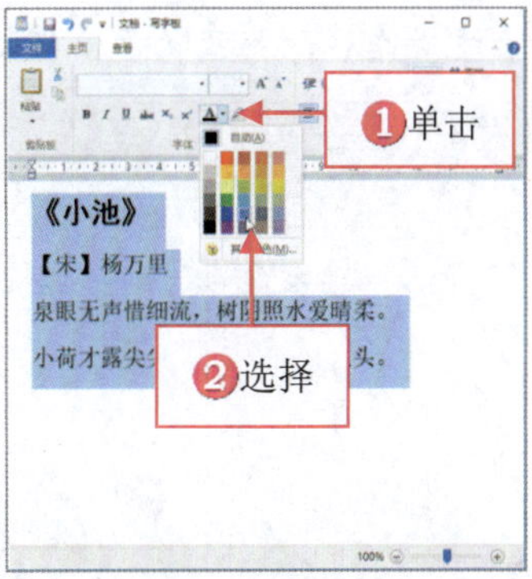

图 8-103　选择“职业蓝”色块

Step05　执行上述操作后，即可设置文本颜色，效果如图 8-104 所示。

Step06　在“段落”选项板中，单击“居中”按钮，如图 8-105 所示。

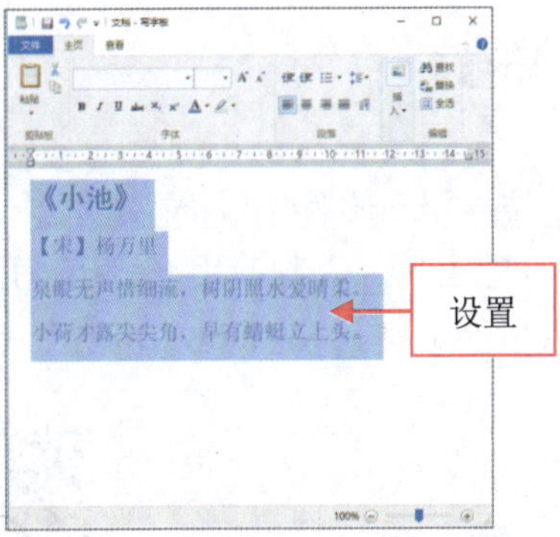

图 8-104　设置文本颜色效果

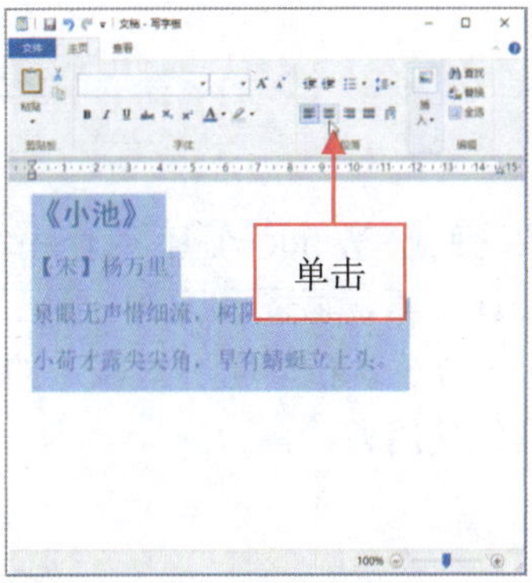

图 8-105　单击“居中”按钮

Step07　执行上述操作后，即可设置文本的对齐方式，效果如图 8-106 所示。

Step08　单击快捷操作栏中的“保存”按钮，如图 8-107 所示。

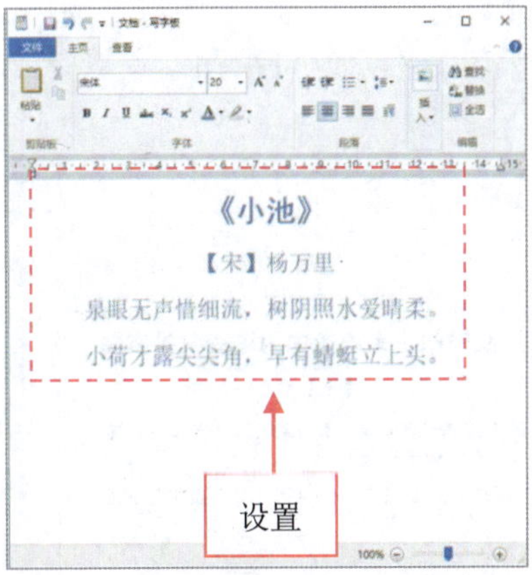

图 8-106　设置文本对齐方式效果

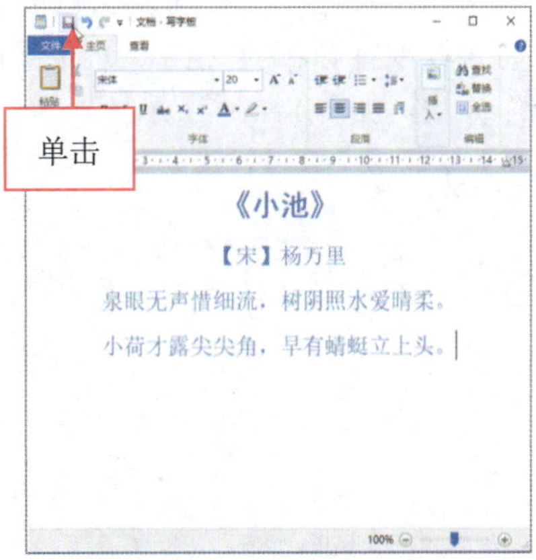

图 8-107　单击“保存”按钮

Step09　执行上述操作后，弹出“保存为”对话框，❶设置文档的保存位置；❷输入文档的名称；❸单击“保存”按钮，如图 8-108 所示。

Step 10 执行上述操作后，即可保存当前文档，文档的名称显示在窗口上方，如图 8-109 所示。

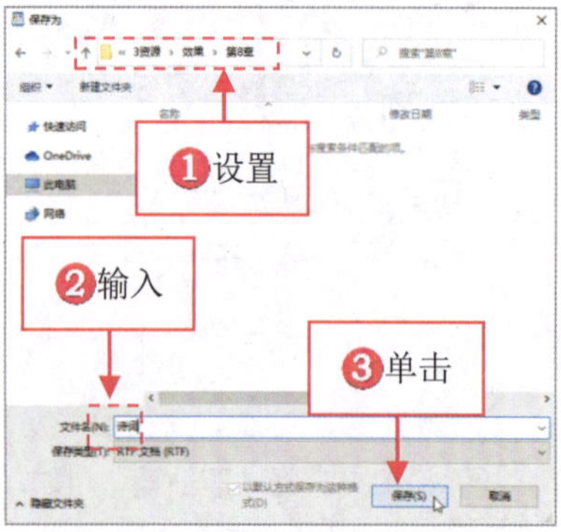

图 8-108 单击“保存”按钮

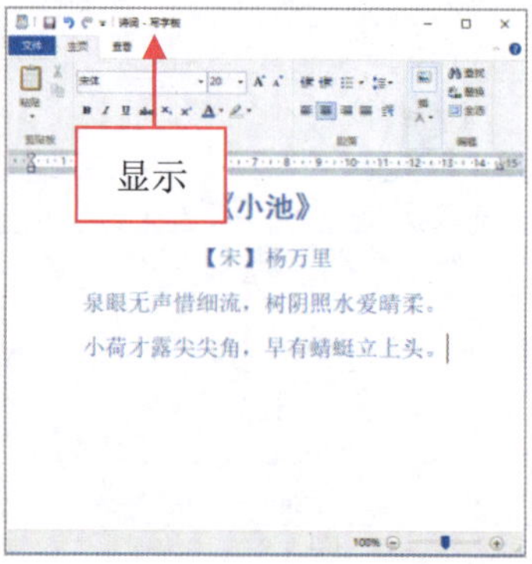

图 8-109 显示文档名称

本章小结

本章主要介绍了 Windows 10 操作系统中的系统应用和附件工具的基本操作，具体内容包括画图工具、计算器、截图和草图工具、闹钟和时钟工具、人脉应用、日历应用、便笺应用和写字板的基本操作。希望通过对本章的学习，读者能够掌握 Windows 10 操作系统中系统应用和附件工具的使用方法。

课后习题

课后习题

鉴于本章知识的重要性，为了帮助读者更好地掌握所学知识，通过设置上机习题帮助读者进行简单的知识回顾和补充。

可以在写字板中打开相应文档，进行查看和编辑。本习题可帮助读者掌握在写字板中打开文档的操作方法，如图 8-110 所示。

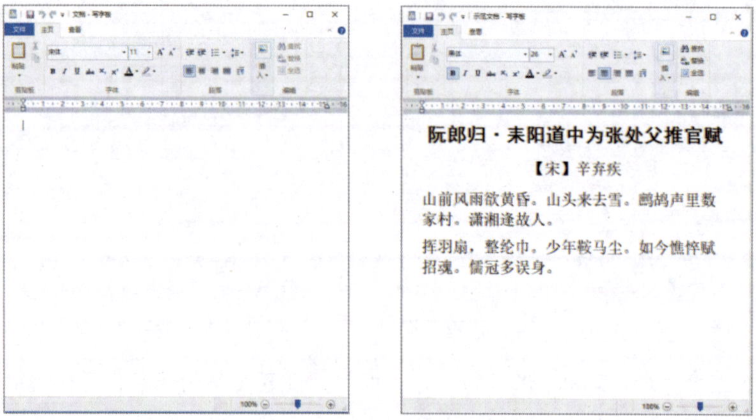

图 8-110 打开文档前后对比图

第 9 章 使用系统视听娱乐应用

9

Windows 10 操作系统拥有许多非常实用的应用软件和工具，这些应用软件和工具为用户提供了不同的使用需求，在一定程度上丰富了用户的生活。本章将主要介绍照片应用、照片查看器、Groove 音乐、电影和电视应用、Windows Media Player 的使用方法。

本章重点

- 照片应用的使用
- 照片查看器的使用
- Groove 音乐的使用
- 电影和电视应用的使用
- Windows Media Player 的使用

9.1 照片应用的使用

Windows 10 系统中的照片应用为用户提供了十分美观的图片查看方式，还提供了基本的图片管理功能。同时，照片应用还可以连接到 OneDrive、Facebook 及 Flickr 等网络服务，以方便地查看其中的图片。

9.1.1 查看图片

查看图片

照片应用自动识别本地图片库中的图片文件，用户需要将图片文件夹附加到库，才可以在照片应用中查看到。下面介绍查看图片的操作方法。

Step 01 打开“照片”文件夹，❶在“风景图片”文件夹上单击鼠标右键；❷在弹出的快捷菜单中选择“包含到库中”|“图片”选项，如图 9-1 所示。

Step 02 执行上述操作后，关闭“照片”文件夹，打开“开始”菜单，选择“照片”选项，如图 9-2 所示。

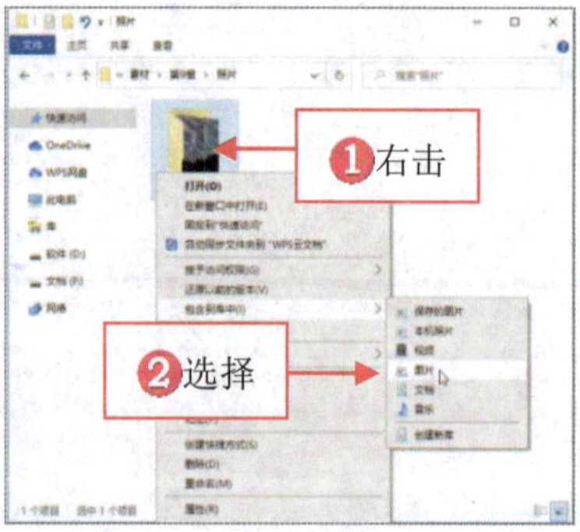

图 9-1　选择“图片”选项

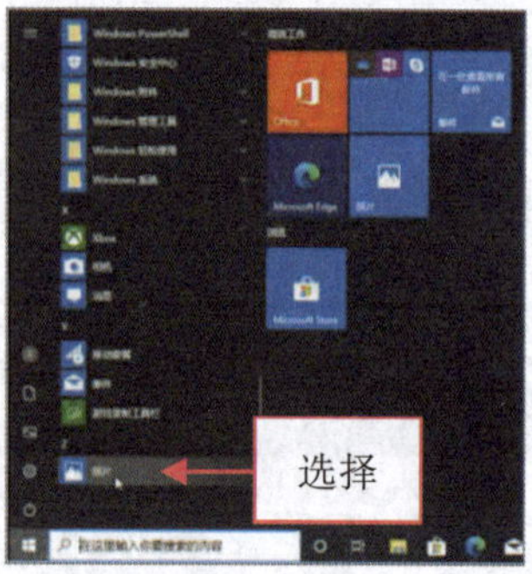

图 9-2　选择“照片”选项

Step 03 执行上述操作后，打开“照片”窗口，❶切换至“文件夹”选项卡；❷选择“风景图片”文件夹，如图 9-3 所示。

Step 04 执行上述操作后，打开“风景图片”文件夹，如图 9-4 所示，即可浏览其中的图片。

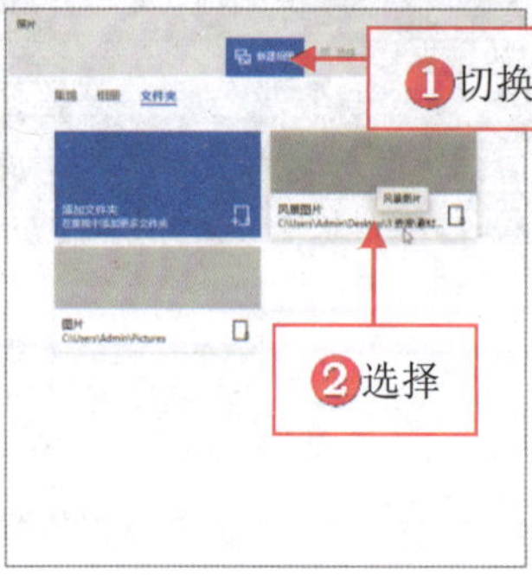

图 9-3　选择“风景图片”文件夹

图 9-4　打开“风景图片”文件夹

9.1.2　全屏查看图片

全屏查看图片

在照片应用中，如果需要查看某一张图片的细节，可以单独全屏查看该图片。下面介绍全屏查看图片的操作方法。

Step 01　打开“照片”窗口，单击相应的图片，如图 9-5 所示。

Step 02　执行上述操作后，该图片放大至整个窗口，单击右下角的“全屏”按钮，如图 9-6 所示。

图 9-5　单击相应的图片

图 9-6　单击“全屏”按钮

9.1.3　放映图片

放映图片

在照片中应用幻灯片放映图片，是一种全新体验的照片浏览方式，此功能可以全屏显示图片并按照一定的时间间隔自动切换照片，同时具有流畅的过渡效果。下面介绍应用幻灯片放映图片的操作方法。

Step 01　在“照片”窗口的“文件夹”选项卡中打开“风景图片”文件夹，效果如图 9-7 所示。

Step 02　①单击右上角的“查看更多”按钮···；②在弹出的列表框中选择“幻灯片放映”选项，如图 9-8 所示，即可将图片进行幻灯片放映。

图 9-7　打开“风景图片”文件夹

图 9-8　选择“幻灯片放映”选项

9.1.4 删除图片

删除图片

照片应用提供了简单的图片管理功能，可以将不需要的图片快速删除。下面介绍删除图片的操作方法。

Step 01 打开“照片”窗口，❶在需要删除的图片上单击鼠标右键；❷在弹出的快捷菜单中选择“删除”选项，如图 9-9 所示。

Step 02 执行上述操作后，弹出信息提示框，单击“删除”按钮，如图 9-10 所示，即可删除选中的图片。

图 9-9 选择“删除”选项

图 9-10 单击“删除”按钮

9.1.5 编辑图片

编辑图片

在照片应用中还可以对图片进行简单地编辑，如裁剪和旋转图片、为图片添加滤镜和调整图片相关参数等。需要注意的是，图片编辑完成后，如果用户选择保存图片，那么编辑过的图片将覆盖原图片进行保存；如果用户选择保存副本，那么编辑过的图片则会另存为一张图片。下面介绍编辑图片的操作方法。

Step 01 打开“照片”窗口，单击需要编辑的图片，如图 9-11 所示。

Step 02 执行上述操作后，进入相应界面，❶单击图片右上角的“编辑＆创建”按钮；❷在弹出的列表框中选择“编辑”选项，如图 9-12 所示。

图 9-11 单击需要编辑的图片

图 9-12 选择“编辑”选项

Step03 执行上述操作后，即可进入编辑界面，单击图片右侧列表框中的“裁剪和旋转”按钮，如图 9-13 所示。

Step04 执行上述操作后，进入相应界面，①单击图片右侧的“翻转”按钮；②单击图片右侧的“完成”按钮，如图 9-14 所示。

图 9-13　单击“裁剪和旋转”按钮

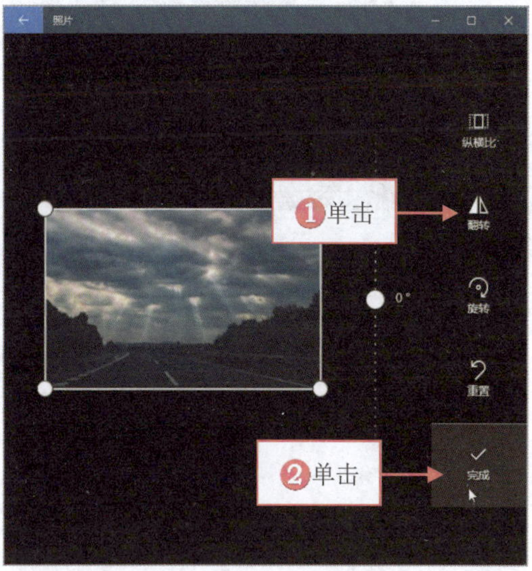

图 9-14　单击“完成”按钮

Step05 返回到编辑界面，在“选择滤镜”选项区中选择 Rouge 滤镜，如图 9-15 所示。

Step06 ①切换至“调整”选项卡；②将“光线”参数调整至 51，如图 9-16 所示。

图 9-15　选择 Rouge 滤镜

图 9-16　调整“光线”参数

Step07 单击“保存副本”按钮，如图 9-17 所示。

Step08 执行上述操作后，显示“正在保存副本”字样，保存结束后，单击窗口左上角的←按钮，即可返回“集锦”界面，查看保存的副本图片，如图 9-18 所示。

图 9-17　单击“保存副本”按钮

图 9-18　查看保存的副本图片

9.2　照片查看器的使用

Windows 10 操作系统中的照片查看器是系统自带的，所以无需安装。使用起来迅速快捷，可以对照片进行基本的浏览和编辑。如果计算机中有许多普通的图片需要查看，照片查看器就非常有用了。照片查看器对图片的查看方式有许多种，基本的缩放、全屏视图及旋转等方式都包括在其中，同时还可以对图片进行复制和删除等操作。

9.2.1　认识 Windows 照片查看器

Windows 照片查看器，不仅可以查看照片，同时还提供了网络冲印服务。也可以在本地通过照片查看器方便地将图片刻录到数据光盘中，以便浏览和分享。Windows 照片查看器如图 9-19 所示。

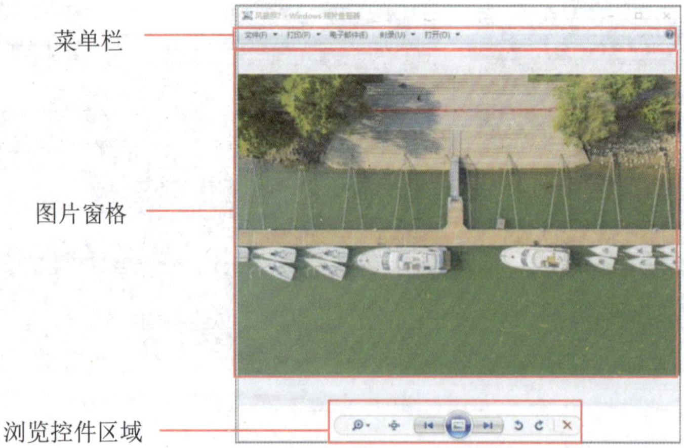

图 9-19　Windows 照片查看器

Windows 照片查看器中，各组成部分含义如下。

➢ 菜单栏：可以对图片进行复制、打印、刻录和分享等操作。

- 图片窗格：查看打开的图片。
- 浏览控件区域：用于切换、缩放、旋转以及删除图片等操作。

9.2.2　在 Windows 照片查看器中查看图片

在 Windows 照片查看器中查看图片

在 Windows 10 系统中默认使用照片应用打开图片文件，所以用户需要选择图片的打开方式才能在 Windows 照片查看器中打开图片，具体内容如下。

Step 01 打开“风景图片”文件夹，❶在“风景照 1”图片上单击鼠标右键；❷在弹出的快捷菜单中选择“打开方式”|“Windows 照片查看器”选项，如图 9-20 所示。

Step 02 执行上述操作后，打开“Windows 照片查看器”窗口，显示“风景照 1”图片，如图 9-21 所示。

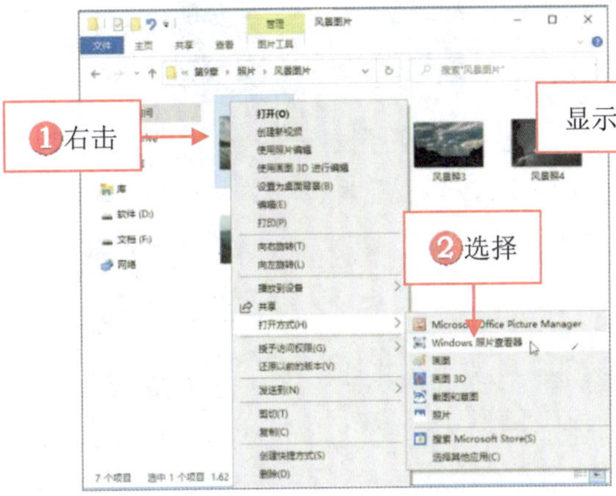

图 9-20　选择“打开方式”|“Windows 照片查看器”选项

图 9-21　显示“风景照 1”图片

Step 03 单击“下一个（向右键）”按钮▶|，如图 9-22 所示，即可查看下一张图片。

Step 04 单击“更改显示大小”右侧的下三角按钮，在展开的列表框中拖曳滑块调整图片的显示大小，如图 9-23 所示。

图 9-22　单击“下一个（向右键）”按钮

图 9-23　拖曳滑块

Step 05 单击“逆时针旋转”按钮，如图 9-24 所示，即可将图片逆时针旋转 90°。

Step 06 单击“放映幻灯片”按钮，如图 9-25 所示，即可将文件夹中的图片进行幻灯片放映，按【Esc】键即可退出幻灯片放映。

图 9-24 单击“逆时针旋转”按钮

图 9-25 单击“放映幻灯片”按钮

9.2.3 制作图片副本

可以直接在 Windows 照片查看器中为图片文件制作副本，并且能够保证图片不损失任何的细节。下面介绍制作图片副本的操作方法。

制作图片副本

Step 01 用 Windows 照片查看器打开“风景照 5”，在菜单栏中单击“文件”|“制作副本”命令，如图 9-26 所示。

Step 02 执行上述操作后，弹出“制作副本”对话框，❶设置文件的保存位置；❷输入文件名；❸单击“保存”按钮，如图 9-27 所示，即可为图片制作副本。

图 9-26 单击“文件”|“制作副本”命令

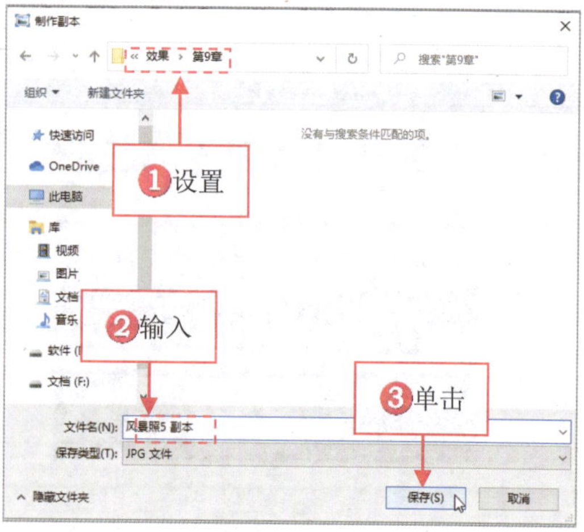

图 9-27 单击“保存”按钮

9.3　Groove 音乐的使用

Groove 音乐是 Windows 10 操作系统中自带的音乐播放器，可以使用它播放想听的音乐。需要注意的是，Groove 音乐播放器只能播放本地音乐，无法播放在线音乐。

9.3.1　添加音乐

添加音乐

如果想使用 Groove 音乐播放器播放歌曲，需要先将歌曲文件放到一个文件夹中，再在 Groove 音乐播放器中添加相应的歌曲，添加完成后即可使用 Groove 音乐播放器进行播放。下面介绍在 Groove 音乐播放器中添加音乐的操作方法。

Step 01　打开“开始”菜单，选择“Groove 音乐”选项，如图 9-28 所示。

Step 02　执行上述操作后，打开 Groove 音乐播放器，效果如图 9-29 所示。

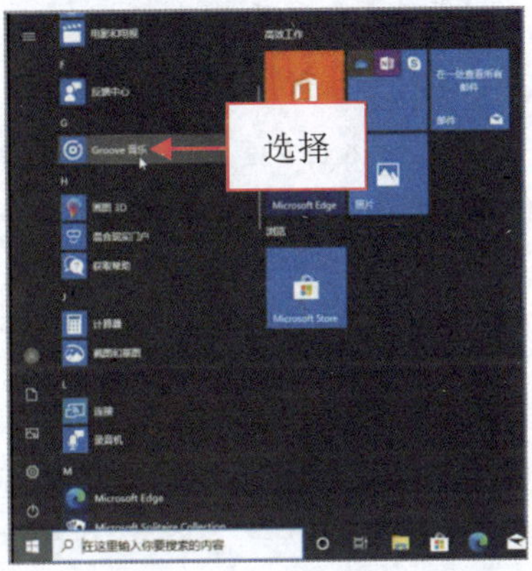

图 9-28　选择“Groove 音乐”选项

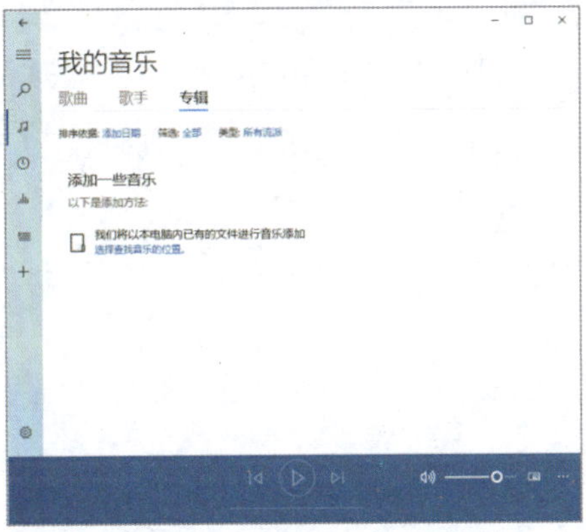

图 9-29　打开 Groove 音乐播放器

Step 03　单击“选择查找音乐的位置”链接，如图 9-30 所示。

Step 04　执行上述操作后，弹出“从本地曲库创建个人‘收藏’”对话框，单击“添加文件夹”按钮＋，如图 9-31 所示。

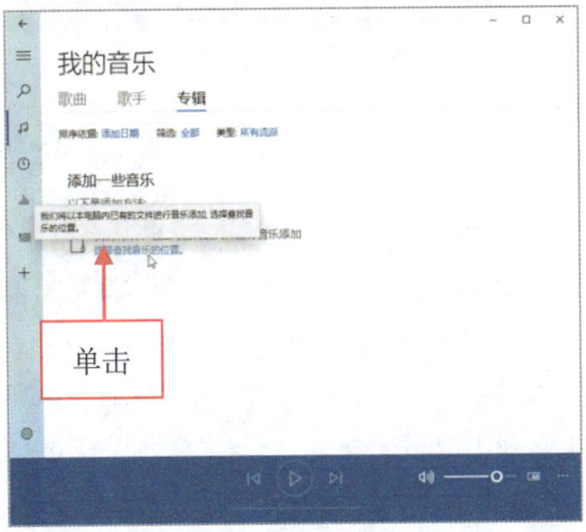

图 9-30　单击相应链接

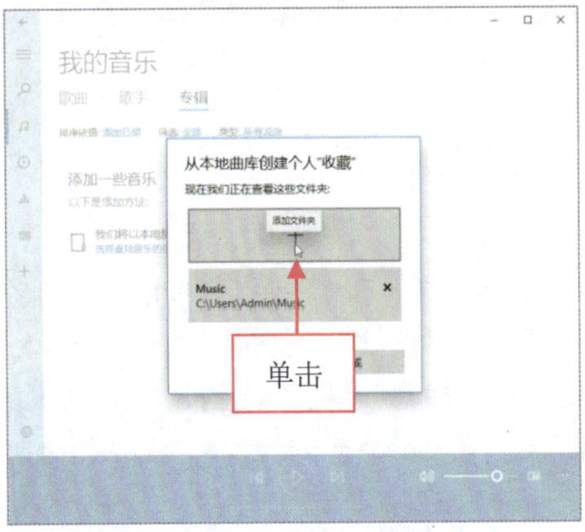

图 9-31　单击“添加文件夹”按钮

Step 05 执行上述操作后，弹出“选择文件夹”对话框，❶选择“音乐”文件夹；❷单击“将此文件夹添加到音乐”按钮，如图 9-32 所示。

Step 06 返回到“从本地曲库创建个人‘收藏’”对话框，单击“完成”按钮，如图 9-33 所示。

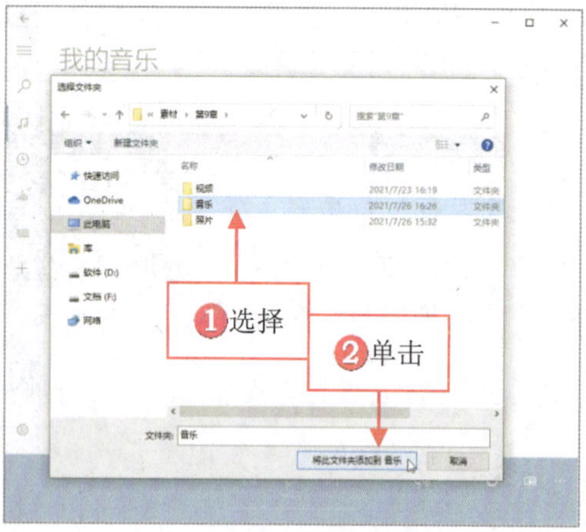

图 9-32 单击相应按钮

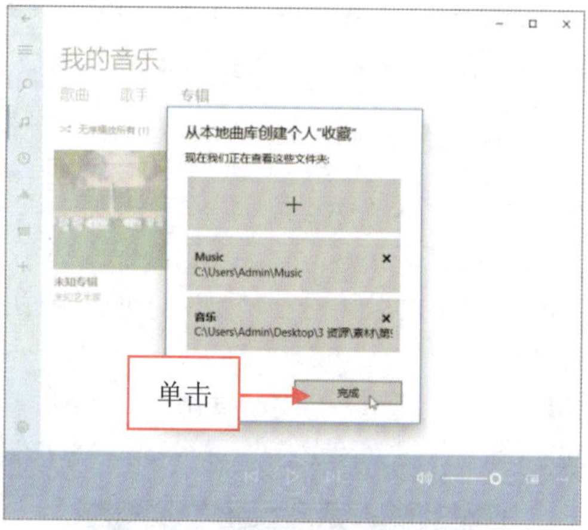

图 9-33 单击“完成”按钮

Step 07 执行上述操作后，返回到“我的音乐”界面，切换至“歌曲”选项卡，即可查看添加的歌曲，如图 9-34 所示。

Step 08 双击想播放的歌曲，即可开始播放该歌曲，如图 9-35 所示。

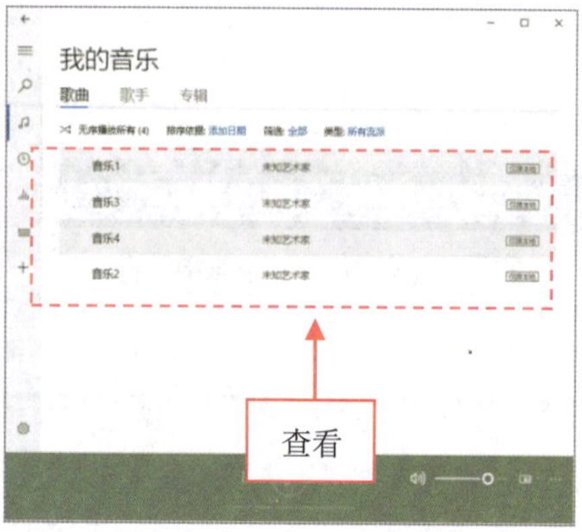

图 9-34 查看添加的歌曲

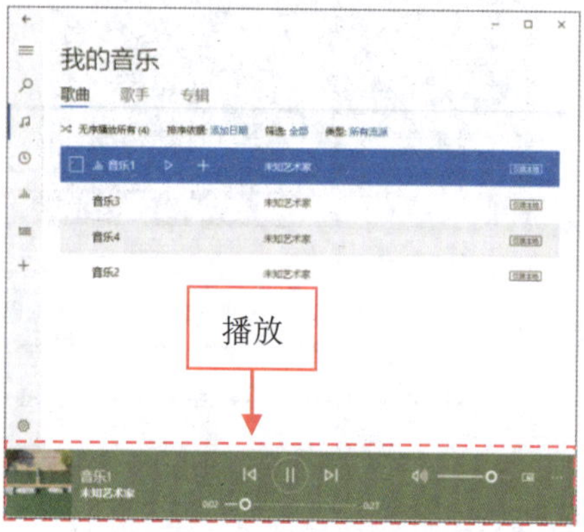

图 9-35 播放该歌曲

9.3.2 创建播放列表

在 Groove 音乐播放器中，用户可以创建不同的播放列表，并分别添加相应的歌曲。同一首歌曲可以同时添加到不同的播放列表中，以满足不同的播放需求。可以先将歌曲添加到 Groove 音乐中，再创建播放列表，这样节省操作时间。下面介绍创建播放列表的操作方法。

创建播放列表

Step 01 打开 Groove 音乐播放器，在左侧的列表框中单击“播放列表”按钮☰，如图 9-36 所示。

Step 02 执行上述操作后，右侧进入“播放列表”界面，单击“新建播放列表”链接，如图 9-37 所示。

图 9-36　单击“播放列表”按钮

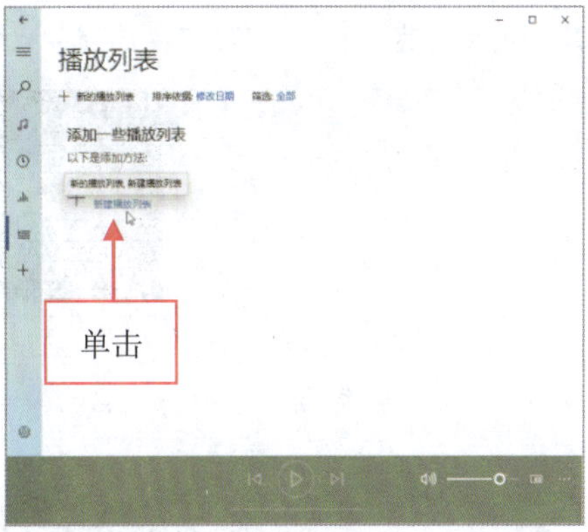

图 9-37　单击“新建播放列表”链接

Step 03　执行上述操作后，弹出相应对话框，❶输入播放列表的名称；❷单击“创建播放列表”按钮，如图 9-38 所示。

Step 04　执行上述操作后，即可新建一个播放列表，效果如图 9-39 所示。

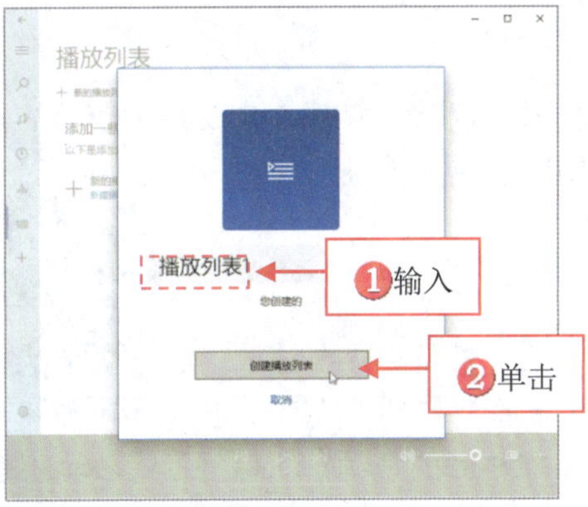

图 9-38　单击“创建播放列表”按钮

图 9-39　新建一个播放列表

Step 05　单击“转到‘专辑’”链接，如图 9-40 所示。

Step 06　执行上述操作后，右侧进入“我的音乐”界面，单击专辑封面的“添加到”按钮＋，在弹出的快捷菜单中选择“播放列表 1”选项，如图 9-41 所示。

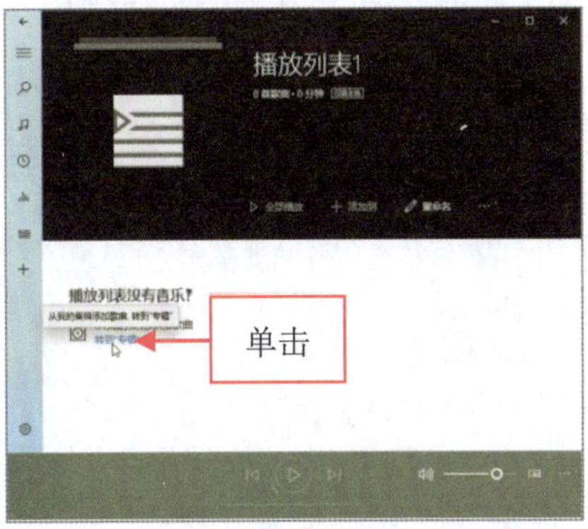

图 9-40　单击“转到‘专辑’”链接

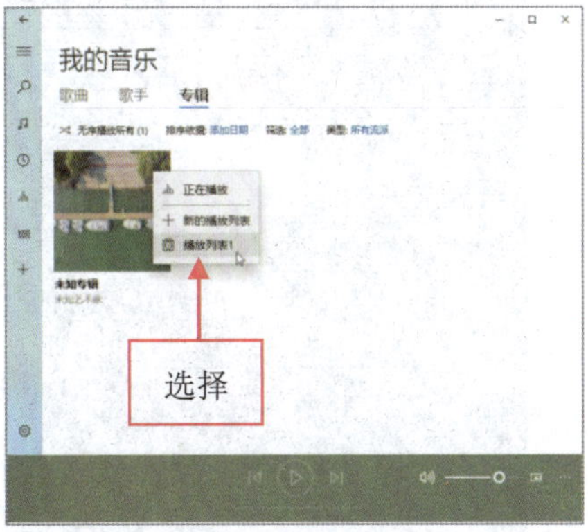

图 9-41　选择“播放列表 1”选项

Step 07 执行上述操作后，即可将专辑中的歌曲添加到播放列表，效果如图 9-42 所示。

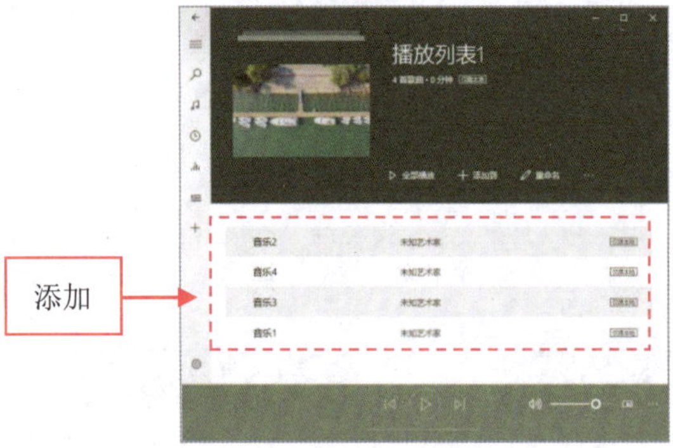

图 9-42 将歌曲添加到播放列表中

9.4 电影和电视应用的使用

电影和电视是 Windows 10 操作系统附带的视频播放和管理应用，它支持大部分的视频格式。用户可以用它观看视频，还可以用它对电脑中的视频文件进行管理。

9.4.1 视频的添加

视频的添加

要使用电影和电视应用观看视频有两种方法：第一种是在需要播放时的视频文件上单击鼠标右键，在弹出的快捷菜单中选择“打开方式”|“电影和电视”选项；第二种是在电影和电视应用中添加相应的视频，然后进行播放。下面介绍在电影和电视应用中添加视频的操作方法。

Step 01 打开“开始”菜单，选择“电影和电视”选项，如图 9-43 所示。

Step 02 执行上述操作后，即可打开“电影和电视”窗口，单击“添加文件夹”按钮，如图 9-44 所示。

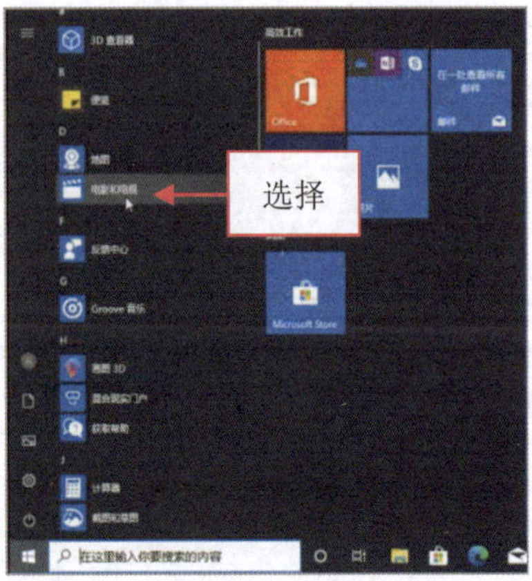

图 9-43 选择“电影和电视”选项

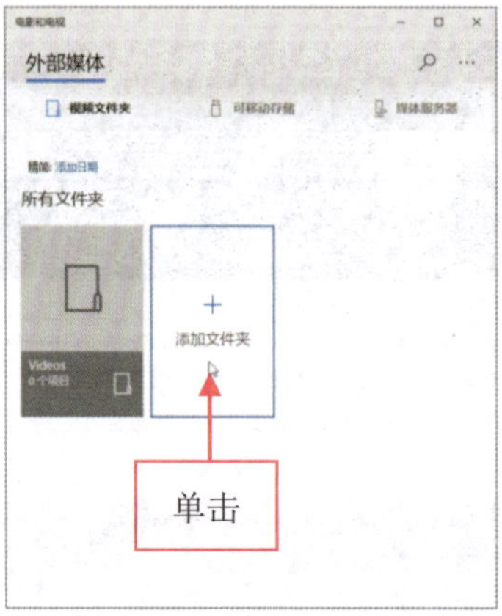

图 9-44 单击“添加文件夹”按钮

Step 03 执行上述操作后，弹出相应对话框，单击“添加文件夹”按钮＋，如图 9-45 所示。

Step 04 执行上述操作后，弹出“选择文件夹”对话框，❶选择“视频”文件夹；❷单击“将此文件夹添加到视频”按钮，如图 9-46 所示。

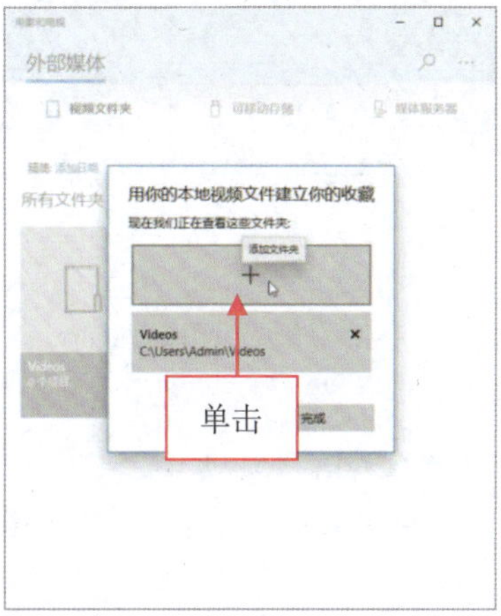

图 9-45　单击“添加文件夹”按钮

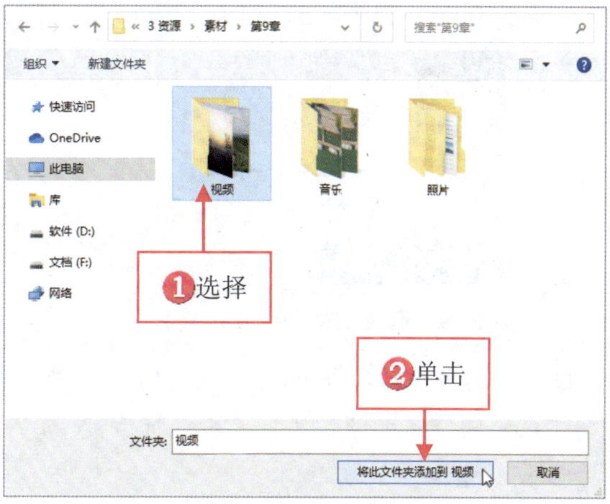

图 9-46　单击相应按钮

Step 05 执行上述操作后，返回到相应对话框，单击“完成”按钮，如图 9-47 所示。

Step 06 执行上述操作后，返回到“电影和电视”窗口，即可查看添加的文件夹和视频文件，如图 9-48 所示。

图 9-47　单击“完成”按钮

图 9-48　查看添加的文件夹和视频文件

9.4.2　视频的管理

视频的管理

除了可以使用电影和电视应用播放视频外，还可以根据需要管理视频文件。下面介绍管理视频文件的操作方法。

Step 01 打开“电影和电视”窗口，选择“视频”文件夹，如图 9-49 所示。

Step 02 执行上述操作后，进入“视频”界面，单击“添加日期”链接，在弹出的列表框中选择“A 到 Z”选项，如图 9-50 所示。

图 9-49　选择“视频”文件夹

图 9-50　选择“A 到 Z”选项

Step 03　执行上述操作后，即可从 A 到 Z 对视频进行排序，效果如图 9-51 所示。

Step 04　❶在要删除的视频文件上单击鼠标右键；❷在弹出的快捷菜单中选择“删除”选项，如图 9-52 所示。

图 9-51　对视频进行排序效果

图 9-52　选择“删除”选项

Step 05　执行上述操作后，弹出信息提示框，单击“确定”按钮，如图 9-53 所示。

Step 06　执行上述操作后，即可删除该视频文件，效果如图 9-54 所示。

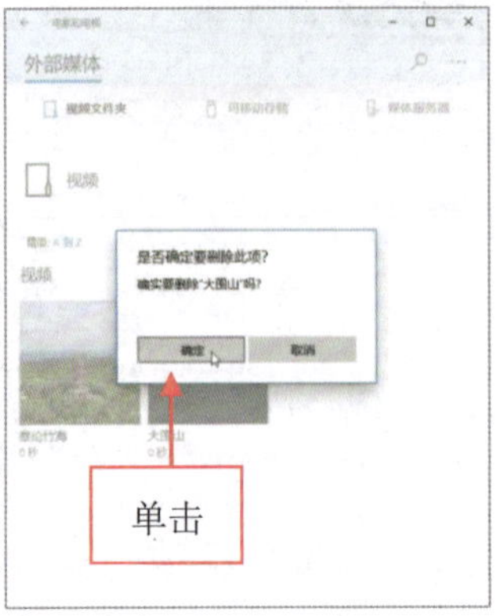

图 9-53　单击“确定”按钮

图 9-54　删除视频文件效果

9.4.3　视频的播放

视频的播放

在使用电影和电视应用播放视频时，可以对视频播放的音量、屏幕大小、速度、播放方式等进行设置，以获得更好的观看体验。下面介绍设置视频播放效果的操作方法。

Step 01 打开“电影和电视”窗口，在“所有视频”选项区中单击要播放的视频，如图 9-55 所示。

Step 02 执行上述操作后，即可开始播放视频，效果如图 9-56 所示。

图 9-55　单击相应视频

图 9-56　播放视频

Step 03 单击“暂停”按钮，暂停视频播放，❶单击“显示‘音量’菜单”按钮；❷在弹出的列表框中拖曳滑块，调整音量大小，如图 9-57 所示。

Step 04 ❶单击“显示‘更多选项’菜单”按钮；❷在弹出的列表框中选择“自动播放”选项，如图 9-58 所示，即可在当前视频播放完毕后自动播放下一个视频。

图 9-57　调整音量大小

图 9-58　选择“自动播放”选项

Step 05 单击“全屏”按钮，如图 9-59 所示，即可全屏播放视频。

Step 06 单击“退出全屏”按钮，如图 9-60 所示，即可退出全屏播放。

图 9-59　单击“全屏”按钮

图 9-60　单击“退出全屏”按钮

9.5　Windows Media Player 的使用

Windows Media Player 提供了简洁、直观的工作界面，可以播放数字媒体文件、组织媒体收藏集、记录喜爱的音乐 CD、从 CD 翻录音乐，以及将数字媒体文件同步到便携式音乐播放机。使用它可以轻松管理计算机上的数字音乐库、数字照片库和数字视频库，并可以同步到各种便携设备上，以便用户可以随时随地进行欣赏。

9.5.1　文件夹的添加

文件夹的添加

Windows Media Player 会自动检测电脑媒体库中的媒体文件，如音频库文件、视频库文件和图片库文件等，可以添加文件夹到相应的库中，以便能在 Windows Media Player 中打开它。下面介绍添加文件夹的操作方法。

Step 01　打开“开始”菜单，❶选择“Windows 附件”文件夹；❷在展开的列表框中选择 Windows Media Player 选项，如图 9-61 所示。

Step 02　执行上述操作后，即可打开 Windows Media Player 窗口，如图 9-62 所示。

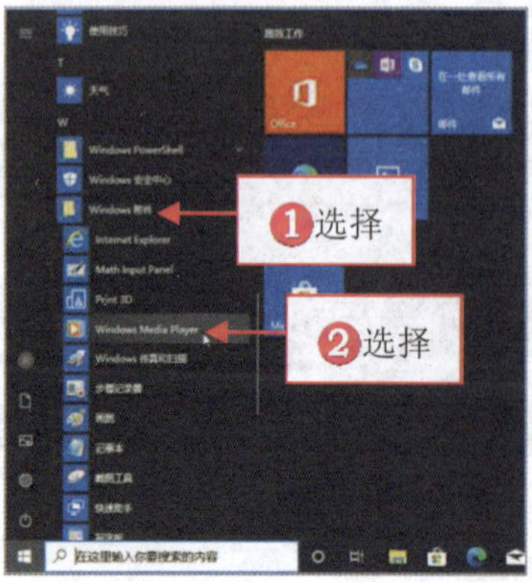

图 9-61　选择 Windows Media Player 选项

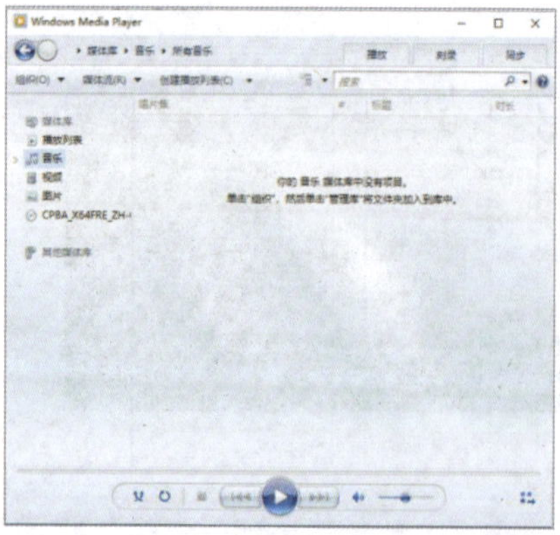

图 9-62　打开 Windows Media Player 窗口

Step03 ❶单击菜单栏中的“组织”命令；❷在弹出的子菜单中单击“管理媒体库”|“音乐”命令，如图 9-63 所示。

Step04 执行上述操作后，弹出“音乐库位置”对话框，单击“添加”按钮，如图 9-64 所示。

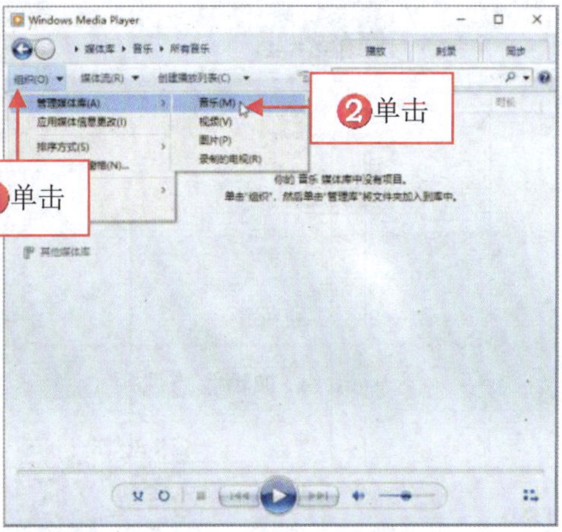

图 9-63　单击相应命令

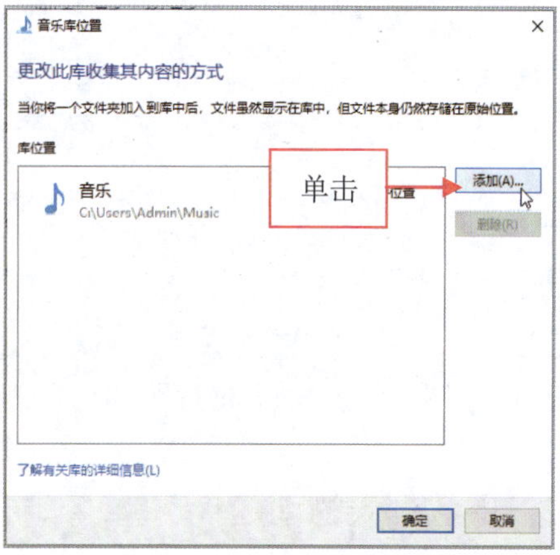

图 9-64　单击“添加”按钮

Step05 执行上述操作后，弹出“将文件夹加入到‘音乐’中”对话框，❶选择“音乐”文件夹；❷单击“加入文件夹”按钮，如图 9-65 所示。

Step06 执行上述操作后，即可将“音乐”文件夹添加至音乐库中，单击“确定”按钮，如图 9-66 所示。

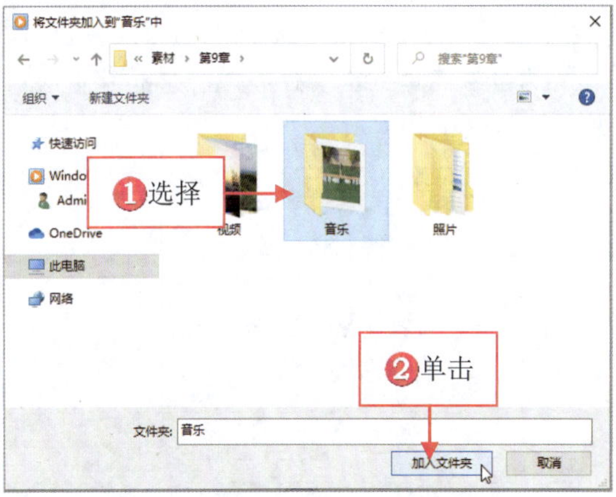

图 9-65　单击“加入文件夹”按钮

图 9-66　单击“确定”按钮

Step07 执行上述操作后，返回到 Windows Media Player 窗口，即可查看添加的音乐文件，如图 9-67 所示。

Step08 用与上述同样的方法，为视频库添加相应的视频文件，效果如图 9-68 所示。

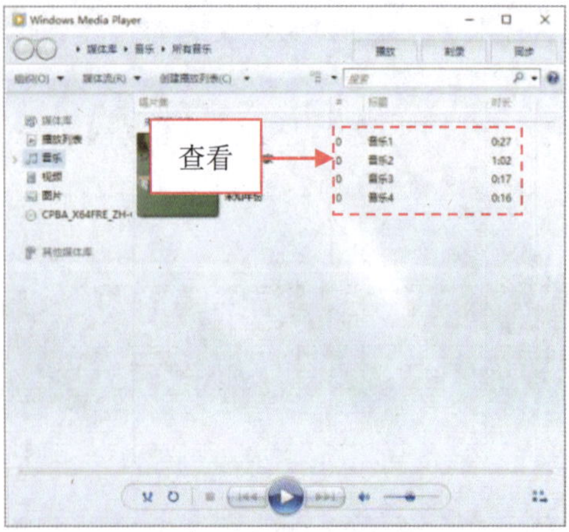

图 9-67　查看添加的音乐文件

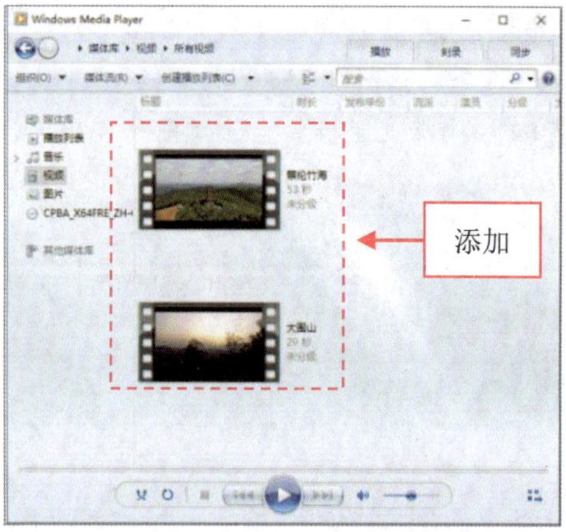

图 9-68　添加相应的视频文件

9.5.2　播放列表的创建

播放列表的创建

在 Windows Media Player 中，可以分类查看和播放音乐、视频和图片等文件；还可以将不同类型的文件，添加至同一个播放列表中进行查看和播放。下面介绍创建播放列表的操作方法。

Step 01　打开 Windows Media Player 窗口，❶单击菜单栏中的“创建播放列表”命令；❷在左侧的列表框中输入播放列表的名称，如图 9-69 所示，按【Enter】键，即可创建一个播放列表。

Step 02　在“所有音乐”界面中，❶在“音乐 2”歌曲文件上单击鼠标右键；❷在弹出的快捷菜单中选择“添加到”|“播放列表 1”选项，如图 9-70 所示。

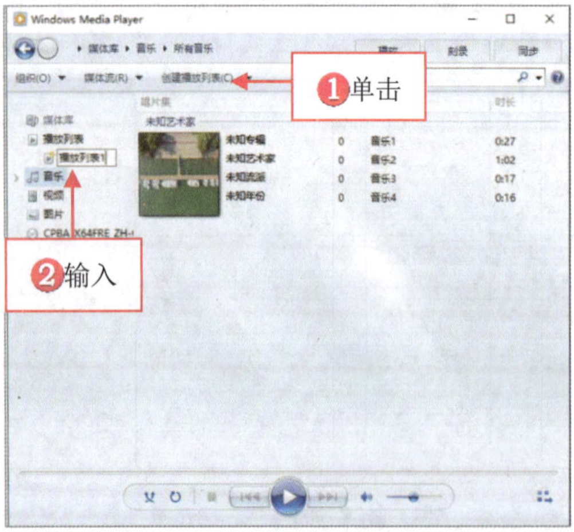

图 9-69　输入播放列表的名称

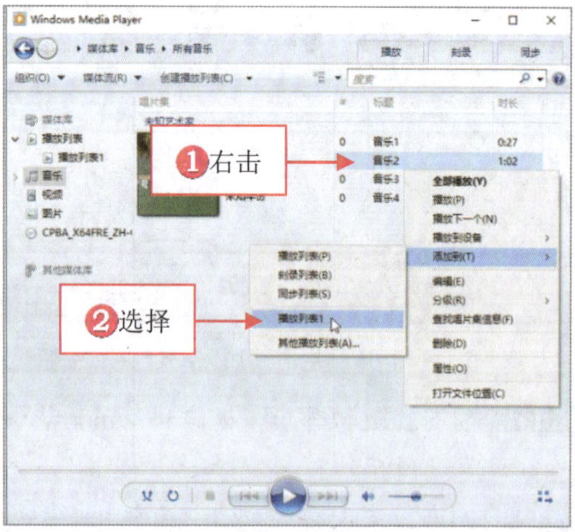

图 9-70　选择相应选项

Step 03　执行上述操作后，即可将“音乐 2”歌曲文件添加至“播放列表 1”中，效果如图 9-71 所示。

Step 04　用与上述同样的方法，将相应的视频文件添加至“播放列表 1”中，效果如图 9-72 所示。

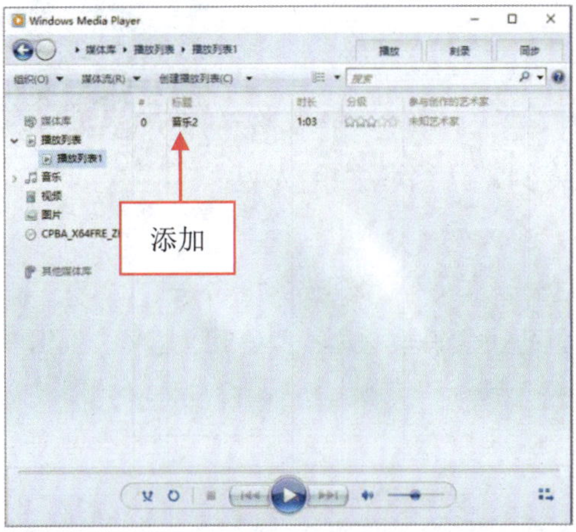

图 9-71　将歌曲文件添加到播放列表中

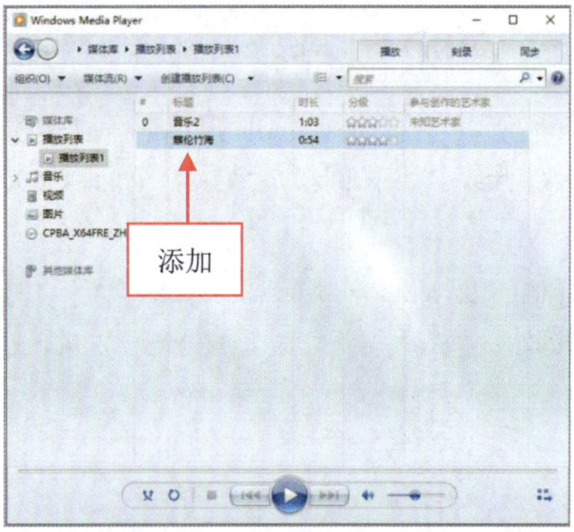

图 9-72　将视频文件添加到播放列表中

Step 05　用与上述同样的方法，将相应的图片文件添加至“播放列表 1”中，效果如图 9-73 所示。

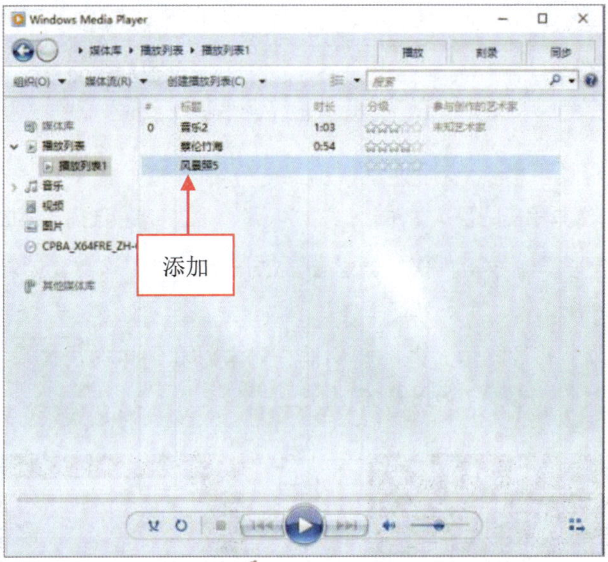

图 9-73　将图片文件添加到播放列表中

▶ 专家指点

使用 Windows Media Player 的过程中，还需要注意以下几点。

- 在将文件夹包含到库中时，文件虽然显示在库中，但它们仍存储在原来的位置。
- 除了单击“播放”按钮可以播放音乐外，双击指定的曲目或者单击鼠标右键，在弹出的快捷菜单中选择“播放”选项，也可以播放选择的音乐。
- 将音乐添加到库中，最主要的目的是以后再播放这些音乐时非常方便，而且还可以设置成顺序播放或随机播放。

9.5.3 播放效果的增强

播放效果的增强

在使用 Windows Media Player 播放媒体文件时，还可以借助程序内置插件增强媒体文件的播放效果。下面以播放视频为例，介绍增强播放效果的操作方法。

Step 01 在 Windows Media Player 窗口中，选择相应的视频文件，如图 9-74 所示。

Step 02 ❶在该视频文件上单击鼠标右键；❷在弹出的快捷菜单中选择“播放”选项，如图 9-75 所示。

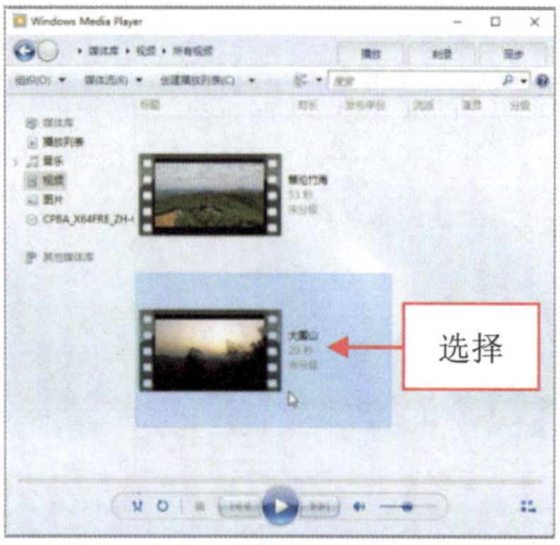

图 9-74　选择相应的视频文件

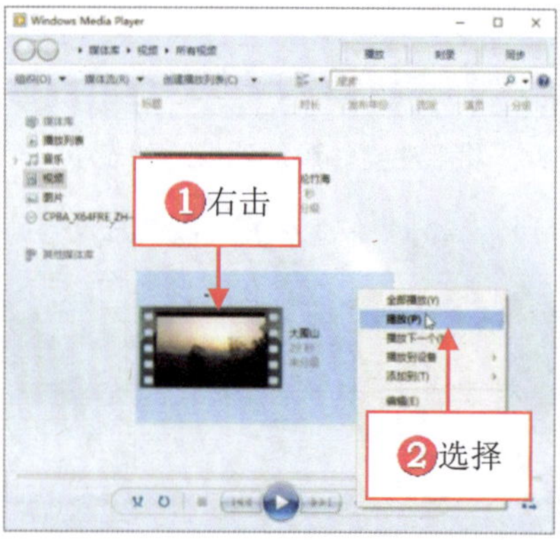

图 9-75　选择“播放”选项

Step 03 执行上述操作后，即可切换至播放界面，播放该视频，单击“暂停”按钮，停止播放，效果如图 9-76 所示。

Step 04 ❶在播放画面中的任意位置上单击鼠标右键；❷在弹出的快捷菜单上选择“增强功能”|“播放速度设置”选项，如图 9-77 所示。

图 9-76　停止播放效果

图 9-77　选择相应选项

Step 05 执行上述操作后，弹出“播放速度设置”对话框，将播放速度调整至 2 倍速，效果如图 9-78 所示。

Step 06　单击“播放”按钮▶，播放调整后的视频，效果如图 9-79 所示。

图 9-78　调整播放速度

图 9-79　播放调整后的视频

▶ 专家指点

在“增强功能”子菜单中，若选择“图形均衡器”选项，发现它的作用和图形没有任何的关联，而是提供了多种内置的音效。可以单击“默认”链接，在弹出的列表框中选择摇滚、爵士、民乐、打击乐及乡村等多种音效中的一种。

9.5.4　图片文件的分级和排序

图片文件的分级和排序

在 Windows Media Player 媒体库中，可以根据个人的喜好对媒体文件进行分级和排序，以便更好地查看和管理媒体文件。下面以图片文件为例，介绍图片文件的分级和排序的操作方法。

Step 01　打开 Windows Media Player 窗口，在左侧的列表框中选择“图片”选项，如图 9-80 所示。

Step 02　执行上述操作后，进入相应的界面，❶在“风景照 1”图片文件上单击鼠标右键；❷在弹出的快捷菜单中选择“分级”|“2 星（2）”选项，如图 9-81 所示。

图 9-80　选择“图片”选项

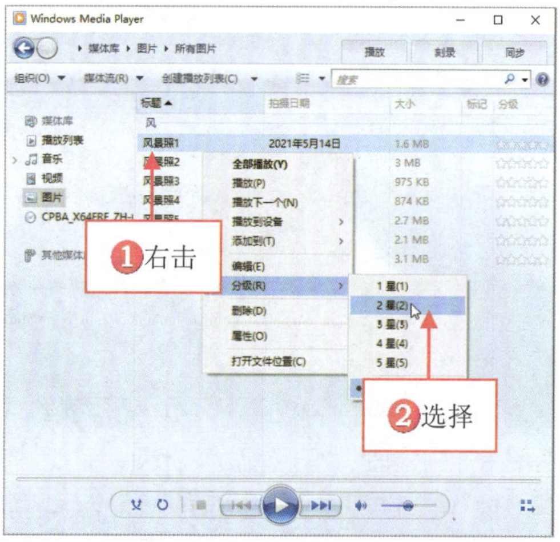

图 9-81　选择“2 星（2）”选项

Step 03 执行上述操作后，即可设置“风景照 1”的星级，效果如图 9-82 所示。

Step 04 用与上述同样的方法，设置其他图片文件的星级，效果如图 9-83 所示。

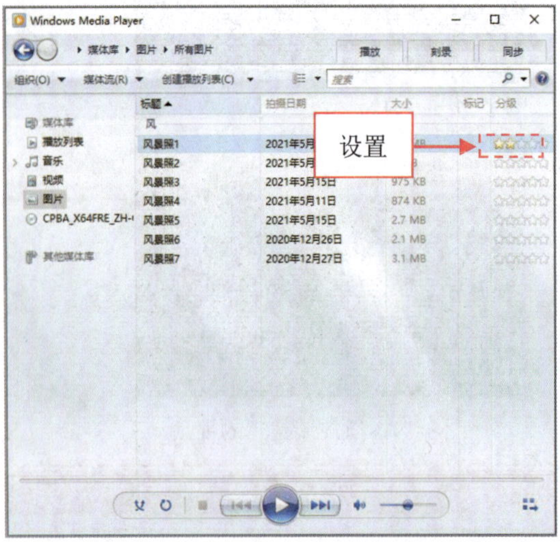

图 9-82 设置“风景照 1”的星级效果

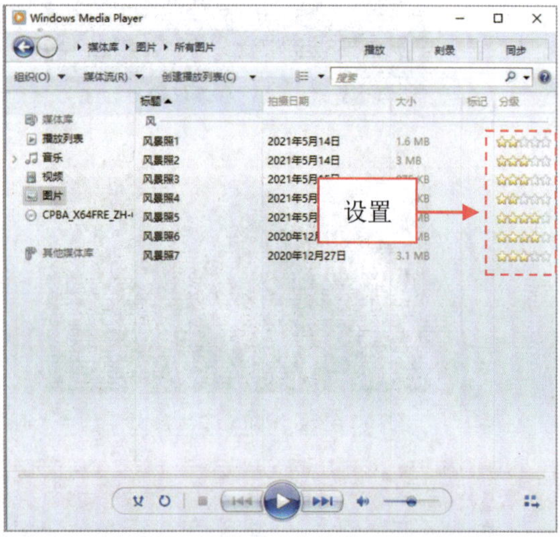

图 9-83 设置其他图片的星级效果

Step 05 单击“分级”标签，即可将图片文件按星级进行排序，效果如图 9-84 所示。

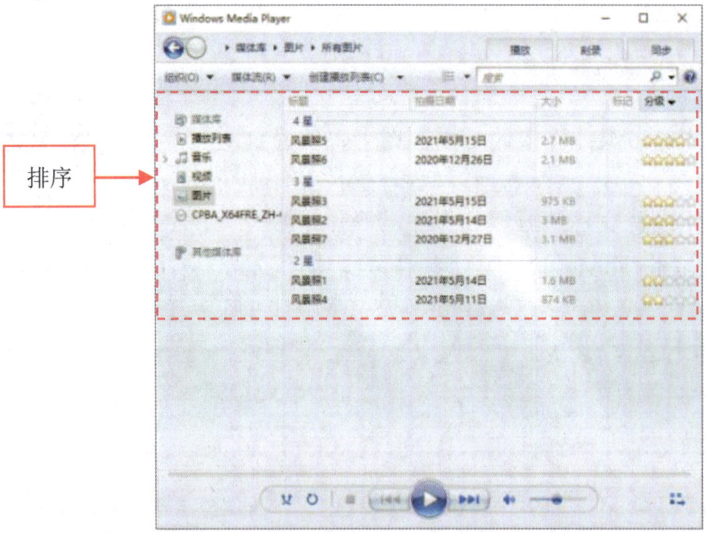

图 9-84 图片按星级进行排序效果

本章小结

本章主要介绍了 Windows 10 操作系统中视听娱乐应用的基本知识和使用方法，具体内容包括照片应用、照片查看器、Groove 音乐播放器、电影和电视应用及 Windows Media Player 的基本操作。希望通过对本章的学习，读者能够掌握 Windows 10 操作系统中视听娱乐应用的使用方法。

课后习题

课后习题

鉴于本章知识的重要性，为了帮助读者更好地掌握所学知识，通过设置上机习题帮助读者进行简单的知识回顾和补充。

在 Groove 音乐播放器中，如果不再想听某些歌曲，可以将其从播放列表中删除。本习题可帮助读者掌握在 Groove 音乐播放器中删除歌曲的操作方法，如图 9-85 所示。

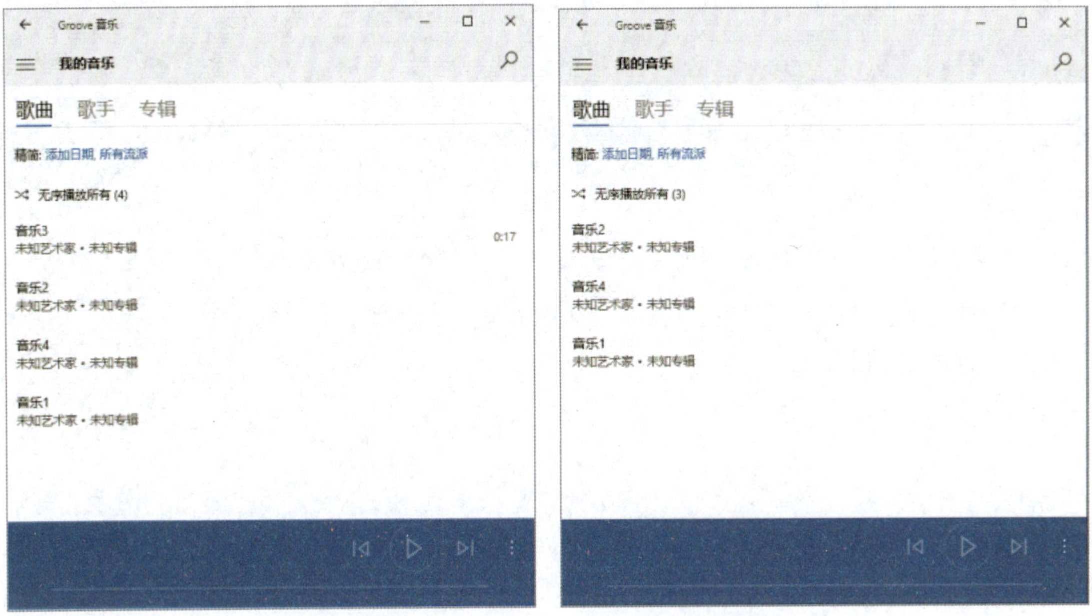

图 9-85　在 Groove 音乐播放器中删除歌曲前后对比图

第 10 章 常用软件的安装与管理

计算机只有在安装了应用软件后才能处理相应的任务，用户在日常办公和学习中，也要经常使用软件程序。熟练掌握安装、运行和卸载软件的方法，也是计算机软件管理的一项基本操作。本章将主要介绍应用软件的基础知识、安装方法、运行方法和卸载方法，以及系统默认应用的更改方法。

本章重点

- 应用软件的了解和安装
- 应用软件的运行
- 应用软件的卸载
- 系统默认应用的更改

10.1 应用软件的了解和安装

根据用户的不同的需要，可以选择安装不同的软件。例如，安装观看影片的影音播放软件——暴风影音、听歌软件——酷我音乐盒、网上聊天的通讯软件——QQ，以及办公软件、看图软件和杀毒软件等。本节主要介绍应用软件的相关知识和安装方法。

10.1.1 常见软件的分类

工具软件是电脑的灵魂，需要借助工具软件完成各项工作，工具软件有三种分类方式，下面详细介绍常见软件的分类。

1．按版权划分

按版权划分，可分为商业版、共享版、免费版及盗版软件等。

- 商业版：正规的商业发行版，这类软件应通过正规购买方式获得。
- 共享版：共享软件是以“先使用后付费”的方式，销售具有版权的软件。根据共享软件作者的授权，用户可以从各种渠道免费得到它的复制文件，也可以自由传播它。共享软件可以直接从互联网上下载到用户的电脑中，而且和商业版软件一样，共享软件受版权法保护。用户可以先使用共享软件，认为满意后再向作者付费；如果认为它不值得花钱购买，则可以停止使用。
- 免费版：大多由个人或软件工作室开发，免费提供给用户使用，没有任何功能、时间或次数上的限制。免费软件可以免费地复制和分发，但大部分免费版软件不允许对该软件进行二次开发或用于商业赢利为目的。
- 盗版软件：非法对他人具有版权的软件进行修改、复制和发布的行为都属于盗版。经过这种行为制造和发布的软件称为盗版软件，其中最典型的就是破解版软件。破解版软件大多是运用一些工具对软件进行静态和动态的跟踪从而得到软件注册码，或研究出注册码加密算法，做出相应的序列号运算器。从知识产权的角度出发，这些行为严重侵害了正版软件制作者的权益，给软件的制作者经济上带来损失。从使用角度出发，其质量远远差于正版软件，没有完整的产品维护和升级服务，容易损坏硬盘，通常带有病毒和木马等。

2．按开发版本划分

按开发版本划分，可分为测试版、正式版及专业版等。

- 测试版（又称 beta 版）：通常软件在新版本发布前都会有一个公开测试的过程，因此会发布一些功能或是使用时间受限的版本。用户使用这类软件主要是为了简单了解这款软件的功能，如果需要深入了解，就需要等正式版发布，购买正式版。需要注意的是，测试版通常含有较多的缺陷，有损害系统稳定性的可能。
- 正式版（又称标准版）：商家出售的正式的工具软件，通常有唯一的授权标识号，功能完善，缺陷少，一般都是提供升级服务，如瑞星杀毒软件等。

➢ 专业版（又称加强版）：专业版是对正式版的提高，在正式版的基础上增强了某些高级功能，或提供一些非标准的组件，供用户使用。专业版在功能上比正式版更强，价格上也更贵。

3．按软件的功能划分

按软件的功能划分，可分为系统工具软件、网络工具软件、多媒体工具软件、图形图像软件及安全软件等。下面将进行详细介绍。

➢ 系统工具软件：具有对软硬件系统进行维护、性能优化和检测等功能。
➢ 网络工具软件：网络上常用的软件，如网页浏览器、上传下载工具。
➢ 多媒体工具软件：多媒体播放相关软件，如视频播工具、音频播放工具。
➢ 图形图像软件：图形、图像查看和编辑软件，如看图工具、图形编辑工具。
➢ 安全相关软件：对电脑安全进行保护的软件，如杀毒软件、防火墙软件。

工具软件按照功能可以划分为很多类别，如表 10-1 所示。

表 10-1　按软件功能分类

主类别	子类别
视频软件	网络视频、本地播放、格式转换、视频编辑、字幕制作
聊天工具	社交聊天、网络电话、视频聊天、游戏语音
浏览器	高速浏览器、双核浏览器、游戏浏览器
音乐软件	在线音乐、K 歌软件、音频处理、网络电台
安全杀毒	安全杀毒
系统工具	备份还原、硬件检测、驱动工具、系统优化、桌面工具、U 盘系统
下载工具	通用下载、资源下载
办公软件	邮件、文档处理、PDF 转换、记事管理、办公常用
手机数码	手机助手、苹果工具、刷机工具、数码转换
输入法	拼音输入法、五笔输入法、手写输入法
图形图像	看图软件、图像处理、截图软件、CAD 图形、照片美化
阅读翻译	翻译词典、小说阅读器、PDF 阅读器
网络应用	网络加速、远程工具、上传下载、上网工具
主题壁纸	缤纷壁纸、多彩主题、美化软件
教育学习	外语工具、幼儿教育、电子书籍、考试练习
压缩刻录	压缩工具、光盘刻录、虚拟光驱
行业软件	进销存、辅助设计、财务管理、行政管理、会员管理
其他软件	天文地理、电子账本、日历闹钟、出行查询、超极本

10.1.2　获取软件的途径

软件获取的途径有很多种，如互联网上下载、使用软件安装光盘等，下面将详细地介绍获取软件的相关途径。

1．工具软件的获取方法

工具软件的获取有五种常用方法，具体内容如下。

- 购买安装光盘：在电脑市场的软件销售处一般都有针对用户需求的工具软件出售，如杀毒软件等，同时还会出售一些带有多个常用工具软件的合集。用户可以根据需要选择并购买相应的工具软件安装光盘。
- 通过购买电脑期刊中附带的光盘获得，在这些期刊中会附带一些常用工具软件测试版，另外还附带一些免费或共享软件。
- 运用网络搜索引擎，搜索并下载所需的工具软件，如 Google 搜索、百度搜索等。
- 到官方网站下载。
- 通过常用工具软件下载网站进行下载。

2．常用工具软件的介绍

常用的工具软件都具有自身的功能和特点，下面将分别进行介绍。

- 迅雷：一款由迅雷公司开发的基于多资源超线程技术的下载软件。
- 360 安全卫士：一款由奇虎 360 公司推出的安全杀毒软件。
- 搜狗输入法：一款由搜狗公司推出的 AI 智能输入法。
- 傲游浏览器：一款由傲游科技公司开发的多功能、多标签浏览器。

3．软件下载网站的介绍

网络上有许多网站提供软件下载，下载时注意网站是否存在隐患，具体内容如下。

- 天空软件站：提供国内外免费软件资源的下载，所有软件都进行了安全检测，避免木马病毒和诱导广告。
- 华军软件园：提供国内外绿色免费软件的下载，包含电脑软件、安卓应用及苹果应用等免费的电脑/手机软件。
- 非凡软件站：提供免费软件和共享软件的下载。
- 中关村在线：提供网络软件、系统工具、输入法、杀毒软件及驱动等丰富的绿色软件下载。
- 太平洋下载中心：提供全面、安全和实用的绿色软件下载。

10.1.3　应用软件的安装

应用软件的安装

美图秀秀是一款操作简单的免费图片处理软件，带有图片特效、美容、拼图、场景、边框以及饰品等功能，能帮助用户快速修饰图片。下面以美图秀秀为例，介绍安装应用软件的操作方法。

Step 01　打开美图秀秀安装程序所在的文件夹，❶在应用软件安装文件上单击鼠标右键；❷在弹出的快捷菜单中选择“打开”选项，如图 10-1 所示。

Step 02　执行上述操作后，弹出“美图秀秀 4.0.1 安装”对话框，如图 10-2 所示。

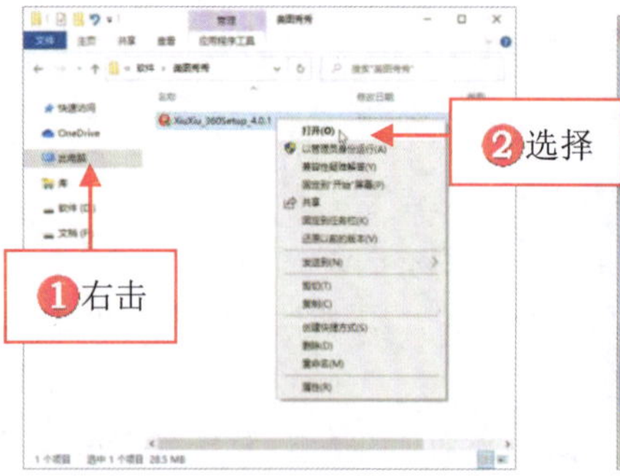

图 10-1　选择“打开”选项

图 10-2　弹出“美图秀秀 4.0.1 安装”对话框

Step 03　单击“立即安装美图秀秀”按钮，进入“选项”界面，在其中可以根据需要选择相应的安装方式，单击“下一步”按钮，如图 10-3 所示。

Step 04　执行上述操作后，进入“安装目录”界面，在其中可以设置软件的安装位置，单击“浏览”按钮，如图 10-4 所示。

图 10-3　单击“下一步”按钮

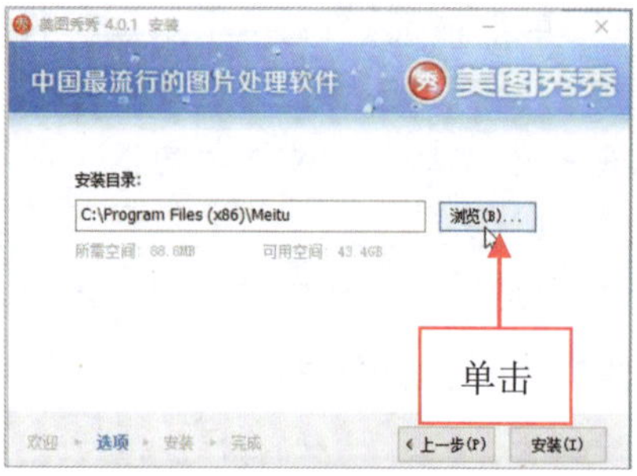

图 10-4　单击“浏览”按钮

Step 05　弹出“浏览文件夹”对话框，❶选择要安装软件的文件夹；❷单击“确定”按钮，如图 10-5 所示。

Step 06　返回到“安装目录”界面，单击“安装”按钮，如图 10-6 所示。

图 10-5　单击“确定”按钮

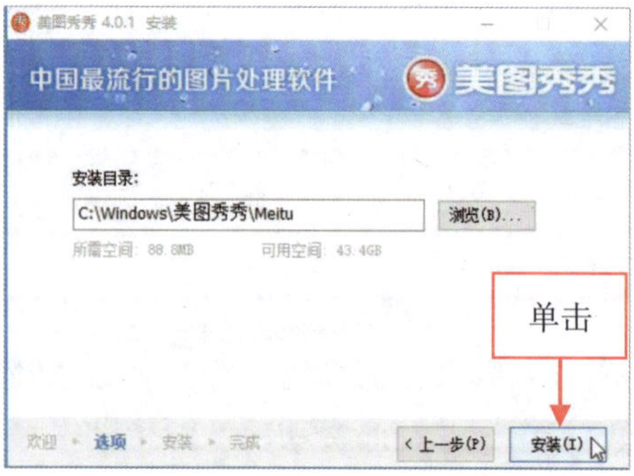

图 10-6　单击“安装”按钮

Step 07　执行上述操作后，进入“安装”界面，显示应用程序安装进度，如图 10-7 所示。

Step 08　安装完成后，进入“完成”界面，单击“完成”按钮，如图 10-8 所示，即可运行美图秀秀。

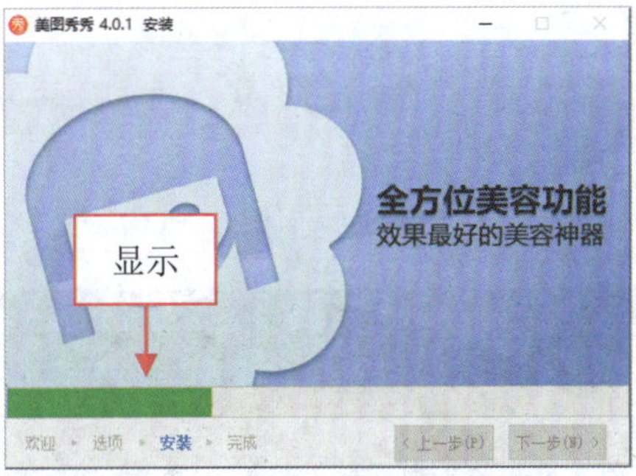

图 10-7　显示应用程序安装进度

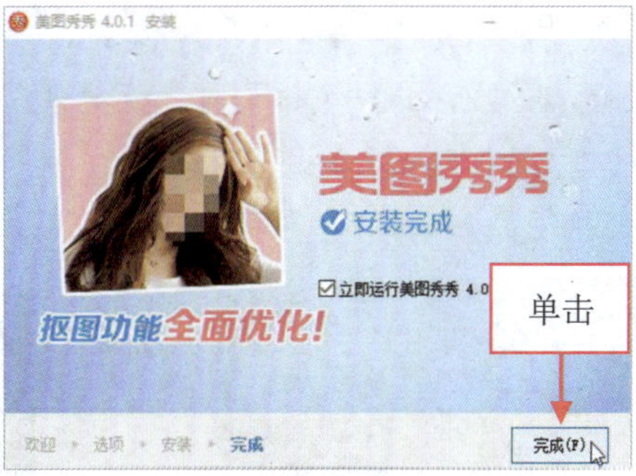

图 10-8　单击“完成”按钮

10.2　应用软件的运行

在 Windows 10 操作系统中，启动应用程序的方法比较多，用户可以根据应用程序的类型和使用的习惯决定采用哪种方法。

10.2.1　从“开始”菜单中运行

从“开始”菜单中运行

在“开始”菜单中，储存了很多计算机程序，可以进行快速启动。下面以格式工厂应用程序为例，介绍从“开始”菜单中运行软件的方法。

Step 01 打开“开始”菜单，❶选择“格式工厂”文件夹；❷在展开的列表框中选择“格式工厂”选项，如图 10-9 所示。

Step 02 执行上述操作后，即可从“开始”菜单中，打开格式工厂应用程序，其工作界面如图 10-10 所示。

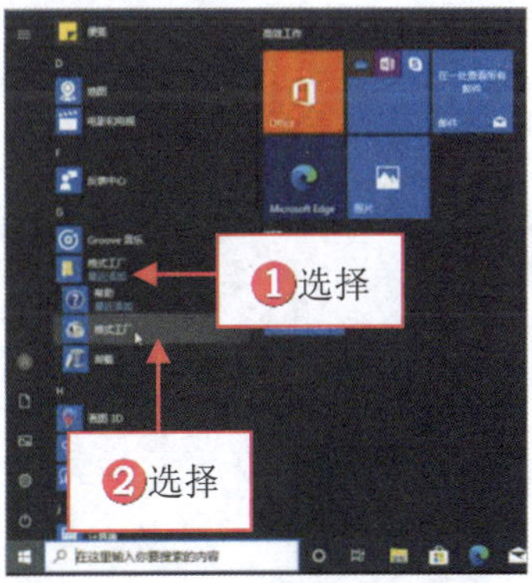

图 10-9　选择“格式工厂”选项

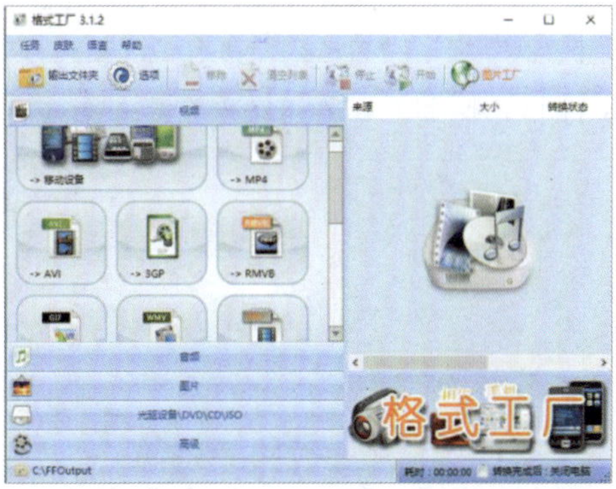

图 10-10　打开程序工作界面

10.2.2　从桌面快捷方式运行

从桌面快捷方式运行

当安装了某个软件后，会自动在桌面上创建一个快捷方式图标，只需要双击该图标即可运行对应的程序，这是运行软件最为常用的方法之一。下面以 QQ 影音应用程序为例，介绍从桌面快捷方式运行软件的方法。

Step 01 ❶在桌面上的“QQ 影音”快捷方式图标上单击鼠标右键；❷在弹出的快捷菜单中选择“打开”选项，如图 10-11 所示。

Step 02 执行上述操作后，即可运行 QQ 影音应用程序，工作界面如图 10-12 所示。

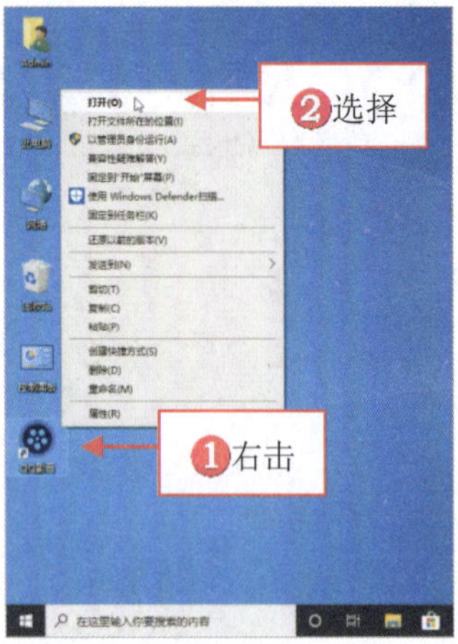

图 10-11　选择“打开”选项

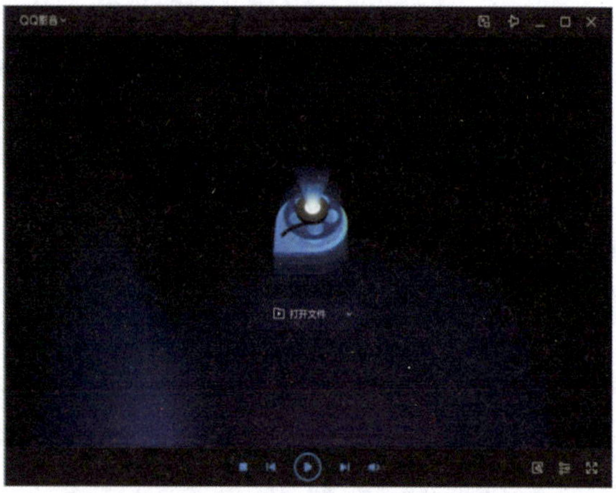

图 10-12　QQ 影音工作界面

10.2.3　从安装程序目录中运行

从安装程序目录中运行

如果在“开始”菜单和桌面上都找不到所需软件的应用程序图标，那么可以在该软件的安装路径下查找相应的启动文件。应用程序的启动文件都是.exe 文件，双击该文件即可启动应用软件。下面以美图看看程序为例，介绍从安装程序目录中运行软件的操作方法。

Step 01 打开应用程序的安装目录，❶在 KanKan.exe 文件上单击鼠标右键；❷在弹出的快捷菜单中选择“打开”选项，如图 10-13 所示。

Step 02 执行上述操作后，即可打开美图看看应用程序，工作界面如图 10-14 所示。

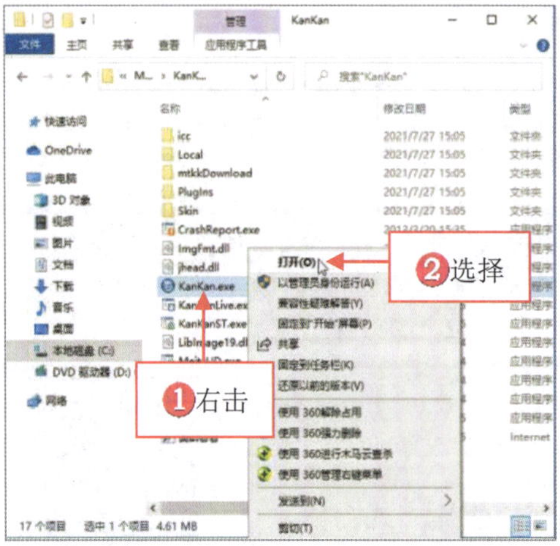

图 10-13　选择“打开”选项

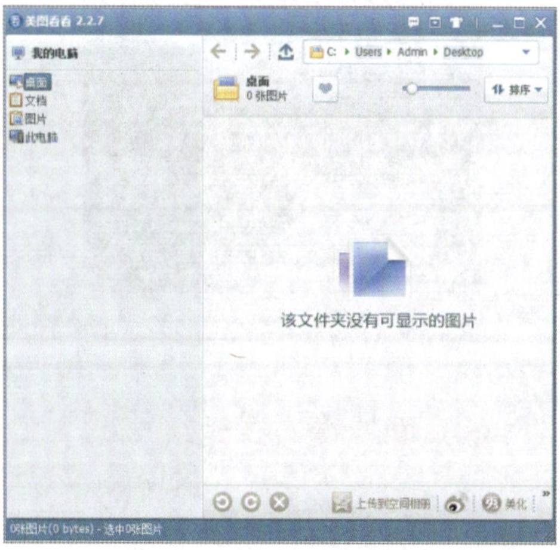

图 10-14　美图看看工作界面

10.2.4　从“运行”对话框中运行

除了上述三种运行应用程序的方式，还可以选择打开“运行”对话框，在其中选择需要运行的应用程序。下面以 360 安全卫士为例，介绍从“运行”对话框中运行软件的操作方法。

从“运行”对话框中运行

Step 01　按【Windows + R】组合键，弹出“运行”对话框，单击“浏览”按钮，如图 10-15 所示。

Step 02　执行上述操作后，弹出“浏览”对话框，打开 360 安全卫士的安装目录，❶选择 360Safe.exe 程序；❷单击“打开”按钮，如图 10-16 所示。

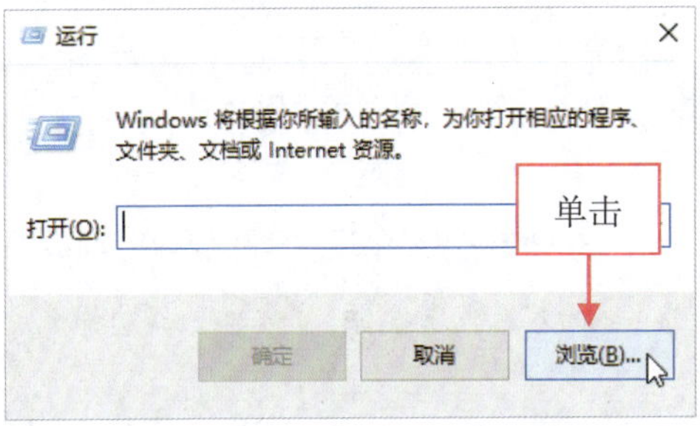

图 10-15　单击“浏览”按钮

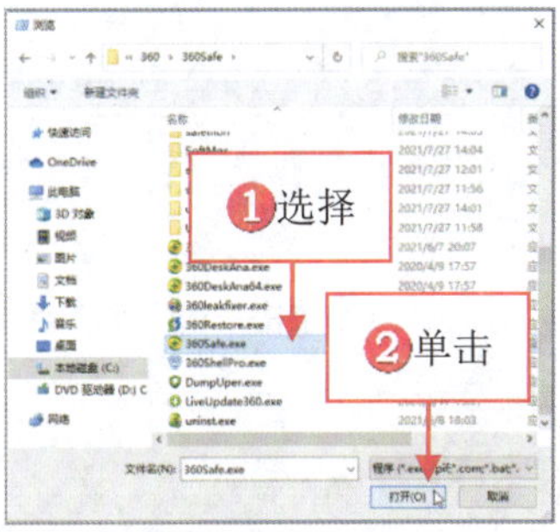

图 10-16　单击“打开”按钮

Step 03　执行上述操作后，返回到“运行”对话框，单击“确定”按钮，如图 10-17 所示。

Step 04　执行上述操作后，即可打开 360 安全卫士应用程序，其工作界面如图 10-18 所示。

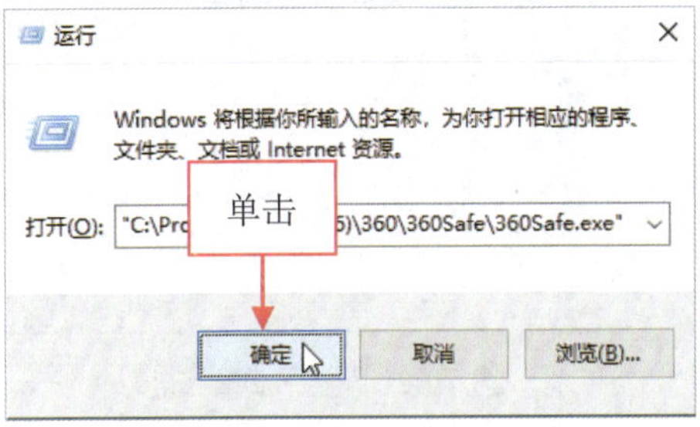

图 10-17　单击“确定”按钮

图 10-18　360 安全卫士工作界面

10.3　应用软件的卸载

如果一直在系统中安装软件，而不将暂时不需要的软件卸载，长期下去软件就会占用大量的硬盘空间，影响系统的运行速度。因此应该删除一些不再使用的软件，以节省硬盘空间和提高系统运行速度。

10.3.1　使用“控制面板”卸载

在控制面板中可以查看已安装的程序，还可以卸载不需要的程序，下面以 QQ 影音为例，介绍使用控制面板卸载软件的方法。

使用“控制面板”卸载

Step 01 双击桌面的“控制面板”图标，打开“控制面板”窗口，单击“卸载程序”链接，如图 10-19 所示。

Step 02 执行上述操作后，打开“程序和功能”窗口，❶在列表框中的“QQ 影音”选项上单击鼠标右键；❷在弹出的快捷菜单中选择“卸载/更改”选项，如图 10-20 所示。

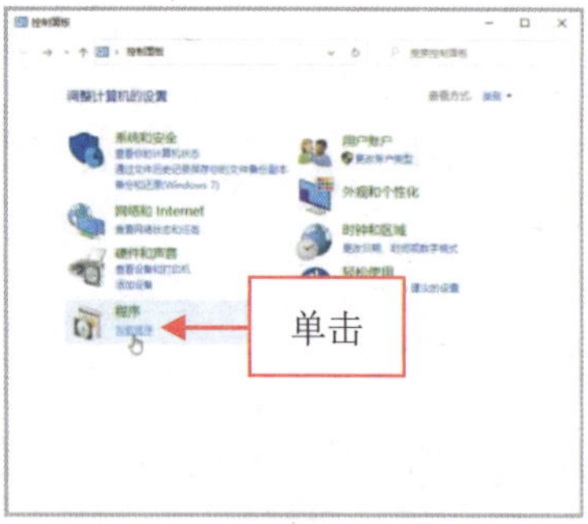

图 10-19　单击“卸载程序”链接

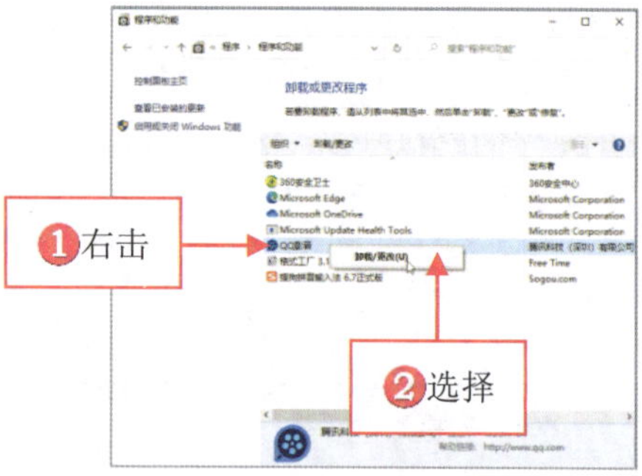

图 10-20　选择“卸载/更改”选项

Step 03 弹出“QQ 影音”对话框，❶选中“直接卸载”单选按钮；❷单击“继续卸载”按钮，如图 10-21 所示。

Step 04 执行上述操作后，进入“正在卸载”界面，显示卸载进度，如图 10-22 所示。

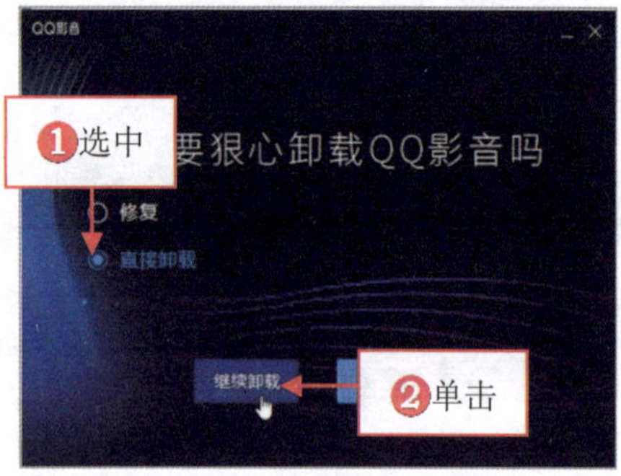

图 10-21　单击“继续卸载”按钮

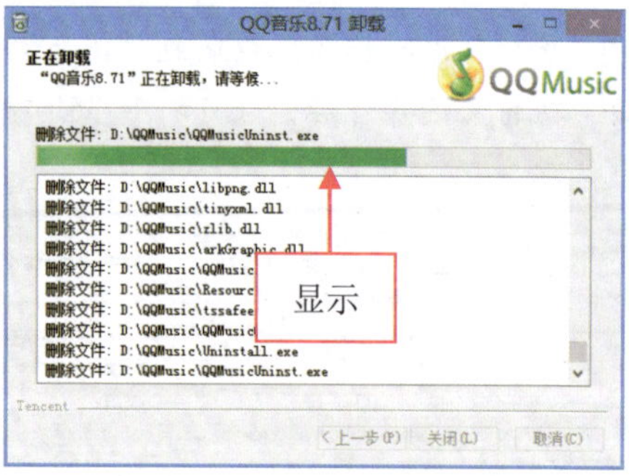

图 10-22　显示卸载进度

Step 05 卸载完成后，进入“解除安装已完成”界面，如图 10-23 所示，提示应用程序已经卸载完成。

Step 06 单击“关闭”按钮，即可完成应用程序的卸载操作，效果如图 10-24 所示。

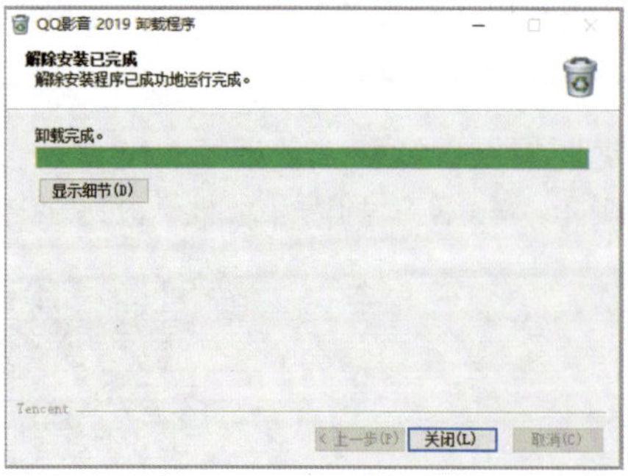

图 10-23　进入“解除安装已完成”界面

图 10-24　应用程序卸载后的效果界面

10.3.2　使用第三方软件卸载

下面以 360 安全卫士卸载软件为例，介绍通过第三方软件卸载软件的方法。

使用第三方软件卸载

Step 01　在桌面上双击“360 安全卫士”快捷方式图标，打开“360 安全卫士”窗口，如图 10-25 所示。

图 10-25　打开“360 安全卫士”窗口

Step 02　单击“软件管家”按钮，打开“360 软件管家”窗口，如图 10-26 所示。

Step 03　切换至“卸载”选项卡，❶选中“暴风影音”复选框；❷单击“暴风影音”右侧的“一键卸载”按钮，如图 10-27 所示。

图 10-26　打开“360 软件管家”窗口　　　图 10-27　单击“一键卸载”按钮

Step 04　执行上述操作后，显示“正在卸载软件”，如图 10-28 所示。

Step 05　稍等片刻，显示“卸载完成”，如图 10-29 所示。

图 10-28　显示“正在卸载软件”

图 10-29　显示“卸载完成”

10.4　系统默认应用的更改

在 Windows 10 操作系统中，系统默认应用是指用户在打开某一类文件时使用的应用程序。默认状态下都是系统自带的应用程序和工具，如果用户想使用安装的应用程序作为默认打开程序，可以更改系统默认应用。

默认应用的更改

10.4.1　默认应用的更改

Windows 10 操作系统安装完成后，对不同类别的文件都设置了默认的打开应用，可以在“设置”窗口更改这些默认的打开应用。下面介绍更改默认应用的操作方法。

Step 01　按【Windows + I】组合键，打开“设置”窗口，选择“应用”选项，如图 10-30 所示。

Step 02　执行上述操作后，进入相应界面，在左侧的列表框中选择“默认应用”选项，如图 10-31 所示，右侧显示“默认应用”界面。

图 10-30　选择“应用”选项

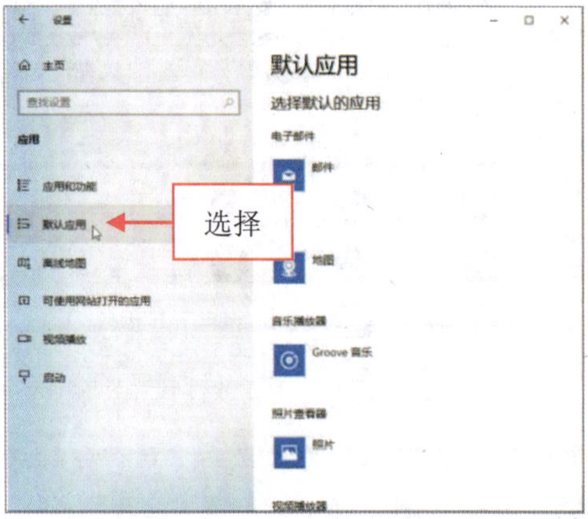

图 10-31　选择“默认应用”选项

Step03 ❶单击“照片查看器”下方的“照片”图标；❷在弹出的列表框中选择“美图看看”选项，如图 10-32 所示。

Step04 执行上述操作后，即可成功更改默认应用，效果如图 10-33 所示。

图 10-32　选择“美图看看”选项

图 10-33　成功更改默认应用

10.4.2　根据文件类型设置默认应用

如果想用某一应用打开指定类型的文件，可以单独设置该类型为默认打开应用。下面介绍根据文件类型设置默认应用的操作方法。

根据文件类型设置默认应用

Step01 打开“音乐”文件夹，❶在“音乐 1”歌曲文件上单击鼠标右键；❷在弹出的快捷菜单中选择“打开方式”|“选择其他应用”选项，如图 10-34 所示。

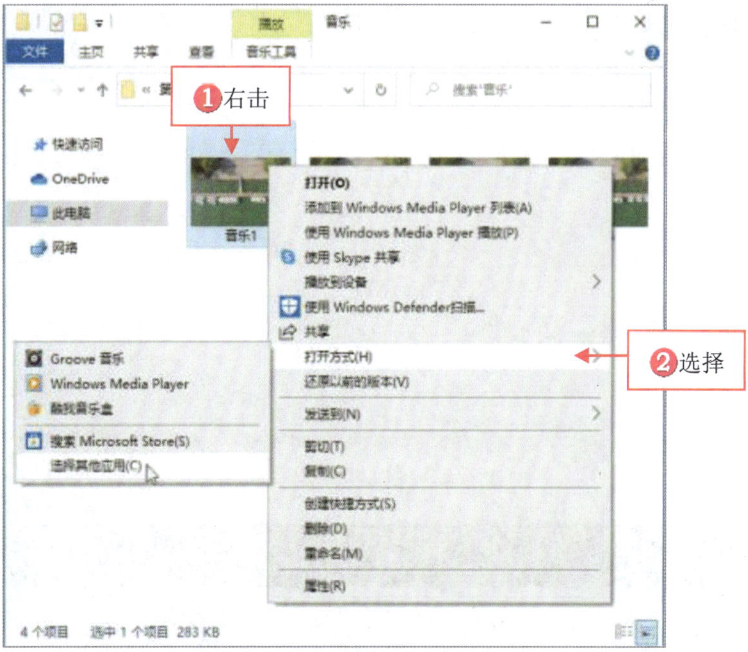

图 10-34　选择相应选项

Step 02 执行上述操作后，弹出“你要如何打开这个文件？”对话框，❶选择“酷我音乐盒”选项；❷选中“始终使用此应用打开.mp3 文件”复选框，如图 10-35 所示。

图 10-35　选中相应复选框

Step 03 单击“确定”按钮，即可用酷我音乐盒打开“音乐 1”歌曲文件，如图 10-36 所示，酷我音乐盒被设置为.mp3 文件的默认打开应用。

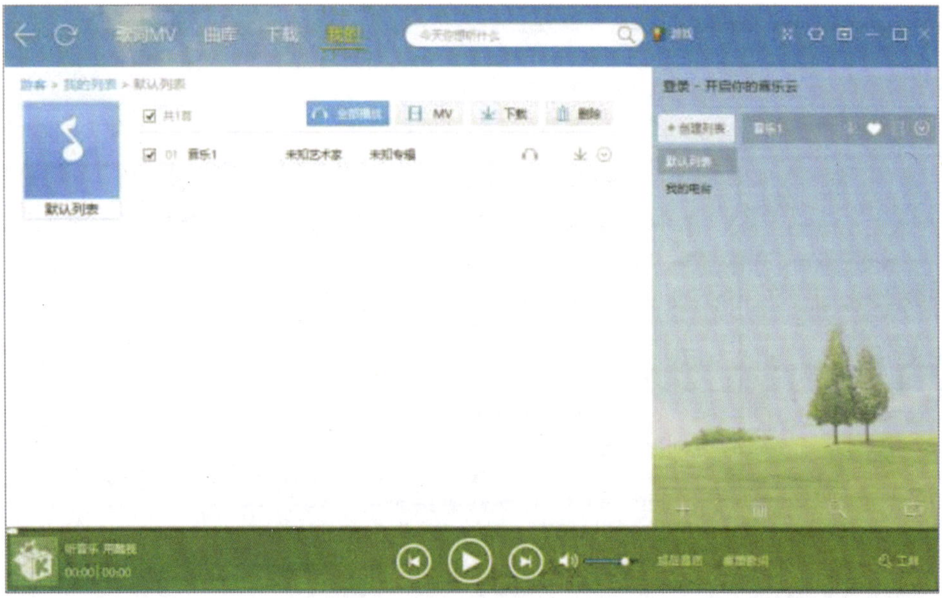

图 10-36　打开“音乐 1”歌曲文件

本章小结

本章主要介绍了 Windows 10 操作系统中应用软件的基础知识和基本操作，具体内容包括应用软件的分类、获取途径、安装方法、运行方法和卸载方法，以及系统默认应用的更改方法。希望通过对本章的学习，读者能够掌握应用软件的安装与管理。

课后习题

课后习题

鉴于本章知识的重要性，为了帮助读者更好地掌握所学知识，通过设置上机习题帮助读者进行简单的知识回顾和补充。

在应用程序安装完成后，有些应用程序会自动在“开始”菜单中创建一个卸载程序的快捷方式。本习题可帮助读者掌握通过“开始”菜单卸载软件的操作方法，如图 10-37 所示。

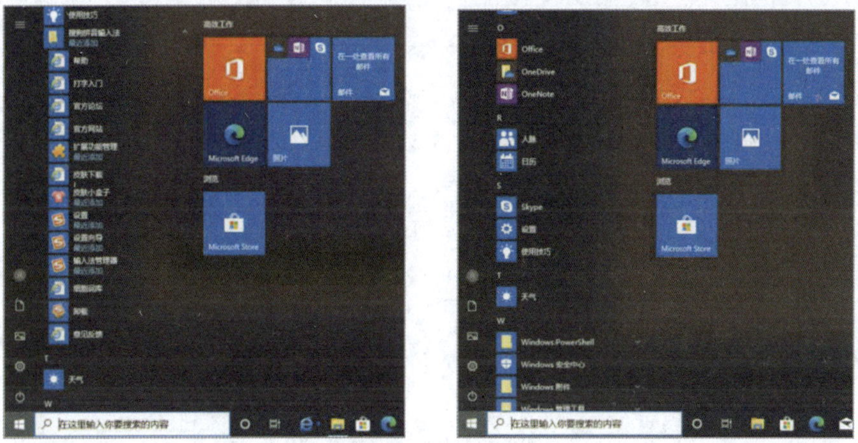

图 10-37　通过“开始”菜单卸载软件前后对比图

第 11 章

Windows 系统的安全与维护

在网络应用普及的今天，病毒木马也很猖獗，Windows 系统的安全性正经历着一次次的严峻考验。做好电脑日常的保养和维护，不仅能使电脑始终保持在最佳的工作状态，还能延长电脑的使用寿命，减少不必要的开销。因此，应掌握提高系统安全性和维护电脑的相关知识。本章将主要介绍 Windows 10 系统中有关安全与维护的基础知识和基本操作。

本章重点

- 用户账户控制的设置
- Windows 10 防火墙的设置
- 开机和磁盘的优化
- 电脑病毒的防范和查杀
- 360 安全卫士的使用

11.1 用户账户控制的设置

Windows 10 操作系统通过用户账户控制用户的操作进行安全防护。用户账户控制能够在个人或者软件对系统进行更改的时候，冻结所有的操作并进行提示，以防止恶意程序或者错误操作对系统产生不良的影响，并且账户控制还可以更改保护的级别。

11.1.1 了解用户账户控制

用户账户控制（User Account Control，UAC），既可以防止恶意程序对系统的破坏，又可以帮助管理系统。从 Windows Vista 系统到如今的 Windows 10 系统，人们对用户账户控制功能的评价有褒有贬，而该功能也在一直不断地更新和改进。

作为核心的安全功能，用户账户控制与系统本身的结合十分紧密，功能也十分强大。当标准账户试图修改系统设置的时候，用户账户控制会弹出信息提示框，此时所有的程序运行都会被冻结，单击“是”按钮，即可确认程序对系统的更改。

11.1.2 更改用户账户控制的保护级别

更改用户账户控制的保护级别

系统没有绝对的安全与绝对的方便，用户只有根据自身的需要，对用户账户控制的保护级别进行更改，以达到平衡的效果。下面介绍更改用户账户控制的保护级别的操作方法。

Step 01 打开“控制面板”窗口，单击“用户账户”链接，如图 11-1 所示。

Step 02 打开“用户账户”窗口，单击“用户账户”链接，如图 11-2 所示。

图 11-1 单击“用户账户”链接（1）

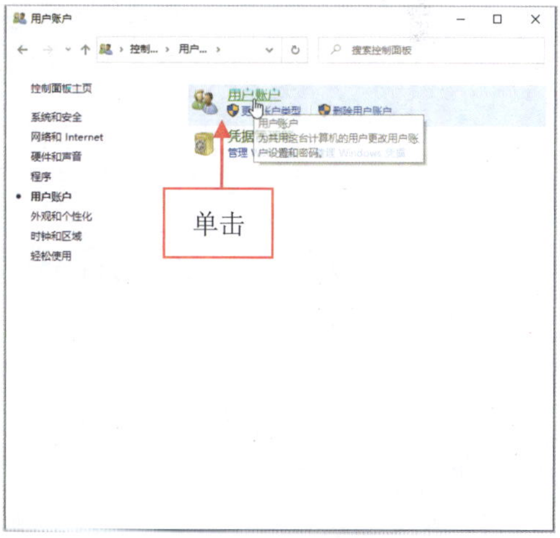

图 11-2 单击“用户账户”链接（2）

Step 03 执行上述操作后，打开“用户账户”窗口，单击“更改用户账户控制设置”链接，如图 11-3 所示。

Step 04 执行上述操作后，打开“用户账户控制设置”窗口，❶拖曳滑块至顶端；❷单击“确定”按钮，如图 11-4 所示。

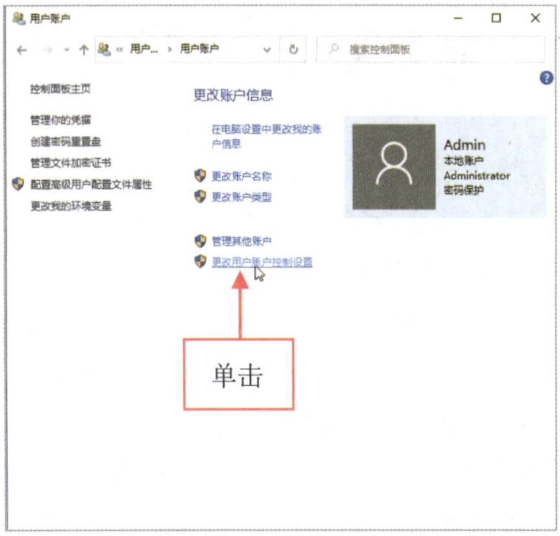

图 11-3 单击“更改用户账户控制设置”链接

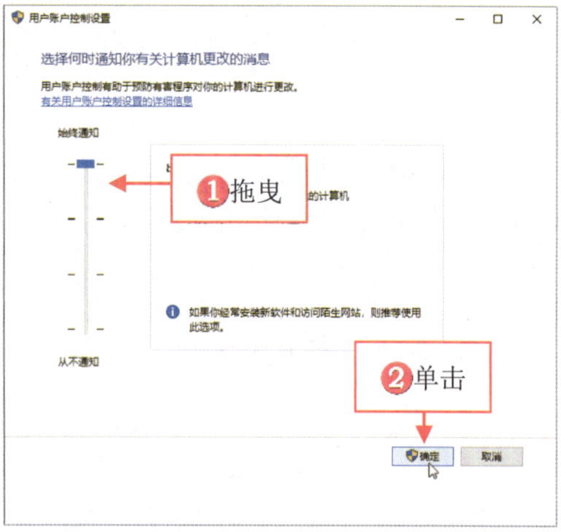

图 11-4 单击“确定”按钮

Step 05 执行上述操作后，弹出“用户账户控制”对话框，单击“是”按钮，如图 11-5 所示，即可更改用户账户控制的保护级别。

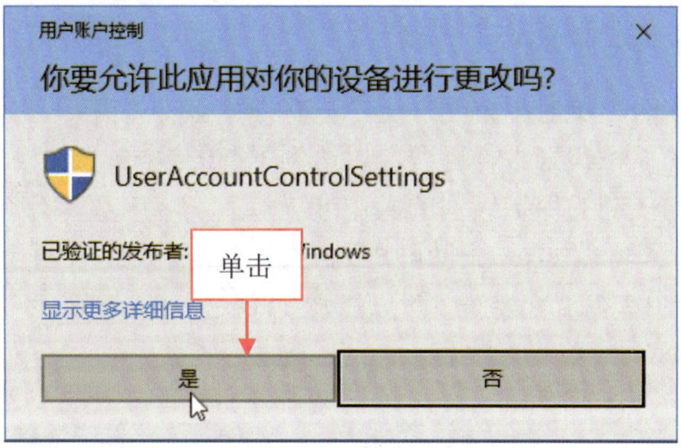

图 11-5 单击“是”按钮

11.2 Windows 10 防火墙的设置

防火墙是指由软件和硬件设备组合而成。在内部网和外部网之间、专用网与公共网之间的连接点上构造的保护屏障，目的是保护内部网免受非法用户的入侵。专业级防火墙主要由服务访问规则、验证工具、包过滤和应用网关四个部分组成。计算机中的防火墙就是一个位于计算机和它所连接的网络之间的软件或硬件，出入该计算机的所有网络通信和数据包均要经过此防火墙。

系统防火墙的主要作用是管理计算机内部程序联网和防止外部网络攻击计算机。虽然有很多第三方防火墙软件，但 Windows 10 操作系统集成的防火墙在全面性和专业性方面丝毫不会逊色其他的专业防火墙软件。

11.2.1　防火墙的启用

防火墙的启用

黑客是利用系统安全漏洞对网络进行维护或破坏的，可能是具备高技能的达人，也可能是非法谋利分子。Windows 10 防火墙没有专业防火墙那么复杂，但却提供了高级设置，可对系统进行更具个性化、针对性更强的防护，以抵制黑客的侵扰。

Step 01　打开“控制面板”窗口，单击“系统和安全”链接，如图 11-6 所示。

Step 02　打开“系统和安全”窗口，单击“Windows Defender 防火墙”链接，如图 11-7 所示。

图 11-6　单击“系统和安全”链接

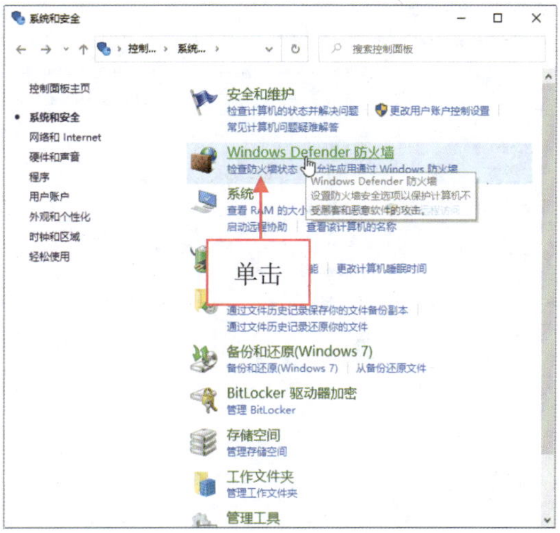

图 11-7　单击相应链接

Step 03　打开“Windows Defender 防火墙”窗口，单击“使用推荐设置”按钮，如图 11-8 所示。

Step 04　执行上述操作后，启用系统默认的 Windows Defender 防火墙，如图 11-9 所示。

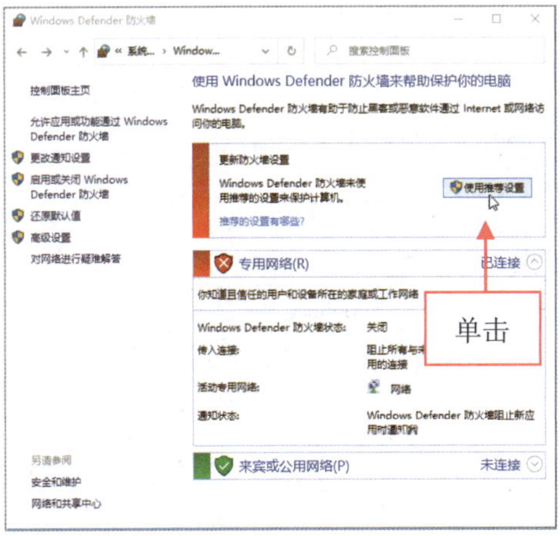

图 11-8　单击“使用推荐设置”按钮

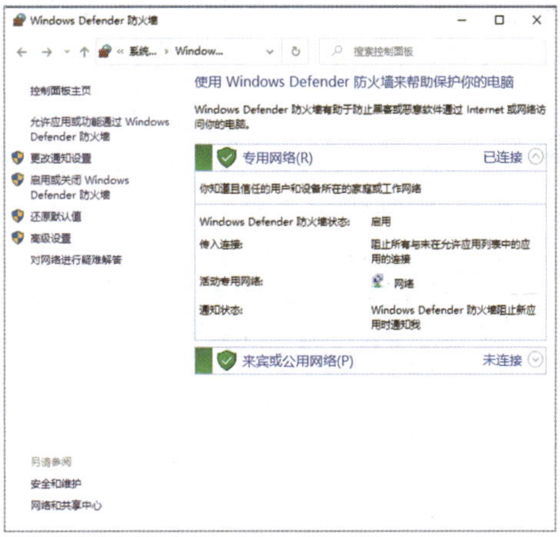

图 11-9　启用 Windows Defender 防火墙

11.2.2 配置 Windows Defender 防火墙

配置 Windows Defender 防火墙

Windows 10 防火墙提供了高级模式，可以让专业人员进行更完善的设置，以实现端口、程序和网络的控制。下面介绍在高级模式下配置 Windows Defender 防火墙的操作方法。

Step 01 打开“Windows Defender 防火墙”窗口，单击左侧的“高级设置”链接，如图 11-10 所示。

Step 02 打开“高级安全 Windows Defender 防火墙”窗口，❶在左侧的列表框中选择“入站规则”选项；❷在右侧的“操作”选项区中选择“新建规则”选项，如图 11-11 所示。

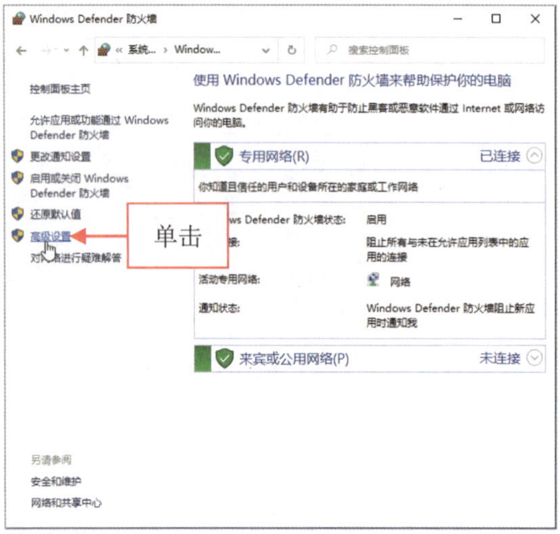

图 11-10 单击“高级设置”链接

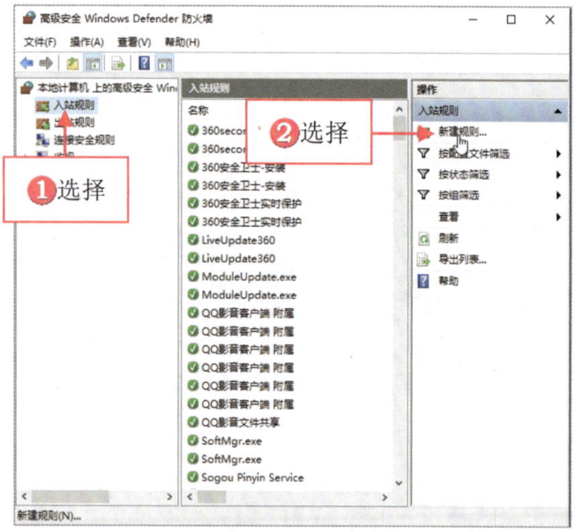

图 11-11 选择“新建规则”选项

Step 03 弹出“新建入站规则向导”对话框，❶选中“端口”单选按钮；❷单击“下一步”按钮，如图 11-12 所示。

Step 04 进入“协议和端口”界面，❶在“特定本地端口”右侧的文本框中输入 03；❷单击“下一步”按钮，如图 11-13 所示。

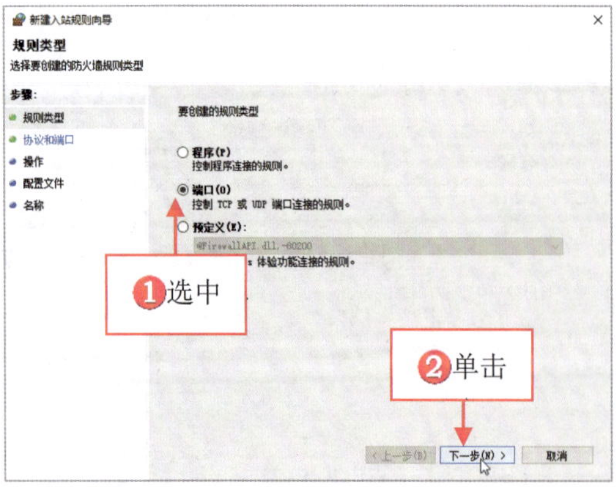

图 11-12 单击“下一步”按钮（1）

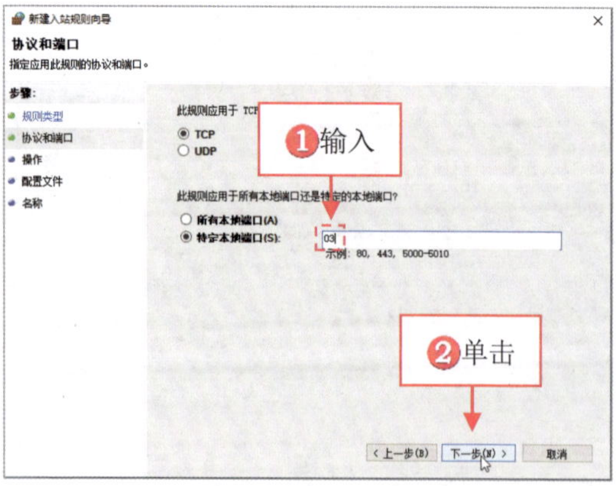

图 11-13 单击“下一步”按钮（2）

Step 05 进入“操作”界面，❶选中“阻止连接”单选按钮；❷单击“下一步”按钮，如图 11-14 所示。

Step 06　进入“配置文件”界面，单击“下一步”按钮，如图 11-15 所示。

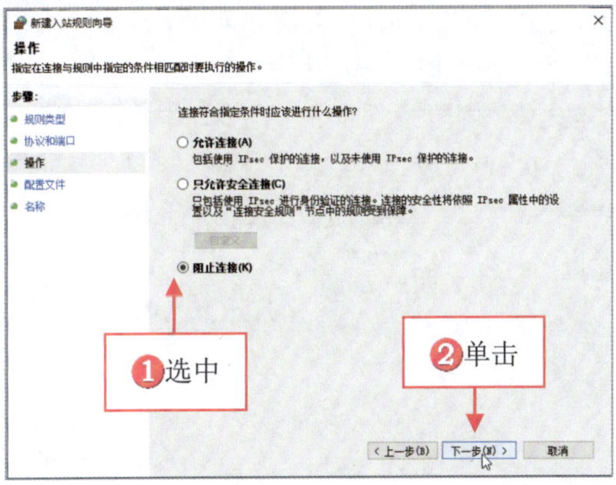

图 11-14　单击“下一步”按钮（3）

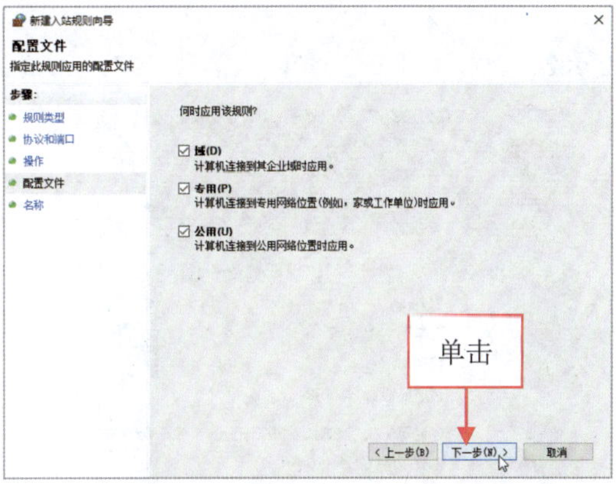

图 11-15　单击“下一步”按钮（4）

Step 07　进入“名称”界面，❶在“名称”文本框中输入“阻止 FTP 链接”；❷单击“完成”按钮，如图 11-16 所示，即可完成对 03 端口屏蔽的设置。

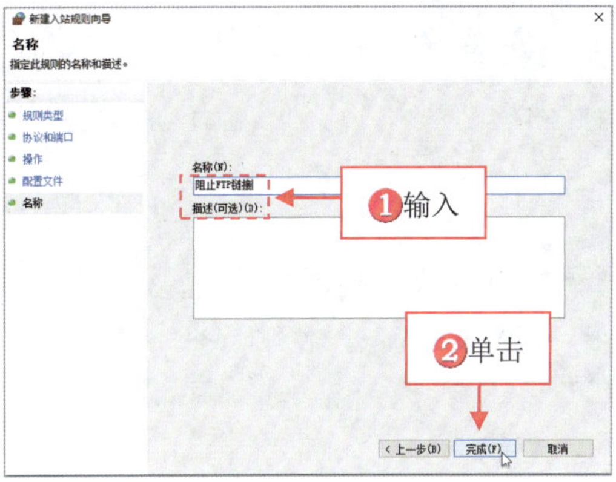

图 11-16　单击“完成”按钮

11.3　开机和磁盘的优化

经过长时间的使用，系统的开机速度会变慢，这个时候就需要对电脑的开机速度进行优化。通过对磁盘优化和维护增大数据存储空间和保护数据，已经成为电脑维护和管理的一个重要方面。为了帮助用户更好地进行磁盘维护，Windows 10 操作系统提供了多种磁盘维护工具，如磁盘清理和磁盘碎片整理工具等，用户可以根据需要进行选择。

11.3.1　开机时间的优化

为了维护好电脑，用户在长期使用电脑后，需要对它的系统时间进行优化，以缩短开机速度。下面介绍优化开机时间的操作方法。

开机时间的优化

Step 01 ❶在“此电脑”图标上单击鼠标右键；❷在弹出的快捷菜单中选择“属性”选项，如图 11-17 所示。

Step 02 打开“系统”窗口，单击“高级系统设置”链接，如图 11-18 所示。

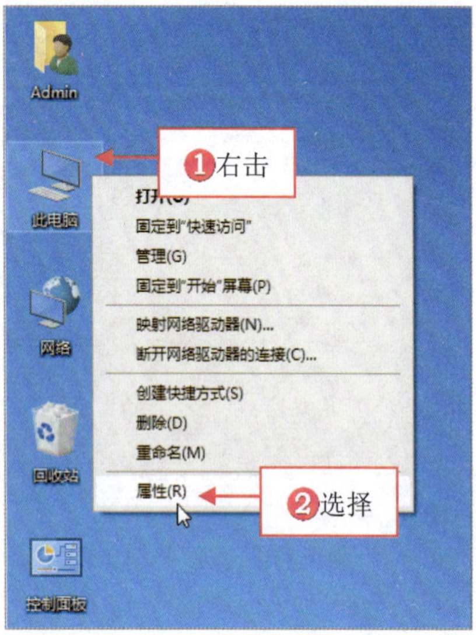

图 11-17　选择“属性”选项

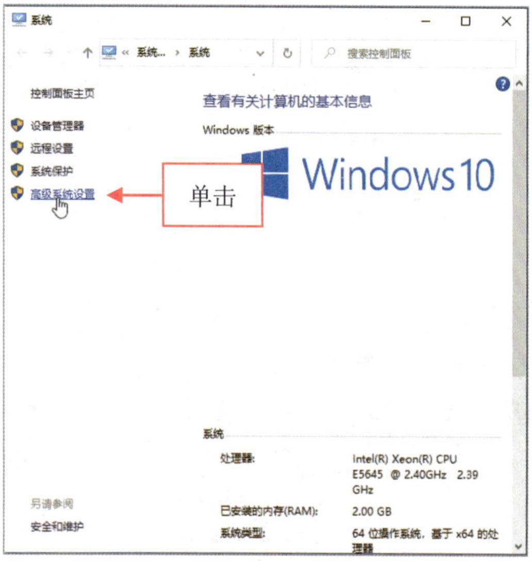

图 11-18　单击“高级系统设置”链接

Step 03 弹出“系统属性”对话框，在“启动和故障恢复”选项区中，单击“设置”按钮，如图 11-19 所示。

Step 04 弹出“启动和故障恢复”对话框，❶选中“在需要时显示恢复选项的时间”复选框；❷设置时间为 10 秒；❸单击“确定”按钮，如图 11-20 所示。

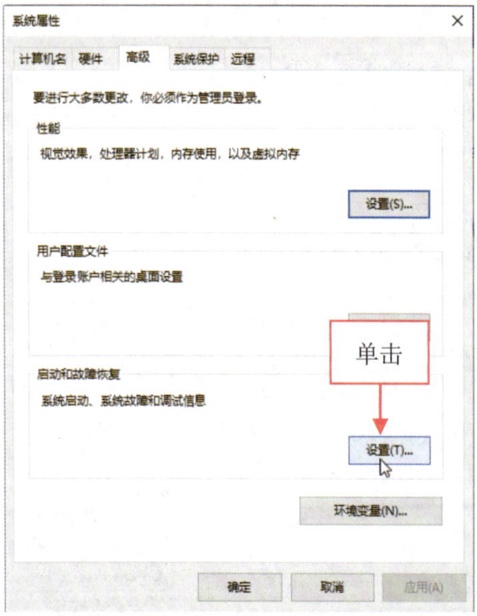

图 11-19　单击“设置”按钮

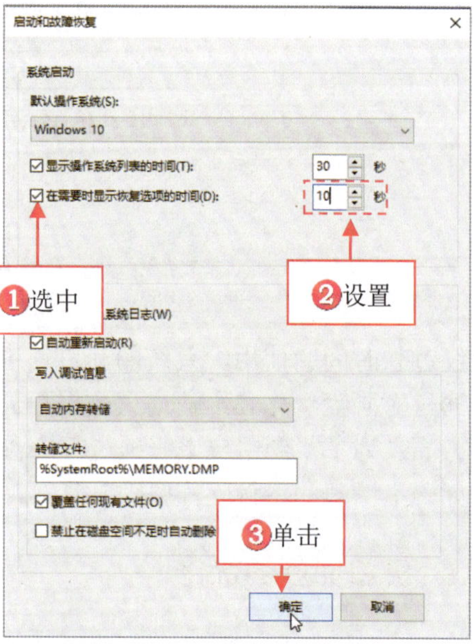

图 11-20　单击“确定”按钮（1）

Step 05 返回到“系统属性”对话框，单击“确定”按钮，如图 11-21 所示，即可优化开机速度。

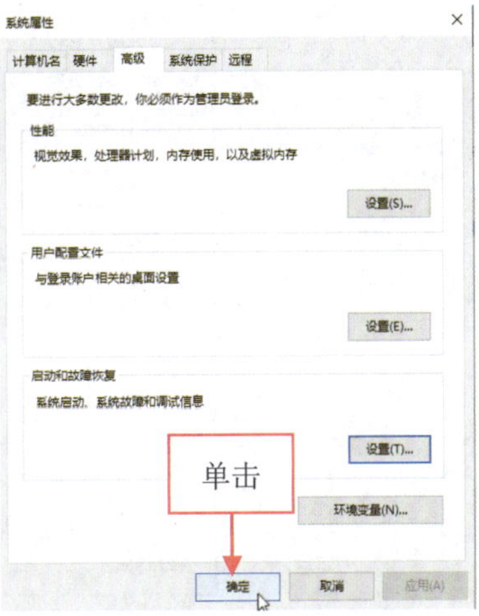

图 11-21 单击“确定”按钮（2）

11.3.2 开机启动项的管理

机启动项的管理

有些程序在安装后，会在开机时自动启动，这严重影响了开机启动程序的运行速度。此时可以对开机启动项进行管理，删除不必要的开机启动项。下面介绍管理开机启动项的操作方法。

Step 01 在任务栏的空白处单击鼠标右键，在弹出的快捷菜单中选择“任务管理器”选项，如图 11-22 所示。

Step 02 执行上述操作后，即可打开“任务管理器”窗口，切换至“启动”选项卡，如图 11-23 所示。

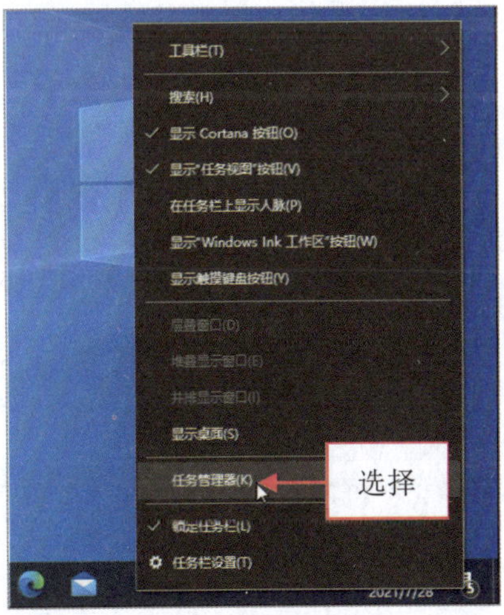

图 11-22 选择“任务管理器”选项

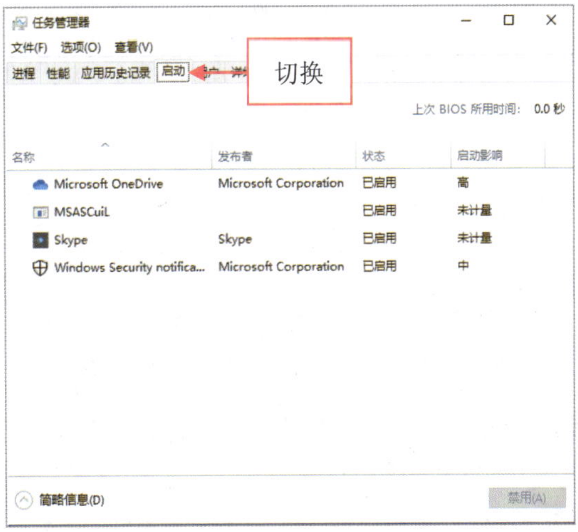

图 11-23 切换至“启动”选项卡

Step 03 ❶选择 Skype 程序；❷单击“禁用”按钮，如图 11-24 所示。

Step 04 执行上述操作后，即可禁用该系统启动项，效果如图 11-25 所示。

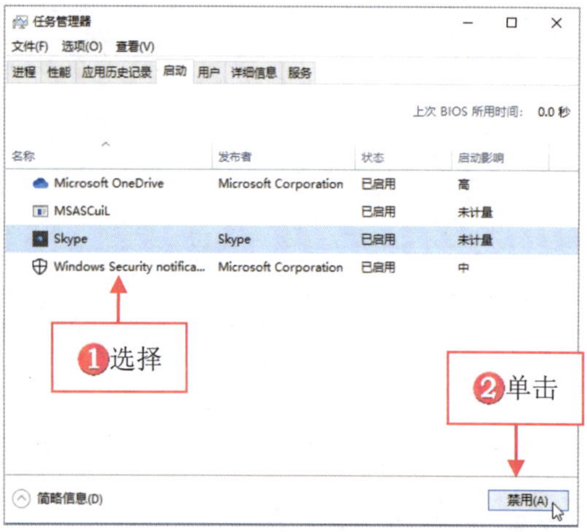

图 11-24 单击“禁用”按钮

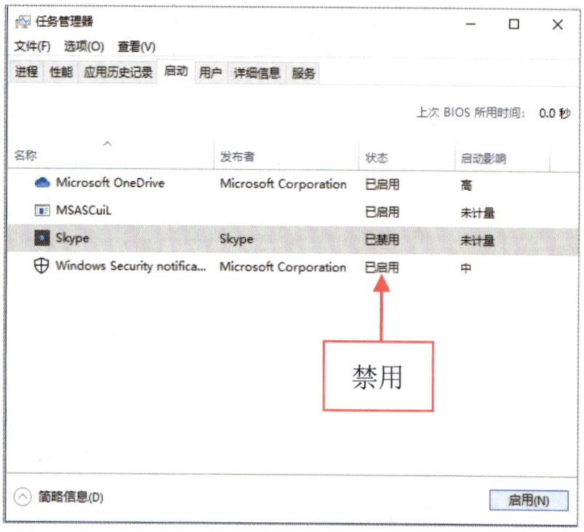

图 11-25 禁用该系统启动项

11.3.3 系统内存的优化

系统内存的优化

内存的优化方法，除了设置更加合理的硬件参数和对硬件进行超频外，还有其他实用的方法。下面介绍进行内存优化的操作方法。

Step 01 打开“系统”窗口，单击“高级系统设置”链接，如图 11-26 所示。

Step 02 弹出“系统属性”对话框，在“性能”选项区中，单击“设置”按钮，如图 11-27 所示。

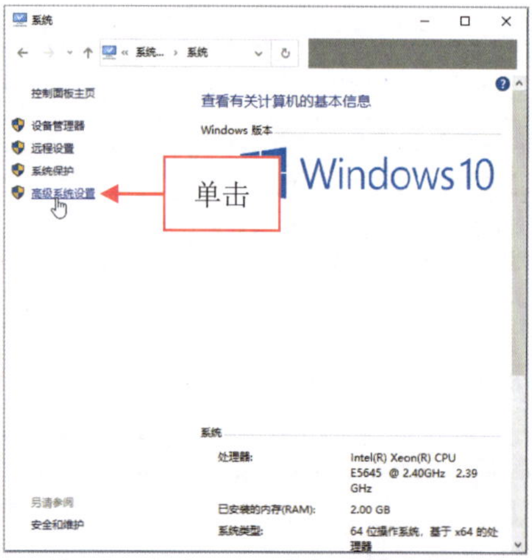

图 11-26 单击“高级系统设置”链接

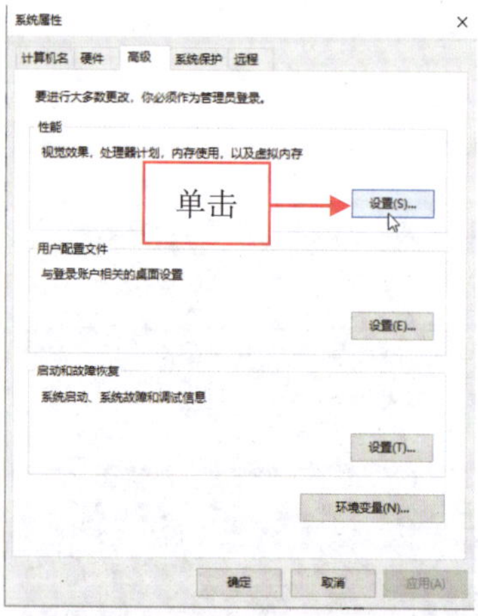

图 11-27 单击“设置”按钮

Step 03 弹出“性能选项”对话框，❶切换至“高级”选项卡；❷单击“更改”按钮，如图 11-28 所示。

Step 04 弹出“虚拟内存”对话框，❶取消选中“自动管理所有驱动器的分页文件大小”复选框；❷选中“自定义大小”单选按钮；❸设置“初始大小”为 1 024 MB、“最大值”为 2 000 MB；❹单击“设置”按钮，如图 11-29 所示。

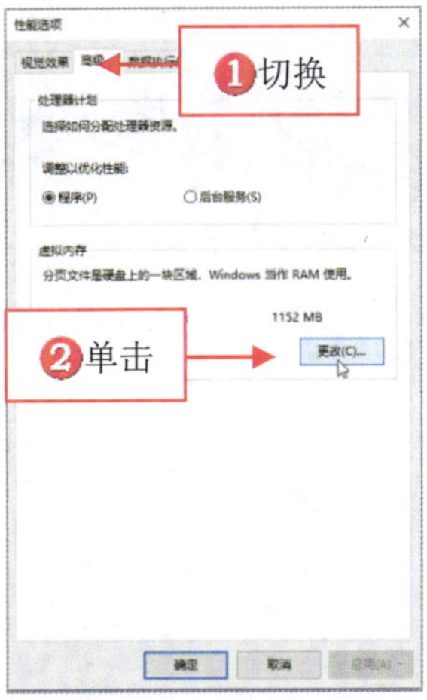

图 11-28　单击“更改”按钮

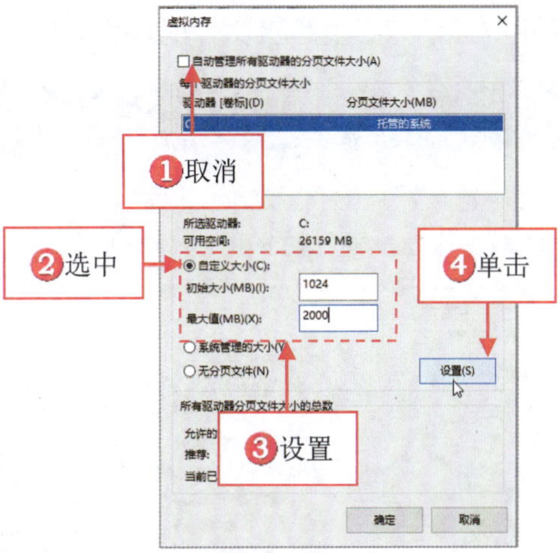

图 11-29　单击“设置”按钮

▶ 专家指点

在“系统属性”对话框的“高级”选项卡中，还可以对配置文件、启动和故障恢复等选项进行设置。

Step 05　执行上述操作后，分页文件大小将发生变化，依次单击“确定”按钮，如图 11-30 所示，即可完成虚拟内存的设置。

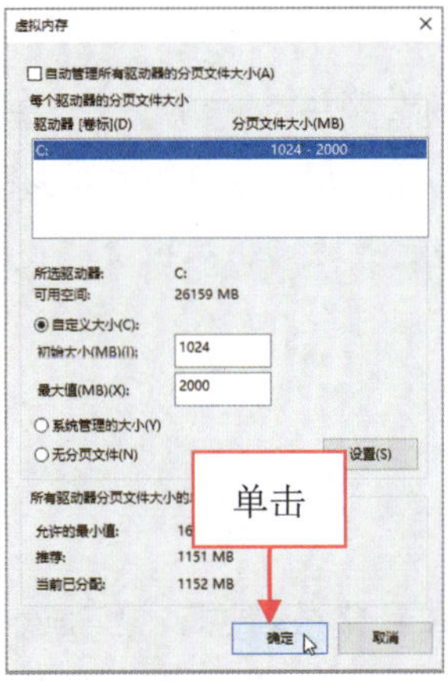

图 11-30　依次单击“确定”按钮

▶ 专家指点

在 Windows 10 操作系统中，可以选择任意一个磁盘盘符，设置其虚拟内存的大小，还可以设置多个磁盘盘符的虚拟内存大小。

11.3.4　垃圾文件的清理

在使用浏览器上网或下载安装某些软件后，会自动创建一些临时文件而未被删除，时间一长，这些废弃的临时文件会占用大量的磁盘空间，此时使用磁盘清理可将其删除，以释放磁盘空间。下面介绍清理磁盘垃圾文件的操作方法。

垃圾文件的清理

Step 01 打开“此电脑”窗口，❶在“本地磁盘（C:)”上单击鼠标右键；❷在弹出的快捷菜单中选择“属性”选项，如图 11-31 所示。

Step 02 弹出“本地磁盘（C: ）属性”对话框，在“常规”选项卡中，单击“磁盘清理”按钮，如图 11-32 所示。

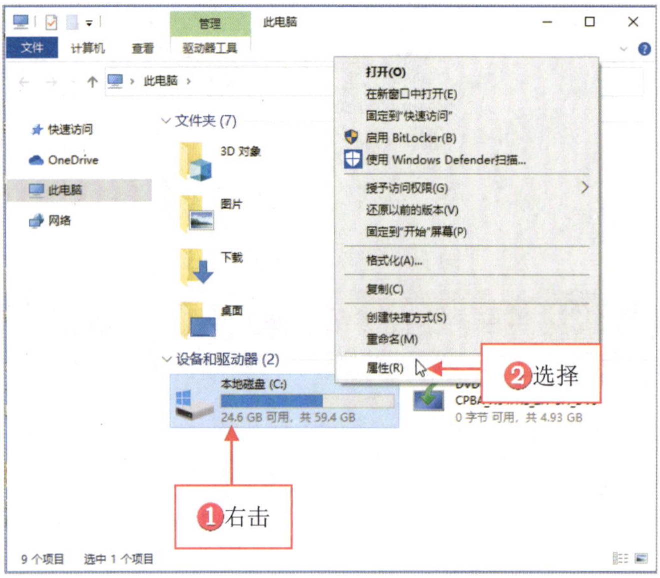

图 11-31　选择“属性”选项

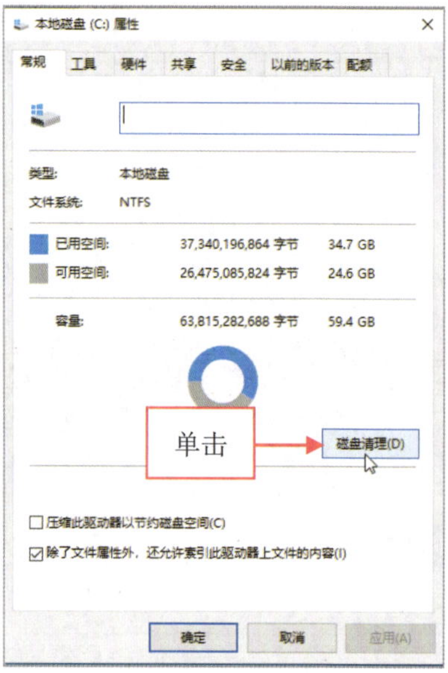

图 11-32　单击“磁盘清理”按钮

Step 03 弹出“磁盘清理”对话框，显示扫描磁盘上的垃圾文件进度，如图 11-33 所示。

Step 04 当系统扫描出磁盘上的垃圾文件之后，弹出“(C: ）的磁盘清理”对话框，单击“确定”按钮，如图 11-34 所示。

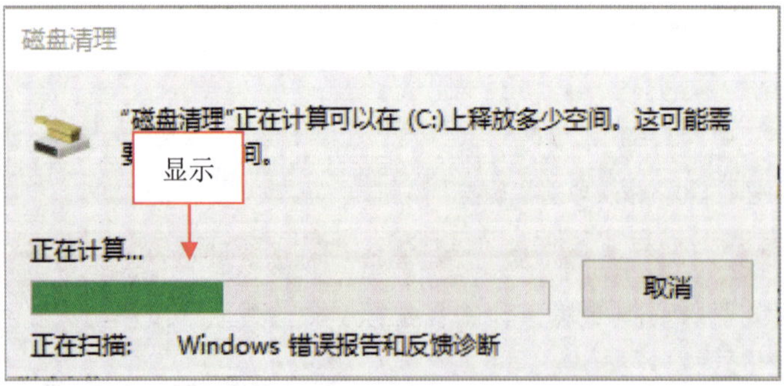

图 11-33　显示扫描垃圾文件进度

图 11-34　单击“确定”按钮

Step 05 执行上述操作后，弹出信息提示框，单击“删除文件”按钮，如图 11-35 所示。

Step 06 执行上述操作后，弹出“磁盘清理”对话框，系统开始清理从 C 盘中清理出来的垃圾文件，并显示清理进度，如图 11-36 所示，稍等片刻后，即可完成磁盘垃圾的清理。

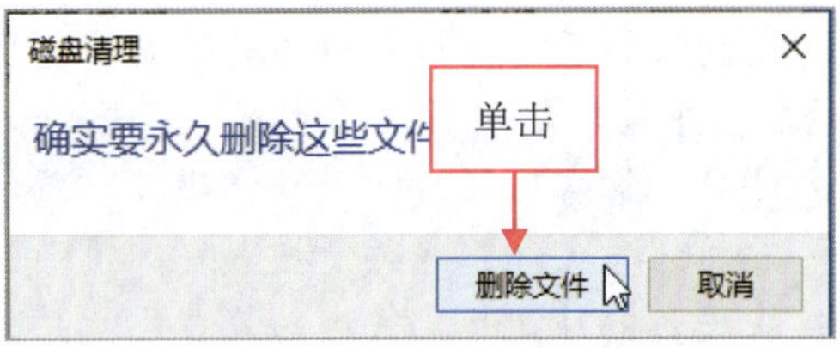

图 11-35　单击“删除文件”按钮

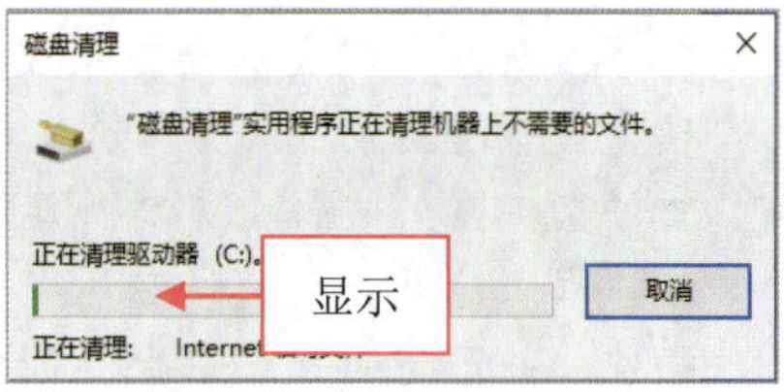

图 11-36　显示清理进度

▶ 专家指点

清理磁盘后，磁盘容量会明显增加。可以在驱动器上单击鼠标右键，在弹出的快捷菜单中选择“属性”选项，在弹出的“本地磁盘属性”对话框中，可以查看其容量。

11.3.5　硬盘检测速度的提高

在启动电脑时，检测硬盘的速度总是很慢，从而影响了系统的启动速度。可以通过设置硬盘的参数加快硬盘检测速度。由于一般会在 BIOS（Basic Input Output System，基本输入输出系统）设置程序中将检测硬盘的工作模式设置成 Auto，让系统自动检测硬盘。因此每次开机自检时，系统都要耗费一定的时间重新检测硬盘的类型和参数。

可以在开机后进入 BIOS 设置程序，将硬盘参数项检测出来后保存设置，这样可以缩短硬盘的自检时间。如果主板上有空的 IDE 插槽，那么在 BIOS 设置程序中将该接口参数设置为 None，同样可以提高 IDE 设备的检测速度。

11.3.6　磁盘主引导程序的修复

如果磁盘主引导程序被损坏了，系统将无法启动，开机后系统会提示 Disk boot failure，Insert system disk and press enter（磁盘启动失败，插入系统盘并回车）。首先检查 BIOS 中磁盘参数是否正确，然后用系统盘启动查看能否找到磁盘。如果没有问题，就是磁盘主引导记录损坏了。启动电脑，利用可引导光盘引导系统到 DOS 环境下，在提示符后输入 Fdisk/mbr 命令并按【Enter】键，重新建立磁盘主引导程序即可。

11.4　电脑病毒的防范和查杀

电脑病毒是一段程序，它和生物病毒一样，具有复制和传播能力。电脑病毒不是独立存在的，而是寄生在其他可执行程序中，具有很强的隐藏性和破坏性。一旦工作环境达到病毒发作的要求，就会影响电脑的正常工作，甚至使整个系统瘫痪。本节主要介绍电脑病毒的防范和查杀等操作，帮助读者提升电脑和系统的安全性。

11.4.1　电脑病毒的类别

要真正地识别病毒，及时地查杀病毒，用户有必要对病毒进行解，这样能更好地维护好自己的电脑安全。按传染对象来分，病毒可以划分为以下几类。

- 引导区病毒：这类病毒隐藏在硬盘或软盘的引导区，当计算机感染了引导区病毒的硬盘或软盘启动，或当计算机从感染的软盘中读取数据时，引导区病毒就开始发作。
- 文件型病毒：文件型病毒寄生在其他文件中，常常通过对它们的编码加密或使用其他技术来隐藏自己。一旦运行感染了病毒的程序文件，病毒便被激发，执行大量的操作，并进行自我的复制。同时附着在系统其他可执行文件上伪装自己，并留下标记，以后不再重复感染。
- 宏病毒：它是一种特殊的文件型病毒，在一些软件开发商开始产品研发中引入宏语言，并允许这些产品生成载有宏的数据文件之后出现。
- 脚本病毒：脚本病毒依赖一种特殊的脚本语言起作用，同时需要主软件或应用环境能够正确识别和翻译这种脚本语言中嵌套的命令。
- 网络蠕虫程序：网络蠕虫程序是一种通过简介方式复制自身非感染型病毒。有些网络蠕虫拦截 E-mail 系统向世界各地发送自己的复制品；有些则出现在高速下载站点中同时使用两种方法与其他技术传播自身。
- “特洛伊马”程序：特洛伊马程序通常是指伪装成合法软件的非感染型病毒，但它不进行自我复制。有些木马可以模仿运行环境，收集所需信息，最常见的木马便是试图窃取用户名和密码的登录窗口。

11.4.2 360 杀毒软件的安装

360 杀毒软件的安装

360 杀毒软件会不定期进行更新，并通过模块化的智能反病毒引擎，大大增强了对未知病毒、变种病毒、黑客木马、恶意网页程序及间谍程序的快速杀灭能力。下面介绍安装 360 杀毒软件的操作方法。

Step 01 下载并解压 360 杀毒软件安装程序，①在安装文件上单击鼠标右键；②在弹出的快捷菜单中选择“打开”选项，如图 11-37 所示。

Step 02 执行上述操作后，弹出“用户账户控制”对话框，单击“是”按钮，如图 11-38 所示。

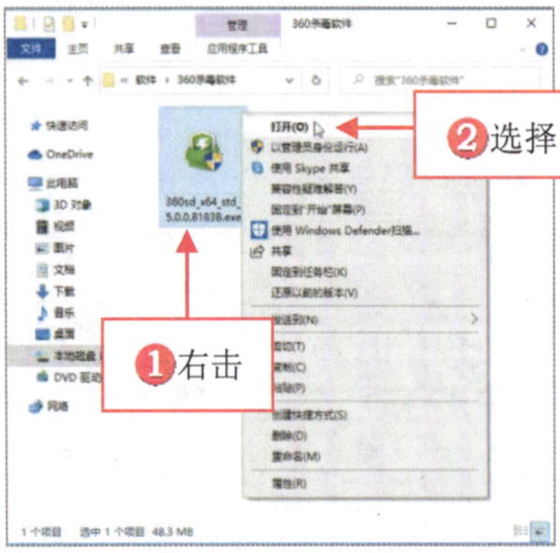

图 11-37 选择“打开”选项

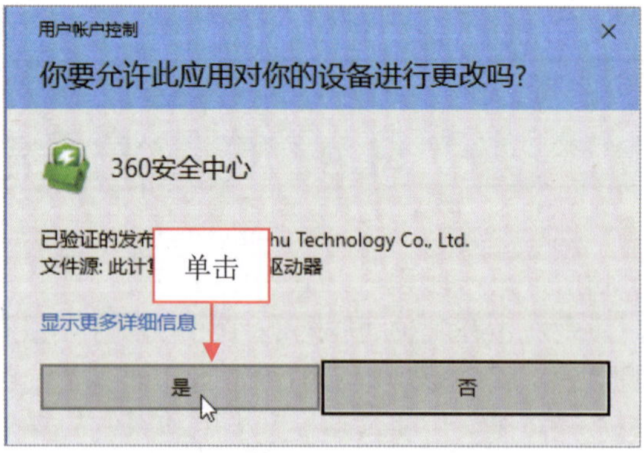

图 11-38 单击“是”按钮

Step 03 执行上述操作后，弹出相应对话框，①选中“阅读并同意许可使用协议和隐私保护说明”复选框；②单击“立即安装”按钮，如图 11-39 所示。

Step 04 稍等片刻后，即可完成安装，显示 360 杀毒工作界面，如图 11-40 所示。

图 11-39　单击“立即安装”按钮

图 11-40　显示 360 杀毒工作界面

11.4.3　360 杀毒软件的简介

安装好 360 杀毒软件后，通过“开始”菜单启动 360 杀毒应用程序，其工作界面如图 11-41 所示，该界面主要分为菜单栏、操作提示栏、工具栏和状态栏。

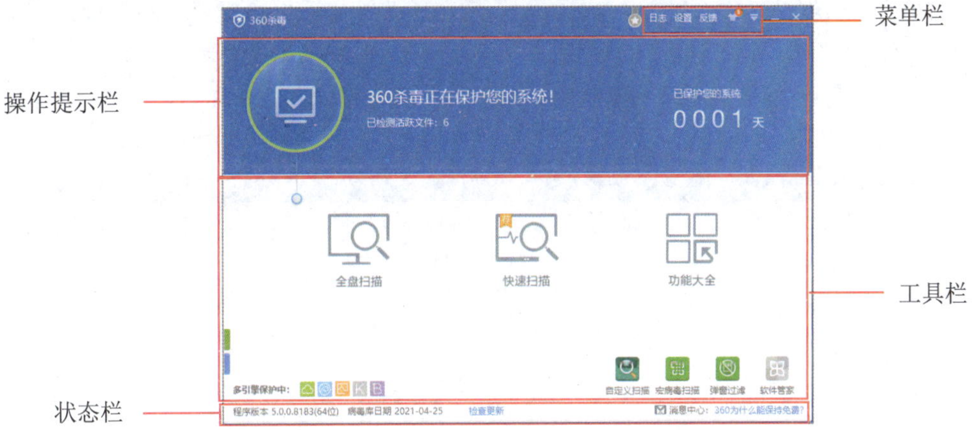

图 11-41　360 杀毒应用程序工作界面

下面详细介绍“360 杀毒”工作界面中各组成部分的功能。

- 菜单栏：用于进行菜单操作的窗口，包括“日志”“设置”“反馈”“挑选您喜欢的皮肤”和“菜单”五个命令。
- 操作提示栏：用于查看最近对计算机的查杀信息。
- 工具栏：单击各按钮，执行相应的查杀任务。
- 状态栏：在该状态栏中显示了当前程序版本、病毒库日期及消息中心。

11.4.4　360 杀毒软件属性的设置

在 360 杀毒中，可以设置定制杀毒任务，可以指定 360 定期自动查杀计算机可能存在的病毒，从而免除用户在平时维护计算机安全时需要频繁手动杀毒的麻烦。下面介绍设置 360 软件属性的操作方法。

360 杀毒软件属性的设置

Step 01 双击桌面上的“360 杀毒”快捷方式图标，启动 360 杀毒软件应用程序，打开其工作界面，单击“设置”命令，如图 11-42 所示。

Step 02 弹出“360 杀毒－设置”对话框，①切换至“病毒扫描设置”选项卡；②在“定时查毒”选项区中，选中“启用定时查毒”复选框，如图 11-43 所示。

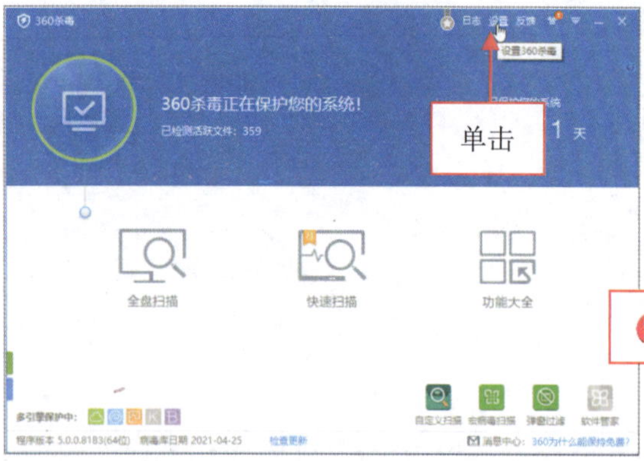

图 11-42　单击“设置”命令

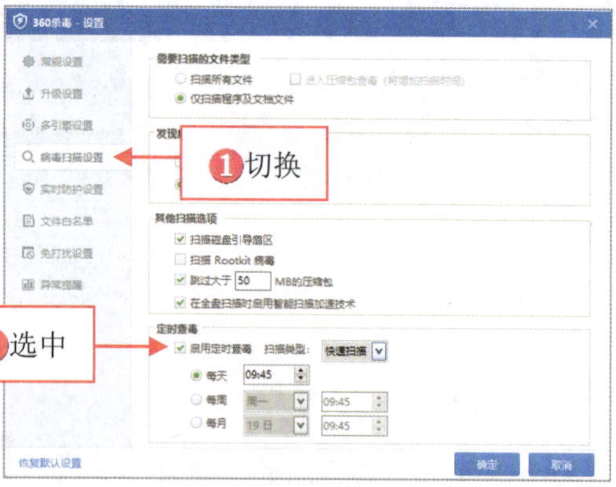

图 11-43　选中相应复选框

Step 03 ①单击“扫描类型”右侧的下拉按钮；②在弹出的列表框中选择“全盘扫描”选项，如图 11-44 所示。

Step 04 ①选中“每周”单选按钮；②单击“确定”按钮，如图 11-45 所示，即可完成定制杀毒任务的设置。

图 11-44　选择“全盘扫描”选项

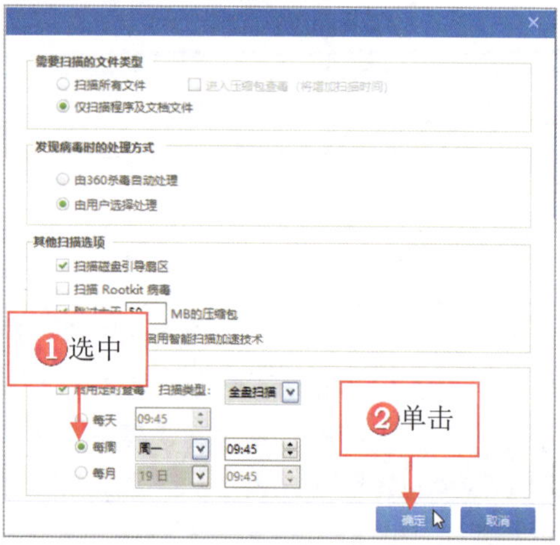

图 11-45　单击“确定”按钮

11.4.5　360 杀毒软件界面皮肤的更换

在 360 杀毒软件的工作界面中，可以随意更换 360 杀毒工作界面的皮肤样式，避免用户对界面产生视觉疲劳。下面介绍更换界面皮肤的操作方法。

360 杀毒软件界面皮肤的更换

Step 01 打开 360 杀毒工作界面，在菜单栏中单击“挑选您喜欢的皮肤”命令，如图 11-46 所示。

Step 02　弹出“360 杀毒－皮肤中心”对话框，单击“本地图片”按钮，弹出“打开”对话框，如图 11-47 所示。

图 11-46　单击“挑选您喜欢的皮肤”命令

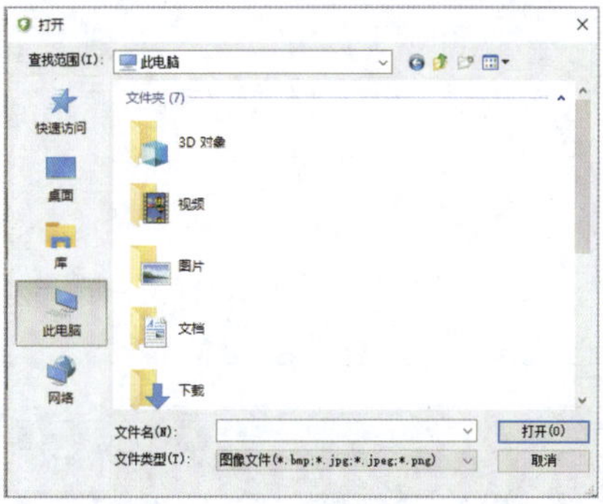

图 11-47　弹出“打开”对话框

Step 03　❶选择相应的图片；❷单击“打开”按钮，如图 11-48 所示。

Step 04　执行上述操作后，返回到“360 杀毒－皮肤中心”对话框，选择裁剪区域，效果如图 11-49 所示。

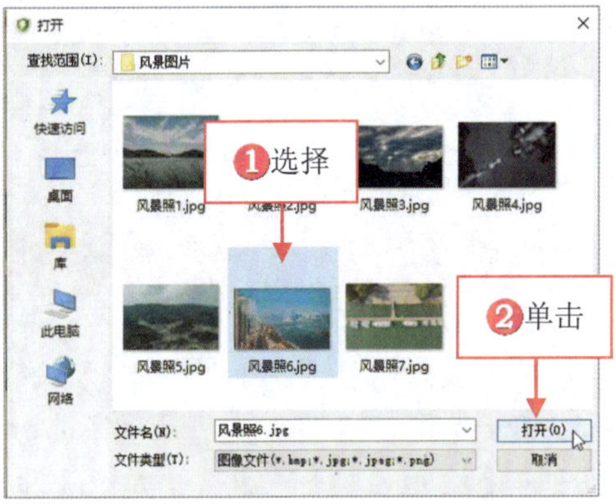

图 11-48　单击“打开”按钮

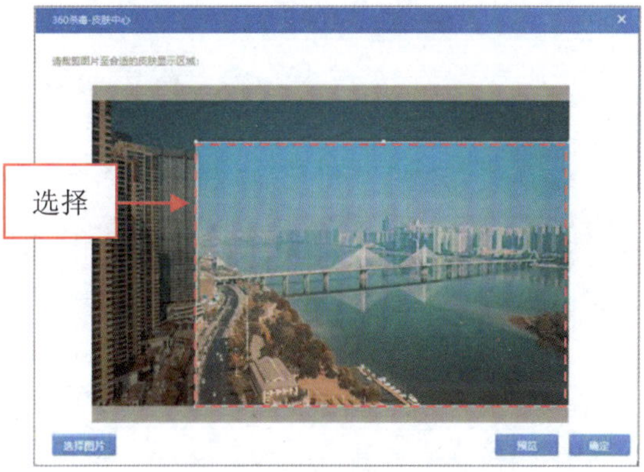

图 11-49　选择裁剪区域效果

Step 05　单击“确定”按钮，即可更换 360 杀毒工作界面的皮肤，效果如图 11-50 所示。

图 11-50　更换软件工作界面的皮肤效果

11.4.6　360 杀毒查杀病毒的使用

360 杀毒查杀病毒的使用

360 杀毒软件综合大多数用户的使用情况，预先在软件配置上进行了合理的默认设置。在一般情况下只需在启动 360 杀毒软件后，选择相应的扫描功能，即可查杀病毒。下面介绍使用 360 杀毒查杀病毒的操作方法

Step 01 在 360 杀毒工作界面中，单击“全盘扫描”按钮，如图 11-51 所示。

Step 02 执行上述操作后，360 杀毒开始查杀病毒，并显示查杀进度，如图 11-52 所示，查杀完成后，将显示查杀报告。

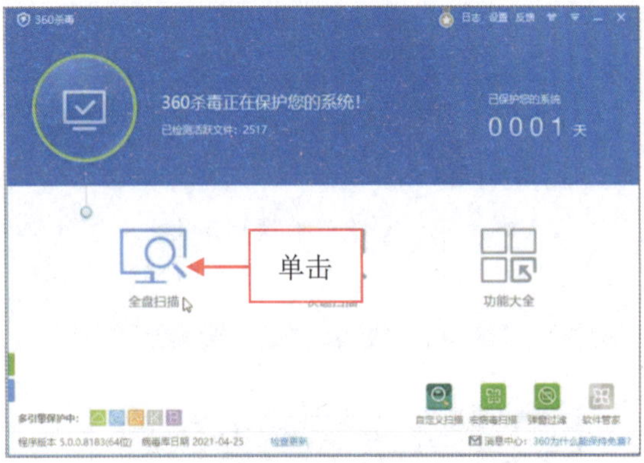

图 11-51　单击“全盘扫描”按钮

图 11-52　显示查杀进度

> **▶ 专家指点**
>
> 除了病毒会对电脑系统造成破坏之外，还有木马和“黑客”都会对电脑系统安全造成威胁。虽然木马本身不带伤害性，也没有感染力，但是可以对电脑系统进行强有力的远程控制并窃取密码、控制系统操作和进行文件操作等破坏性操作；“黑客”大都是程序员，对操作系统和编程语言有着深刻的认识，从而肆意地攻击网络和盗取商业机密，对企业和个人造成威胁。

11.5　360 安全卫士的使用

在维护系统时，除了需要掌握常用的维护技巧外，借助工具软件维护软件系统也是一种非常可行且必要的手段，如使用 360 安全卫士可以对系统软件进行维护操作。

11.5.1　360 安全卫士的安装

360 安全卫士的安装

360 安全卫士是一款免费的国产软件，是集查杀流行病毒、木马、清理恶评插件、管理应用软件、实时保护系统、修复系统漏洞及清理系统垃圾等多项功能于一身的系统维护软件。在使用 360 安全卫士前，首先需要在电脑中安装 360 安全卫士。下面介绍安装 360 安全卫士的操作方法。

Step 01 选择 360 安全卫士安装程序，双击鼠标左键，弹出“360 安全卫士”对话框，单击“同意并安装”按钮，如图 11-53 所示。

Step 02 执行上述操作后，开始安装软件，桌面显示安装进度，如图 11-54 所示。

图 11-53 单击“同意并安装”按钮

图 11-54 显示安装进度

Step 03 安装完成后，系统自动打开 360 安全卫士工作界面，如图 11-55 所示。

图 11-55 打开 360 安全卫士的工作界面

> **▶ 专家指点**
>
> 在安装 360 安全卫士的过程中，可能需要几分钟的时间，请耐心等待。

11.5.2 查杀系统中的木马

查杀系统中的木马

360 安全卫士具有非常强大的木马查杀功能，定期进行木马查杀可以有效地保护系统账户和其他网络账户的安全。下面介绍查杀系统中木马的操作方法。

Step 01 鼠标左键双击桌面上的“360 安全卫士”快捷方式图标，启动 360 安全卫士应用程序，打开其工作界面，如图 11-56 所示。

Step 02 在 360 安全卫士工作界面的上方，单击“木马查杀”按钮，如图 11-57 所示。

图 11-56 打开 360 安全卫士工作界面

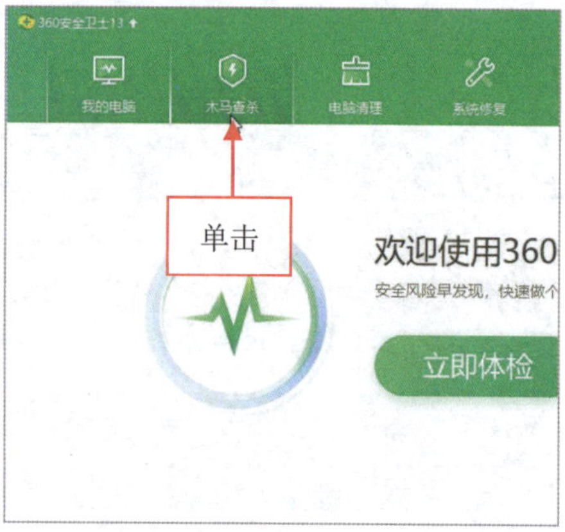

图 11-57 单击“木马查杀”按钮

Step 03 执行上述操作后，切换至“木马查杀”选项卡，单击“快速查杀”按钮，如图 11-58 所示。

Step 04 执行上述操作后，即可开始扫描，扫描完成以后，程序将自动停止，并显示扫描结果，如图 11-59 所示。

图 11-58 单击“快速查杀”按钮

图 11-59 显示扫描结果

> ▶ 专家指点
>
> 在“查杀木马”选项卡中，单击“全盘查杀”按钮，即可进行全盘扫描木马操作。如果扫描到木马，只需单击“立即处理”按钮，即可清除木马。

11.5.3 电脑垃圾的清理

电脑垃圾的清理

电脑在使用过程中，会产生一些电脑垃圾，用户可以使用 360 安全卫士对这些电脑垃圾进行清理。下面介绍快速清理电脑垃圾的操作方法。

Step01　启动 360 安全卫士应用程序，打开其工作界面，单击“电脑清理”按钮，如图 11-60 所示。

Step02　切换至“电脑清理”选项卡，单击“一键清理”按钮，如图 11-61 所示。

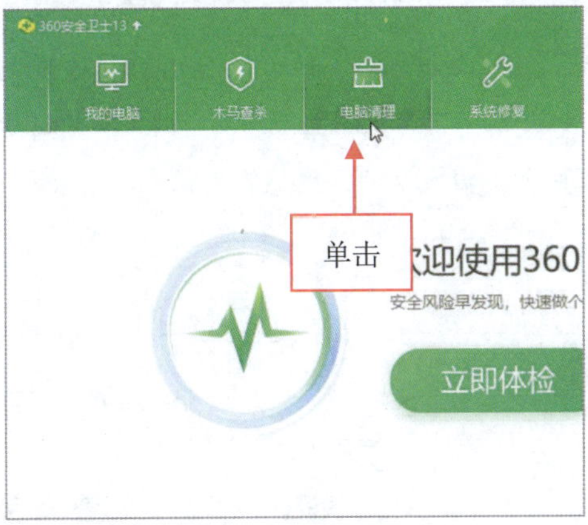

图 11-60　单击“电脑清理”按钮

图 11-61　单击“一键清理”按钮

Step03　执行上述操作后，扫描电脑中的垃圾，并显示扫描进度，如图 11-62 所示。

Step04　扫描完成以后，即可显示扫描结果，单击“一键清理”按钮，如图 11-63 所示，

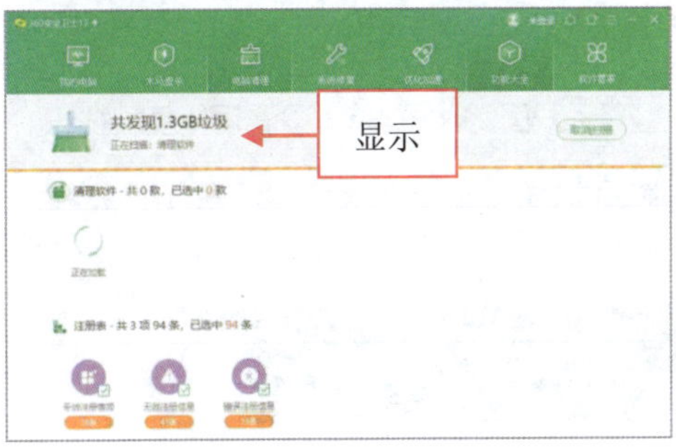

图 11-62　显示扫描进度

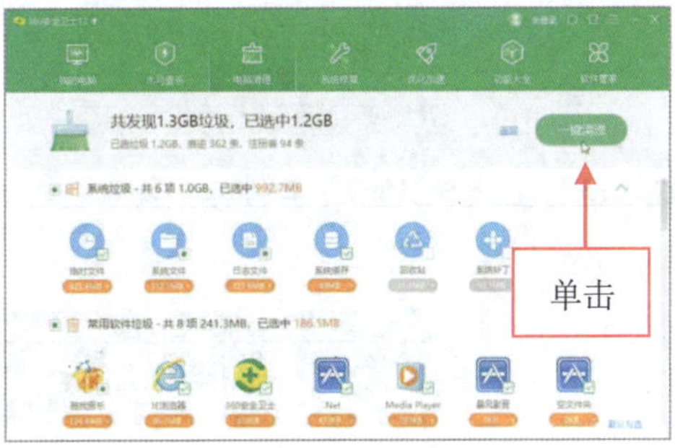

图 11-63　单击“一键清理”按钮

Step05　执行上述操作后，即可开始清理电脑垃圾，如图 11-64 所示，稍等片刻，即可完成电脑垃圾的清理。

图 11-64　开始清理电脑垃圾

11.5.4 扫描出漏洞的查杀方法

扫描出漏洞的查杀方法

操作系统和一些软件中存在漏洞，会给用户带来安全隐患，开发商会发布针对漏洞的补丁程序。所以用户应该及时安装补丁程序，维护电脑安全。使用 360 安全卫士可以很方便地安装补丁程序，下面介绍扫描出漏洞的查杀方法。

Step 01 启动 360 安全卫士应用程序，打开其工作界面，切换至“系统修复”选项卡，如图 11-65 所示。

Step 02 单击“漏洞修复”按钮，如图 11-66 所示。

图 11-65　切换至“系统修复”选项卡

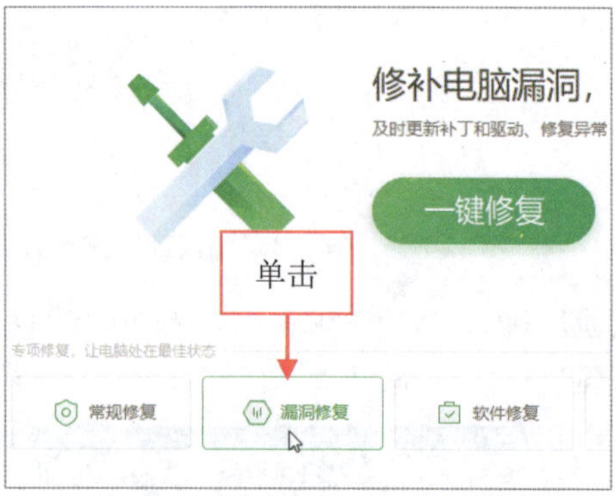

图 11-66　单击“漏洞修复”按钮

Step 03 执行上述操作后，开始对系统进行扫描，显示扫描进度，如图 11-67 所示，扫描完成后，显示扫描结果。

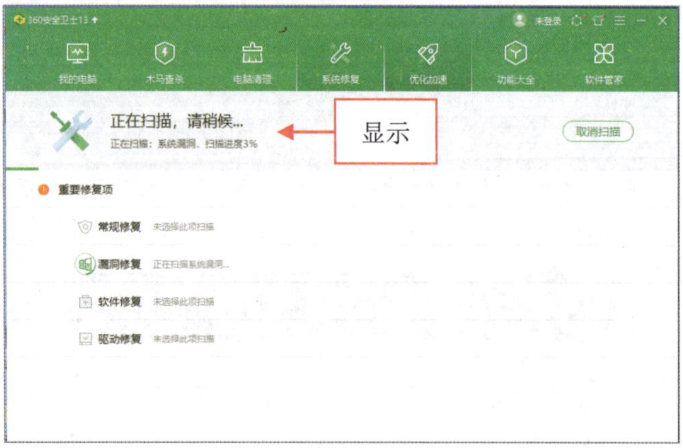

图 11-67　显示扫描进度

> **▶ 专家指点**
>
> 在“系统修复”选项卡中，单击“一键修复”按钮，即可进行包括常规修复、漏洞修复、软件修复及驱动修复在内的扫描操作。如果扫描到有需要修复的项目，只需单击“一键修复”按钮即可进行修复。

本章小结

本章主要介绍了 Windows 系统的安全与维护的基本知识和操作方法，具体内容包括用户账户控制的设置、Windows Defender 防火墙的设置、开机和磁盘的优化方法、使用 360 杀毒软件对电脑病毒进行防范和查杀的操作方法及 360 安全卫士的使用。希望通过对本章的学习，读者能够掌握维护 Windows 10 系统安全的基本方法。

课后习题

课后习题

鉴于本章知识的重要性，为了帮助读者更好地掌握所学知识，通过设置上机习题帮助读者进行简单的知识回顾和补充。

在 360 杀毒软件中，可以对实时防护的级别、范围及处理方式等进行设置。本习题可帮助读者掌握设置 360 杀毒实时防护的操作方法，如图 11-68 所示。

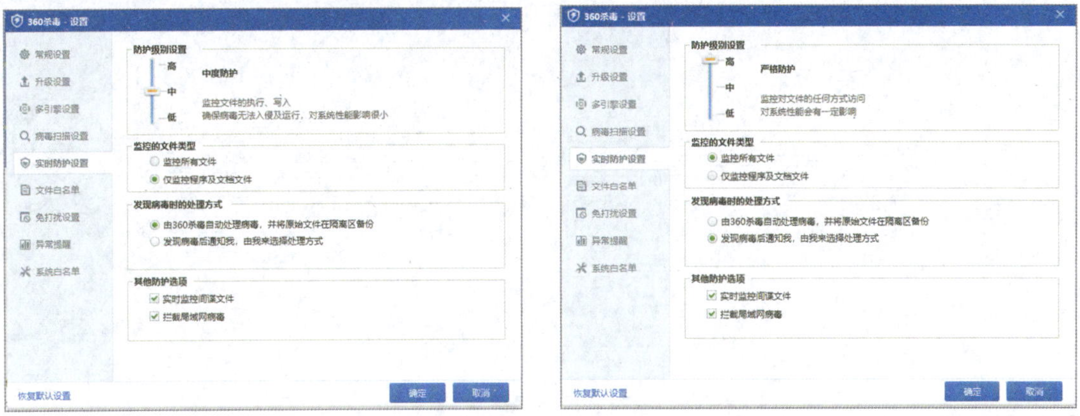

图 11-68　设置 360 杀毒实时防护

第 12 章
使用 Windows 10 局域网

在 Windows 10 操作系统中能快速组建局域网。局域网可用于共享办公文件、家庭文件、库文件或娱乐影视文件等。无论是家庭用户还是办公用户，设置局域网的共享，不仅可以节约上网费用，而且还有利于共享资源，提高工作效率。本章将主要介绍局域网的基础知识和使用方法，以及网络邻居、远程协助和远程桌面的设置。

本章重点

- 认识局域网
- 局域网的使用
- 网络邻居的设置
- 远程协助与远程桌面的设置

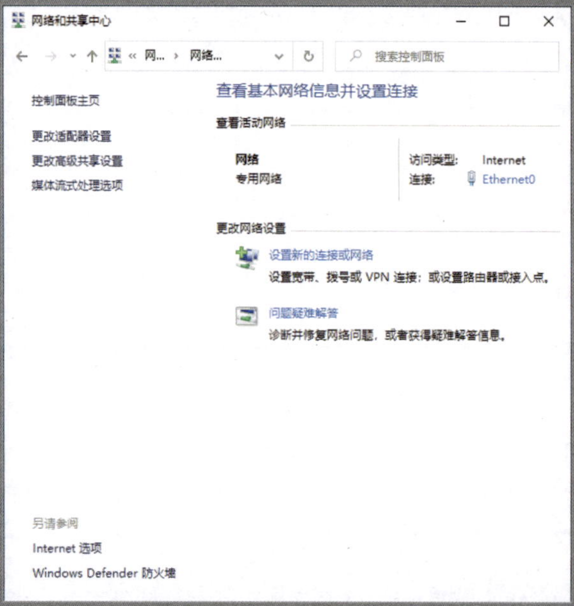

12.1　认识局域网

局域网是指在某一区域（可以是同一建筑物、同一公司或同一学校，一般是方圆几千米以内）内由多台计算机互联成的封闭型的小型计算机网络，在其中可以实现文件管理、应用软件共享及外部设备共享等功能。

12.1.1　局域网的基础知识

虽然 Windows 10 系统的网络设置已经具有很高的自动化程度，但是在系统无法自行判断设置时，就需要用户运用一些基础网络知识，对现有网络连接类型进行辨别，才能连接到局域网和 Internet。

1．局域网的特点

局域网技术是计算机网络中的一个重要分支，而且也是发展最快、应用最广泛的一项技术。局域网是指局限在一定地理范围内的若干数据通信设备，通过通信介质互联的数据通信网络。局域网具有以下几个特点。

- 局域网覆盖的地理范围是有限的，通常在 10 千米以内。但并非是严格定义的，如一间办公室、一幢大楼、一个仓库以及一座园区。
- 局域网由若干通信设备，包括计算机、终端设备与各种互联设备组成。
- 局域网的内部通信具有比广域网更高的数据传输速率，高传输速率的局域网也已经出现，其误码率较低，而且具有较短的延时。
- 局域网可以使用多种传输介质来连接，包括双绞线、同轴电缆和光纤等。
- 局域网是一种数据通信网络，而不是原来意义上的计算机网络。
- 局域网可以是点对点式，也可以采用多点连接或广播连接方式。
- 局域网侧重于共享信息的处理问题，而不是传输问题。

2．IP 地址

在局域网络中，计算机之间的相互通信是靠 IP 地址实现的。IP 地址就如同生活中的家庭地址，通过家庭地址，别人可以找到你。网络中计算机的 IP 地址是由四组三位的十进制数值组成的，每组之间由“.”号分隔，每组的数值范围在 0～255 之间。其中大部分 IP 地址被 Internet 上的计算机使用，而 192.168.X.X、10.X.X.X 和 172.16.0.0～172.31.255.255 这三段 IP 地址则被划分出来，专供局域网使用。

3．子网掩码

为了避免过多的广播数据包影响通信，通过子网掩码（Subnet Masks）结合 IP 地址将局域网划分为不同的网段。

局域网内常用的网段划分有以下三种组合。

- A 级网段：IP 地址 10.X.X.X；子网掩码 255.0.0.0。
- B 级网段：IP 地址 172.16.0.0 ~ 172.31.255.255；子网掩码 255.255.255.0。

➢ C 级网段：IP 地址 192.168.X.X；子网掩码 255.255.255.0。

12.1.2 网络的分类

计算机网络的种类很多，按照不同的分类标准，可以将计算机网络分为多种不同的类型。常见的分类有如下几种。

1．按照地理覆盖范围分类

计算机网络按照地理覆盖范围的大小，可划分为局域网、城域网、广域网和因特网四种类型。

➢ 局域网：局域网（Local Area Network，LAN），是指在某一区域内由多台计算机互联成的计算机组。局域网可以实现文件管理、应用软件共享、打印机共享、工作组内的日程安排、电子邮件和传真通信服务等功能。局域网是封闭型的，可以由办公室内的两台计算机组成，也可以由一个公司内的上千台计算机组成。

➢ 城域网：城域网（Metropolitan Area Network，MAN）基本上是一种大型的 LAN，通常使用与 LAN 相似的技术。现在用户广泛使用的宽带城域网，是在城市范围内，以 IP 和 ATM 电信技术为基础，以光纤作为传输媒介，集数据、语音以及视频服务于一体的高带宽、多功能、多业务接入的多媒体通信网络。它能满足用户对高速度、高质量数据通信业务的需求，特别是快速发展起来的互联网用户群对宽带高速上网的需求。

➢ 广域网：广域网（Wide Area Network，WAN），也称为远程网。通常跨接很大的物理范围，所覆盖的范围从几十公里到几千公里，它能连接多个城市或国家，或横跨几个洲并能提供远距离通信，形成国际性的远程网络。广域网是通过通信子网连接在一起的。通信子网是指网络中实现网络通信功能的设备及其软件的集合，通信设备、网络通信协议及通信控制软件等都属于通信子网，它主要为用户提供数据的传输、转接、加工以及变换等功能。通信子网可以利用公用分组交换网、卫星通信网和无线分组网，将分布在不同地区的局域网或计算机系统互连起来形成广域网，达到资源共享的目的。

➢ 因特网：因特网又称为网际网，是全球最大的互联网，它将分布在世界各地的局域网、城域网和广域网连接起来，组成目前全球最大的计算机网络，实现全球资源共享。

2．按照通信介质分类

根据通信介质的不同，可将网络划分为有线网和无线网两种类型，具体内容如下。

➢ 有线网：采用同轴电缆、双绞线以及光纤等物理介质来传输数据的网络。

➢ 无线网：采用卫星、微波以及激光等以无线形式传输数据的网络。

3．按照网络拓扑结构分类

计算机网络拓扑结构是指网络的通信线路与各站点（计算机或网络通信设备）之间的几何排列形式。按照网络拓扑结构分类，可划分为总线型网、星型网、环型网和树型网等类型。

4. 按照网络传输速率分类

根据网络的传输速率大小，可将网络划分为 10 M、100 M、1 000 M 网等类型。

5. 按照传输带宽分类

按照传输带宽方式进行划分，可将网络分为基带网和宽带网两种。

12.1.3 网络的功能

计算机网络可提供各种信息和服务，具体主要有以下几个方面的功能。下面详细介绍网络的功能。

1. 数据通信

数据通信是计算机网络的基本功能，数据通信功能为网络中各计算机之间的数据传输提供了强有力的支持。

2. 资源共享

计算机网络实现的重要功能是资源共享。计算机网络中的资源有数据资源、软件资源和硬件资源三类，网络中的用户可以在许可的权限内使用其中的资源。如使用大型数据库信息、下载并使用各种网络软件和共享网络服务器中的存储器等。资源共享可以最大限度地利用网络中的各种资源。

3. 分布与协同处理

对于复杂的大型问题可采用合适的算法，将任务分散到网络中不同的计算机上进行分布式处理。这样，可以用几台普通的计算机联成高性能的分布式计算机系统。分布式处理还可以利用网络中暂时空闲的计算机，避免网络中出现忙闲不均的现象。

4. 提高系统的可靠性和可用性

计算机网络一般都属于分布式控制方式，相同的资源可分布在不同地方的计算机上，网络可通过不同的路径来访问这些资源。当网络中的任意一台计算机发生故障时，可由其他路径传送信息或选择其他系统代为处理，以保证用户的正常操作，不会因局部故障而导致系统瘫痪。例如，某台计算机发生故障而使其数据库中的数据遭到破坏时，可以从另一台计算机的备份数据库恢复遭到破坏的数据，从而提高系统的可靠性和可用性。

正因为计算机网络具有如此的功能，使得它在工业、农业、交通、邮电通信、文化教育、商业、国防以及科学研究等领域获得越来越广泛的应用。工厂企业可用网络来实现生产的监测、过程控制、管理和辅助决策，实现企业信息化；铁路部门可用网络来实现报表收集、运行管理和行车调度；邮电部门可利用网络来提供世界范围内快速而廉价的电子邮件、传真和 IP 电脑服务；教育科研部门可利用网络的通信和资源共享进行情报资料的检索、计算机辅助教育和计算机辅助设计、科技协作、虚拟会议及远程教育；计划部门可利用网络实现普查、统计、综合平衡和预测等工作；国防工程可利用网络来进行信息的快速收集、跟踪、控制与指挥。

12.1.4 网络基本组成

各种计算机网络在网络规模、网络结构、通信协议和通信系统、计算机硬件及软件配置等方面存在着很大差异。但无论是简单的网络还是复杂的网络，根据网络的定义，一个典型计算机网络的基本模块，可为网络内的其他计算机提供共享资源。数据通信系统是连接网络基本模块的桥梁，它提供各种连接技术和信息交换技术。网络软件是网络的组织者和管理者，在网络协议的支持下，为网络用户提供各种服务。

1. 计算机系统

计算机系统主要完成数据信息的收集、存储、处理和输出任务，并提供各种网络资源。计算机系统根据在网络中的用途可分为服务器和工作站两种。

- 服务器：服务器负责数据处理和网络控制，并构成网络的主要资源。
- 工作站：工作站又称为“客户机”，是连接到服务器的计算机，相当于网络上的一个普通用户，它可以使用网络上的共享资源。

2. 数据通信系统

数据通信系统主要由网络适配器、传输介质和网络互联设备组成。网络适配器主要负责主机与网络中多种设备的连接。

12.1.5 网络和共享中心

网络和共享中心

在 Windows 10 操作系统中，“网络和共享中心”是管理网络连接的工具，所有与网络有关的操作都可以在这里进行。包括更改适配器设置、更改高级共享设置、媒体流式处理选项、查看活动网络及更改网络设置等操作。下面对“网络和共享中心”窗口进行简单介绍。

Step 01 打开“控制面板”窗口，单击“查看网络状态和任务”链接，如图 12-1 所示。

Step 02 打开“网络和共享中心”窗口，如图 12-2 所示，在窗口的左侧导航窗格中，可以进行相应的设置，在右侧窗格中显示了当前网络连接状态，用户还可以通过单击相应的链接来更改网络设置。

图 12-1 单击“查看网络状态和任务”链接

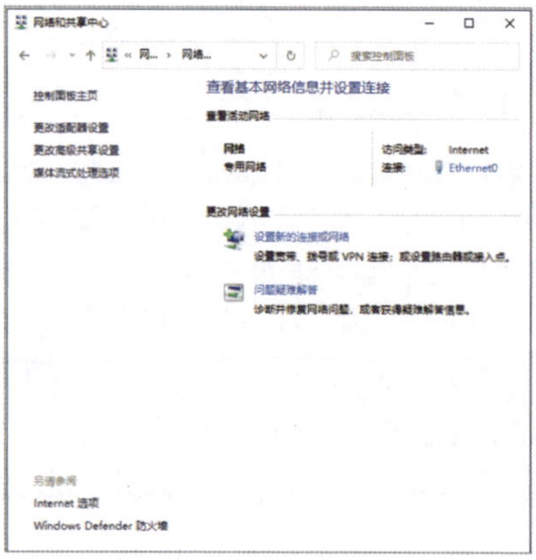

图 12-2 打开“网络和共享中心”窗口

12.1.6　“网络”窗口

“网络”窗口

在“网络”窗口中，可以查看局域网中的其他电脑和媒体设备。下面介绍打开“网络”窗口查看信息的方法。

Step 01　双击桌面上的“此电脑”图标，打开“此电脑”窗口，单击窗口左侧的“网络”按钮，如图 12-3 所示。

Step 02　执行上述操作后，即可打开“网络”窗口，用户可以在右侧窗格中查看局域网中的其他电脑和媒体设备情况，如图 12-4 所示。

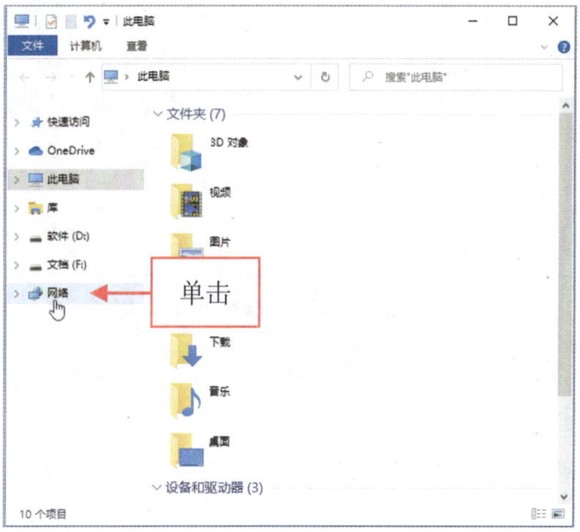

图 12-3　单击“网络”按钮

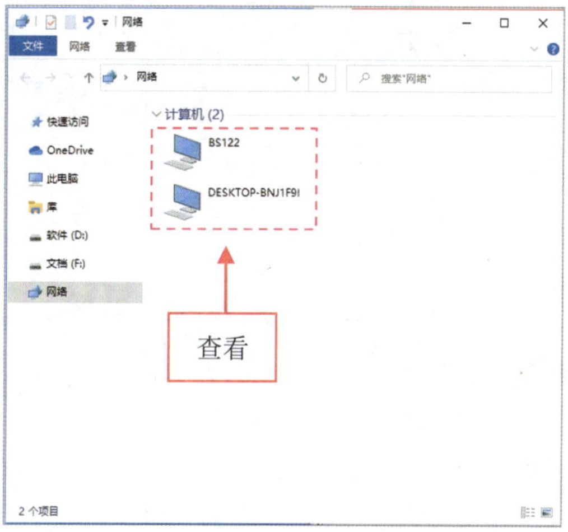

图 12-4　查看局域网中的情况

12.2　局域网的使用

局域网搭建需要将计算机上的网卡和交换机用网线连接在一起，同时还需要在 Windows 10 系统中进行配置，配置完毕就可以正常地使用局域网的共享功能了。使用局域网可以共享自己电脑上的文件，也可以查看其他人共享的文件，将网络文件夹以最快捷的方式映射到自己的计算机窗口中进行使用。

12.2.1　网络连接配置

网络连接配置

随着技术的发展，网络连接配置越来越方便，因为交换机的 DHCP（Dynamic Host Configuration Protocol，动态主机配置协议）技术，可以为计算机自动分配 IP 地址，省去手动配置的麻烦。计算机系统的逐步完善，对网络的识别也越来越智能化，只要能将电脑用网线互相连接在交换机上，Windows 10 系统就能自动获取 IP 地址，实现电脑的互联。如果只有两台计算机，可以省去交换机，直接实现双机互联。

Step 01　双击桌面上的“控制面板”图标，打开“控制面板”窗口，单击“网络和 Internet”链接，如图 12-5 所示。

Step 02 执行上述操作后，打开“网络和 Internet”窗口，单击“网络和共享中心”链接，如图 12-6 所示。

图 12-5　单击“网络和 Internet”链接

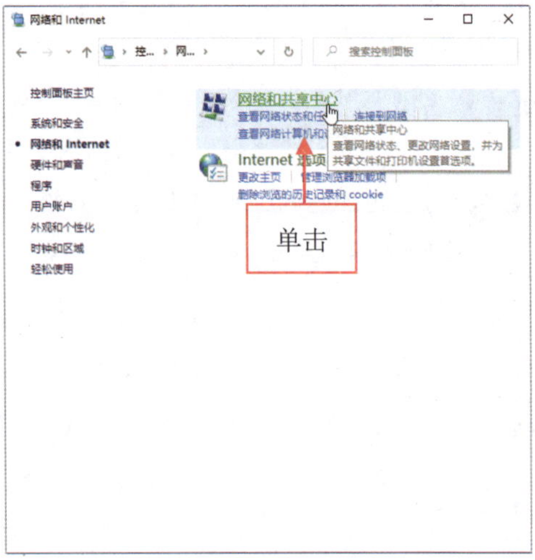

图 12-6　单击“网络和共享中心”链接

Step 03 执行上述操作后，打开“网络和共享中心”窗口，单击“更改适配器设置”链接，如图 12-7 所示。

Step 04 执行上述操作后，打开“网络连接”窗口，❶选择 Ethernet0 图标；❷单击“更改此链接的设置”命令，如图 12-8 所示。

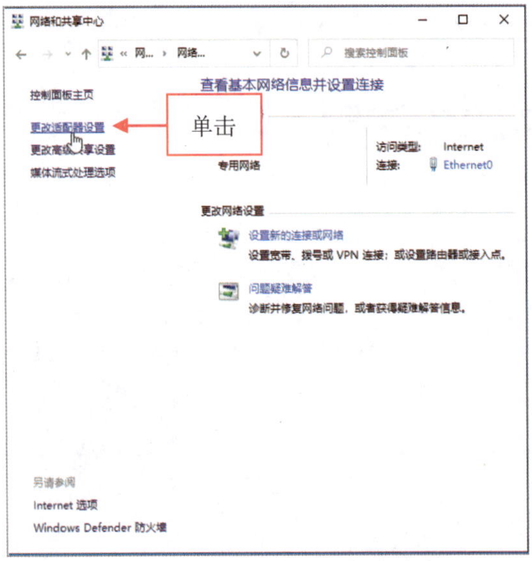

图 12-7　单击“更改适配器设置”链接

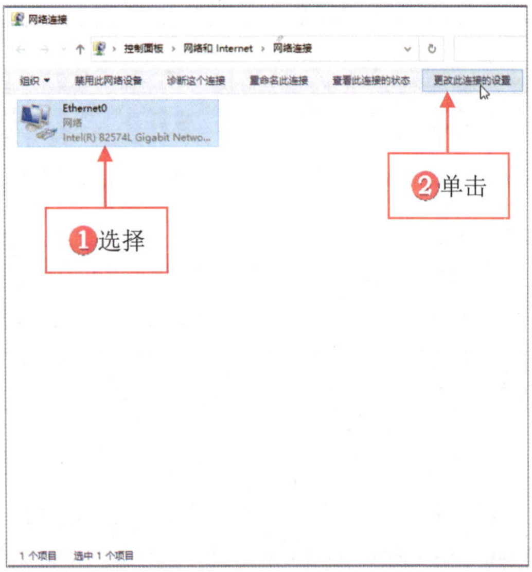

图 12-8　单击“更改此连接的设置”命令

Step 05 弹出“Ethernet0 属性”对话框，❶在“此连接使用下列项目”列表框中，选中“Internet 协议版本 4（TCP/IPv4）”复选框；❷单击“属性”按钮，如图 12-9 所示。

Step 06 执行上述操作后，弹出“Interne 协议版本 4（TCP/IPv4）属性”对话框，保持默认的自动获取地址，单击“确定”按钮，如图 12-10 所示，即可完成对系统网络的设定，系统将自动获取交换机分配的 IP 地址。

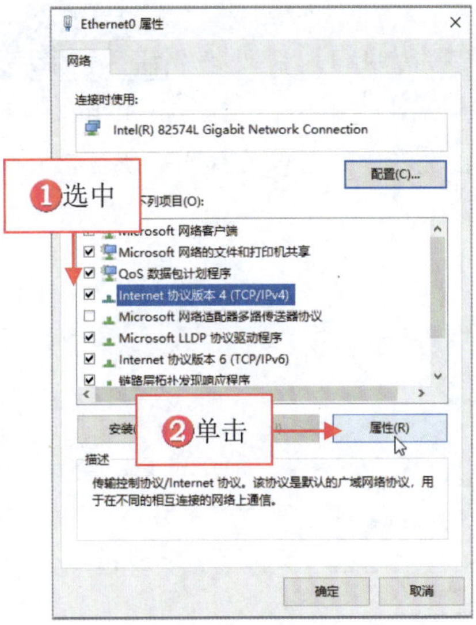

图 12-9　单击“属性”按钮

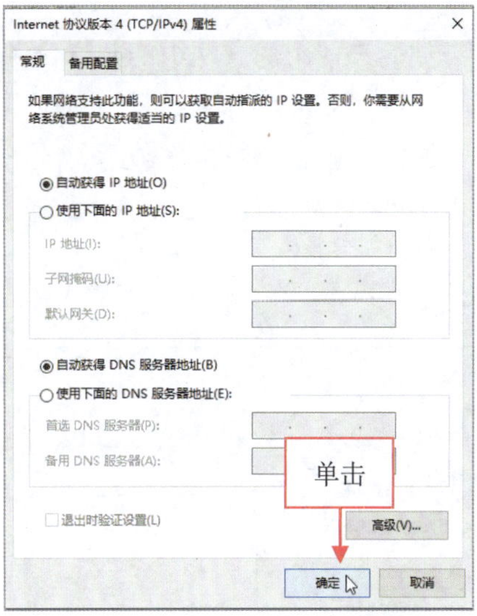

图 12-10　单击“确定”按钮

12.2.2　查看共享资源

在 Windows 10 操作系统中，共享资源被访问情况都已被记录，可以通过“计算机管理”窗口进行查看。

查看共享资源

Step 01　在桌面“此电脑”图标上单击鼠标右键，在弹出的快捷菜单中选择“管理”选项，打开“计算机管理”窗口，如图 12-11 所示。

Step 02　在左侧的列表框中，❶依次选择“系统工具”|“共享文件夹”|“共享”选项；❷在中间的列表框中将显示共享资源被访问的情况，如图 12-12 所示。

图 12-11　打开“计算机管理”窗口

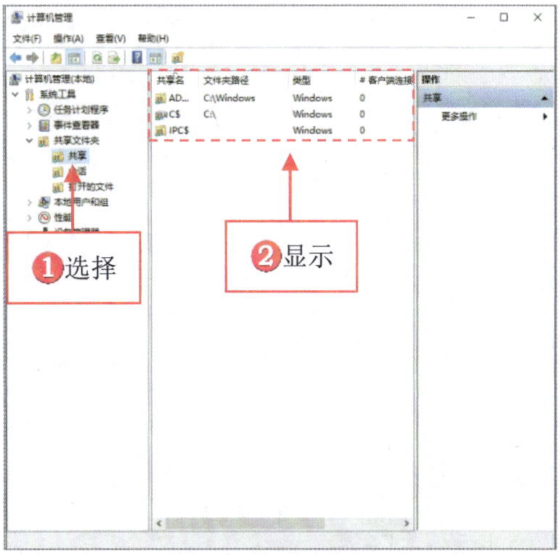

图 12-12　显示共享资源被访问的情况

12.2.3　映射网络驱动器

映射网络驱动器

为了方便用户使用局域网中的共享资源，可以将经常访问的某个文件指定为网络驱动器，这样就可以将它当做本地的普通磁盘使用了。

Step 01　打开“此电脑”窗口，❶在“网络”选项上单击鼠标右键；❷在弹出的快捷菜单中选择“映射网络驱动器”选项，如图 12-13 所示。

Step 02　执行上述操作后，弹出“映射网络驱动器”对话框，单击“浏览”按钮，如图 12-14 所示。

图 12-13　选择“映射网络驱动器”选项

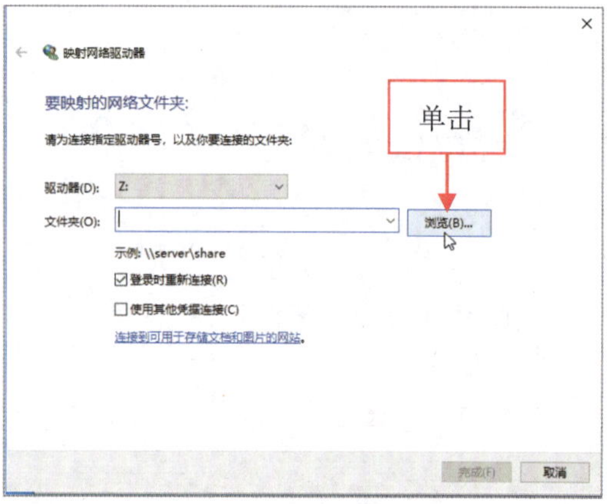

图 12-14　单击“浏览”按钮

▶ 专家指点

在桌面“此电脑”图标上单击鼠标右键，在弹出的快捷菜单中，选择“映射网络驱动器”选项，也可以弹出“映射网络驱动器”对话框。

Step 03　弹出“浏览文件夹”对话框，在其中选择用户经常使用的网络文件夹，如图 12-15 所示。

Step 04　单击“确定”按钮，返回“映射网络驱动器”对话框，其中显示了文件夹路径，如图 12-16 所示。

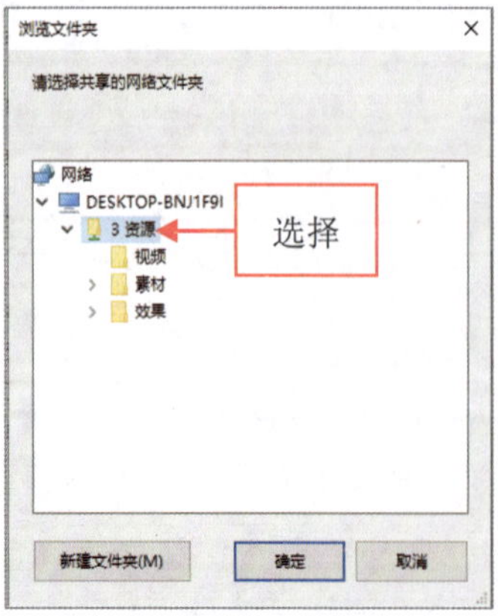

图 12-15　选择网络文件夹

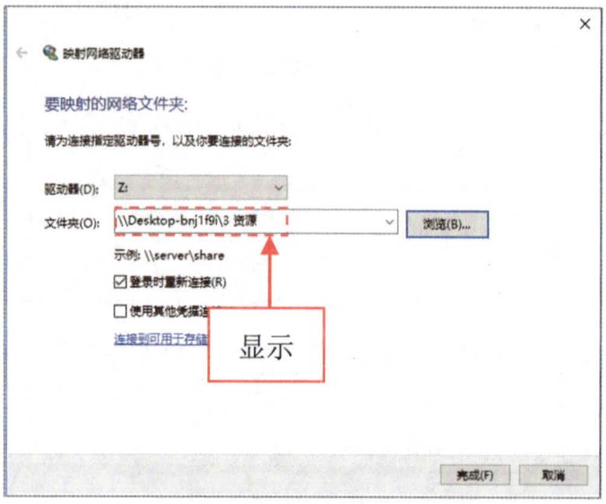

图 12-16　显示文件夹路径

Step 05　单击“完成”按钮，打开“此电脑”窗口，显示出映射的网络驱动器，如图 12-17 所示。

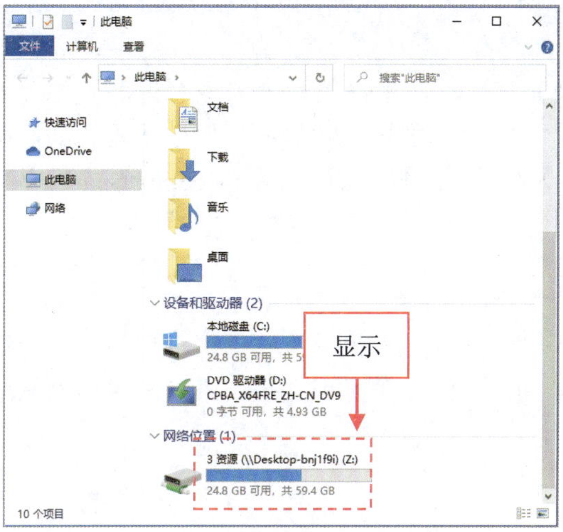

图 12-17　显示映射的网络驱动器

12.2.4　断开网络驱动器

断开网络驱动器

网络文件夹作为本地磁盘快捷方式，可能会影响开机和开启“计算机”窗口的速度，因为系统查找网络上的位置需要耗费一定的时间，当网络连接状态不佳时，还可能会出现死机的情况。当映射到本地驱动器中的共享文件不再用时，可以在本地计算机中取消对网络共享文件夹的映射。

Step 01　❶在桌面上的“此电脑”图标上单击鼠标右键；❷在弹出的快捷菜单中选择“断开网络驱动器的连接”选项，如图 12-18 所示。

Step 02　弹出“与网络驱动器断开连接”对话框，❶在列表框中选择需要断开的网络驱动器；❷单击“确定”按钮，如图 12-19 所示，即可断开网络驱动器。

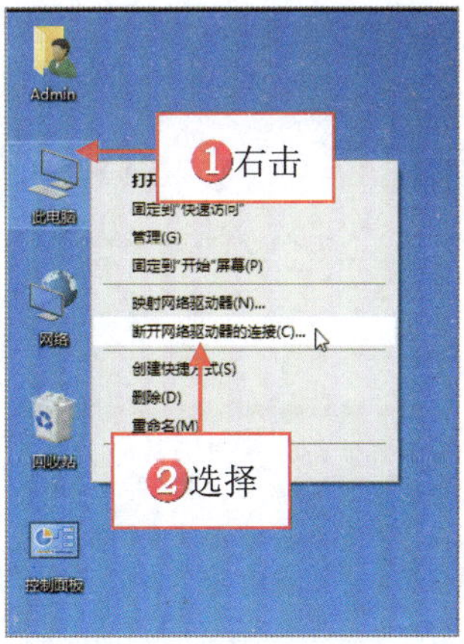

图 12-18　选择相应选项

图 12-19　单击“确定”按钮

12.3 网络邻居的设置

“网络邻居”的定义非常广泛，不仅指某个局域网内的其他计算机，还包括网络上的其他连接。在 Windows 10 系统中，对于“网络邻居”的定义与 Windows XP 系统完全不同。Windows 10 系统中的“网络邻居”指的是 Windows Meeting Space 程序，而真正与 Windows XP 系统“网上邻居”具有相同功能的组件名为“网络位置”。

12.3.1 添加新的网络位置

在 Windows 10 操作系统中，通过“网络”窗口，可方便地访问局域网内的其他计算机。在 Windows 10 操作系统中，还可以方便地为网络邻居添加一个 FTP 服务器。

添加新的网络位置

Step 01 打开“此电脑”窗口，切换至“计算机”选项卡，单击“添加一个网络位置”按钮，如图 12-20 所示。

Step 02 弹出“添加网络位置向导”对话框，单击“下一步”按钮，如图 12-21 所示。

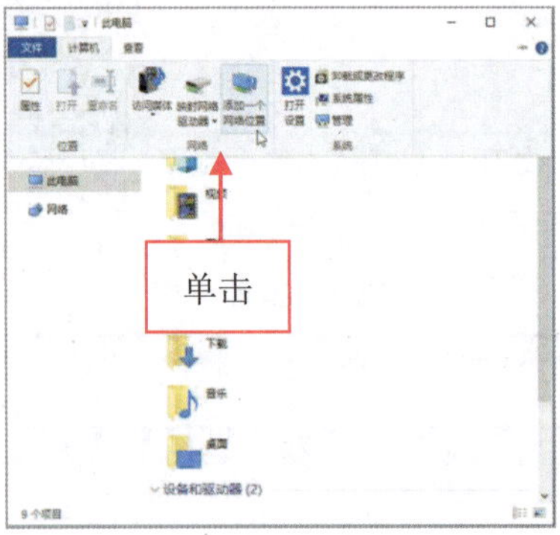

图 12-20 单击“添加一个网络位置”按钮

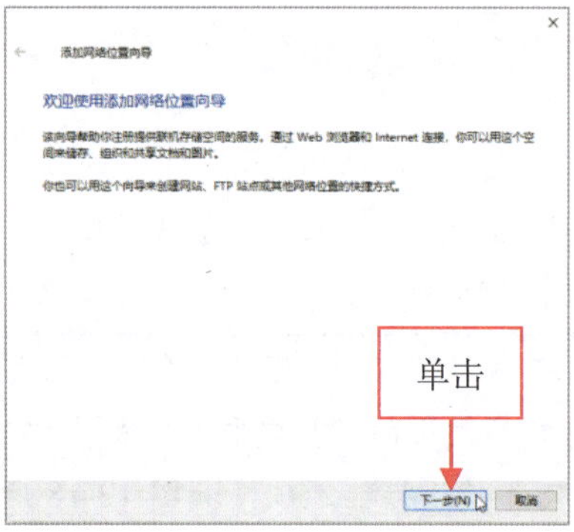

图 12-21 单击“下一步”按钮（1）

Step 03 进入“你想在哪儿创建这个网络位置？”界面，①选择“选择自定义网络位置”选项；②单击“下一步”按钮，如图 12-22 所示。

Step 04 进入“指定网站的位置”界面，①输入相应的网址；②单击“下一步”按钮，如图 12-23 所示。

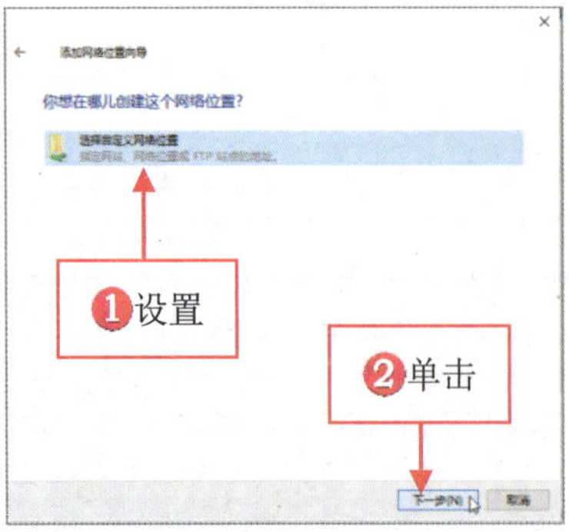

图 12-22 选择“选择自定义网络位置”选项

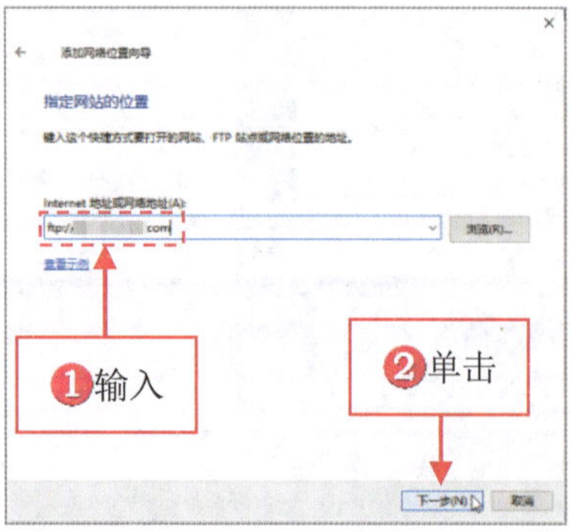

图 12-23 单击“下一步”按钮（2）

Step 05　执行上述操作后，进入“如有需要，指定用户名和密码”界面，单击“下一步”按钮，如图 12-24 所示。

Step 06　执行上述操作后，进入“这个网络位置的名称是什么？”界面，单击“下一步”按钮，如图 12-25 所示。

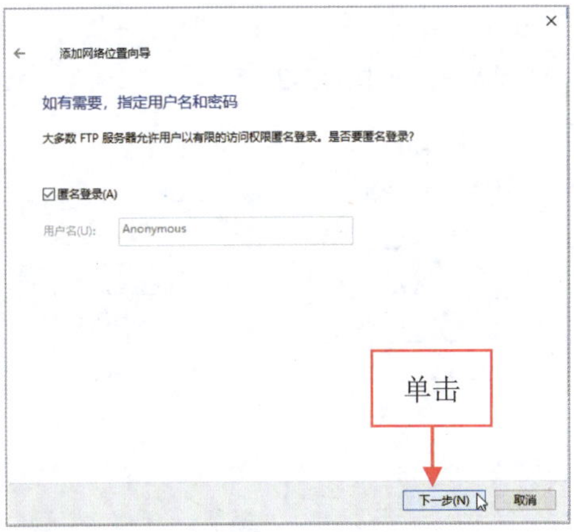

图 12-24　单击“下一步”按钮（3）

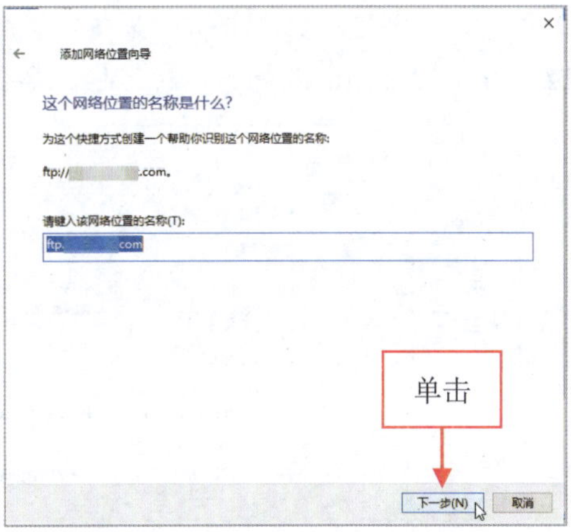

图 12-25　单击“下一步”按钮（4）

Step 07　执行上述操作后，进入“正在完成添加网络位置向导”界面，单击“完成”按钮，如图 12-26 所示。

Step 08　打开“此电脑”窗口，即可查看已添加的网络位置，如图 12-27 所示。

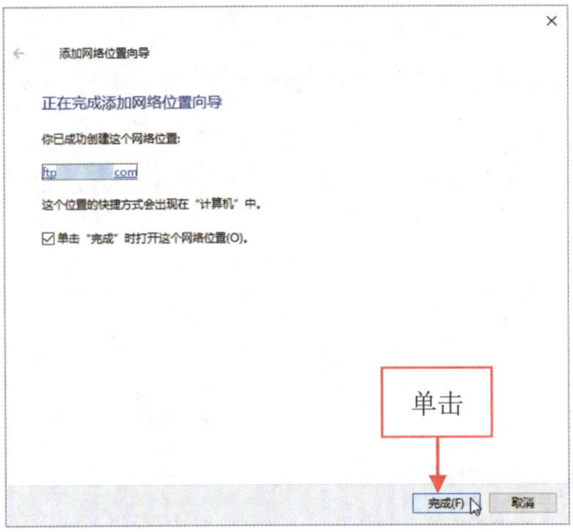

图 12-26　单击“完成”按钮

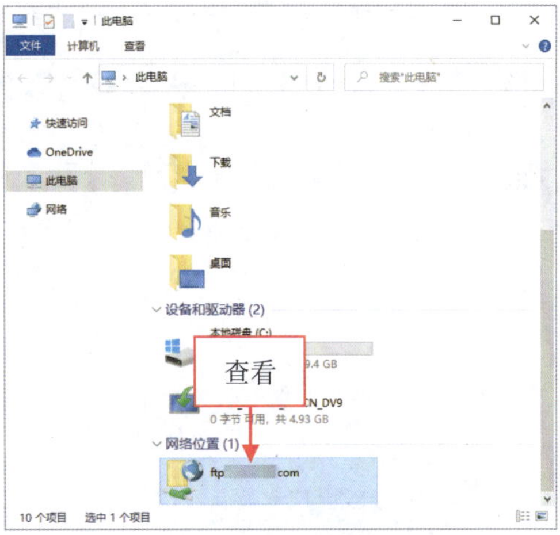

图 12-27　查看已添加的网络位置

12.3.2　登录 FTP 网站

添加好 FTP 网站后，即可登录至 FTP 网站管理文件，可以像对本地文件夹一样进行操作，如复制、粘贴、删除和重命名等。方法是在“此电脑”窗口中双击需要登录的 FTP 服务器，即可登录 FTP 远程服务器。

12.3.3 隐藏本地计算机

隐藏本地计算机

在 Windows 10 操作系统中，可根据需要在网络中隐藏自己的计算机图标和名称。下面介绍隐藏本地计算机的操作方法。

Step 01 打开“网络和共享中心”窗口，单击 Ethernet0 链接，如图 12-28 所示。

Step 02 弹出“Ethernet0 状态”对话框，单击“属性”按钮，如图 12-29 所示。

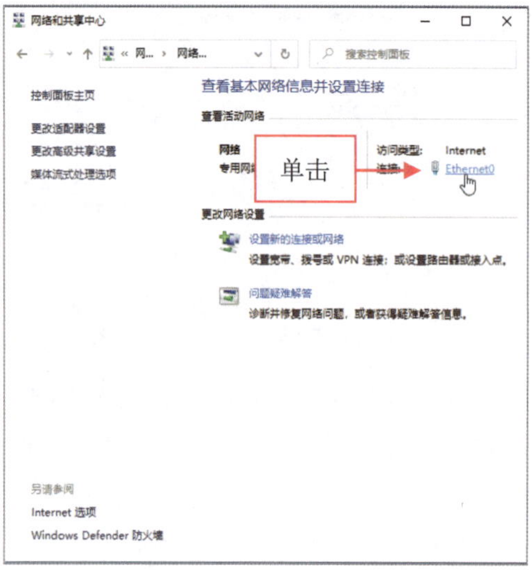

图 12-28 单击 Ethernet0 链接

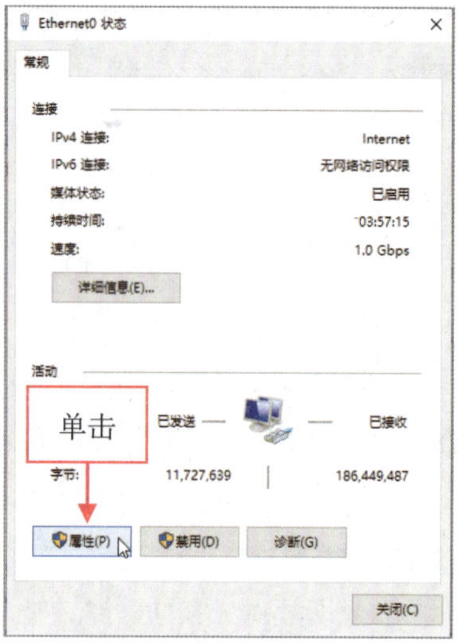

图 12-29 单击“属性”按钮

Step 03 弹出“Ethernet0 属性”对话框，❶在“此连接使用下列项目”列表框中，取消选中“Microsoft 网络的文件和打印机共享”复选框；❷单击“确定”按钮，如图 12-30 所示。

Step 04 返回到“Ethernet0 状态”对话框，单击“关闭”按钮，如图 12-31 所示，重新启动计算机，即可在局域网中隐藏本地计算机。

图 12-30 单击“确定”按钮

图 12-31 单击“关闭”按钮

12.3.4　自动断开闲置的网络

虽然闲置的网络连接占用计算机系统的资源不是很多，但是网卡长时间使用会影响其使用性能和使用寿命，所以建议用户在网络闲置的时候自动断开网络连接。

自动断开闲置的网络

Step 01　打开"网络和共享中心"窗口，在左侧的列表框中，单击"更改适配器设置"链接，如图 12-32 所示。

Step 02　打开"网络连接"窗口，❶在 Ethernet0 图标上单击鼠标右键；❷在弹出的快捷菜单中选择"属性"选项，如图 12-33 所示。

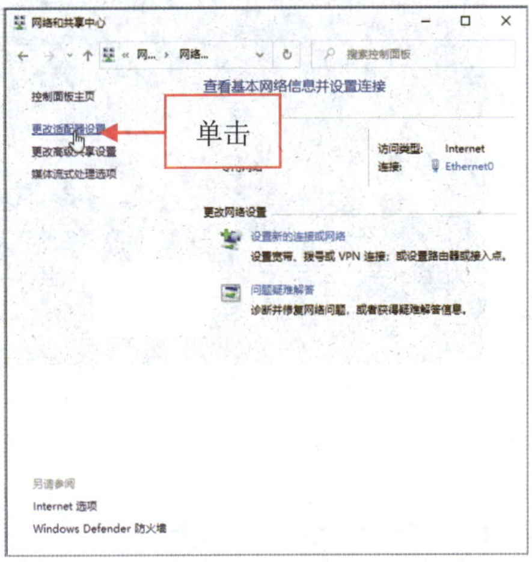

图 12-32　单击"更改适配器设置"链接

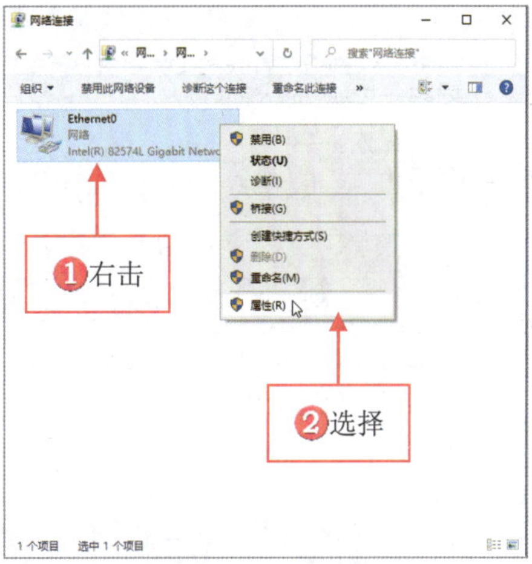

图 12-33　选择"属性"选项

Step 03　弹出"Ethernet0 属性"对话框，单击"配置"按钮，如图 12-34 所示。

Step 04　弹出相应的属性对话框，❶切换至"电源管理"选项卡；❷选中"允许计算机关闭此设备以节约电源"复选框；❸单击"确定"按钮，如图 12-35 所示，即可完成设置。

图 12-34　单击"配置"按钮

图 12-35　单击"确定"按钮

12.3.5 快速获取本地 IP 地址

快速获取本地 IP 地址

在进行网络连接时，常常要用到计算机的 IP 地址，使用 ipconfig 命令可以快速有效地获取本地 IP 地址。

Step 01 按【Windows + R】组合键，弹出“运行”对话框，❶在其中输入 cmd 命令；❷单击“确定”按钮，如图 12-36 所示。

Step 02 执行上述操作后，打开相应窗口，输入 ipconfig 命令，按【Enter】键确认，即可显示计算机的 IP 地址，如图 12-37 所示。

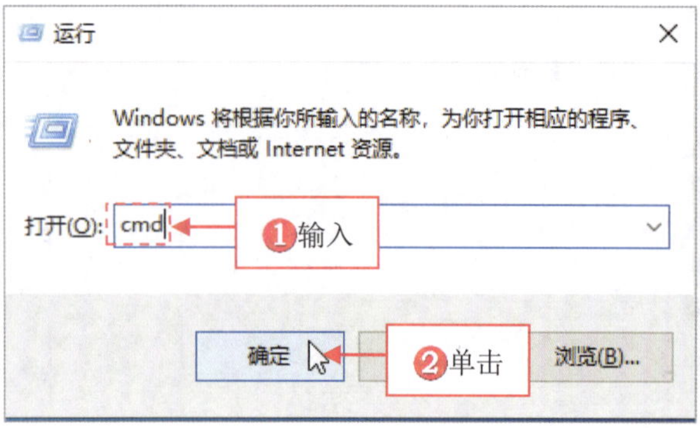

图 12-36 单击“确定”按钮

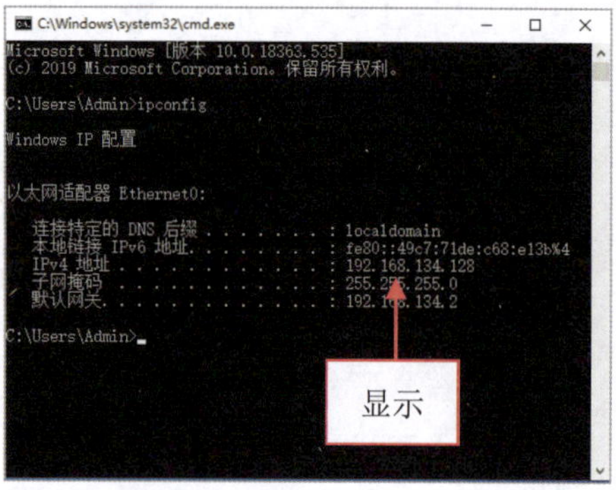

图 12-37 显示计算机的 IP 地址

12.4 远程协助与远程桌面的设置

QQ 的远程协助是 QQ 用户经常使用的、解决各种问题的工具。而 Windows 10 操作系统就自带了该功能，用户只需要做简单的设置，就可以让别人帮助自己解决使用电脑时遇到的问题。

12.4.1 远程协助

远程协助

如果用户遇到棘手的问题，而又没有高手在身边，这时就可以借助远程协助。对方可以操作用户的电脑，快速解决出现的问题，十分便捷。下面介绍发送邀请远程协助的操作方法。

Step 01 打开“系统和安全”窗口，单击“允许远程访问”链接，弹出“系统属性”对话框，在“远程”选项卡中，选中“允许远程协助连接这台计算机”复选框，如图 12-38 所示。

Step 02 单击“确定”按钮，返回到“系统和安全”窗口，单击“启动远程协助”链接，如图 12-39 所示。

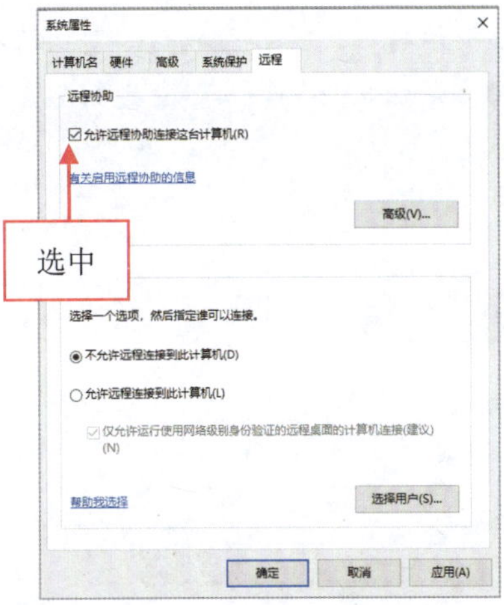

图 12-38 选中相应复选框

图 12-39 单击"启动远程协助"链接

Step 03 执行上述操作后，弹出"Windows 远程协助"对话框，选择"邀请信任的人帮助你"选项，如图 12-40 所示。

Step 04 进入"你希望如何邀请所信任的帮助者？"界面，选择"将该邀请另存为文件"选项，如图 12-41 所示。

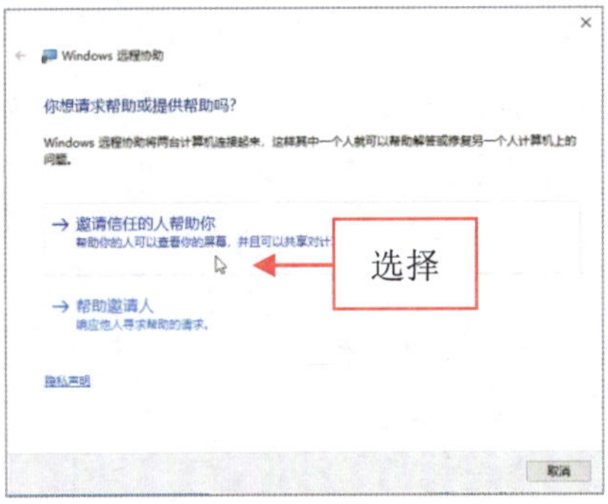

图 12-40 选择相应选项（1）

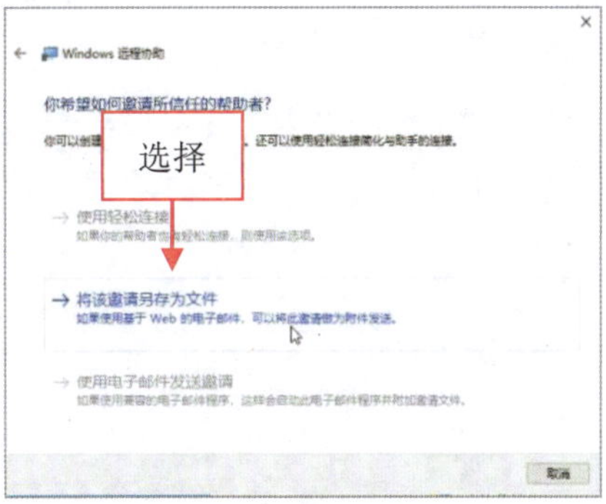

图 12-41 选择相应选项（2）

Step 05 执行上述操作后，弹出"另存为"对话框，❶设置文件的保存位置；❷单击"保存"按钮，如图 12-42 所示。

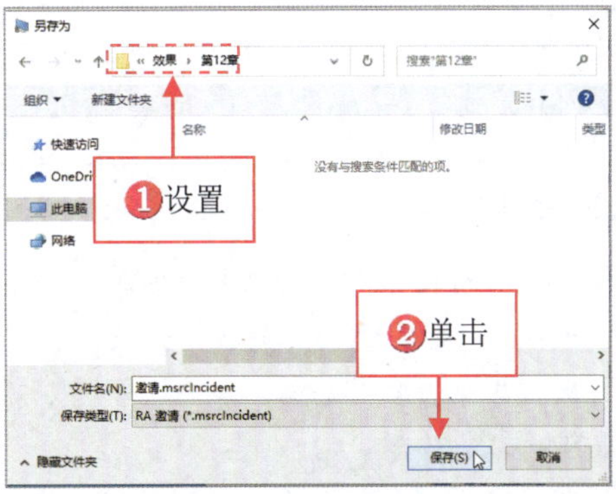

图 12-42 单击"保存"按钮

Step 06 执行上述操作后，“Windows 远程协助”对话框提示将该文件和密码一起发送给对方，显示“正在等待传入连接”，如图 12-43 所示。对方用该文件和密码进行连接后，可以根据系统提示进行操作，即可完成发送邀请远程协助。

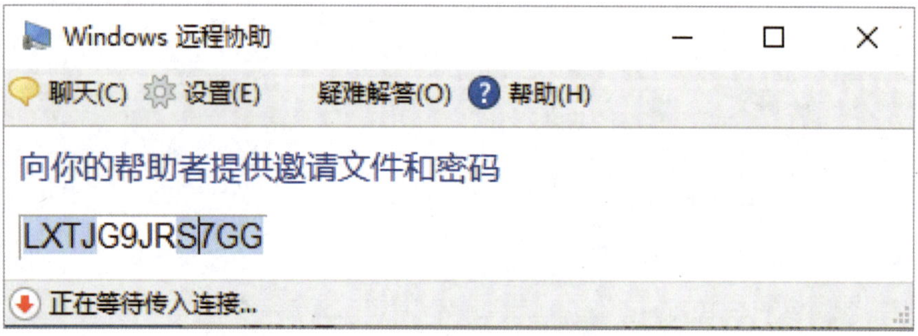

图 12-43 显示“正在等待传入连接”

12.4.2 远程桌面连接的设置

远程桌面连接的设置

远程桌面连接是指在一台电脑上远程连接并登录另外一台电脑，如果想使用远程桌面连接功能，就要先进行相关设置。下面介绍设置远程桌面连接的操作方法。

Step 01 打开“系统和安全”窗口，单击“系统”链接，如图 12-44 所示。

Step 02 执行上述操作后，即可打开“系统”窗口，单击“远程设置”链接，弹出“系统属性”对话框，如图 12-45 所示。

图 12-44 单击“系统”链接

图 12-45 弹出“系统属性”对话框

Step 03 在“远程桌面”选项区中，❶选中“允许远程连接到此计算机”单选按钮；❷在弹出的“远程桌面”对话框中单击“电源选项”链接，如图 12-46 所示。

Step 04 执行上述操作后，打开“电源选项”窗口，单击“平衡(推荐)”单选按钮右侧的“更改计划设置”链接，如图 12-47 所示。

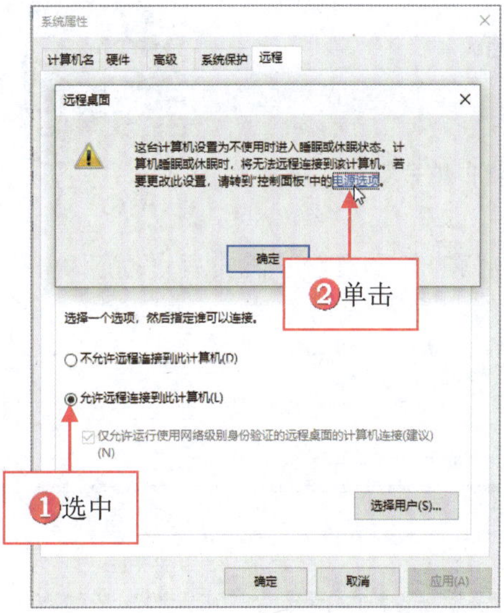

图 12-46 单击“电源选项”链接

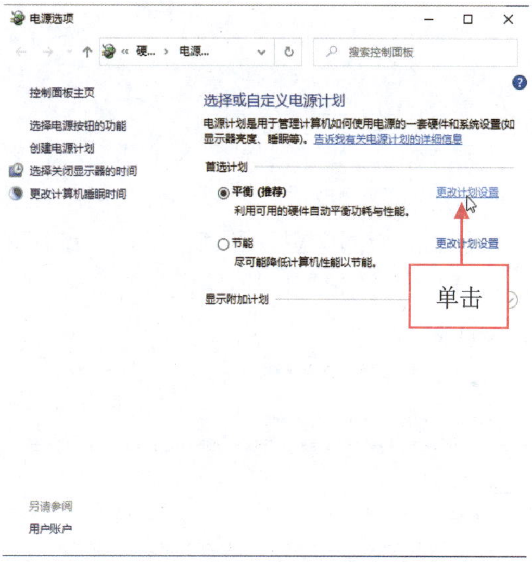

图 12-47 单击“更改计划设置”链接

Step 05 执行上述操作后，打开“编辑计划设置”窗口，❶设置“使计算机进入睡眠状态”为“从不”；❷单击“保存修改”按钮，如图 12-48 所示。

Step 06 执行上述操作后，返回并关闭“电源选项”窗口，单击“远程桌面”对话框中的“确定”按钮，如图 12-49 所示。

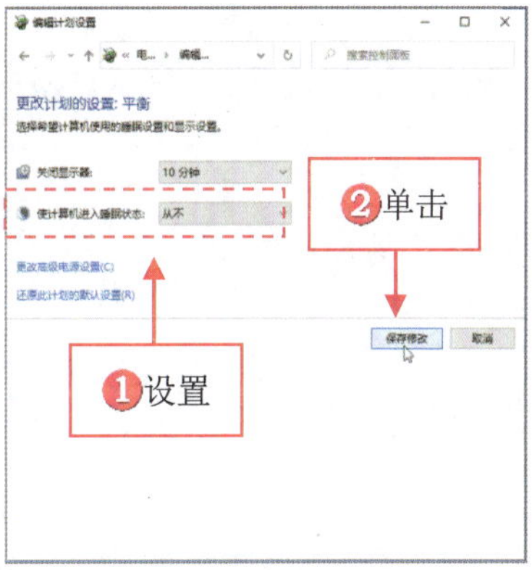

图 12-48 单击“保存修改”按钮

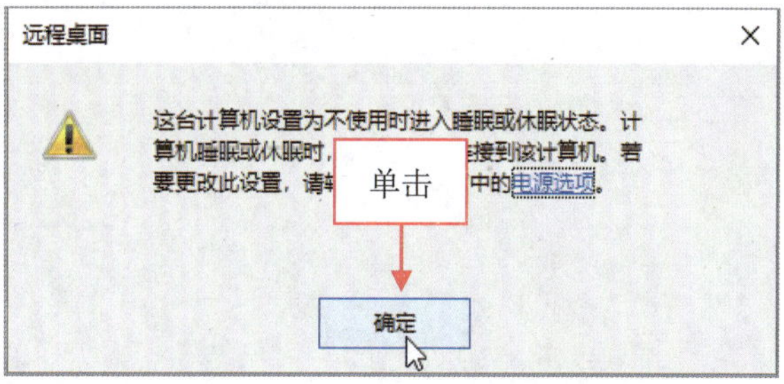

图 12-49 单击“确定”按钮

Step 07 返回到“系统属性”对话框，单击“确定”按钮，即可完成远程桌面连接的设置。

本章小结

本章主要介绍了 Windows 10 操作系统中局域网的基础知识和使用方法。具体内容包括局域网和网络的相关知识、局域网的使用方法、网络邻居的设置及远程协助与远程桌面的设置。希望通过对本章的学习，读者能够掌握局域网的基本操作。

课后习题

课后习题

鉴于本章知识的重要性，为了帮助读者更好地掌握所学知识，通过设置上机习题帮助读者进行简单的知识回顾和补充。

如果在局域网中想看到其他的电脑或访问其他电脑的共享文件，需要启用相应功能。本习题可帮助读者掌握启用网络发现与文件和打印机共享功能的操作方法，如图 12-50 所示。

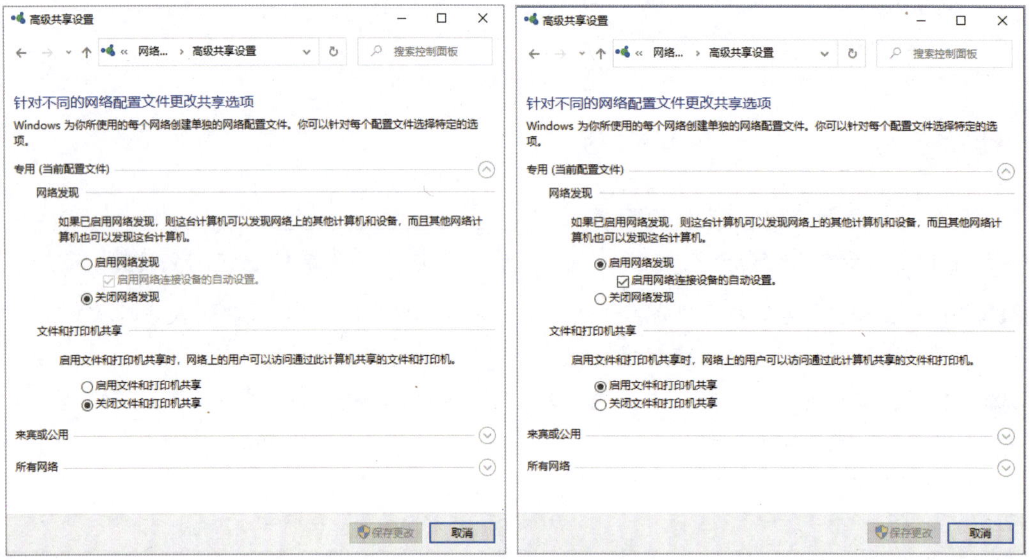

图 12-50　启用相应功能

第 13 章 使用 Microsoft Edge 浏览器

在 Windows 10 操作系统中，Microsoft Edge 浏览器替代 Internet Explorer 浏览器成为系统的推荐浏览器。Microsoft Edge 浏览器以其简洁的界面、多样的主题、更快的反应速度及强大的功能为用户提供全新的网页浏览体验。本章将主要介绍 Microsoft Edge 浏览器的使用方法和设置。

本章重点

- 浏览器的常用操作
- 收藏夹功能的使用
- 集锦功能的使用
- 浏览器的设置

13.1 浏览器的常用操作

Microsoft Edge 浏览器是 Windows 10 操作系统的一大新特性，与以往 Windows 系统所使用的 Internet Explorer 浏览器相比，Microsoft Edge 浏览器的功能更完善、更人性化，也更能符合用户的使用习惯。本节主要介绍 Microsoft Edge 浏览器的常用操作。

13.1.1 网页和图片的搜索

在 Microsoft Edge 浏览器中，有两种搜索方式：一种是在搜索框中输入搜索文字进行搜索外；另一种是在地址栏中输入搜索文字进行搜索，可以选择喜欢的方式进行搜索。下面介绍使用 Microsoft Edge 浏览器搜索网页和图片的操作方法。

网页和图片的搜索

Step 01 单击任务栏中的 Microsoft Edge 图标，如图 13-1 所示，即可打开 Microsoft Edge 浏览器。

Step 02 ❶在搜索框中输入搜索词“百度”；❷单击“搜索”按钮，如图 13-2 所示。

图 13-1　单击相应图标

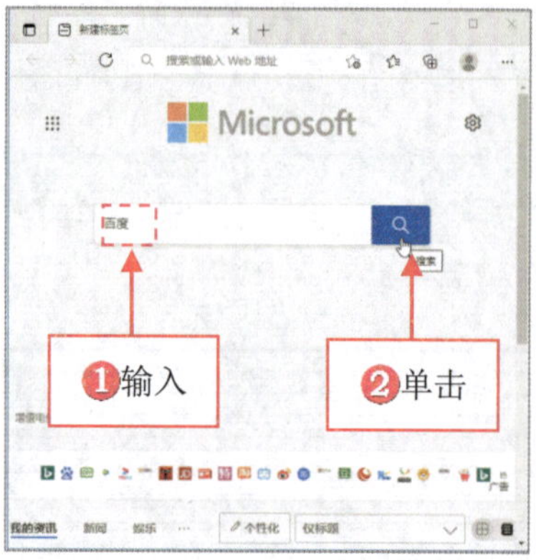

图 13-2　单击“搜索”按钮

Step 03 执行上述操作后，即可显示网页搜索结果，效果如图 13-3 所示。

Step 04 ❶切换至“图片”选项卡；❷在搜索框中输入搜索词“ai 机器人”，按【Enter】键即可显示相应的图片搜索结果，效果如图 13-4 所示。

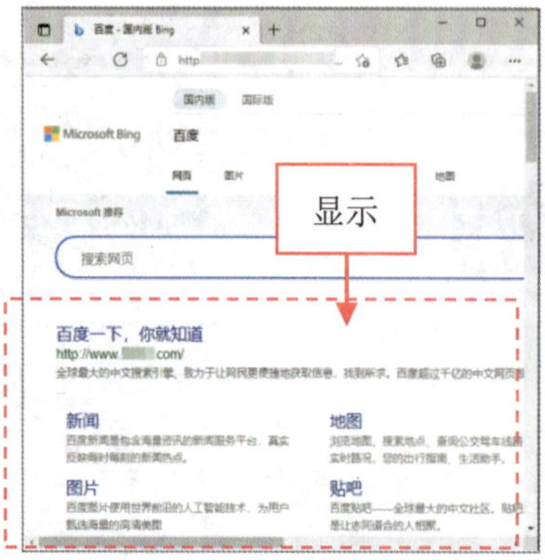

图 13-3　显示网页搜索结果

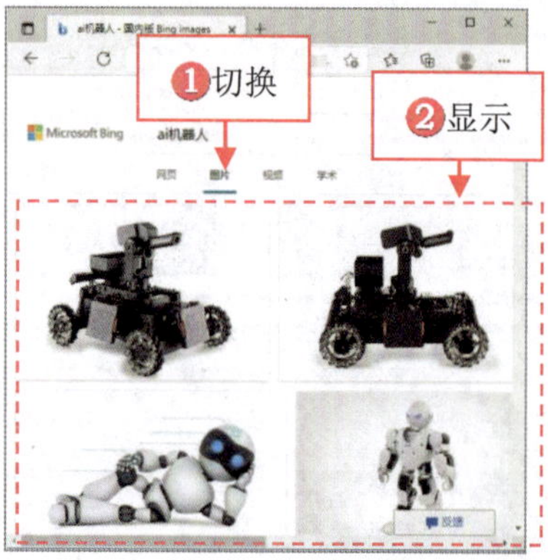

图 13-4　显示相应的图片搜索结果

13.1.2　InPrivate 窗口的使用

InPrivate 窗口的使用

当使用浏览器搜索、浏览网页时，浏览器会存储用户的搜索记录、浏览记录等相关信息。为了更好地保护个人隐私，可以使用 InPrivate 窗口搜索、浏览网页。使用 InPrivate 窗口可以正常地搜索、浏览网页，但当用户关闭浏览器时，所有的密码、搜索记录、浏览记录等信息会自行销毁，减少个人隐私泄露的可能性。下面介绍使用 InPrivate 窗口搜索、浏览网页的操作方法。

Step 01　打开 Microsoft Edge 浏览器，❶单击浏览器右上方的“设置及其他”按钮⋯；❷在弹出的列表框中选择“新建 InPrivate 窗口”选项，如图 13-5 所示。

Step 02　执行上述操作后，即可打开 InPrivate 窗口，效果如图 13-6 所示。

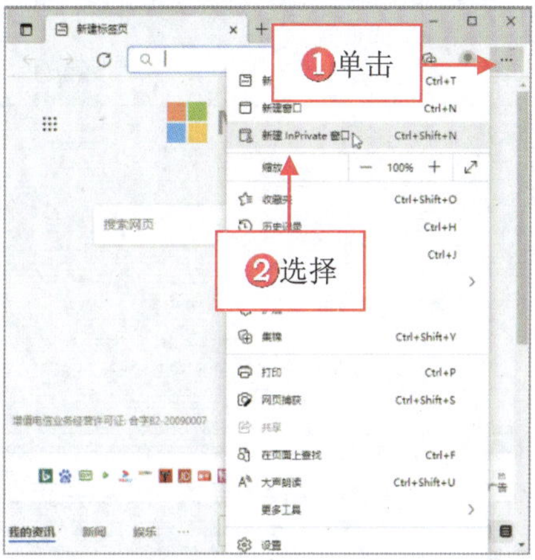

图 13-5　选择“新建 InPrivate 窗口”选项

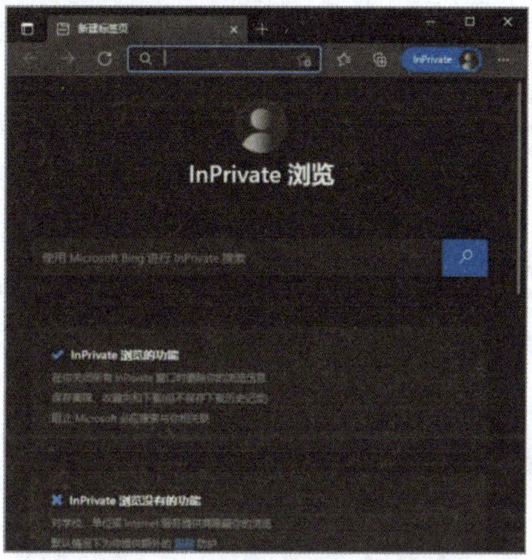

图 13-6　打开 InPrivate 窗口

Step 03　❶在搜索框中输入搜索词“百度”；❷单击“搜索”按钮，如图 13-7 所示。

Step 04　执行上述操作后，即可显示搜索结果，效果如图 13-8 所示。

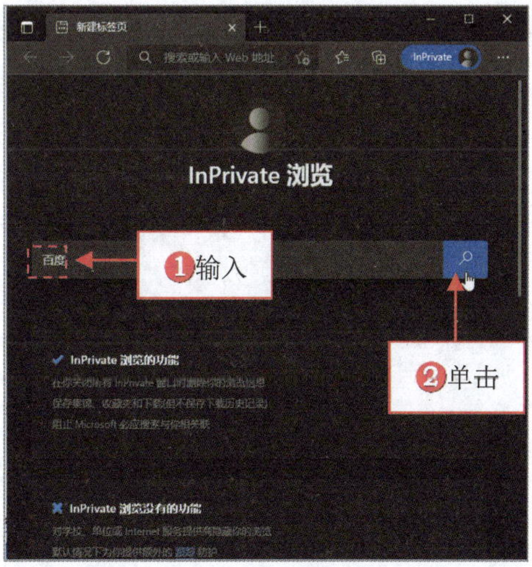

图 13-7　单击“搜索”按钮

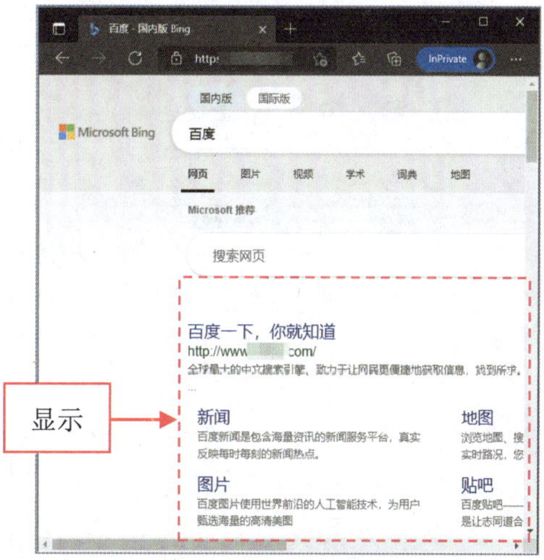

图 13-8　显示搜索结果

13.1.3　标签页的使用

标签页的使用

与 Internet Explorer 浏览器一样，Microsoft Edge 浏览器可以新建标签页浏览新网页，也可以在一个浏览器窗口创建多个标签页以满足使用需求，还可以将创建的标签页移动至新的浏览器窗口。下面介绍使用标签页的操作方法。

Step 01　打开 Microsoft Edge 浏览器，单击“新建标签页”按钮＋，如图 13-9 所示。

Step 02　执行上述操作后，即可新建一个标签页，效果如图 13-10 所示。

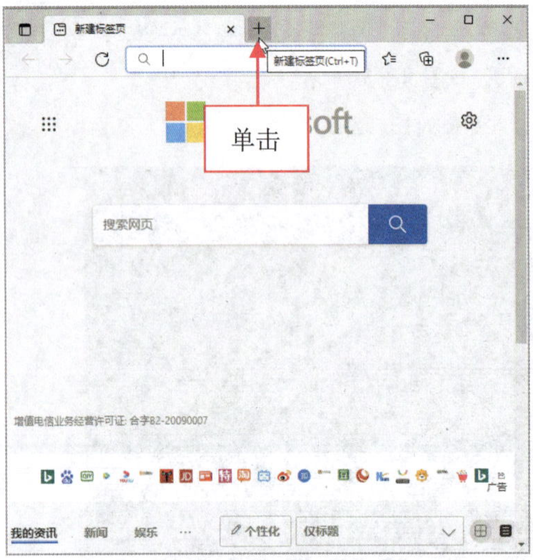

图 13-9　单击“新建标签页”按钮

图 13-10　新建一个标签页

Step 03　在搜索框中输入搜索词“百度知道”，按【Enter】键，即可显示搜索结果，效果如图 13-11 所示。

Step 04　❶在“学术”选项卡上单击鼠标右键；❷在弹出的快捷菜单中选择“在新窗口中打开链接”选项，如图 13-12 所示。

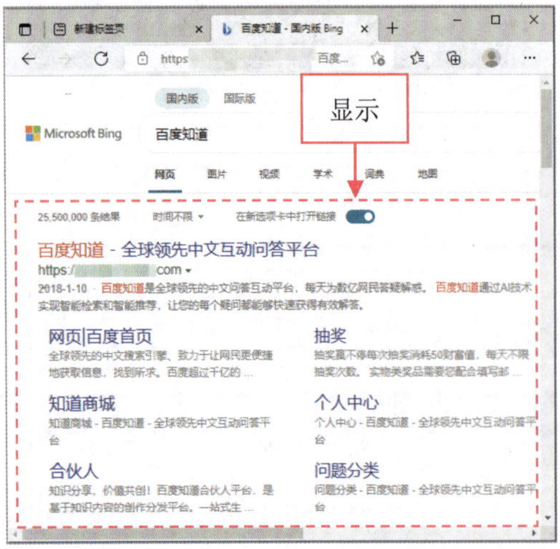

图 13-11　显示搜索结果

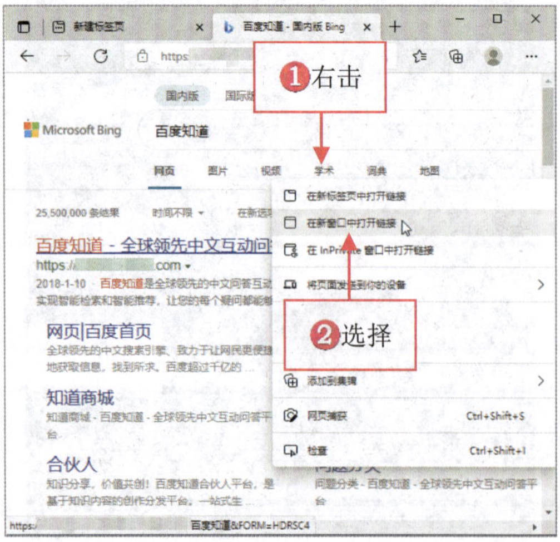

图 13-12　选择相应选项

Step 05　执行上述操作后，即可在新的浏览器窗口中打开相应的页面，如图 13-13 所示。

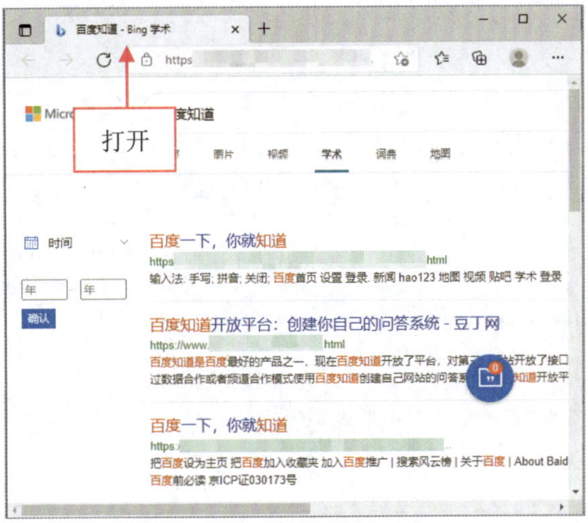

图 13-13　打开相应的页面

13.1.4　搜索引擎的更改

搜索引擎的更改

在 Microsoft Edge 浏览器中，地址栏默认使用 Bing（必应）搜索引擎进行搜索，用户可以将搜索引擎更改为常用的搜索引擎，如“百度”搜索引擎。下面介绍更改搜索引擎的操作方法。

Step 01　启动 Microsoft Edge 浏览器，打开其工作界面，❶单击浏览器右上方的“设置及其他”按钮⋯；❷在弹出的列表框中选择“设置”选项，如图 13-14 所示。

Step 02　执行上述操作后，打开“设置”标签页，在搜索框中输入“搜索引擎”，按【Enter】键，即可显示搜索结果，效果如图 13-15 所示。

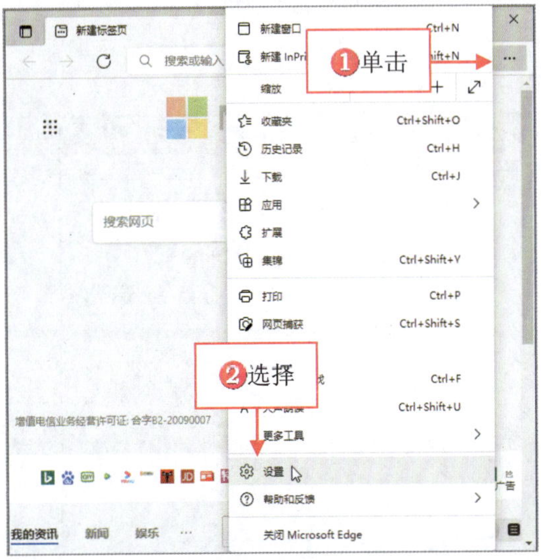

图 13-14　选择“设置”选项

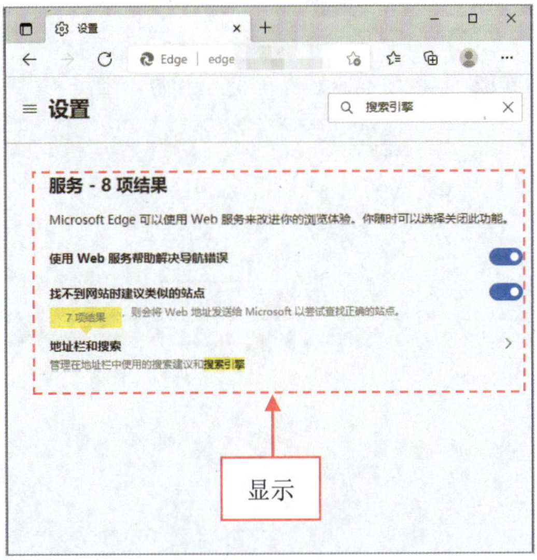

图 13-15　显示搜索结果

Step 03 单击“地址栏和搜索”右侧的 > 按钮，进入“地址栏和搜索”界面，❶单击“在地址栏中使用的搜索引擎”的下拉按钮 ∨；❷在弹出的列表框中选择“百度”选项，如图 13-16 所示。

Step 04 执行上述操作后，单击“新建标签页”按钮 +，在新建标签页的地址栏中输入“百度新闻”，可以看到搜索引擎已更改为“百度搜索”，效果如图 13-17 所示。

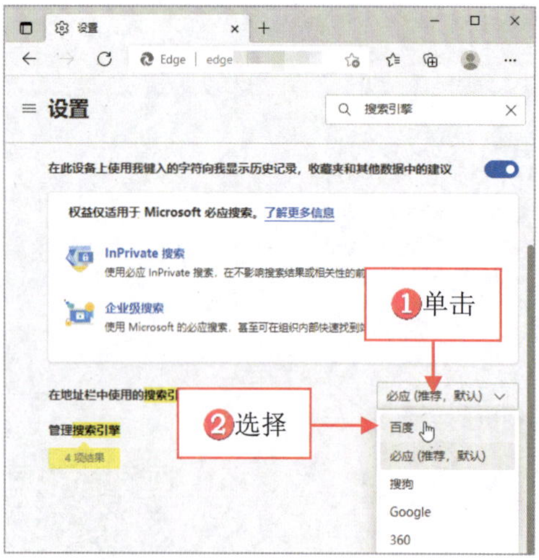

图 13-16 选择“百度”选项

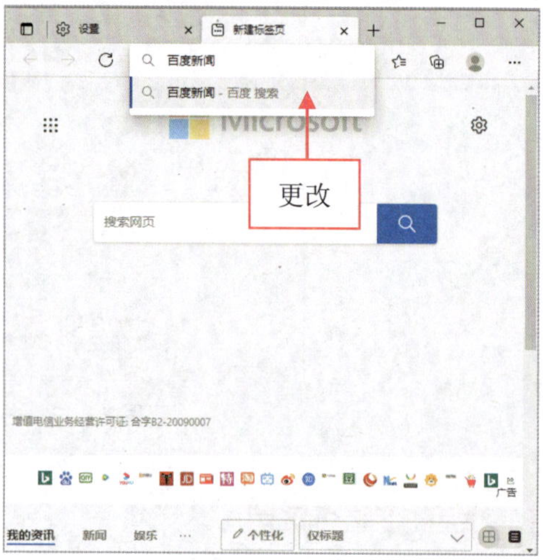

图 13-17 更改搜索引擎效果

13.1.5 将网页固定到任务栏

在 Microsoft Edge 浏览器中，如果希望快速访问某个网页，可以将该网页固定到任务栏中。当需要浏览网页时，单击任务栏中的相应图标，即可用 Microsoft Edge 浏览器打开网页。下面介绍将网页固定到任务栏中的操作方法。

将网页固定到任务栏

Step 01 启动 Microsoft Edge 浏览器，打开其工作界面，在地址栏中输入相应网址，如图 13-18 所示。

Step 02 按【Enter】键，进入相应网页，如图 13-19 所示。

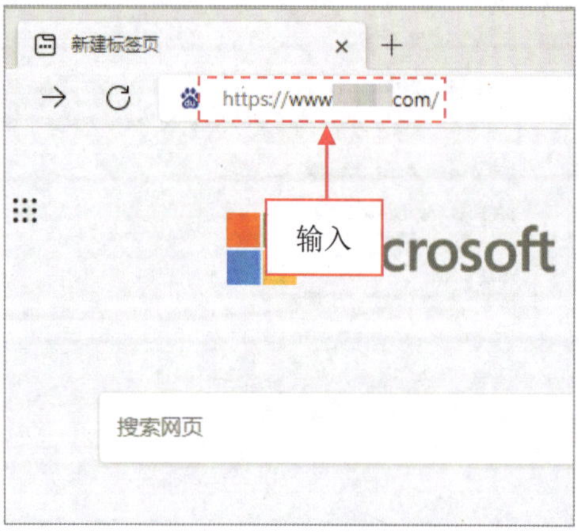

图 13-18 输入相应网址

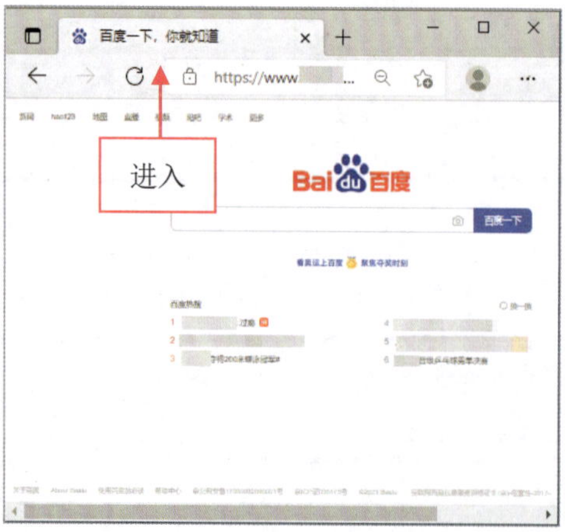

图 13-19 进入相应网页

Step 03　❶单击页面右上角的“设置及其他”按钮···；❷在弹出的列表框中选择“更多工具”|“固定到任务栏”选项，如图 13-20 所示。

Step 04　执行上述操作后，弹出“固定到任务栏”对话框，单击 PIN 按钮，如图 13-21 所示，即可将该网页固定到任务栏中，任务栏显示相应图标。

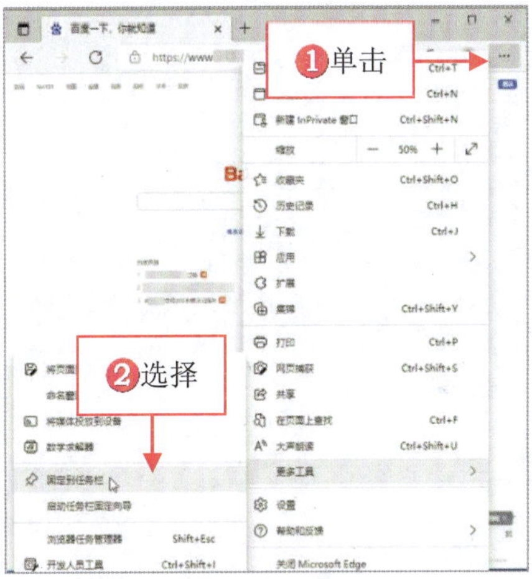

图 13-20　选择相应选项

图 13-21　单击 PIN 按钮

13.1.6　网页的分享

在浏览网页时，如果想将喜欢的网页分享给其他人，可以使用 Microsoft Edge 浏览器的共享功能，将网页通过链接、OneNote 及邮件等方式分享给好友或同事。下面介绍分享网页的操作方法。

网页的分享

Step 01　在 Microsoft Edge 浏览器中打开要分享的网页，如图 13-22 所示。

Step 02　❶单击页面右上角的“设置及其他”按钮···；❷在弹出的列表框中选择“共享”选项，如图 13-23 所示。

图 13-22　打开相应网页

图 13-23　选择“共享”选项

Step 03 执行上述操作后，弹出“共享”对话框，单击“复制链接”按钮，如图 13-24 所示，即可复制该网页的链接，将链接发送给想分享的对象，对方可以点击链接进入网页。

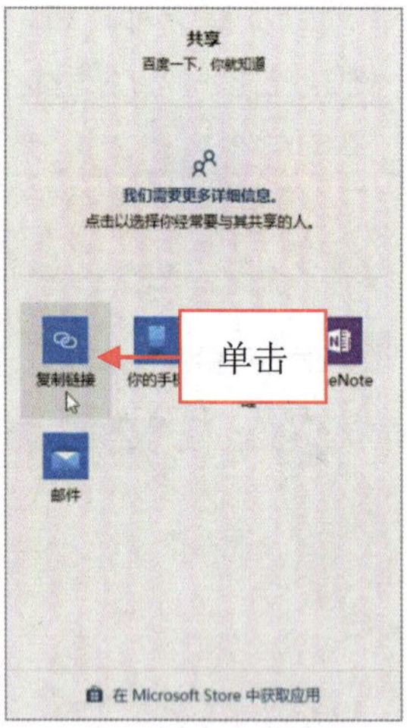

图 13-24　单击“复制链接”按钮

13.1.7　历史记录的查看

历史记录的查看

Microsoft Edge 浏览器会记录浏览过的网页信息，用户可以按时间顺序查看历史浏览记录。下面介绍查看历史记录的操作方法。

Step 01 启动 Microsoft Edge 浏览器，打开其工作界面，❶单击浏览器右上方的“设置及其他”按钮…；❷在弹出的列表框中选择“历史记录”选项，如图 13-25 所示。

Step 02 执行上述操作后，弹出“历史记录”对话框，如图 13-26 所示。

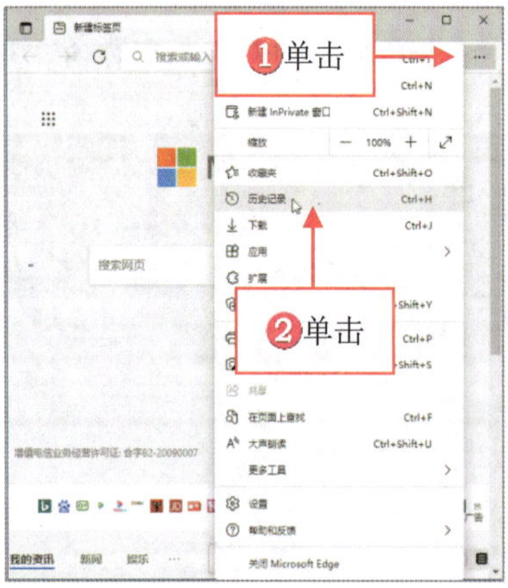

图 13-25　选择“历史记录”选项

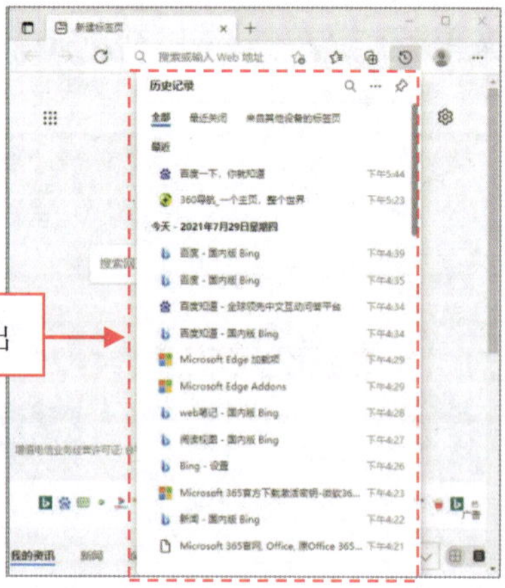

图 13-26　弹出“历史记录”对话框

Step 03 ❶单击“历史记录”对话框右上角的“查看更多”按钮…；❷在弹出的列表框中选择“打开历史记录页面”选项，如图 13-27 所示。

Step 04 执行上述操作后，即可打开“历史记录”标签页，如图 13-28 所示。

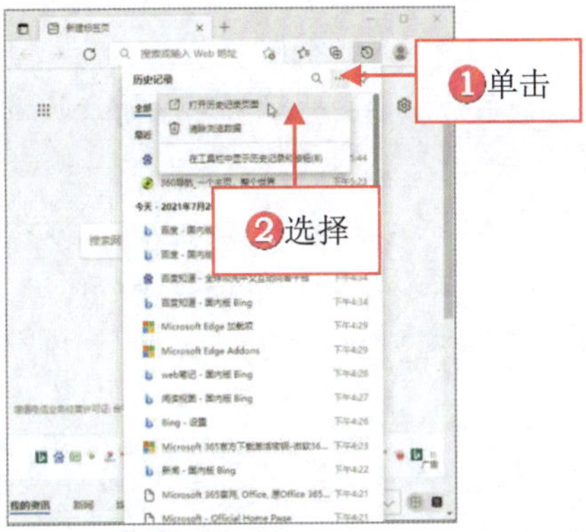

图 13-27　选择相应选项

图 13-28　打开“历史记录”标签页

13.2　收藏夹功能的使用

在 Microsoft Edge 浏览器中，可以将网页添加至收藏夹中，并对收藏夹进行设置和管理，方便以后快速访问相应的网页。本节主要介绍收藏夹的使用方法，内容包括收藏夹的添加、显示、分类、导入和导出。

13.2.1　收藏夹的添加

如果用户对某一个网页感兴趣，可以将该网页添加至收藏夹中，为下一次的浏览节省查找时间。下面介绍将网页添加至收藏夹的操作方法。

收藏夹的添加

Step 01　在 Microsoft Edge 浏览器中打开一个网页，单击地址栏中的“将此页面添加到收藏夹”按钮，如图 13-29 所示。

Step 02　执行上述操作后，弹出“已添加到收藏夹”对话框，单击“完成”按钮，如图 13-30 所示，即可将网页添加至收藏夹中。

图 13-29　单击相应按钮

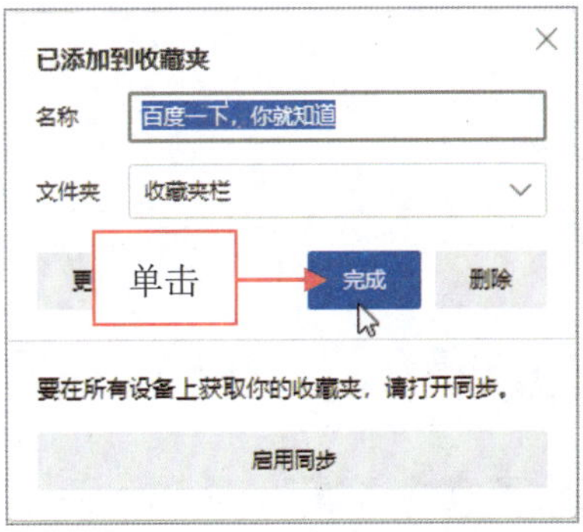

图 13-30　单击“完成”按钮

13.2.2　收藏夹栏的显示

在默认状态下，收藏夹仅在页面中显示一个“收藏夹”按钮，需要点击按钮，才能在弹出的“收藏夹”对话框中查看收藏的网页。为了更方便地查看和打开收藏夹中的网页，可以将收藏夹栏显示出来。下面介

收藏夹栏的显示

绍显示收藏夹栏的操作方法。

Step 01 启动 Microsoft Edge 浏览器，打开其工作界面，单击地址栏右侧的“收藏夹”按钮，如图 13-31 所示。

Step 02 执行上述操作后，在弹出的“收藏夹”对话框中，❶单击“更多选项”按钮···；❷在弹出的列表框中选择“显示收藏夹栏”|“始终”选项，如图 13-32 所示。

图 13-31　单击“收藏夹”按钮

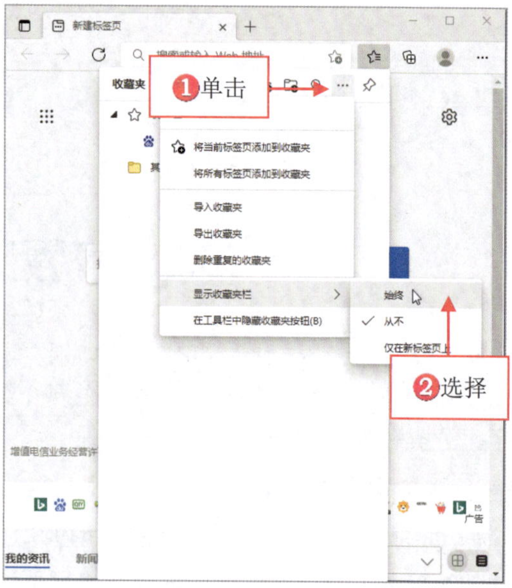

图 13-32　选择相应选项

Step 03 执行上述操作后，关闭“收藏夹”对话框，即可将收藏夹栏显示在地址栏下方，效果如图 13-33 所示。

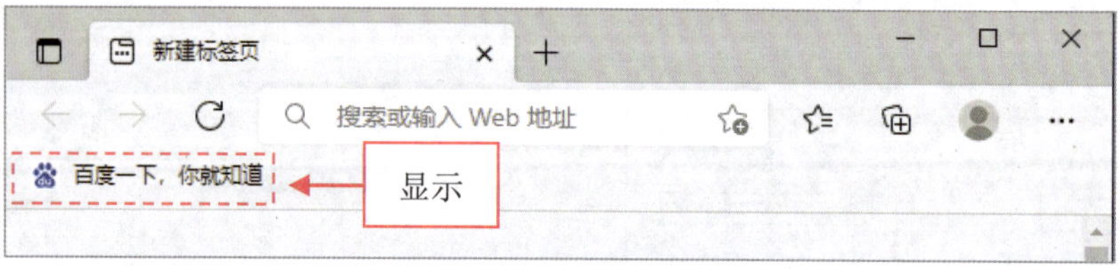

图 13-33　显示收藏栏效果

13.2.3　收藏夹的分类

收藏夹的分类

如果在收藏夹中添加了太多的网页，难免在查找时花费过多的时间。因此可以对收藏夹中的网页进行分类，提高查找的效率。下面介绍分类收藏夹网页的操作方法。

Step 01 启动 Microsoft Edge 浏览器，打开其工作界面，调出“收藏夹”对话框，单击对话框右上角的“添加文件夹”按钮，如图 13-34 所示。

Step 02 执行上述操作后，即可添加一个文件夹，输入文件夹名称，如图 13-35 所示，按【Enter】键确认。

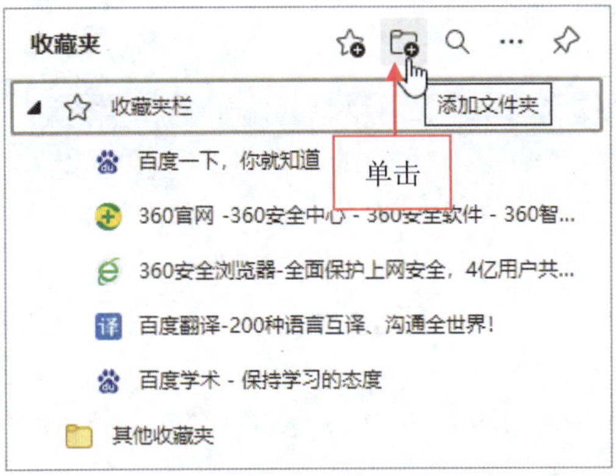

图 13-34　单击“添加文件夹”按钮

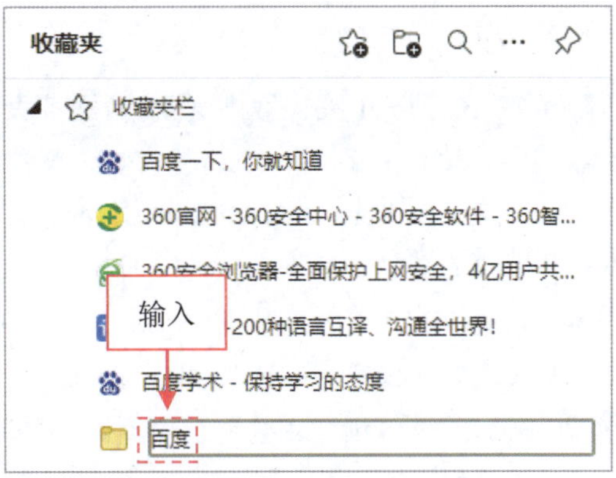

图 13-35　输入文件夹名称

Step 03　用与上述同样的方法，再添加一个名为 360 的文件夹，效果如图 13-36 所示。

Step 04　选择“百度一下，你就知道”链接，按住鼠标左键并将其拖曳至“百度”文件夹正上方，释放鼠标左键，即可将该链接移动至“百度”文件夹内，效果如图 13-37 所示。

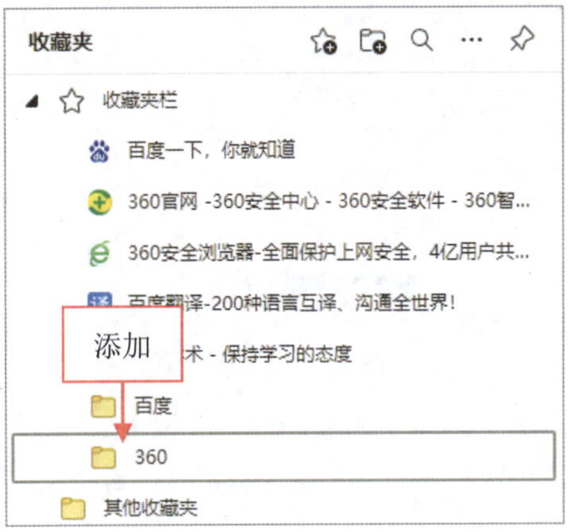

图 13-36　添加一个文件夹

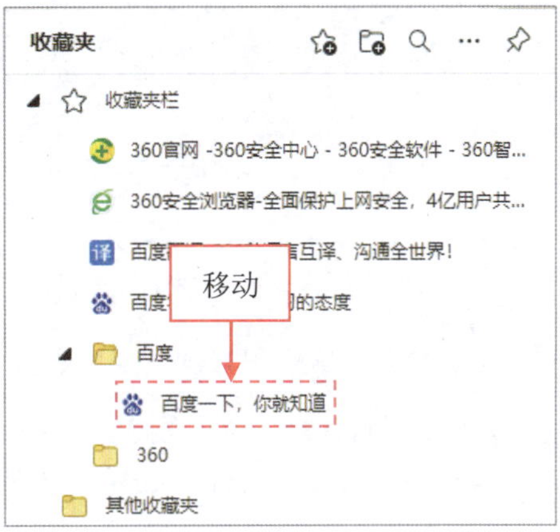

图 13-37　移动至相应文件夹内（1）

Step 05　用与上述同样的方法，移动其他链接至“百度”文件夹内，效果如图 13-38 所示。

Step 06　用与上述同样的方法，移动其他链接至 360 文件夹内，效果如图 13-39 所示。

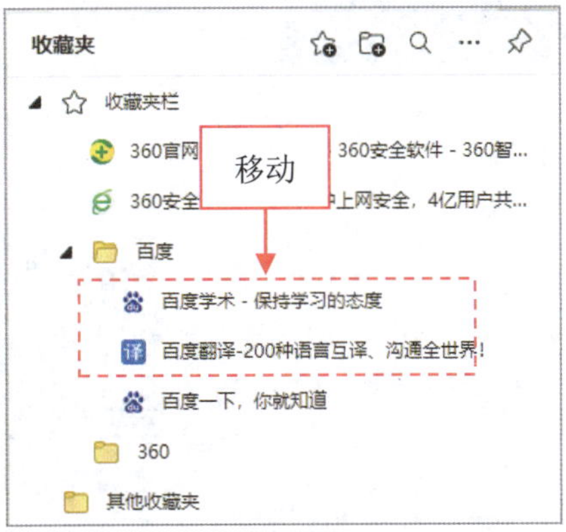

图 13-38　移动至相应文件夹内（2）

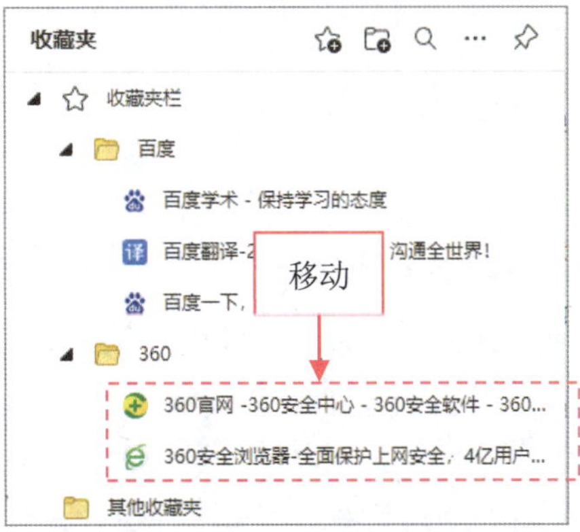

图 13-39　移动至相应文件夹内（3）

13.2.4 收藏夹的导入

除了在 Microsoft Edge 浏览器添加标签页至收藏夹中，还可以将其他浏览器的收藏夹导入到 Microsoft Edge 浏览器的收藏夹中，避免用户切换浏览器的麻烦。下面以导入 Internet Explorer 浏览器的收藏夹为例，介绍导入收藏夹的操作方法。

收藏夹的导入

Step 01 打开“收藏夹”对话框，❶单击“更多选项”按钮…；❷在弹出的列表框中选择“导入收藏夹”选项，如图 13-40 所示。

Step 02 弹出“导入浏览器数据”对话框，❶选中“收藏夹或书签”复选框；❷单击“导入”按钮，如图 13-41 所示。

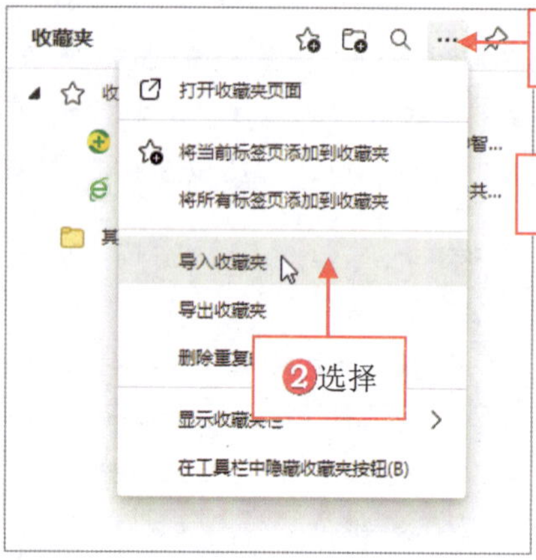

图 13-40 选择“导入收藏夹”选项

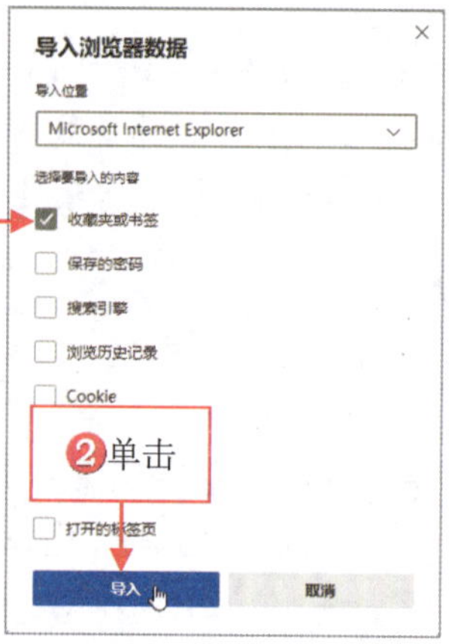

图 13-41 单击“导入”按钮

Step 03 执行上述操作后，弹出信息提示框，提示导入已完成，单击“完成”按钮，如图 13-42 所示，即可将 Internet Explorer 浏览器的收藏夹导入到 Microsoft Edge 浏览器的收藏夹中。

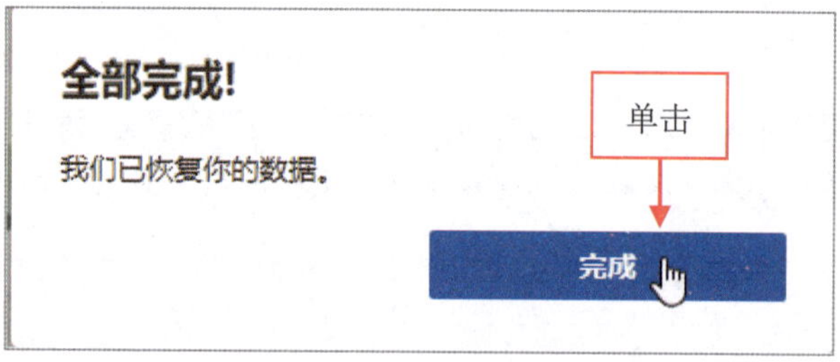

图 13-42 单击“完成”按钮

13.2.5 收藏夹的导出

如果单独查看 Microsoft Edge 浏览器中的收藏夹数据，可以将收藏夹数据进行导出，会得到一个.html 格式的文件，以便满足用户需求。下面介绍导出收藏夹数据的操作方法。

收藏夹的导出

Step 01 打开“收藏夹”对话框，❶单击“更多选项”按钮…；❷在弹出的列表框中选择“导出收藏夹”选项，如图 13-43 所示。

Step 02 执行上述操作后，弹出“另存为”对话框；❶设置文件保存位置；❷输入文件名称；❸单击“保存”按钮，如图 13-44 所示。

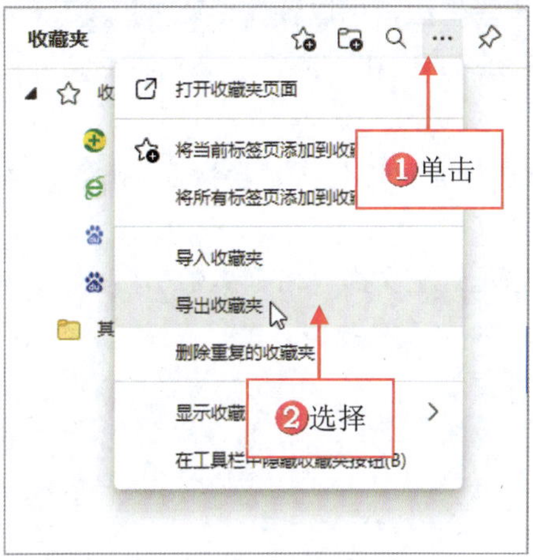

图 13-43　选择“导出收藏夹”选项

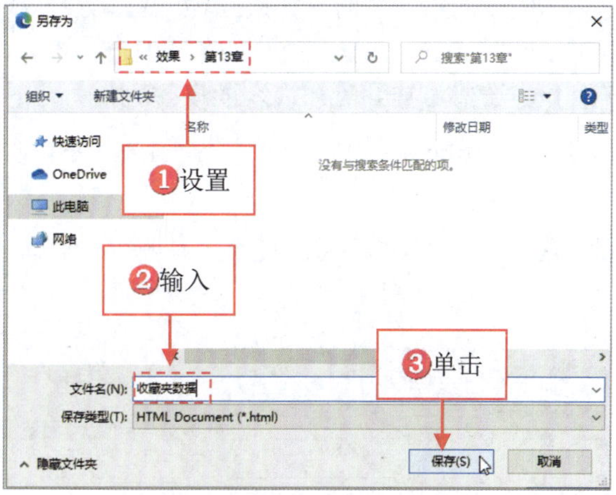

图 13-44　单击“保存”按钮

Step 03 执行上述操作后，即可成功导出收藏夹的数据，效果如图 13-45 所示。

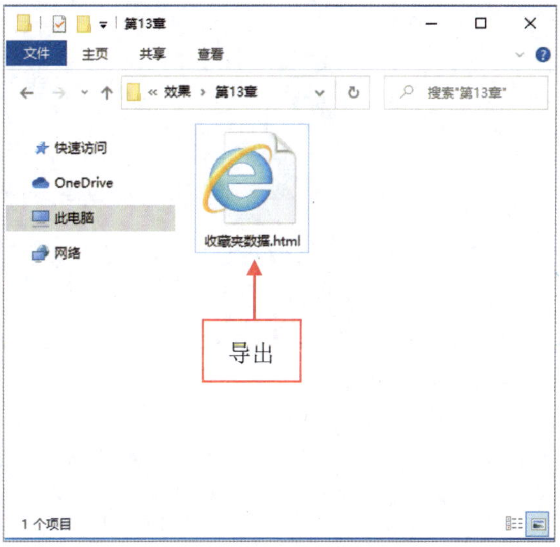

图 13-45　导出收藏夹的数据效果

13.3　集锦功能的使用

如果在浏览网页时有灵感和想法，或是想在上次浏览的地方继续浏览，可以使用 Microsoft Edge 浏览器的集锦功能。集锦功能与读书笔记的功能类似，用户可以在新建的集锦中添加页面、图像、文本及注释等内容，以便保存喜欢的语句和图片、记录浏览网页时的感想。

13.3.1 集锦的新建

集锦的新建

在阅读网页文章时，如果想做一些摘抄，或是记录一些想法，可以使用 Microsoft Edge 浏览器内置的集锦功能，节省使用其他应用的操作时间。下面介绍新建集锦并添加内容的操作方法。

Step 01 在 Microsoft Edge 浏览器中打开一个网页，单击地址栏右侧的“集锦”按钮，如图 13-46 所示。

Step 02 执行上述操作后，弹出“集锦”对话框，单击对话框右上角的“固定集锦”按钮，如图 13-47 所示。

图 13-46　单击“集锦”按钮

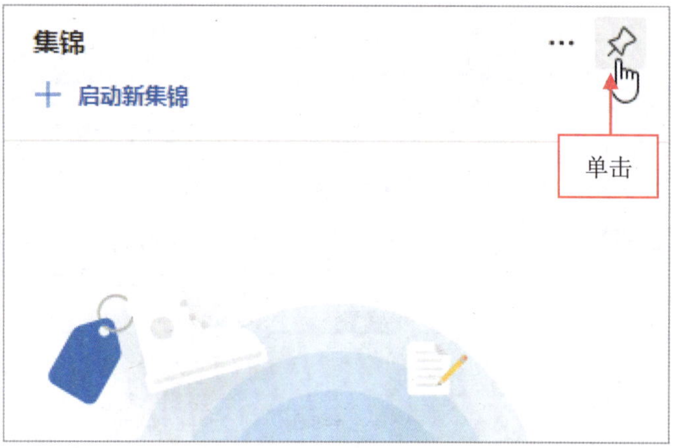

图 13-47　单击“固定集锦”按钮

Step 03 执行上述操作后，即可将“集锦”对话框固定在网页右侧，单击“启动新集锦”按钮，如图 13-48 所示。

Step 04 执行上述操作后，即可新建一个集锦，❶在对话框上方输入集锦名称；❷单击“添加当前页面”超链接，如图 13-49 所示。

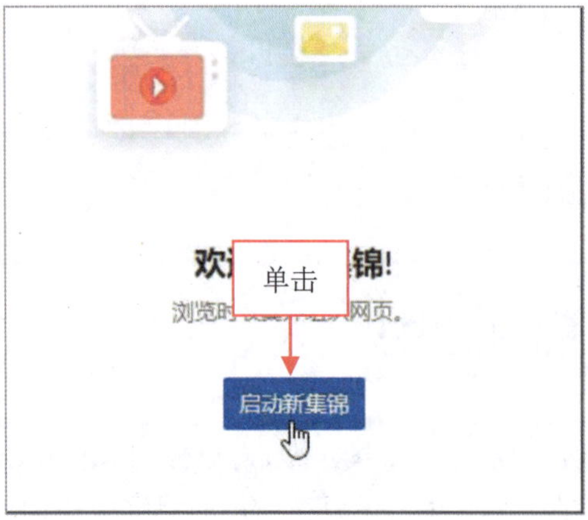

图 13-48　单击“启动新集锦”按钮

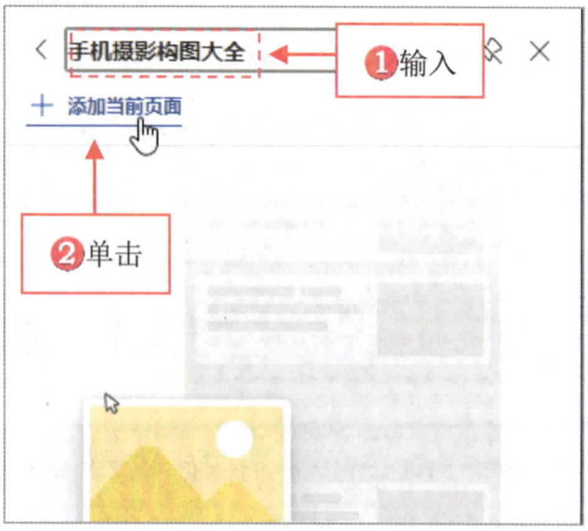

图 13-49　单击“添加当前页面”超链接

Step 05 执行上述操作后，即可在集锦中添加一个网页，效果如图 13-50 所示。

Step 06　选择网页中相应的文字内容，按住鼠标左键将其拖曳至“手机摄影构图大全”对话框内，释放鼠标左键，即可将文字内容添加至集锦中，效果如图 13-51 所示。

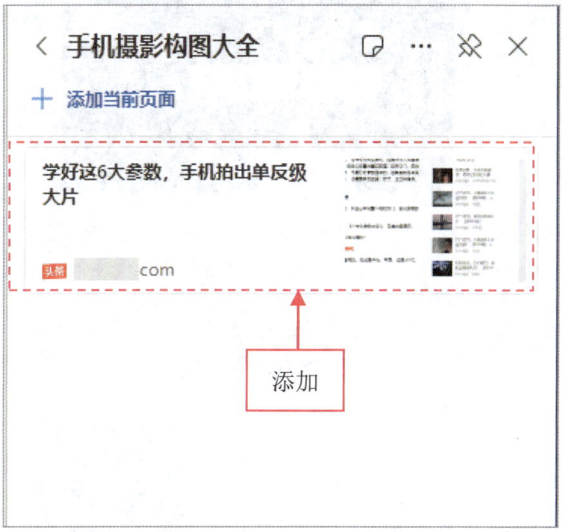

图 13-50　添加一个网页

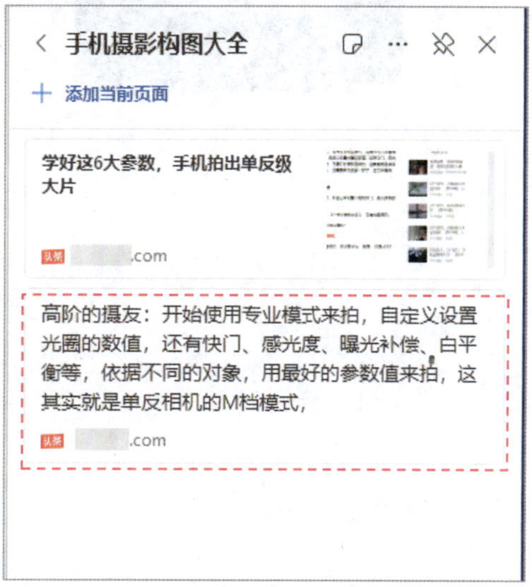

图 13-51　将文字内容添加至集锦中

Step 07　用与上述同样的方法，在“手机摄影构图大全”中添加相应的图片，效果如图 13-52 所示。

Step 08　单击对话框右上方的“添加注释”按钮，如图 13-53 所示。

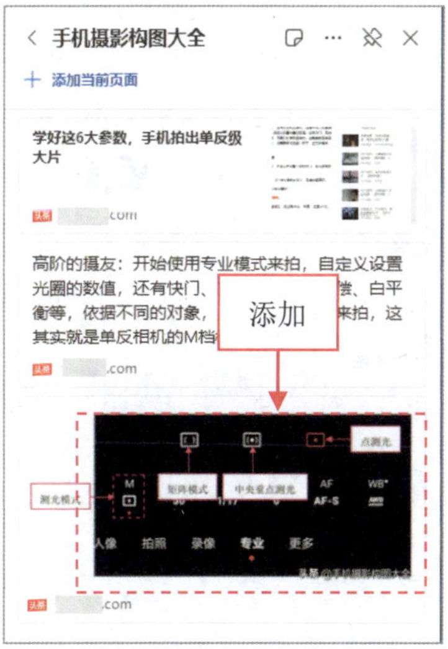

图 13-52　添加相应的图片效果

图 13-53　单击“添加注释”按钮

Step 09　执行上述操作后，❶在弹出的文本框中输入相应文本内容；❷单击“保存”按钮，如图 13-54 所示。

Step 10　执行上述操作后，即可添加相应的注释，效果如图 13-55 所示。

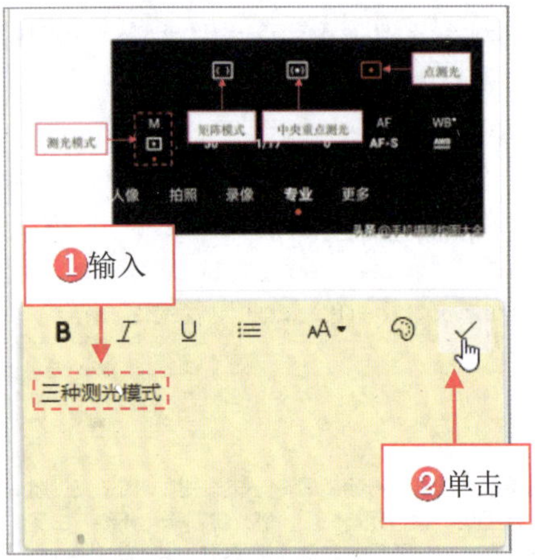

图 13-54　单击“保存”按钮

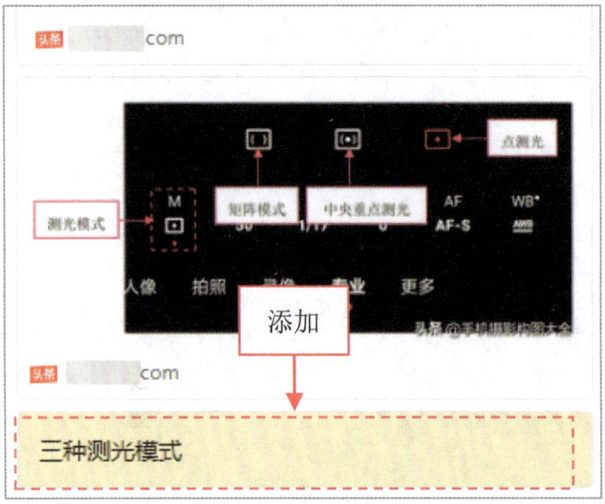

图 13-55　添加相应的注释效果

13.3.2　集锦的管理

集锦的管理

在 Microsoft Edge 浏览器中，用户可以对添加的集锦进行管理，如删除不需要的集锦、对集锦进行排序等。下面介绍管理集锦的操作方法。

Step 01　打开“集锦”对话框，❶在“白平衡”集锦上单击鼠标右键；❷在弹出的快捷菜单中选择“删除集锦”选项，如图 13-56 所示。

Step 02　执行上述操作后，显示“已删除 1 个集锦”，即可删除“白平衡”集锦，效果如图 13-57 所示。

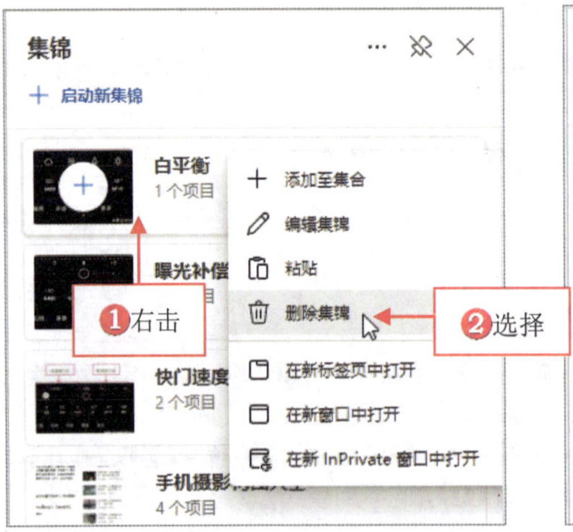

图 13-56　选择“删除集锦”选项

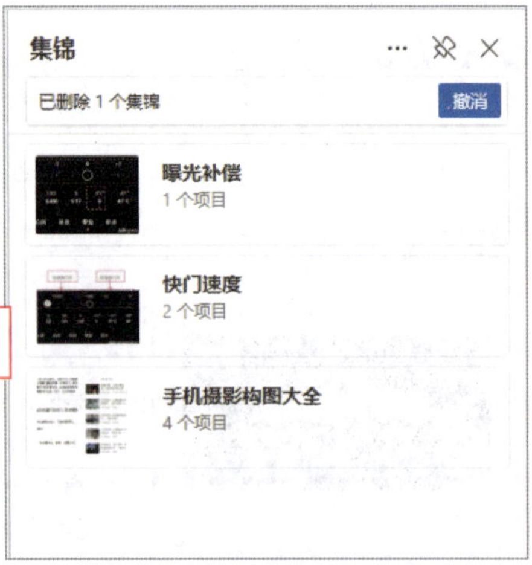

图 13-57　删除相应集锦效果

Step 03　❶单击对话框右上方的“排序”按钮···；❷在弹出的列表框中选择“按名称排序”选项，如图 13-58 所示。

Step 04　执行上述操作后，即可对集锦进行排序操作，效果如图 13-59 所示。

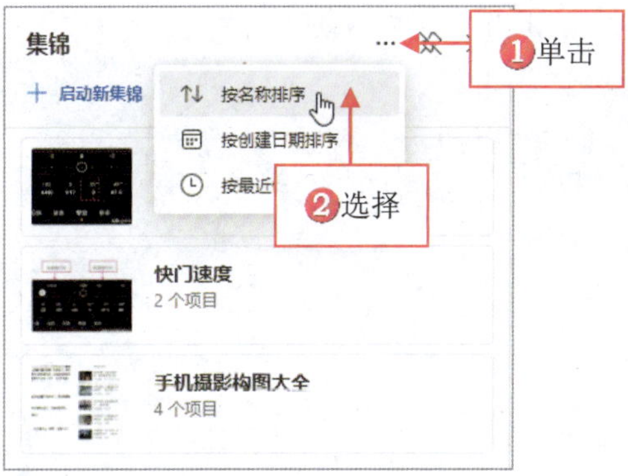

图 13-58　选择“按名称排序”选项

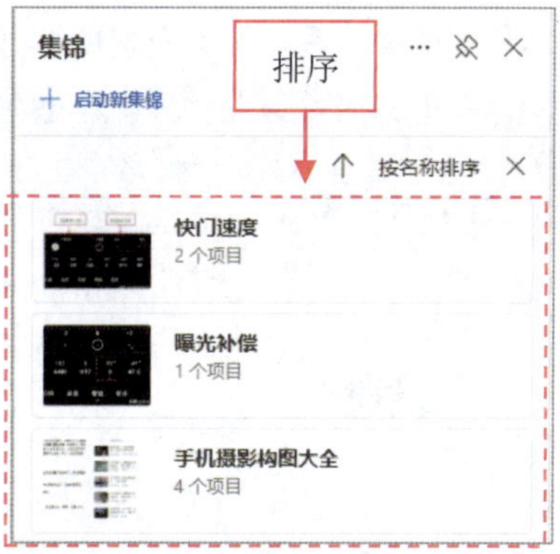

图 13-59　对集锦进行排序效果

13.4　浏览器的设置

在使用 Microsoft Edge 浏览器时，可以将 Microsoft Edge 浏览器设为默认浏览器，还可以更改 Microsoft Edge 浏览器的默认打开页面、设置 Microsoft Edge 浏览器的主题等，使其更符合用户的使用习惯。

13.4.1　默认浏览器的设置

默认浏览器的设置

如果用户希望将 Microsoft Edge 浏览器设为默认浏览器，可以在“设置”窗口进行设置，也可以在 Microsoft Edge 浏览器中进行设置。下面介绍设置默认浏览器的操作方法。

Step 01 打开“设置”标签页，❶单击页面左上方的 menu 按钮≡；❷在展开的列表框中选择“默认浏览器”选项，如图 13-60 所示。

Step 02 执行上述操作后，进入相应界面，单击“默认浏览器”选项区中的“设为默认值”按钮，如图 13-61 所示。

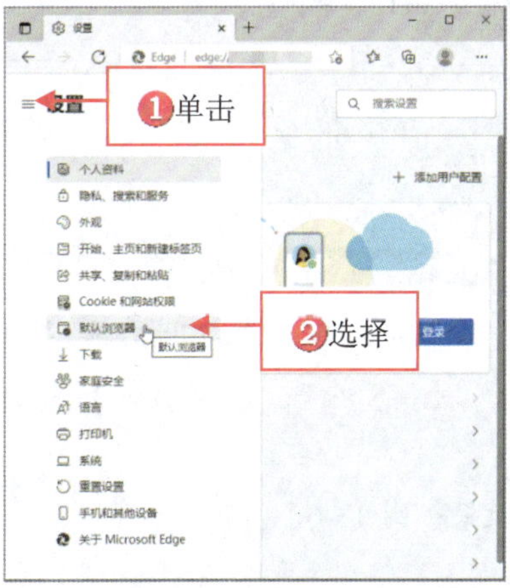

图 13-60　选择“默认浏览器”选项

图 13-61　单击“设为默认值”按钮

Step 03 执行上述操作后，即可将 Microsoft Edge 浏览器设置为默认浏览器，页面显示“Microsoft Edge 是默认浏览器”，如图 13-62 所示。

图 13-62 显示相应内容

13.4.2 默认打开页面的更改

默认打开页面的更改

Microsoft Edge 浏览器默认打开页面为新标签页，可以将默认打开页面更改为常用的页面。下面介绍更改浏览器默认打开页面的操作方法。

Step 01 打开“设置”标签页，❶单击页面左上方的 menu 按钮≡；❷在展开的列表框中选择“开始、主页和新建标签页”选项，如图 13-63 所示。

Step 02 执行上述操作后，进入相应页面，在“Microsoft Edge 启动时”选项区中，❶选中“打开以下页面:”单选按钮；❷单击“添加新页面”按钮，如图 13-64 所示。

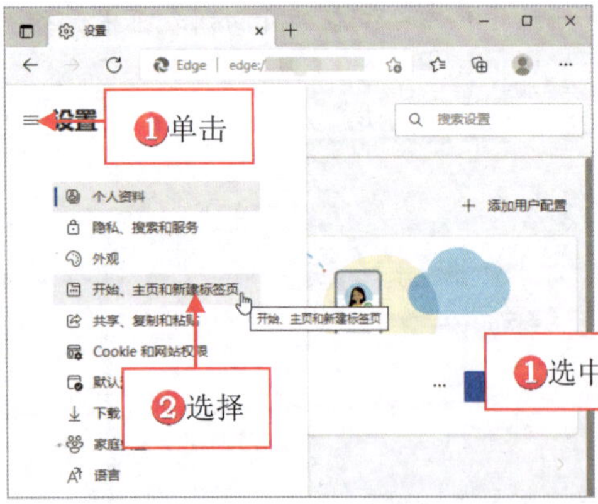

图 13-63 选择相应选项

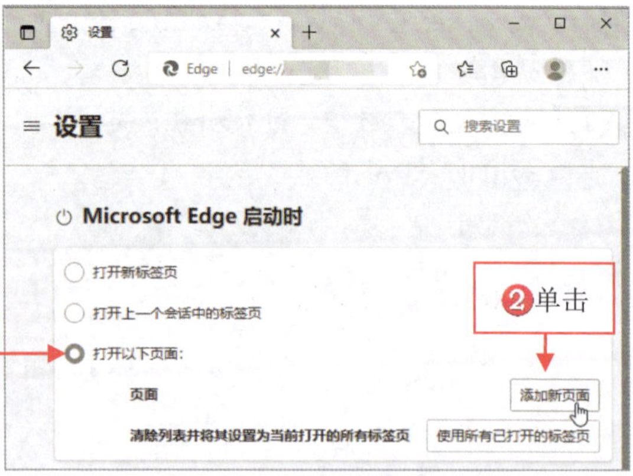

图 13-64 单击“添加新页面”按钮

Step 03 执行上述操作后，弹出“添加新页面”对话框，❶输入相应网址；❷单击“添加”按钮，如图 13-65 所示。

Step 04 执行上述操作后，即可更改默认打开页面，效果如图 13-66 所示。

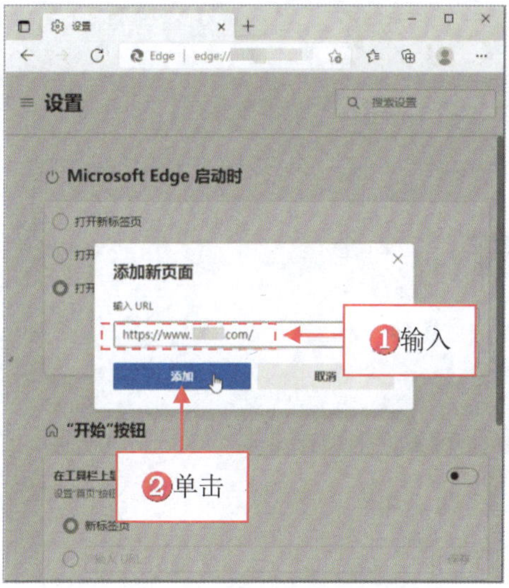

图 13-65　单击"添加"按钮

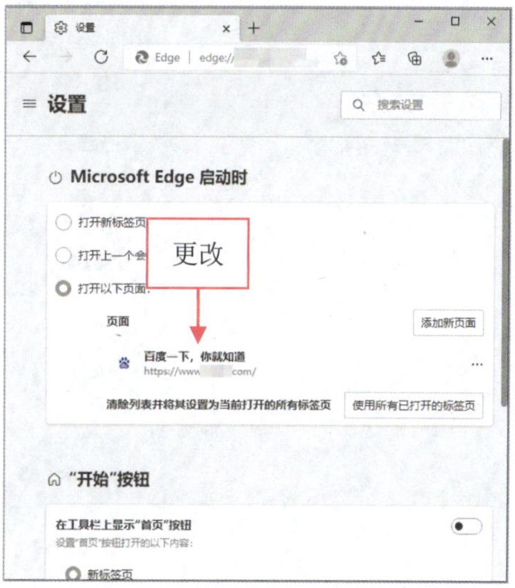

图 13-66　更改默认打开页面效果

13.4.3　浏览器主题的设置

可以设置 Microsoft Edge 浏览器的主题，增加浏览器的美观度。下面介绍设置浏览器主题的操作方法。

浏览器主题的设置

Step 01　打开"设置"标签页，①单击页面左上方的 menu 按钮≡；②在展开的列表框中选择"外观"选项，如图 13-67 所示。

Step 02　执行上述操作后，进入相应页面，①设置"整体外观"为"浅色"；②在"主题"选项区中选择"晴天"选项，如图 13-68 所示。

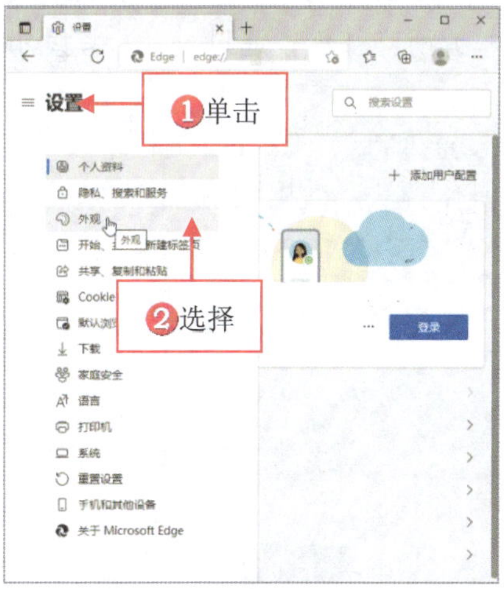

图 13-67　选择"外观"选项

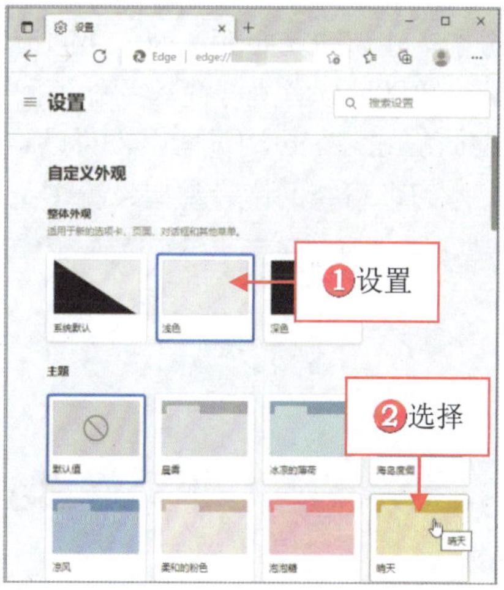

图 13-68　选择"晴天"选项图

Step 03　执行上述操作后，即可设置浏览器主题，效果如图 13-69 所示。

图 13-69　设置浏览器主题效果

本章小结

本章主要介绍了 Microsoft Edge 浏览器的常用操作、重要功能和设置，具体内容包括 Microsoft Edge 浏览器的基本操作、收藏夹功能的使用、集锦功能的使用及浏览器的设置。希望通过对本章的学习，读者能够掌握 Microsoft Edge 浏览器的使用方法。

课后习题

课后习题

鉴于本章知识的重要性，为了帮助读者更好地掌握所学知识，通过设置上机习题帮助读者进行简单的知识回顾和补充。

在 Microsoft Edge 浏览器中，可以将常用网页设置为首页，并在工具栏中显示“首页”按钮。本习题可帮助读者掌握设置浏览器首页的操作方法，效果如图 13-70 所示。

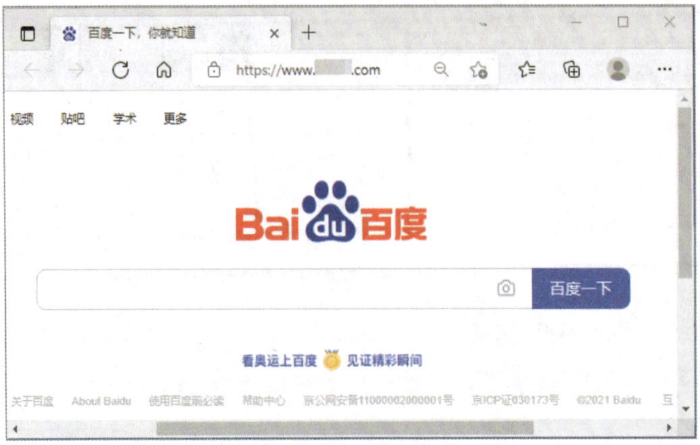

图 13-70　设置浏览器首页效果图